Die *Neue Region*

GÖRLITZER BEITRÄGE ZU REGIONALEN TRANSFORMATIONSPROZESSEN

Herausgegeben von Eckehard Binas, Stefan Kofner, Joachim Schulze, Erika Steinert, Gisela Thiele und Norbert Zillich

Band 6

PETER LANG
Frankfurt am Main · Berlin · Bern · Bruxelles · New York · Oxford · Wien

Eckehard Binas (Hrsg.)

Die *Neue Region*

Gesellschaftliches Labor für gelingendes Leben

PETER LANG
Internationaler Verlag der Wissenschaften

Bibliografische Information der Deutschen Nationalbibliothek
Die Deutsche Nationalbibliothek verzeichnet diese Publikation in der Deutschen Nationalbibliografie; detaillierte bibliografische Daten sind im Internet über http://dnb.d-nb.de abrufbar.

Gedruckt auf alterungsbeständigem, säurefreiem Papier.

ISSN 1862-507X
ISBN 978-3-631-63049-5

www.peterlang.de

Inhaltsverzeichnis

Vorwort

Die hier vorliegende Veröffentlichung ist aus den Diskussionen, Arbeitstreffen, Kooperationen und Tagungen der Jahre 2010 und 2011 hervorgegangen. An dieser Arbeit waren natürlich weitaus mehr Personen mit Engagement und Ideen, kritischen Hinweisen und Unterstützung beteiligt, als hier dargestellt werden kann. Deshalb muss ganz zu Anfang insbesondere den Autoren hier gedankt werden, die sich mit ihren Beiträgen immer wieder der Auseinandersetzung um ihre Einsichten und Interpretationen stellen. Zugleich ist diese Veröffentlichung Resümee einer „gefühlten Arbeitsetappe", die deutlich über diesen Zeitraum hinaus geht.

Im Grunde entsteht eine breitere Aufmerksamkeit für einen Transformationsdruck bereits in den Jahren nach 1976. Schon in den 70ern hat es die den intellektuellen Alltag sehr ermunternde Kontroverse zwischen Konvergenz und Diversion gegeben. Die Systemkritischen im Osten hofften auf den Fortschritt der Konvergenz, den sie im Erstarken der Nischen im Osten und in den Bürgerinitiativen im Westen gesehen hatten und der tolerante moralisch integre Gutmensch hoffte auf schnelle Wirkung seines aufwändigen Diversionsspiels. Der Witz beider Bemühungen: die Diversion der Konvergenz und die Konvergenz von Diversion und (politischer) Anerkennung. Auf der einen Seite wird von Krise gesprochen und gemeint ist verlangsamtes Wachstum und der Eindruck, dass „die Verhältnisse" sich nicht schnell genug an die Wettbewerbsbedingungen anpassen können. Auf der anderen Seite ist die Krise da, die sich allerorts in den Defiziten der Innovation, der technologischen Entwicklungen, dem Umweltdesaster, den Finanzierungsproblemen und Staatskrediten zeigt, wovon aber in der mehr oder minder öffentlichen Debatte keine Rede sein durfte. Das sind die letzten Jahre eines in eine nicht korrigierbare Struktur-, Ressourcen- und Steuerungskrise geratenen Systems. Dann die Jahre des Orientierens und Lernens, offene Jahre voller Neugier, Euphorien aber auch Frustrationen und schwer vermeidbaren Missverständnissen. In der zweiten Hälfte der Neunziger formiert sich dann zumindest wieder wissenschaftliches Selbstvertrauen und kritische Beobachtung, die als Transformationsforschung nun auch die Quellgebiete der Konzepte und Normative des institutionellen Handelns und wirtschaftlicher Leitmotive in den Blick nimmt. Die Finanz- und Wirtschaftskrise (IT-Blase) um 2000 markiert dann einen erneuten Umbruch, der – als zweite Transformation – nun deutlich macht, dass es im Zusammenhang mit den Transformationsprozessen in Ostdeutschland und auch in vielen Ländern der ehemaligen RGW-Staaten nicht mehr nur um Anpassungs- und (nachholende) Modernisierungsprozesse, sondern sozial, ökologisch und politisch um eine Suche geht, die eine Fortsetzung des (sog. neo-liberalistischen) Wachstums- und Entwicklungsmodells ausschließt und dringend eine Rückbindung an bzw. Reintegration der Finanz- und Wirtschaftssysteme in demokratische Gesellschaften erfordert.

Und ein weiteres wird in diesen Jahren immer deutlicher: die Regionen – was auch immer aus der politischen Perspektive damit gemeint sein mag – werden in immer stärkeren Maße Pufferzonen, die zum einen Erschütterungen auffangen müssen zugleich aber auch Innovations- und Entwicklungspotenzial haben. Es sind vor allem die sog. peripheren Regionen, die einer für sie neuen Herausforderung ausgesetzt sind. Ihre Lage ist wirtschaftlich trotz massiver Förderungen kaum zu stabilisieren, zugleich ändert sich nahezu das gesamte Regel- und Institutionenarrangement, das kulturelle Identitäts- und Aufgabenverständnis inklusive. Solche Regionen werden zu abenteuerlichen Zonen – sofern der Blick dafür entsteht. Sie geraten in eine Lage, die als fernab vom Gleichgewicht beschreibbar ist, als kritisch, in ihnen findet eine explosionsartige Erweiterung der Komplexität relevanter interdependenter Prozesse statt, eine Hypertransformation. Regionale Konzentrationsprozesse finden ebenso statt wie die Wiederentdeckung der „Weitläufigkeit“. Sozialromantische Szenarien beschreiben Regionen als Öko- und Subsistenz-Nischen. „Radikalgeografen“ bestimmen sie als Versorgungsbänder für metropolitane Agglomerationen, Transportkorridore und/oder „Ökosystemdienstleistungsareale“.

In den letzten fünf bis acht Jahren ist daran anschließend nun ein Prozess zu beobachten, der zwei grundlegende Merkmale mit einander verbindet, die scheinbar zunächst nichts mit einander zu tun haben. Systemische Orientierungs- und Steuerungskrisen des spätindustriellen Staates, die auf die Wachstums- und Innovationskrisen internationaler Unternehmen inklusive der Finanzbranche zurückzuführen sind, werden als globale Ressourcen- und Wettbewerbskrisen sichtbar und spürbar. Das anthropogene Klimaproblem und die Kooperationsblockade der größten Industriestaaten für ein Weltklimaabkommen oder auch die Instabilität der Staatsfinanzierungen der USA oder Europas sind dafür nur exemplarisch. Sozialwissenschaftlich geht damit eine Renaissance und Ermutigung sowie Neukonzipierung fundamentalkritischer Positionen einher. Auf der anderen Seite formiert sich die Region in neuem Selbstbewusstsein.

Mit anderen Worten: „Region“ wird über das europäische Imperativ hinaus zu einem Format der territorialen Selbstorganisation, das (Kooperations-)Vorteile über administrativen Grenzen hinaus verspricht und das erwarten lässt, dass die wachsenden Probleme übergeordneter Steuerungseinheiten sukzessive kompensiert werden können. Und vor allem ist damit die Erwartung verbunden, dass sich in ihnen eine neue Kultur der zivilgesellschaftlichen Selbstorganisation herausbildet; ein Format, welche die scheinbare Alternativlosigkeit der paradigmatisch prästabilierten Gesellschaftsorganisation überwindet. Der Blick wie auch die Problemlage haben sich erheblich ausdifferenziert. Fast wäre man verleitet zu sagen, es kommen Problemeinsicht mit dem Verlust des Urvertrauens in die hiesige und heutige Gesellschaftsformation und mit der Hoffnung auf deren Transgression zusammen. Und beides artikuliert sich in der Neuen Region.

Dass dies eine geradezu utopische Formulierung ist, dürfte klar sein. Zum einen aber kennzeichnet sie eine neue Phase der Transformationsforschung – insbesondere aus der Perspektive der Neuen Bundesländer –, zum anderen zeigt sie die Zuspitzung der Entwicklungssituation und die darin enthaltenen Optionen. So etwas zu behaupten ist riskant. Aber eine Veröffentlichung lohnt doch nur, wenn sie sich vor plausiblen Risiken und eben auch den möglichen Irrtümern nicht scheut. Der Buchtitel legt nahe, dass darin auch Versuche unternommen werden, die ins Offene und Ungewisse weisen bis in Formulierungen hinein, die solche Suche zum Ausdruck bringen. Das spricht nicht gegen ein gerüttelt Maß an deskriptiver und empirisch analytischer Wissenschaft, zunächst nicht gegen eine narrative Beschäftigung mit den unendlichen Mikrokosmen des Gegebenen. Gegen Beschreibung ist an sich nichts einzuwenden, sie stellt als Erfahrungs- und Betroffenheitsmoment eine wichtige Grundlage für Nach-Denken dar. Dort aber wo man im Wesentlichen ohne Zahlen, Fakten und Beschreibungen auskommt, begibt man sich mit noch größerem Risiko auf die Ebene begrifflicher Auseinandersetzung. Dabei gerät man nolens volens in hermeneutische Gefilde. Darin besteht eine ebenso wichtige Herausforderung. Mit anderen Worten: Über Transformation zu schreiben lohnt sich insbesondere dann, wenn zum einen Muster, Entwicklungspfade, übergreifende Zusammenhänge und also die „Logik“ des Prozesses freigelegt wird, auch auf die Gefahr hin sich zu irren, und genau jener risikoreiche Griff in eine sowohl begrifflich als auch thematisch nicht gesicherte Welt gewagt wird. Wo, wenn nicht in solchen von der Öffentlichkeit so gut wie nicht wahrgenommenen Texten, sollten Querdenker ihren Mut ausleben, den Zweifel, den sie an den scheinbar unverrückbaren Grundfesten der Gesellschaft haben, zu artikulieren. Wo, wenn nicht hier, sollten sie darüber hinaus es wagen zu behaupten, dass es so wie es ist – ich meine in den systemischen Fundamenten der Gesellschaft – nicht sein muss. Wo, wenn nicht wenigstens in solchen Elaboraten sollten sie versuchen, den Modus der immunisierenden Kritikintegration zu unterlaufen und eben nicht nur an den Fassaden sozialer Missstände herum zu malern. Unser Erfolg wird sein, für die nächste Generation so viel Neugier und Leidenschaftlichkeit für Ideen zu erhalten, für die es sich lohnt, wieder *solche* Risiken einzugehen.

Haben wir nicht genug zu tun, unseren Alltag zu bewältigen, den Lebensstandard zu halten, die Freunde nicht zu verlieren, die freie Zeit nicht zu verkürzen, das Reisen in die Gesellschaften mit neuen Beobachtungsarrangements nicht zu vergessen? Ist die Anstrengung nicht groß genug, das zu wünschen, was uns die Fülle der Dinge an Knappem erübrigt? Welche Vorstellungen bleiben, nach all der Absorption der Energien des Sehnens, was wollen wir mehr als die Korrektur? Schleichende Inflation, schleichende Ohnmacht der Kommunen, schleichende Verarmung der Mehrheiten, schleichende politische Ermüdung und Vergleichgültigung, schleichende Reduktion des Wissens und der Erinnerung, schleichende Radikalisierung von Gruppen, schleichende Katastrophen in der Umwelt – der Wandel ist stetig und latent. In den Verunsicherungen der Wahrnehmung ist er präsent. Die „großen" Transformationen der Gesellschaft kündigen sich als solche jedoch nicht an, sie sind dann mit einem Knall da und dann brauchen sie Generationen. Im Grunde aber finden sie immer in den Gedärmen unserer Gesellschaft und nicht nur auf deren Gesichtern und schon gar nicht nur im Kopf statt. Sie haben sich lange zuvor eingeschlichen und verursachen bisweilen recht heftige Verstörungen. Aber solange das Gerüst, die Basis in Ordnung ist, kann der Körper auch eine Verstimmung kompensieren. Das Immunsystem ist intakt und die Krankheit stellt sich nur als mehrfache Attacke systemfremder Einflüsse dar. Aber ob das so ist, wird im Moment der Irritation selbst niemals sichtbar sein. Was sichtbar gemacht werden kann, ist der Modus der Wahrnehmung und vor allem die Anstrengung und der Kampf, der zur Transformation führt. Wahrnehmungsstrategien sind immer aktives Moment des Wandels, an ihnen liegt es, das Latente sichtbar und diskutierbar zu machen. Und darin liegt – zumindest für Wissenschaften – der Anfang und erste Schritt, Transformationsprozesse nicht nur erdulden, sich in ihnen nur anpassend einrichten zu müssen, sondern jene Selbstbestimmung wieder zu gewinnen, die im Wandel schleichend verloren gegangen scheint.

Dazu gehören immer aufmerksame, lernbegierige und streitbare Köpfe. Dass es im Herzen und im Umfeld unserer Arbeit solche gibt, darf hier nicht vergessen werden. Ein ganz besonderer Dank für die fachlichen und formalen Arbeiten zur Entstehung dieser Veröffentlichung gilt Katrin Treffkorn, ohne die sie nicht zustande gekommen wäre, aber auch dem Team mit: Maik Hosang, Tobias Schlüter, Susanne Schwarzbach, Alexander Hennig, Ulrike Schumacher, Zonja Szymanowski.

Eckehard Binas

Eckehard Binas

‚Versuchsanordnung' – Annäherungen an ein Konzept für die „Neue Region"

Haben wir noch vor wenigen Jahren insbesondere darüber diskutiert, wie der Systemwechsel in Staat, Wirtschaft und Gesellschaft verläuft, was er für die Märkte, für den beruflichen Alltag, für Freizeit und Familie, Kultur und Bildung etc. bedeutet, und haben wir dann insbesondere mit Blick auf Verwaltungen und Zivilgesellschaft danach gefragt, wie wir in solchen Veränderungen Akteur bleiben und nicht nur uns noch nachvollziehend modernisieren, so sind inzwischen – auch forciert durch die jüngste Krise im Finanzsystem, in Wirtschaft und Politik – neue Betrachtungsweisen und Fragen hinzugekommen. Regionen und die neuen Städte, Metropolen und „smart Cities" sind gesellschaftliche Organisations- und Raumformate, die der Transformationsprozess sowohl hervorbringt als auch bestehende politisch und kulturell umbildet. Diese Formate bieten fast unermesslich viel Platz für Erwartungen, Zuschreibungen und neue Aufgaben. Vor allem für solche Aufgaben, für die im bisherigen Ordnungssystem keine Zuständigkeit existierte oder aber die im Zuge solcher Prozesse neu entstanden sind. So werden sie Hoffnungs- und Gestaltungsraum zugleich, sind praktisch und visionär, bilden die Entwicklungsprobleme unserer modernen kapitalistischen Gesellschaft ab und weisen zugleich über sie hinaus, und das eben, weil sie sich im Transformationsprozess als neues Format der gesellschaftlichen Selbstorganisation herausgebildet haben; freilich ambivalent, weil es offen bleibt, welche Richtung eingeschlagen wird; mehr die der Erhaltung und der Reparatur bestehender Verhältnisse, oder aber auch die der qualitativen Erneuerung. Region und Stadt sind deshalb besonders für die damit verbundenen Fragen der gesellschaftlichen Transformation von Bedeutung, weil sie zum einen jenes neue „Handlungsformat" der gesellschaftlichen Akteure ausbilden und zum anderen dies nicht tun können, ohne im hohen Maße von den übergreifenden Bedingungen des Landes, des Staates, internationaler Entwicklung, Globalisierung etc. abhängig zu sein, ja nicht einmal im eigenen Interesse eine Entkopplung von diesem Umfeld anstreben sollten.

In die Debatte über Chancen und Probleme strukturschwacher oder auch peripherer Regionen kommt deshalb nun eine weitere Dimension. Der Blick richtet sich nun auf die gesellschaftlichen Bedingungen für Entwicklung in Regionen insgesamt und kommt zunehmend auf Ergebnisse, die zeigen, dass die Irritationen, Spannungen, Fehlentwicklungen, Konflikte oder Schieflagen nicht allein aus einem ostdeutschen oder regionalen Anpassungsprozess abzuleiten sind, sondern aus gesellschaftsimmanenten Störungen bzw. widersprüchlichen Strukturen und Prinzipien insgesamt. „Region“ ist so nicht mehr nur Reflex der Balancierungserfordernisse globalen Wettbewerbs oder kultureller Differenzierungsprozesse in (zu) großen Märkten, sondern immer mehr auch Testgelände der Funktionstauglichkeit von Institutionen, Regeln, Selbstverständnisse, oder anders formuliert, der ordnungspolitischen Wirksamkeit von Wettbewerbsregeln. Das meint vor allem die Fähigkeit von Organisationen, Institutionen und Akteuren auf den unterschiedlichsten Ebenen und Sachbereichen, mit einander widersprechenden Praktiken von Unternehmen und Politiken auf der einen Seite und den bürgerschaftlichen Wert- und Zielvorstellungen für eine nachhaltige Entwicklung im Sinne gelingenden Lebens in Gerechtigkeit und Wohlstand auf der anderen Seite zurecht zu kommen.

Ob das sozialräumliche Format von Region und Stadt dabei wirklich nur unvermeidbare Konflikte – wie etwa den zwischen Demokratie/Zivilgesellschaft und gewinnmaximierender Marktwirtschaft – kompensiert, ob der Sozialraum gleichsam als Puffer für die Zumutungen und Ansprüche beider Seiten fungiert, oder ob er sein sozial-ökologisches Potential entfalten und eine transkapitalistische Entwicklung befördern kann, hängt von einer Vielzahl von Faktoren ab.[1] Wie wirken sich zum Beispiel solche Konflikte auf die Lebensweise, die Entwicklungsbedingungen und die soziale Kohärenz bzw. den Macht- und Interessenausgleich in der Gesellschaft aus? Kann dieses Format über kulturelle und Marketingfunktionen hinaus gesellschaftliche Souveränitätsverteilungen umbilden? Welche Folgen haben solche Verschiebungen für die jeweiligen Handlungsebenen, insbesondere für die der Kommunen, Landkreise und Regionalstrukturen? Oder welche Chancen haben Strategien eigenständiger, endogener Entwicklung, wenn sie Regionen nicht nur als wirtschaftliche Nutzungsräume, sondern ebenso als kulturelle Identitäts-, ökologische Lebens- und politische Entscheidungsräume[2] betrachten? Das Finden regionaler Besonderheiten wirtschaftlicher Teilräume als

---

1 Ein Modell für die Faktorenanalyse von Regionalentwicklung wurde bereits vorgestellt in „Wozu Region? – Chancen und Probleme im Transformationsprozess strukturschwacher Regionen“, Peter Lang, Frankfurt am Main 2009, herausgegeben von Binas, Eckehard als Bd. 5 der Görlitzer Beiträge zu regionalen Transformationsprozessen.

2 Bereits Max Weber hat die „kulturelle Rahmung“ ökonomischer Prozesse untersucht und gefragt, wie „konkrete Formen des Gemeinschaftshandelns“ Wirtschaftsformen begünstigen oder hemmen. Er vermutete „Wahlverwandtschaften“ zwischen Lebensstilen und Wirtschaftsformen. Vgl. Weber, Max: Gesamtausgabe Abt. 1. Schriften und Reden; Bd. 22, Teilbd. 5 Band Abt. 1, Bd. 22 Weber, Max: Wirtschaft und Gesellschaft – Die Wirtschaft und die gesellschaftlichen Ordnungen und Mächte; Nachlaß; Teilbd. 5, Die Stadt, hrsg. von Wilfried Nippel, Tübingen Verlag Mohr, 1999

Reaktion auf supranationale Ökonomien stößt bei einer kommerziellen Ökonomie schnell an Grenzen der zwangsläufig offenen Region.

Oft scheinen Transformationsprozesse in unserer heutigen Gesellschaft wie Naturereignisse über uns hereinzubrechen und unsere Herausforderung bestünde nun darin, angemessen zu reagieren. Denken wir etwa an den sog. demografischen Wandel, den Strukturwandel in Wertschöpfung und Wirtschaftsorganisation, den Wandel in den Formen und Bedürfnissen der politischen Partizipation oder aber an die gravierenden Veränderungen im Verhältnis von Energiebedarf und -konsumtion auf der einen zur Verknappung der Rohstoffe und dem allgemeinen Naturverbrauch auf der anderen Seite, oder gar nicht zuletzt an den Wandel im globalen Verkehr von Gütern, Informationen und Personen mit den entsprechenden Folgen für Vernetzung und Clusterung sowie der Entkopplung von Real- und Finanzwirtschaft, die mit ihren diversen derivaten Produkten und Prozesslinien längst die nationalstaatliche Währungssouveränität unterlaufen haben. Es gelte nun vor allem dem Wandel jene Formen zu verleihen, die ein Maximum an „Nutzen“, an „Fortschritt“ oder „Innovation“ und „verbesserter Lebensqualität“ ermöglichen oder wenigstens verheißen. So wie jeder dieser Begriffe für sich oft sehr divergierenden Interpretationen unterliegt, so wird darüber hinaus auch ein Zusammenhang zwischen ihnen unterstellt, dass das eine gewissermaßen aus dem anderen folgt: Innovation bringt Forstschritt, dieser dann Nutzen und gesteigerte Lebensqualität. Weder Begriff noch Zusammenhang ist jedoch in der Sache selbstverständlich, sondern immer von konkreten sozialen Kräfteverhältnissen und Interessen abhängig.

Richtig daran ist die Suche nach tauglichen Formaten, die verhindern, dass der Wandel immer nur als Dekadenz oder Dekonstruktion, als Bedrohung oder Verfall erlebt wird. Dabei geht es immer um Formate, die im Verhältnis zwischen dem, das man nicht ändern kann und dem, was doch in unseren Händen liegt, ein größtmögliches Potential an Selbstbestimmung bewirken. So erscheint also Wandel als Formateproblem. Und wahrscheinlich ist er dies auch.

Nur ist genauso richtig, dass eine Reduktion auf diese Problemdimension andere Dimensionen verdecken kann, was mit Sicherheit im Interesse der Vorteilsnehmer des Wandels und nicht der sog. Transformationsverlierer liegt. Und das sind nicht nur die Unternehmen, die mit veralteten Produkten ihre Marktanteile verlieren oder kritische Massen für Aufträge nicht erreichen, sondern das sind in der Regel die insgesamt im gesellschaftlichen Wettbewerb eher Schwächeren und ungleich mit Chancen Ausgestatteten.

Richtig daran ist auch, dass Gewinn und Verlust im Wandel nach wie vor am bürgerlichen Ideal der Selbstbestimmung respektive am Aufklärungsversprechen der Autonomie von Person, Idee, Land und Leuten, den Bürgern und ihren Lebensumständen – inklusive Zeitbestimmungen – gemessen wird. Nicht richtig und eine völlige Verkennung von Ursachen und Wirkungen (eine geistesgeschichtliche Vergesslichkeit, eine affirmative Blindheit, eine kognitive und diskursive Voreinstellung) ist also die damit verbundene implizite Unterstellung, dass diese Entwicklungen quasi naturgesetzlich verlaufen, unabhängig von Menschen, und so eine deterministische Eigenschaft „des Systems“ sind[3]. Damit wird nicht nur die Kontingenz historischer Verläufe ignoriert und nicht mehr erkennbar, auf welchen Ebenen der gesellschaftlichen Organisation Handlungsmacht generiert und umgesetzt werden kann, was Ordnungsprinzipien, Regeln und Paradigmen sind, wie tauglich Organisationen im Verhältnis zu Aufgaben sind etc. Sondern der Verweis auf das „System“ ist immer auch eine probate Argumentation, wenn die Bereitschaft zur Risikoübernahme fehlt und wider besseren Wissens Verantwortung in Systeme delegiert und nicht mit Menschen mit Adressen, Funktionen und Namen in Verbindung gebracht wird – und seien es die eigenen.

Allerdings ist genau für das Einlösen des Autonomieversprechens die gegenteilige Behauptung, das alles sei schließlich menschengemacht ebenso ideologieverdächtig. Wenigstens ist sie kaum hilfreich, weil wohl weder „das Wesen des Menschen“, seine „evolutionäre Getriebenheit“, seine „Natur“ wie auch nicht „das System“ oder „die Gesellschaft“ für die Probleme, in die Menschen kommen, wenn sie mit Veränderungen konfrontiert werden, in Haftung genommen werden können. Entweder verdrängen solche Behauptungen intentional (oder: vorsätzlich, bewusst, gezielt) oder sie schützen vor Zuordnung und Zuweisung von Verantwortung und Ressourceneinsatz – schließlich zahlten wir ja Steuern und seien alternativlos in unserem Vertrauen gegenüber der institutionellen Vernunft. Das Vorfindliche befände sich ja im ständigen Optimierungsdruck, sei wissenschaftsfundiert und moralisch ausgewogen und legitim, woraus die konkreten Antworten, Reaktionen und Entscheidungen gewonnen würden, dafür,

---

3 „Wo die Weltlagen unübersichtlich, die Weltwesen unzulänglich und deren Geschicke unerfindlich geworden sind, hat der Markt, so scheint es (!, E.B.), ein beschränktes, aber solides Reservat bürgerlicher Ordnung gestiftet. ... Die Beziehungen zwischen Menschen rationalisieren sich im Tausch und im Warenverkehr, aber gerade deshalb sind der Markt und das System der Preise mehr als ein ökonomischer Sachverhalt. Sowenig man Adam Smith eine ungehemmte Apologie des entstehenden Kapitalismus nachsagen kann, und so wenig er das soziale Leben auf rein ökonomische Aktivitäten reduziert, sosehr werden von ihm die Verfahren der Ökonomie als Fundament der Gesellschaft und der Markt als Operator einer spontanen Sozialordnung gedacht. Die ‚ökonomische Ideologie‘ hat sich nicht an der Peripherie, sondern im Zentrum des modernen Gesellschaftsdenkens formiert. Das Konzept des Markts belegt eine moralphilosophische Herkunft und besetzt den Ort einer praktischen Wahrheit im Wissen über Politik, Gesellschaft und Geschichte. In ihm sind die Gesetze des sozialen Verkehrs naturwüchsig geworden. Was man seit dem achtzehnten Jahrhundert ‚bürgerliche Gesellschaft‘ nennt, begründete sich in der Idylle des Markts, sie steht und fällt mit dieser Oikodizee.“ Vogl, Joseph: Das Gespenst des Kapitals, diaphanes 4. Auflage, Zürich 2010/11, S. 51f.

wie die konkreten gesellschaftlichen inklusive wirtschaftlichen Akteure handeln sollten und könnten, welche Ressourcen ihnen zur Verfügung stünden, wie der Zugang zu den für sie entwicklungsrelevanten Ressourcen geregelt sei.

Dabei wird z.B. vorausgesetzt, dass nur eine Gesellschaft/Gemeinschaft sich dynamisch entwickeln könne, wenn eine gesellschaftlich verallgemeinerte und sanktionierte künstliche Verknappung entwicklungsrelevanter Ressourcen bestehe, die Wettbewerbe generiere, auf deren Grundlage dann hinreichend Innovationsdruck erzeugt werde. Verdeckt wird so, dass konkrete Zusammenhänge und Abhängigkeiten diagnostiziert werden können, die Voraussetzungen sind und dem Wettbewerbsparadigma vorausgehen. Und genauso wenig wird die eigentlich zentrale Bestimmung von Autonomie sichtbar und für Intervention greifbar. Kaum werden hier dann auch Nachhaltigkeit oder demokratische Wirtschaftsprinzipien thematisiert.

Und genau darum geht es aber: darum, wie Wandel und Entwicklung nicht als Autonomieverlust, sondern als Gewinn gestaltet werden können, welche Beziehung von Format und Ressource hergestellt wird, welche Ressourcen für die gewünschte Entwicklung relevant sind und wie unser Umgang mit diesen organisiert und geregelt ist, wie z.B. Sozialorganisation, Wirtschaftsprinzip und ökologische Nachhaltigkeit kompatibel werden und schließlich welche sozialen Raumformate sich für diesen Zusammenhang bevorzugt eignen. (Und weniger geht es darum, welchen – strategischen – Wettbewerbsvorteil der Wandel für Einzelne bringt.)

Doch vielleicht werden ja die falschen Fragen gestellt: Wer hat im Vergleich zwischen Wettbewerb und Nachhaltigkeit denn nachhaltigere Konzepte, Ziele und Organisationsformen – im Sinne eines ökologisch und sozial ausgewogenen und geistig wie kulturell befriedigenden gelingenden Lebens? Die „Weisheit" von Volk, Straße und investigativen Medien oder die der ökonomischen und institutionellen Vernunft? Denn diese ist ja neben ihrer Kernaufgabe der Problembearbeitung immer auch mit ihren egoistischen, selbstreferenziellen und selbstreflexiven Bedürfnissen und Praktiken beschäftigt. Vielleicht ist ja hier eine alte Frontlinie reaktiviert, die zwar fatale Praktiken und Regeln sowie Interpretationsmuster und Paradigmen sichtbar macht, machen kann, aber nicht, welche Chancen in einer neuen Kultur der Selbstorganisation, insbesondere der regionalen Selbstorganisation bestehen. Chancen bestehen vor allem dort, wo Ideen, Identität und der Wille sowie die Fähigkeit zur einander begünstigenden Zusammenarbeit als „Ressourcen" gepflegt und entwickelt werden – soweit die abstrakteste Bestimmung entwicklungsrelevanter Ressourcen aus gesellschaftlicher Perspektive – und diese mit Hilfe der Potentiale und Kräfte und Akteure der Region konkretisiert werden. Es scheint also beim Versuch, auf die hier angedeuteten Fragen Antworten zu finden, eine andere Betrachtungsebene erforderlich.

Kapitalismus. Nach Ulrich Beck sind wir mit vier „Herausforderungen" konfrontiert: der Globalisierung, der Individualisierung, dem „Verschwinden der Arbeit" und der ökologische Krise. Doch meist steht nur eine dieser Herausforderungen im Zentrum der öffentlichen Debatten. Wie aber kann diesen vier Herausforderungen gleichzeitig begegnet werden, wenn sich die global operierenden Unternehmen gleich vierfach subventionieren lassen, indem sie ihre Infrastrukturmaßnahmen optimieren, direkte Subventionen kassieren, Steuern minimieren und die Kosten für die Arbeitslosigkeit externalisieren und damit die Kontroll- und Interventionsmöglichkeiten des Staates verringern?[4] Heute stehen wir am Ende einer Entwicklung vom ursprünglichen zum „göttlichen", totalen[5] und autoritären Kapitalismus, vom Produktions- zum Kulturkapitalismus[6], den schon Adorno und Horkheimer als Exilanten in den USA in den letzten Weltkriegsjahren gesehen hatten, allerdings noch in der Form der Kulturindustrie, der Massenmanipulation und speziell in Deutschland als Propaganda. Kulturkapitalismus meint dann einen reflexiven Kapitalismus[7], der zunächst aus seinem Integrationspotential Problemlösungen und „Landnahmen[8]" macht, dann selbstbezüglich wird und in abgeleiteten Strukturen sich verselbständigt bzw. etwas zur Wertschöpfung erhebt, dem keine Produktivität mehr gegenübersteht. So wie das Proletariat nach Marx zur selbst-reflexiven Klasse und zum Klassenkämpfer einschließlich ihrer Ideologeme geworden ist, wird mit der Kulturalisierung des Kapitalismus, mit dem totalen Kapitalismus als Kulturform dieser so reflexiv, dass er sich kennt, zunächst seine Kritik integriert und verdaut und daran sich immunisiert, dann aber sich ideologisiert und fundamentalistisch radikalisiert bzw. am Rande von Kritik und durch Kritik hindurch sich autokratisiert. Das heißt, er verabsolutiert und vollendet seine Tendenz, sich per Abstraktion gegen

---

4 Vgl. Beck, Ulrich: Weltrisikogesellschaft. Auf der Suche nach der verlorenen Sicherheit, Suhrkamp Frankfurt am Main 2007

5 Vgl. Sloterdijk, Peter: Im Weltinnenraum des Kapitals. Für eine philosophische Theorie der Globalisierung, Frankfurt am Main, Suhrkamp 2005

6 Schon Georg Simmel baute seine Philosophie des Geldes auf einen kulturellen Begriff auf, Vertrauen und Erwartung in die künftige Leistung. Kapitalismus ist insofern immer auch eine kulturelle Gesellschaftsformation. Er stellt sich deshalb infrage, wenn Vertrauen in den (geldvermittelten) Tauschakt verloren geht. Vgl. Georg Simmel: Philosophie des Geldes, Duncker & Humblot Verlag, Berlin 1900 (1. Auflage): „Das Spezifische der Wirtschaft als einer besonderen Verkehrs- und Verhaltungsform besteht – wenn man einen paradoxen Ausdruck nicht scheut – nicht sowohl darin, dass sie ***Werte*** austauscht, als dass sie Werte ***austauscht***." S. 32 f.

7 Vgl. Macho, Thomas E. in: Der göttliche Kapitalismus: ein Gespräch über Geld, Konsum, Kunst und Zerstörung mit Boris Groys, Jochen Hörisch, Thomas Macho, Peter Sloterdijk und Peter Weibel, hrsg. von Marc Jongen, Wilhelm Fink Verlag, München 2007, S. 26

8 Vgl. Dörre, Klaus / Lessenich, Stephan / Rosa, Hartmut: Soziologie – Kapitalismus – Kritik, Suhrkamp Frankfurt am Main 2009

sich selbst und den Menschen respektive seine Natur zu wenden. Also ist er doch nicht nur krank[9], sondern seine Selbstaufhebung, oder – was schon fast wieder vergessen war – krank für sich selbst und für alle. Insofern ist der letzte Kapitalismus alles andere als ironisch.

Die Neue Region. Betrachten wir einen sozioökonomisch und ökologisch positiv besetzten Begriff von Regionalisierung: hier wird die regionale Verantwortungsgemeinschaft zum Strukturniveau der Herausbildung von Problemlösungskompetenzen[10]. Das ist insofern wichtig, als eine nationalstaatliche Politik immer weniger regional griffige Lösungsansätze bereithält, Projekte bestenfalls noch subsidiär fördern kann oder Subsidiarität sanktioniert. Deshalb treten die Bereiche erforderlicher *regionaler* Anstrengungen hervor. Das sind vor allem: 1. die territorialen Rückbindungen und Feedbackeffekte des Wirtschaftens, 2. die kulturelle Profilierung und alltagsästhetische Auszeichnung des Besonderen, 3. eine eigenständige bzw. regionale Bewertung und so oft auch Umwertung von Arbeit (auch von Nichterwerbsarbeit) und damit ihrer Neuverteilung – man denke z.B. an kulturelle und soziale Tätigkeiten – und schließlich 4. die Rückbindung von Ökologie an Erlebnis und persönliche Verantwortung sowie an generationsübergreifenden nachhaltigen ökologischen Wandel, der nur regional verwirklicht werden kann[11].

Vor diesem Hintergrund können wir unseren Fragenkreis neu bestimmen und einschränken. Aus der Differenz zwischen dem administrativen Zuschnitt von Territorien und der kulturellen Konstruktion „Region“ lassen sich strukturelle Gemeinsamkeiten mit der oben angedeuteten Entwicklung erkennen, insbesondere aus der Differenz von Zivilgesellschaft und kapitalistischem Format. Die politische Organisation von Territorien folgt eher den Anforderungen wettbewerblicher Ökonomie und nutzt dann erst die Identitäts- und Bindungseffekte der kulturellen Region. Diese Organisation folgt keiner primären kulturellen Sinngebung, ist aber gezwungen, gleichsam auf sie zu hören. Zugleich formiert sie die „Neue Region“; gemeint ist hier wieder das sich selbst findende, lernende soziale Raumformat. Das heißt, erst die kulturelle Sinngebung stellt das her, was regio-

---

9 Vgl. ebd.

10 Vgl. den Beitrag des Autoren in: Regionalentwicklung der Oberlausitz: Chancen und Perspektiven. Beiträge zur Herbsttagung 2006, „Regionalentwicklung der Oberlausitz – Chancen und Perspektiven“ der Oberlausitzischen Gesellschaft der Wissenschaften, Rothenburg OL September 2006.

11 Vgl. ebd. und Szenarien für nachhaltige Landnutzung in Mitteldeutschland. Zwischenergebnisse aus der Szenarienentwicklung mit Praxisbeispielen. Helmholz-Zentrum für Umweltforschung GmbH – UFZ Leipzig, Juli 2011, sowie Landschaften im Wandel. Landschaft Sachsen 2050, Leibniz-Institut für Ökologische Raumentwicklung, Forschungsprojekt Dresden 08/2009 bis 07/2012.

nale wettbewerbliche Ökonomie wirksam und effizient macht (machen kann). Auch hier ist also kulturelle Sinngebung das, was kapitalistische Ökonomie herausfordert, braucht und selbst begründend erzeugt, worauf sie setzt und womit sie sich selbst regional verankert und versteht. Und zugleich ist es eben diese kulturelle Sinngebung, die diese wirtschaftliche Praxis überwindet, weil sie andere Regeln aufstellt, anderes wertschätzt, anders beteiligt, Vertrauen anders begründet usw. Zunächst jedoch können wir (auch politisch) diesen Prozess beobachten als relative Entkopplung von regionaler und „globaler"[12] Wirtschaft.

Regionen, die alten wie die neuen, haben in dieser Entwicklung eine herausragende Vermittlungs- und (wenn man so will auch) Pufferfunktion für die sich immer stärker ökonomisch, sozial und auch kulturell ausdifferenzierende Gesellschaft. Sie lindern den Dehnungsschmerz der Gesellschaft. Umso wichtiger ist ihre organisatorische und finanzielle wie auch die kontrollierende und normative, direktive Kraft im Interessenausgleich. Wichtig ist, wie sie gemeinnützige und kommerzielle und kommunale Kompetenzen in Problemlösungen integriert, wie sie die vielfältigen Akteure, in der gesamten Spannweite von Verwaltung bis charismatischem Bürger, von Sportverein bis Tourismusverband, vom Einzelhändler bis zu Unternehmen mit hunderten Beschäftigten auch auf eine regionale Dimension ihrer Arbeit aufmerksam macht und sie zur Mitwirkung befähigt.

Im Folgenden soll an ausgewählten Themen eine Diskussion umrissen werden, die Bedingungen der Möglichkeit selbstbestimmter, lebenswerter, sinnerfüllter Zukunft von Regionen ermittelt und zunehmend selbstbewusst geführt wird. Insbesondere sind hier Regionen gemeint, die mit historischen, politischen, wirtschaftlichen und geografischen Nachteilen belastet sind und die sich einem gravierenden Wandel von Bevölkerungs- und Wertschöpfungsstrukturen gegenübersehen. Dabei scheinen angesichts fehlender Ressourcen für einen primär wirtschaftsgenerierten Abbau von Entwicklungsnachteilen (wieder) kulturelle Merkmale, lebensweltliche Vorstellungen, die Nutzung sozialer Potentiale (soziales Kapital) und geografischer bzw. landschaftlicher Besonderheiten in den Vordergrund zu treten[13].

Der Problemdruck wird größer, aber auch die Fähigkeit und die Bereitschaft, neue Konzepte und Lösungen zu entwickeln und wirksam werden zu lassen:

---

12 „Global" steht hier für alle Wirtschaftszusammenhänge, die nicht auf regionalen Ressourcen und Besonderheiten (den sog. endogenen Potentialen) aufbauen bzw. von diesen abhängig sind.

13 Hier wird Bezug genommen auf die Themen für die Diskussionsveranstaltungen der Tagung „Extend 2011" Ideen für die Zukunft im ländlichen Raum am 11.05.2011 in Bautzen, veranstaltet vom „Akteursnetzwerk demografische Perspektiven der Oberlausitz (Hochschule Zittau/Görlitz), der Initiative „Begeisterungsmomente" und dem Kreativnetzwerk „Business-as-useful".

Ressourcensouveränität: was sind entwicklungsrelevante Ressourcen für die Region und wie kommen die „richtigen Akteure“ an die richtigen Ressourcen heran? Problem ist die Kombination/Verknüpfung von Ressource und Akteur. Welche Bedingungen müssen sich verändern, dass eine Verfügbarkeit über die Ressourcen hergestellt werden kann? Welche Bedingungen stehen der für die Region nützlichen Erschließung und Anwendung durch Schlüsselakteure für Regionalentwicklung entgegen? Was sind funktionell sinnvolle Autonomien (z.B. regionale Stoff- und Finanzierungskreisläufe)?

Transferfalle: regionale Innen- und Außenbeziehungen. Welche relevanten Transfers werden geleistet, finden statt und wie sind jene für die Regionalentwicklung förderlichen Transferbalancen zu sichern und zu unterstützen (im Spektrum von Zuwendungen und Förderungen, Personen-, Ideen-, Wissens- und Normen- (Regelungs-)transfer bis hin zu Finanzströmen aus wirtschaftlicher Wertschöpfung)? Welche Bedingungen führen zu Disbalancen und Abhängigkeiten, wie ist aus der Stoffkreislauffalle zu entkommen (wo kommen Exportüberschüsse für Investitionen in Innovation und Entwicklung in der Region her?), wie ist eine „Transfergerechtigkeit“ zu denken und zu erreichen?

Jugend / Fachkräfte / Bildung: „Jugend hat Heimweh nach Zukunft“ (Sartre). Das Jungsein aller Generationen hängt also von der Vorstellung ab, ob und wie Zukunft mitgestaltet werden kann, von sinnvoller Arbeit, Wohnen, Familie, der Balance von Produktion und Natur, Freizeit/Genuss und Anerkennung des Geleisteten. Die „Neue Region“ gewinnt ihre Attraktivität aus dieser Balance und erzeugt aus ihr die Bereitschaft zu Entwurf und Mitwirkung. Das setzt (materielle und ideelle) Mindestbedingungen und eine hinreichende Vielfalt und Nähe voraus, also ein Milieu vorurteils- und tabureduzierter Ideen, Diskussionen und Projekte. Fachkräfte bleiben, Jugend kehrt wieder, wenn ihr Weggehen der freiwillige Wunsch nach Neuem ist und keine Nötigung, die als Befreiung aus einer heimatlichen Beengtheit oder prekären Finanzsituation erlebt wird. Und natürlich werden Bindungskräfte verstärkt, wenn Erwachsensein und Alter, wenn „Normalität“ keine Bedrohung für freie und unkonventionelle Lebensentwürfe ist, und wenn Kompetenz und Wissen, wenn Jugend und Flexibilität keine Bedrohung für jene Menschen darstellen, die ihren Lebensmittelpunkt beständig in ihrer Region gefunden haben. Welche Chancen bietet in diesem Kontext die auch kulturferne Zuwanderung[14]? Wie ist angesichts der starken „Alterung der Gesellschaft“ eine gerechte Beteiligung von Jugend als demografischer Minderheit in einem System von Mehrheitsentscheidungen realisierbar? Welche alternativen

14 Z.B. aus Ländern außerhalb Europas.

Jobmodelle für flexible und firmenübergreifende Auslastung von Fachkräften sind wettbewerbsneutral möglich?

Ältere Menschen (im ländlichen Raum): Der Lohn eines arbeitsreichen Lebens besteht im Wesentlichen in der Befreiung aus der ökonomischen Zweckbindung der Arbeit, die im Alter nur noch sinnbefriedigend ist. Das heißt „Alter" ist Ernte und insofern hochpolitisch, also zeigt sich an ihm eine hinreichende und (oder?) verfehlte Balance in der Gemeinschaft. Die Krise der Alterssicherungssysteme ist nicht auf eine Leistungs- sondern auf eine Verteilungsdysfunktion zurückzuführen. An der immer stärkeren Instrumentalisierung der Alten für eine „silver economy", für die Reparaturen systemischer Pflege- und Betreuungsdefizite, an ihrer „Ghettoisierung" und kulturellen volkstümelnden Entmündigung, an der Verschwendung in drei bis vier Generationen angesammelten und aufbereiteten Wissens usw. ist demgegenüber das Versagen der Gemeinschaft abzulesen. Die Zumutungen, die sich aus der ländlichen Infrastruktur- und Versorgungssituation ergeben, verschärfen die Situation zunehmend. Zentrale Frage ist demnach: welche Bedingungen, Tätigkeiten, Projekte und Gemeinschaftsformen kann eine lebenswerte Region schaffen, um für Alte eine nicht ökonomischen Zwecken unterworfene sinngebende Gemeinschaftsintegration zu gewährleisten? (Ganz zu schweigen vom würdevollen Umgang mit dem Ende des Lebens.)

Regelungsdichte und Innovationsblockaden: Innovation und Initiative sind zwei Seiten derselben Sache und miteinander eng verwandt. Regeln, insbesondere in Gesetze und Vorschriften geronnene, enthalten immer ein Drohpotential. Sie sollen nicht nur Handeln ermöglichen – oft gegen Widerstände, die durch fehlende Regeln entstehen können –, sondern auch falsches Handeln verhindern oder Bestrafung ermöglichen. Der Begriff „Regelungsdichte" soll also die jeweilige Ausprägung des Verhältnisses von Ermöglichung und Strafandrohung zeigen. Entwicklungen basieren auf Innovationen und Initiativen. Diese brauchen eine je spezifische Regelungsdichte. Für die „Neue Region" scheinen Regeln oft unangepasst, regionale Differenzierung ignorierend und innovationsfeindlich, nicht zuletzt weil sie Sicherheit für Menschen mit Entscheidungsverantwortung in riskanten Situationen versprechen. Doch wer sich *nicht* in Gefahr begibt, kommt genau darin um![15], weil die Risikokompetenz, welche letztlich Regeln legitimiert, verloren geht und das Lernen verlernt wird, was dann wiederum mit Innovationsfeindlichkeit und Initiativblockaden kompensiert wird. Zu diskutieren wäre also, welche Regeln wir brauchen, wer sie macht und zu verantworten

15 Bert Brecht zitiert die (Luther-)Bibel: Wer sich in Gefahr begibt, kommt darin um (Jesus Sirach 3, 27) Aus der Sicht des Lernens stimmt mehr die hier verwendete Variante. Risiken und Offenheit sind jene Eigenschaften, die insgesamt evolutionär belohnt wurden.

hat und wer sie einhalten muss, und schließlich welche unvermeidlich hingenommen werden müssen und welche dann besonders schädlich für die Lösung dringender Probleme sind. Regeln und Transformation sind ebenfalls zwei Seiten einer Medaille, stehen aber eher in einem negativen Verhältnis zu einander.

Problemlösungsmuster: wie werden Probleme als solche überhaupt und wann wahrgenommen (Wahrnehmungsstrategien der Katastrophe und des Glücks), welche Interpretationsmuster tragen wir mit uns herum? Sind es solche, die Lösungen verhindern oder immer in nur eine Richtung ermöglichen; welche sind es, die konstruktive Perspektiven eröffnen? Wie sind Defizite der Artikulation und Darstellung von Problemen (z.B. defätistische, resignative und fatalistische Beschreibungen) zu vermeiden, ohne in Romantisierungen zu verfallen? Welche Tabus und welche versteckten Paradigmen verhindern das offensive und kreative Entwickeln und Umsetzen von Problemlösungen?

Traditionsbindung: gibt es nach 1945 und 1989 noch eine starke regionale Identität oder wird sie politisch immer nur zweckgebunden ausgerufen? Welche Traditionen wirken wie positiv oder negativ in strategische (und taktische) Entscheidungen hinein (bei Unternehmen, Verwaltung, Gremien etc.)? Tradition verspricht Orientierung und Sicherheit – welche davon schaden der Transformation der Region in eine innovative und lernende; welche befördern sie? Zumutungen im Wandel brauchen Werte, mehr noch aber braucht die Bündelung von Energien und diverser Engagements einen neuen Wertekonsens. Der wiederum verlangt offene und respektvolle Streitformen und den Mut zu konsequentem Denken, Sprechen und Handeln.

Wettbewerb / Kooperation: Welche Wettbewerbe finden überhaupt statt, werden reguliert oder verhindert? Gibt es überhaupt einen Wettbewerb der Regionen, wenn ja was wäre sein begehrtes Gut? Was sind die spezifischen regionalen Wettbewerbsbedingungen, sprich: wer sind die Wettbewerber, mit welchen Wettbewerbsinstrumenten agieren diese und vor allem auf welche knappen Ressourcen (damit sind nicht nur finanzielle Polster und/oder Kredite gemeint) beziehen sich die, die miteinander im Wettbewerb stehen oder bestimmte Wettbewerbserwartungsmuster ausgebildet haben? Wie kann erreicht werden, dass Wettbewerbsvorteile regional wirken und positive Verteilungseffekte auf die Lebensqualität haben und nicht allein in Unternehmen verbleiben? Welche Bündelungs-(Cluster-)effekte verbessern die Wettbewerbschancen von Unternehmen, Branchen und der Region insgesamt? Wie kann Wettbewerb befördert werden, ohne damit Verdrängung und Verzicht zu erzeugen? Wie können Wettbewerb und Kooperation kombiniert werden, welche Formen und Themen begünstigen eine Zusammenarbeit zwischen Regionen – welche Akteure sind das dann (auch außerhalb von Gebietskörperschaften)? Wie ist zu vermeiden, dass Förderungen letztlich vor allem die Wettbewerbsstarken begünstigen, ohne dabei die Bedingungen der Entstehung von Stärke oder aber die Nachteile strukturschwacher Regionen zu berücksichtigen?[16]

Die Region ist ihr eigenes Entwicklungslabor. Sie „holt nicht nur Moderne nach", sie fördert auch fortgeschrittene Entwicklungen und die Anpassung an Trends. Dafür sind eigene Forschungs-, Wissenschafts- und Entwicklungsleistungen nicht nur im technologischen Bereich nötig. Eine Region, die sich selbst nicht thematisiert und ihr Profil wie auch ihre Entwicklungsleistungen nicht kennt, die sich demnach hinsichtlich ihrer Zukunft nicht regelmäßig professionell vergewissert und entwirft, hat kaum eine Chance, ihre Potentiale langfristig zu nutzen und zu entfalten.

Ruralität: Wie kann Ländlichkeit gedacht werden, ohne dabei immer nur einen Gegensatz zur Stadt zu reproduzieren, ohne ländliche Lebensweise nur als naturnah, stressreduziert und fahrradfreundlich zu idealisieren? Städte leben heute längst ihre eigene Alternativen. Und darin nicht nur ihre urbanen Pioniere, die die innerstädtischen Brachflächen besiedeln/begrünen, auf Dächern, in Parks, auf Straßen Ruhezonen schaffen oder mit Hilfe neuer funktioneller Raumgliederungen und der technologischen Überwindung innerstädtischer Raumbelastungen durch industrielle Produktionsweisen neue lebensweltliche Balancen für sehr verschiedene sozial-kulturelle Milieus ermöglichen. Die Revitalisierung der europäischen Stadt lässt romantische Ruralität obsolet werden und tendenziell wertekonservativ bzw. borniert. Wo geht die Beziehung Stadt-Land hin? Wird „Land" funktionell neu geordnet: Lebensmittel, Bodenschätze, Rekonvaleszenz-

---

16 … etwa indem starke Organisationen mit Hilfe öffentlicher Förderung ausreichend Kompetenzen und Kapazitäten aufgebaut haben, um die vielfältigen weiteren Fördermöglichkeiten zu nutzen bzw. um aus „starken" Produkten und Innovationen neue Förderansprüche zu generieren, um dann schließlich wieder z.B. Clustermanagement-Förderung zu erhalten. „Sofern Wettbewerb und Konkurrenz darin bestehen, dass Akteure in schwach definierten Situationen mit unerwarteten Aktionen unvorhersehbare Ereignisse produzieren, macht der Begriff des Wettbewerbs nur Sinn, sofern er nicht an empirischen Einzelfällen überprüft wird und eben damit die Offenheit von Wettbewerbsverfahren meint. Niemand weiß, wer wie wo und womit im Wettbewerb gewinnen oder verlieren wird. Nachprüfbar ist allenfalls, dass Wettbewerbsgesellschaften die Chancen des Wettbewerbs besser und effizienter verteilen, als es andere Sozialformationen tun. Das bedeutet zugleich, dass eine ökonomische Theorie der Konkurrenz zwar keine konkreten Aussagen über die Zukunft besonderer Ereignisse und Zuteilungen, aber Aussagen über die Art der im Wettbewerb entstehenden Strukturen und Ordnungsmuster treffen kann. Der Wettbewerb ermöglicht *pattern predictions*." Vogl, Joseph in: Das Gespenst des Kapitals, diaphanes Zürich 2010/11, S. 56

und Tourismusraum, Transportkorridor? Oder gewinnt Region auch eine neue funktionelle Balance, in der Urbanität und Ruralität ihren Gegensatz verlieren und in der „Peripherie", anstatt als negatives Stigma zu fungieren, ein Noch-Nicht als Aufforderung und Hoffnung auf Region und Integration bzw. Balance zum Ausdruck bringt? (Peripherie nicht als negativer, sondern als Aufforderungs- und Hoffnungsbegriff). Können ländliche Räume die Vielfalt und Dichte kreativer Milieus von Städten durch neue Kommunikationsformen reproduzieren, oder folgt diese Idee nur einer falschen Gegenüberstellung und Wettbewerbskonstellation zwischen „Stadt und Land"?

Dezentralität: Zentralität optimiert Ressourcen, Produktionen, Verteilungen. Sie generiert zunächst einen Produktivitätsvorsprung und -gewinn – auch wegen der Vorteile der Nähe sozial-kultureller Milieus und der inneren urbanen Vielfalt. Sie steigert die Entwicklungsdynamik – aber damit ist immer auch die Konzentration der Gewalten verbunden und die Notwendigkeit, Diversität auszubalancieren. Wo das nicht gelingt, entstehen Verluste und zusätzliche Belastungen. Dezentralität kann das verhindern oder zumindest eingrenzen. Sie ist demokratischer und kann über den Demokratiegewinn sozial wie politisch die Allokationsnachteile ausgleichen. D.h. sie verteilt gerechter und ermöglicht die Erschließung von entwicklungsrelevanten Ressourcen auch für Akteure, die nicht die Vorteile der urbanen Verdichtung bzw. der Konzentration nutzen können. Das aber hat Rahmenbedingungen zur Voraussetzung, die die Ungleichverteilung von Entwicklungschancen verringern. Das Aufgeben des Grundgesetzgebots der gleichen Lebensverhältnisse durch eine Neuinterpretation des Gerechtigkeitsparadigmas kann verhindern, dass dann auch die „Vorteile" der Dezentralität entfaltet werden. Diskutiert werden muss nun, wie solcher Nutzen durch gesellschaftspolitische, administrative, juristische und weitere Bedingungen verhindert wird, bzw. wie er erschlossen werden kann. Dezentralität schützt nicht vor den Folgen sozialromantischer Illusionen.

Gelingendes Leben: Werte und positive Visionen! Welchen Sinn hat es über Zukunft zu reden, wenn weder klar ist, dass sie immer ein Zielkonflikt ist, noch welches Leben in Zukunft gelebt werden will? Visionen und Entscheidungen (so man sie tatsächlich noch fällen kann) beinhalten immer Erwartungsketten mit ihren jeweiligen Kausalitätsvermutungen: Was gerecht, sozial, was Gewinn ist, welches Wachstum, welchen Wohlstand wir brauchen, was Wohlergehen in ökologischer und intergenerativer Verantwortung bedeutet und welche Grenzen Wettbewerb, Pluralität, Eigensinn und Unternehmungen haben, schließlich: welche Sinn gebenden und glücklich machenden Leistungen und Ereignisse unser Leben als gelingendes erscheinen und so Ziele vorstellbar werden lassen – um diese Diskussion kommen wir nicht herum, selbst wenn wir fast immer so tun, als wären hier längst die letzen Worte gesprochen. Zumutungen brauchen Werte, vielmehr aber braucht die Bündelung der Energien diversen Engagements einen Wertekonsens. Der wiederum verlangt Formen seiner Gewinnung: das Streitforum und den Mut zu konsequentem Denken, Sprechen und Handeln.

Daraus leitet sich der Auftrag „angewandter Forschung" im Kontext „regionaler Transformationsprozesse" ab: Ermittlung der relevanten und realistischen Handlungsdimensionen in den sog. „Neuen Regionen", Aufzeigen von Zusammenhängen und der Dimensionalität für die zivilgesellschaftliche und politische Willensbildung insbesondere in der Entscheidung über Entwicklungsrichtungen und Alternativen, für Selbstorganisation und Intervention, das heißt vor allem für das Herausarbeiten von Schwerpunkten, das Austragen von Zielkonflikten und die Benennung von Handlungsoptionen (Operationalisierung) und maßgeblicher wirkmächtiger Instrumentarien.

Deshalb soll im Folgenden versucht werden, Differenz und Zusammenhang unterschiedlicher Wirkungsdimensionen von Projekten und langfristig angelegten Maßnahmen in der Regionalentwicklung, insbesondere unter Bedingungen vergleichbarer Entwicklungsnachteile, zu ermitteln, sowie diese in eine Vorstellung interdependenter Ebenen sozialräumlicher Entwicklung (Regionalbezug) zu übertragen. Der theoretische Zugang ist hier sinnvoll vor dem Hintergrund einer Zunahme des Verständnisses und der Kompetenz sowie des Willens der Akteure in der Region zur Selbstbestimmung und Problembearbeitung sowie der Kooperationsbereitschaft auf der einen Seite, bei gleichzeitig zu beobachtender Abnahme der Handlungsmacht im institutionell-administrativen Bereich, einer tendenziellen „Verohnmächtigung" tradierter Organisationsformen der Zivilgesellschaft bzw. von freien Trägern in der Auftragskonstellation zu Kommunen, Landkreisen und territorialen Entwicklungs- und Planungsinstitutionen auf der anderen Seite.

Woran lässt sich das zeigen? Kommunalhaushalte erscheinen zunehmend prekär. Die Reichweite von Planungen bzw. Interventionen, d.h. die Glaubwürdigkeit und Verbindlichkeit administrativer Entscheidungen nehmen ab und der Aufwand für „Nachjustierungen" nimmt zu; Kommunikations- bzw. Demokratiedefizite wachsen und führen vermehrt zu Versuchen, neue Formen der Selbstorganisation und sogenannter Bürgerbeteiligung zu finden. Das hat vielfältige Konsequenzen, vor allem aber sind die Beziehungen der unterschiedlichen Akteure zueinander herausgefordert. New Governance[17] darf dabei kein Feigenblatt

17 Grenzen des Governance-Konzepts und seiner Umsetzung im Regionalmanagement erscheinen in der minderen Sanktionierbarkeit, geringeren Bindung und schwierigen Überprüfbarkeit reziproker Ressourcenabhängigkeit und des Anteils am „Netzwerkgewinn" bzw. des realisierten Bindungsvorteils. Allerdings scheinen doch die Vorteile, die vor allem im „gesellschaftlichen Gewinn" (u.a. Vertrauensgewinn) liegen, solche Nachteile zu kompensieren.

für die Konservierung veralteter Entscheidungs- und Kooperationsformen werden. Sogenannte zivilgesellschaftliche Organisationen (NGOs), die politische Mitwirkungs- bzw. Gestaltungsmacht bürgerschaftlichen Engagements, soziale und kulturelle Institutionen, die politische Legislative und nicht zuletzt die Verwaltungen brauchen eine neue Kultur der Zusammenarbeit, die auf Augenhöhe agiert, gegenseitige Verbindlichkeiten schafft und im vernetzten Arbeiten Spielräume für nachhaltige und zuweilen auch unkonventionelle Problemlösungen und Ideen bereit hält. Nicht jede ökonomische Investition, die Arbeitsplätze schafft, muss sich in diesem Kontext behaupten. Nachhaltigkeit ist keine Kategorie, die für Ökologie reserviert ist. Regionalentwicklung und darin deren Wirtschaft wird nachhaltiger sein, wenn Investitionen durch den Werte- und Zielkonsens dieser neuen Kultur der Zusammenarbeit getragen werden.

Ressourcen – Nutzenkalküle – Sinn: Drei sich ergänzende Ebenen innovativer Regionalentwicklung

Regionen sind Konstrukte und Zuschreibungen an denen diverse Akteure beteiligt sind. Sie gehen vielfältige Beziehungen ein, obwohl sie im eigentlichen Sinne keine Subjekte, sondern nur Frameworks (Rahmen) für Handlungen und Interpretationen sind. Allerdings erlangen sie quasi Subjektstatus, weil sie aufgrund solcher Zuschreibungen Referenz- bzw. Bezugsebene mit Erwartungen über Leistungen sind (wie etwa bei religiösen Projektionen). Regionen reagieren auf Anforderungen und Defizite. Ihre Faktizität, ihr Sosein nimmt das auf, was an neuen Herausforderungen entsteht und das, was an Bewährtem und Unvermeidlichem, an Aufgaben und Problemlösungen an anderer Stelle / bei anderen Institutionen / Trägerschaften und Verantwortungen nicht mehr geleistet werden kann. Die dabei entstehenden Unschärfen in den Beziehungen zu und zwischen institutionellen Konstrukten in der Territorialorganisation wie etwa dem Landkreis oder einem Planungsverbund auf der einen Seite und der „Neuen Region" auf der anderen Seite erzeugen nicht nur Handlungsunsicherheiten, sondern auch offene Zonen, noch nicht ausregulierte Handlungsfelder, insbesondere für die sich selbst ermächtigende und zunehmend kompetente Zivilgesellschaft.

Die „Neue Region" ist so Produkt und Spiegel der Transformationsprozesse, zugleich aber auch ein Entwurfsraum transkapitalistischer Akteurskonstellationen (Gesellschafts- und Gemeinschaftsformate), als Inszenierungsraum von (auch gewollter) Zukunft. Voraussetzung und Bedingung einer solchen idealtypischen Bestimmung sind grundlegende Änderungen im Umgang mit Ressourcen im allgemeinen wie auch im speziellen mit den Potentialen des Engagements, der Sinngebung und der Kreativität, sowie einer auf die Bedürfnisse und Entwicklungsmöglichkeiten respektive Lebensentwürfe von Bevölkerung, Bürgerschaft, Akteuren etc. ausgerichteten Innovationskultur und Verteilungsgerechtigkeit.

Wird ein Maßstab für Ressourcensouveränität sowie eine profilierende sinnverstärkende Innovationsleistung regionaler und regional vernetzter Akteure gesucht, um die „Neue Region“ auch inhaltlich zu qualifizieren und ihren gesellschaftlichen Unterschied zu solchen Regionen zu fassen, die eher nur reagierendes Konstrukt von Wettbewerbsdruck, Zuständigkeitsprojektion und systemischen Defiziten traditioneller Territorialorganisationen und Administrationen darstellen, so scheint sich als Kernfrage die nach der Art und Weise von Problembehandlungen herauszustellen. Werden 'Warum? Was heißt das?` herkömmlich als Schlüsselfragen für Problemlösungen a) Erkenntnis bzw. Information und b) Instrumentalität angesehen, so geht diese Betrachtung oft am Kern vorbei. Probleme entstehen entweder als Naturereignisse bzw. Quasinaturereignisse, die über uns hereinbrechen *oder* aber als durch uns definierte Schwierigkeiten, die sich aus der Differenz zwischen der Zieldefinition und der Ist-Situationsbewertung ergeben. Das heißt, Souveränität ergibt sich, misst sich an der Fähigkeit der Problemdefinition, an der Problemakzeptanz, d.h. daran, selbst zu entscheiden, ob dieses oder jenes Problem angenommen wird, vorausgesetzt, es gäbe die Möglichkeit, auch nein zu sagen. So entsteht ein jeweiliger Interpretations-, Entscheidungs- und Handlungsdruck, eine (Selbst-)Nötigung vor dem Hintergrund der Gefahr von Stagnation und Rückschritt gegenüber komplexem Handeln.

Zugzwang. Hier kann angesetzt werden. „Zugzwang“ ist eine ambivalente Bezeichnung[18]. Sie meint sowohl die strukturelle Nötigung, die sich aus Megatrends, Entwicklungspfaden und Ressourcenknappheit bzw. Wettbewerbsabhängigkeiten, oder aber aus fehlender Handlungs- respektive Entscheidungssouveränität ergibt (z.B. fehlende Haushaltsmittel, fehlende personelle und intellektuelle Ressourcen, fehlende eigene und selbstverantwortete Problemlösungen). Sie meint aber vor allem eine Situation, die für Pfadänderungen, für das Ergreifen von Möglichkeiten reif ist, gewissermaßen ein Zeitfenster darstellt, eine historische Möglichkeit, bevor sich erneut tiefer greifende Abhängigkeiten ergeben.

Entscheidungs- und Handlungssouveränität. Um solche Situationen und deren (objektive) Möglichkeiten erkennen und einschätzen zu können, ist eine Analyse

18 Vor dem Hintergrund jüngster Entwicklungen und Trends: a) Globalisierung, Klimawandel, Demografie, Ressourcenknappheit; b) soziale Segregation, Fragmentierungen und Konzentration von Potentialen, Mobilitäts- und Kohärenzkosten (Aufwand), Volatilität und abnehmende Krisenresistenz sowie Resilienz, Flächenverbrauch und (u.a. ökologischer) Diversitätsverluste, Wettbewerbsdruck für Regionen: Innovation und kritische Massen, c) Transferabhängigkeiten, Vernetzungsdruck und Clusterpotentiale

der Bedingungen und Voraussetzungen von Handlungs- und Entscheidungssouveränität sinnvoll, ja geradezu unverzichtbar. Da das keine leichte Aufgabe ist, sollen hier zwei Überlegungen angestellt werden, die m.E. zumindest im Grundsätzlichen beschreiben, wie 1. aus dem Zusammenhang und der inneren Abhängigkeit verschiedener Ebenen des gesellschaftlichen Reproduktionsprozesses jene Handlungs- bzw. Interventionsschwerpunkte und -ziele ermittelt werden können und 2. wie allgemein Problemkonstellationen strukturiert sind, um die maßgeblichen Blockaden und Schwierigkeiten bei Problemlösungen sichtbar werden zu lassen.

Dass die Ergebnisse einer solchen Betrachtung dann schließlich einer an den Themen konkreter Regionen orientierten dimensionalen Analyse und Bewertung unterzogen werden müssen, ist selbstverständlich, weil Treiber, Attraktoren und spezifisch regionale Trends bestimmt werden, vor allem aber das mögliche Verhältnis relevanter Akteure mit ihren jeweiligen Handlungsoptionen und divergenten Interessen zu den Berührungspunkten einer hochkomplexen Gesamtsituation, also gleichsam die *Interventionsportale* ermittelt werden müssen.

Im Ergebnis dieser Überlegungen wird sich erneut ein Schwerpunkt zeigen: das ist die Ressourcenrelevanz für Problemlösungen, die Bestimmung der Möglichkeiten der Potentialentfaltung und vor allem die (regionale) Entscheidungs- und Handlungssouveränität. Da sich ein solcher Zugewinn an Verständnis und Ermutigung nicht im leeren Raum einstellen kann, sind nicht zuletzt Wettbewerbe zu berücksichtigen. In einer Zeit, in der Wettbewerbsvorteile zunehmend nicht mehr an materielle Ressourcen gebunden sind bzw. Vorteile in Abhängigkeit vom Zugang zu diesen entstehen, sondern aus der Kombination von Wissenschaft und Willensbildung, stellen sich für Wettbewerb Innovation und Invention als knappste Ressource heraus[19]. Hier wird absichtlich von der Kombination von Innovation und Willensbildung gesprochen, weil m.E. sich gerade für das Format „Region“, Praxis und Begriff von Demokratie bewähren werden oder eben erneuern müssen.

Im Folgenden soll auf die innere Abhängigkeit verschiedener Ebenen im gesellschaftlichen Reproduktionsprozess eingegangen werden, um zu zeigen, wie zumindest theoretisch die Stelle maximaler Interventionswirkung auch für die Regionalentwicklung bestimmt werden kann. Als was und wie sind die verschiedenen Ebenen im gesellschaftlichen Reproduktionsprozess zu verstehen? Und warum scheint die Erörterung von Zusammenhang und Unterschied dieser Ebenen zielführend? Konzentriert auf das Wesentliche heißt das:

Da ist zunächst unser direktes Verhältnis zu den materiellen Ressourcen und Gütern (z.B. Ökosystemdienstleistungen), in dem wir unsere Bedürfnisse spiegeln

19 In anderen Worten: Kreativität und „Zielführung“, Persönlichkeit und Wissen etc. pp.

und Produkte herstellen, die unseren Konsum ermöglichen, die einfache Reproduktion unserer Kräfte etc. Hier geht es um Ressourcenumwandlung. Problem hier: die tendenzielle Knappheit, die Diversität und der Zugang zu ihnen bzw. die Nutzungsrechte. Diese Probleme erscheinen als solche der Verteilung und Allokation, des Eigentums bzw. Besitzes, als technische und technologische Probleme der Umwandlung und Bedürfnisanpassung, der Speicherung und der Nachhaltigkeit bzw. Erneuerung.

Auf einer zweiten Ebene betrachten wir die Systeme, Regeln und Verfahren. Hier wird nicht entschieden, ob oder ob nicht erschlossen und umgewandelt wird, sondern wie das vor dem Hintergrund möglicher Alternativen stattfindet. Organisation und Optimierung sind Stichworte, mit Hilfe derer wir Zugangsprivilegien sanktionieren, Gesetze ausgestalten, im Sinne technologischer und organisationaler Rationalität entscheiden, nicht was, sondern wie wir es tun. Dazu gehören schließlich die institutionalisierten Glaubenssätze und Normen, die Infrastrukturen und in Betriebsformen geronnenen Macht- und Funktionsverteilungen. Da wir auf der zweiten Ebene Nutzenkalküle, Systemeffekte und zweckrationale Geltungsansprüche verhandeln und so bereits im Zuge der Abwägung Vorteil, Verbesserung und Zuwachs unterstellen und auch erreichen, kann diese Ebene auch als eine der Produktion von Überschüssen und Mehrwerten, der Wertsteigerungen verstanden werden, was schließlich ein Verteilungs- und Verwendungsproblem hervorrufen kann und es in der Regel auch tut. Wenn dann die *Form* der Lösung solcher Probleme Wettbewerbe sind, wird auch verständlich, warum soziale Machtverteilungen bzw. Hierarchien inklusive ihrer Marktentsprechungen z.B. als Oligopol oder Monopol durchaus auch als Effizienzsteigerung und Entwicklungsförderung interpretiert werden können.

Grundsätzlich aber erzeugt solche Überschüssigkeit, solche Mehrproduktion, solche Optionalität eine dritte Ebene, ohne die keine gesellschaftliche Reproduktion und Entwicklung stattfinden kann: geklärt werden, verhandelt, ausgehandelt werden muss dann nämlich nicht nur wie ein jeweiliges Optimum vergrößert werden kann, sondern auch warum es erreicht werden sollte, was mit den Fortschritten geschehen soll. Erst hier findet eine Abwägung der Motive und Gründe statt. Das Tun wird als sinnvoll oder sinnlos vor dem Hintergrund von vorgestellten und gewollten Entwicklungsperspektiven bewertet. Auch wenn die zweite Ebene zuweilen autoreferenziell scheint, so findet sie doch auf der dritten ihr Korrektiv, ihre ethische Entsprechung und ideologische Begründung, Legitimation und Verklärung. Grundlegend ist auf dieser Ebene nun nicht der materielle Reproduktionsprozess, sondern die Herstellung von Sinnzusammenhängen sowie der Beziehungen zwischen realer und möglicher Welt. Dafür brauchen wir Zeichen, Entwürfe, Kommunikationsstrukturen, Codierungen und Verstehensregeln, wir brauchen Regeln für die Beteiligung an der Konstitution von Sinn und des Austauschs von Gewissheiten und Irrtümern. Zweckrationalität (zweite Ebene) verwandelt sich hier in einen Wertediskurs, in dem ebenfalls vielfach Wettbewerbe um Interpretationsvorherrschaften stattfinden. Nicht zuletzt benötigen diese Aushandlungsprozesse, solche Sinngebungen selbst wieder Medien, Transportmittel, Betriebe und Unternehmungen, Experten, Finanzen und Richter im Anspruchswettbewerb. Obgleich dies wohl tatsächlich als ein abgeleitetes System erscheint, dürfte deutlich geworden sein, dass letztlich keine Gesellschaft auf diese Ebene verzichten kann.

Interessant ist, dass über *Sinn* wohl kaum Einigkeit erzielt werden kann, der sog. Gemeinsinn bleibt eine ewige Utopie und wahrscheinlich reserviert für die stets knapper werdenden Gemeingüter. Wenn dies reflektiert wird, wenn darauf reagiert wird, liegt eine Defizitkompensation oder aber eine Korrektur nahe. Wir versuchen die Defizite der vorhergehenden Ebenen auf Trauminseln und in Freizeitutopias zu kompensieren und schließlich, wenn Kompensation so nicht mehr reicht, organisieren wir erneut einen Wettbewerb. Der ist nicht mehr nur bemüht, die Systeme der Regelungen des Wettbewerbs und der kritischen Diskurse um Sinn und Unsinn der Herstellung und Verteilung von Produkt, Technik und Organisation neu zu bestimmen und zu regeln, sondern greift entweder direkt in das bestehende System der Regelungen ein, oder ignoriert es und greift sofort auf die primären Dinge zu. Im radikalen Falle aber sind die betreffenden Akteure auf dieser Ebene bestrebt, das System der Verteilung von Ressourcen und Zugangsprivilegien völlig neu einzurichten. Darin sind sich also „Mafia“ und „Revolutionäre“ gleich, ungleich jedoch was die Wertpole ihrer Intentionen betrifft. Die einen leben vom Schlechten und die anderen wollen alles gut machen. Interessant ist, dass für unsere Gesellschaft mit ihrer historisch gewachsenen Produktionsweise keine dieser Ebenen fehlen darf, ohne erhebliche Konsequenzen für ihre Existenz, Stabilität und Zumutbarkeit.

Entwicklung vs. Wachstum und Pfadabhängigkeit, Problemstruktur und Schwerpunkte im Lösungsprozess

Nach dieser philosophischen Expedition abschließend ein paar verdichtete und zugespitzte Bemerkungen über die notwendige, also unvermeidliche innere Logik von Entwicklung in den beschriebenen, voneinander abhängigen Ebenen. Probleme sind Entwicklungsformen, sind Bewegungsformen von Widersprüchen, Austragungsformen der Entwicklung, sind ihre Praxis – im Unterschied zu Wachstum, zu Steigerung und Bewegung sind die in Problemen, in Problemkonstellationen wirkenden Widersprüche, bzw. als Defizite, Überschüsse, Überforderungen erscheinenden konfligierenden Kräfte, Interessen, Zielvorstellungen,

Interpretationen, Sehnsüchte etc. also Triebkräfte der Entwicklung. Hier finden wir unseren wissenschaftlichen Ausgangspunkt. Es ist also dringend angeraten, zwischen Wachstum und Entwicklung zu unterscheiden, erst recht wenn sich Wachstum verselbständigt und ein abstrakter Maßstab wird.

Probleme bestehen aus Beziehungen zwischen Akteuren, deren Anforderungen, bekannten oder unbekannten Lösungsmethoden und Umsetzungsinstrumentarien sowie deren Verfügbarkeit und Anwendbarkeit (z.B. in Form von Zugriffs- oder Nutzungsrechten). Wo diese Beziehungen eindeutig geregelt sind, wo sie hinreichend ausgestaltet sind, verliert die Anforderung ihren problematischen Charakter und verwandelt sich in eine Aufgabe. Wo sie das nicht sind, wird Innovation erforderlich oder die qualitative Umgestaltung der Verhältnisse. Erst hier entsteht Neues, findet Entwicklung statt. Schwierigster und wahrscheinlich auch politischster Punkt in diesen Beziehungen dürfte nicht das Wissensdefizit sein, das kann abgebaut werden, wozu wir Bildung, Forschung und Entwicklung brauchen, auch nicht die technische Realisation angepasster Instrumentarien. Keine Entwicklung, keine Problemlösung wird stattfinden, wenn allein der Zugriff auf die Informationen, auf das Wissen und die Lösungsinstrumentarien verhindert wird aufgrund gewachsener Strukturen exklusiver Zugriffsprivilegien auf Instrumentarien und Wissen. Ob wir mit der Zurichtung und Sanktionierung von Verfügbarkeits- und Zugriffsregeln und -rechten klar kommen, einverstanden sind, hängt dann letztlich von unseren Sinngebungen, Verständnissen, von Einverständnissen und natürlich auch von unseren Interventionsmöglichkeiten ab.

So erhält Souveränität, also die Verfügungsmacht über relevante und zumeist knappe Ressourcen von Problemlösungen, also die entwicklungsrelevanten Ressourcen, eine Schlüsselstellung genau in Problemlösungs- d.h. Entwicklungsprozessen. Dass es dabei dann nicht nur um den Rohstoff, gewissermaßen die Primärressourcen geht, sondern ebenso, vermutlich in immer stärkeren Maße um Wissen, Kreativität, Innovation, Motivation, Kooperationstauglichkeit und -bereitschaft, also im Wesentlichen um empathische und soziale Fähigkeiten gehen, die sich so schnell als Entwicklungsressource zu erkennen geben, liegt nahe. Die „Neue Region“ steht also deshalb unter Zugzwang, weil für sie ebenso wie für eine neue Ökonomie, für eine neue Finanzwirtschaft, für eine neue Politik ihre demokratische Verfasstheit, ihre Organisations- und Mitwirkungsqualität zur Disposition steht. Selbst wenn die Komplexität die Interventionsmöglichkeiten und Entscheidungsalternativen angesichts globaler radikal-liberalistischer Ökonomien, fehlender regionaler Potentiale und Attraktoren sowie unabweisbarer Trends als verschwindend erscheinen lässt: der Schwerpunkt bei der Bewältigung von Problemen der Regionalentwicklung liegt bei der Qualifizierung regionaler Entscheidungs- und Handlungssouveränität, nicht zuletzt also bei der Selbstermächtigung der Menschen, der Akteure, der Bürger. Die Frage ist also nicht Ressourcenerschließung oder Potentialentfaltung – das ist eine Scheinalternative –, sondern wie es in problematischen Regionen gelingt, die knappe Ressource Sinn in unsicheren Zeiten zu sichern und zu pflegen, respektive die assoziierte Bürgerschaft als den Raum für Sinngebung und Werteverhandlung zu entwickeln.

„Regionen" scheinen heute sowohl reflexive wie integrative als auch experimentelle Formate zu sein. Reflexiv insofern, als sich in ihrem Begriff und Verständnis Wünsche und Erwartungen wie auch Defizite und Probleme artikulieren, die dann zu Projekten, Interventionen, Assoziationen, Zuwendungen, Aufgabenzuweisungen und deren Akzeptieren führen. D.h. in Bezug auf die konkrete Region bzw. Regionalität wird sowohl von diversen Akteuren in ihnen als auch auf verschiedenen Ebenen bzw. Strukturniveaus staatlichen, kommunalen und bürgerschaftlichen Handelns erwartet, dass sich aus ihr – der Region – ein Vorteil, ein Mehr an Ressourcen für Problemlösungen bzw. Entwicklungspotentialen generieren lässt, als das ohne Regionalbezug und Bindung, ohne Kohärenzeffekte der Fall wäre. Region wird so oft (oft zu leicht) zum Projektionsfeld, zum geliebten Spielplatz politischer Gestaltungsambitionen, aber auch zum eher widerstandslosen Zielgebiet der Delegation systematischer Überforderungen. Die „Neue Region" birgt darüber hinaus die Chance transkapitalistischer Selbstorganisation, Chance und Risiko von Selbstbestimmung und Selbstbesinnung, von zivilgesellschaftlicher Selbstermächtigung, kurz: der regionalen Wiedergewinnung von Handlungs- und Entscheidungsmacht. Das macht ihre integrative Kraft aus, wohingegen vor allem die bürgerschaftliche Assoziation, die Vernetzungen und Kooperationen wieder neu erprobt und qualifiziert werden müssen. Das macht ihren experimentellen Charakter und ihre Attraktivität aus.

Bindung und Freiheit

Kurt Biedenkopf

„Die neue Sicht der Dinge“ – Aufgaben und Innovationschancen in ländlichen Räumen[1]

Ich möchte mich dem Thema der Zukunftschancen des ländlichen Raumes nicht durch den Image-Begriff nähern, und auch nicht mittels der eher philosophischen Fragestellung nach Wegen, wie man Probleme löst. Ich möchte gar nicht von Problemen sprechen, sondern von Aufgaben. Die Bewältigung von Aufgaben ist sinnstiftend, wenn die Aufgabe einen Sinn macht.

In unserem Land haben sich ungewöhnlich viele Veränderungen in ungewöhnlich kurzer Zeit ergeben. Dies hat zu einer tiefen Verunsicherung geführt, weil die Erfahrungsentwicklung sich nicht so schnell vollziehen kann, wie die Veränderung. Das heißt, die Jüngeren sammeln Erfahrungen in einer Welt, die den Älteren zumindest teilweise fremd ist. Jeder von uns macht womöglich die Erfahrung, dass der Großvater nicht so genau weiß, was der Enkel mit dem Apparat macht, den er da mitbringt – und mit dem er Freunde hat. Der Großvater hat eine völlig andere Vorstellung von Freunden als der Enkel. Und es kann sein, dass der Enkel Freunde hat, die ihn zur Vereinsamung treiben, weil er die ganze Zeit vor dem Computer sitzt. Er kommuniziert mit Freunden, die er nie zu sehen bekommt und bei denen er nicht sicher ist, ob er ihre richtigen Namen kennt. Einer unserer zwölf Enkel hat mir vorgestern erzählt, dass die zweitgrößte Zahl von „Freunden“ in Indonesien sei. Es ist eine großartige Sache mit Indonesien unter Flatrate-Bedingungen zu kommunizieren, aber es bringt keine Gemeinschaft zustande, in dem Sinne, in dem wir hier von Gemeinschaft reden.

Landrat Harig hat uns in seinem Vortrag ein anschauliches Beispiel für die Bevölkerungsentwicklung im Landkreis gegeben: Ihm fehle die Zeit, Achtzigjährige oder auch schon Neunzigjährige zu ihrem Ehrentag zu besuchen, weil es viel zu viele sind. Jetzt müsse er sich auf die Hundertjährigen beschränken, um nicht völlig aus dem Tritt zu kommen. Wenn eine Bevölkerung in diesem Maße älter wird, dann zeigt das eine revolutionäre Veränderung an. Wenn jetzt diese Neunzig- oder Hundertjährigen Pflege brauchen – wer macht das dann? Auf der anderen Seite wird die Zahl der jungen Menschen immer kleiner, selbst wenn sie nicht weggehen. Damit verschiebt sich der Lebensmittelpunkt in einer solchen veränderten Welt nach oben ins Alter. So ist die Debatte in Deutschland über die Rente mit

1 Rede bei der Zukunftskonferenz zum Trend gegen den Trend EXTEND 2011 am 10. Mai 2011 in Bautzen.

67 Jahren völlig absurd. Zu dem Zeitpunkt, an dem sich die Rente mit 67 verwirklicht haben soll, werden wir längst über ganz andere Dinge reden.

Wir werden fragen müssen: „Wie kommen wir mit dem Altern klar? Wo sind die Chancen? Welche Möglichkeiten ergeben sich? Welche Aufgabe stellt es uns? Was geschieht in dieser Stadt oder in diesem Dorf?"

Wir sind diesen Fragen vor zwei Jahren für einen Bericht der Robert-Bosch-Stiftung nachgegangen und haben ein Unternehmen beauftragt, einmal in ganz Deutschland zu schauen, was die Leute in kleinen und mittleren Städten an Innovationen entwickeln, wie sie sich im weitesten Sinne des Wortes selbst helfen. Einige Ergebnisse davon will ich im Folgenden berichten.

Ein Problem der Dezentralisierung ist Folgendes: Die großen sozialen Institutionen, die sich mit dem Aufkommens des Sozialstaates gegen Ende des 19. Jahrhunderts entwickelt haben, sind ihrem Charakter nach zentralistisch. Sie haben zentralistisch die Verantwortung für wesentliche Lebensrisiken übernommen, die nun nicht mehr als lokal oder regional empfunden werden können, weil die Institutionen ihrem ganzen Wesen nach und in ihrer bürokratischen Ausgestaltung nicht lokal sind. Ein sehr praktisches Beispiel dafür sind die so genannten Agenturen für Arbeit und der Streit darüber, ob die Bundesagentur in Nürnberg die Wiedereingliederung von Menschen, die schon viele Jahre arbeitslos sind, vom zentralen Standpunkt her angehen soll – oder: ob die Kommunen diejenigen sind, die die Hauptaufgabe tragen, und die große Institution gewissermaßen nur helfend einwirkt.

Bezüglich der Rolle der Großorganisation im sozialen Bereich kann man in Deutschland wie auch in anderen europäischen Ländern zwei gegenläufige Orientierungen erkennen: hin zu Freiheit oder Selbständigkeit auf der einen Seite, und zur Delegation von Verantwortung an die großen Institutionen auf der anderen Seite. Wenn man die kleineren Einheiten lebendig halten will, also dezentral organisieren will, dann muss man sehen, dass die Verantwortung für wesentliche Aspekte des Lebens der Menschen wieder in die kleineren Einheiten kommt. Im Organisatorischen aber auch im begrifflichen Sinn nennt man das „die Subsidiarität erneuern". Das heißt, Strukturen schaffen, bei denen die große Einheit nicht bis in den Mittelpunkt der Familie regiert, sondern sich zurückhält und nur dann zur Verfügung steht, wenn die kleineren Einheiten sich nicht helfen können – und dann auch nicht im Sinne von Entmündigung, sondern im Sinne von Hilfe zur Selbsthilfe.

Es wird Sie vielleicht überraschen, dass dieses Prinzip in den 50er Jahren in Deutschland als die Alternative zum zentralen System der großen sozialen Einrichtungen diskutiert wurde, und dass Konrad Adenauer vier Leute, unter anderen den späteren Kardinal Höffner aus Köln, gebeten hat zu sagen, was die soziale Aufgabe des Staates sei. Und die Antwort war nicht die, die wir in den Jahrzehnten seither umgesetzt haben: nämlich die Fortführung und immer weitere Expansion der Rentenversicherungen und der Krankenversicherungen als die Protagonisten und typischen Formen zentraler Organisation. Stattdessen erhielt Adenauer eine Empfehlung zur Reduktion der zentralen sozialstaatlichen Institutionen auf die Funktion der Unterstützung der kleineren Einheiten, und zwar nur dann, wenn diese ihre Aufgaben nicht alleine bewältigen können. Wenn Sie die Zukunft dezentral gestalten wollen, dann müssen Sie das in Betracht ziehen. Ich kann nur dezentral etwas gestalten, wenn ich Organisationszuständigkeiten habe.

Es ist sehr schwierig, diese Zuständigkeiten zurück zu gewinnen, wenn der Landkreis fest im Griff der nächst höheren Gewalt – des Landes – ist. Und wenn eine dichte Beaufsichtigung das Ermessen auf der kommunalen Ebene ersetzt. Denn dann fehlt dieses Ermessen. Aber nur innerhalb dieser Ermessensspielräume entfalten sich die Initiativen.

Ich will Ihnen das an einem praktischen Beispiel zeigen: Eine mittelgroße Stadt hat sich mit der Frage der Schulabbrecher befasst. Daran war die Zivilgesellschaft, das heißt die Bürger dieser Stadt, beteiligt. Sie haben folgende Aufgabe für sich definiert: Die geburtenstarken Jahrgänge haben in Zahlen 30 Prozent weniger Kinder gehabt, als sie selbst sind. Sie erwarten aber von diesen 30 Prozent weniger Kindern, dass sie, wenn die geburtenstarken Jahrgänge in Rente gehen, die Last übernehmen, die sie selbst für die Zukunft beschlossen haben. Also das Mindeste an Intelligenz ist, dass ich dafür sorge, dass diese nachwachsende Generation, die zahlenmäßig kleiner ist, pro Kopf leistungsfähiger wird als ihre Eltern. Denn sie müssen, auch wenn sie die gleiche Last wie ihre Eltern tragen, mehr leisten, weil sie weniger sind. Also, was tut man? Man achtet darauf, dass keiner dieser jungen Menschen „verloren geht“. Wenn jemand die Schule abbricht und deshalb auch keine Lehrstelle mehr bekommt und auch nicht mehr Facharbeiter werden kann, dann verliert er einen wesentlichen Teil seiner Lebenschancen und damit auch die wesentliche Fähigkeit, ein aktives, innovatives, mittragendes Mitglied seiner Stadt oder seiner Gemeinde zu sein. Also haben die Bürger gesagt, wir müssen etwas dagegen tun. Und sie haben etwas getan!

Sie haben sich mit der Schule in Verbindung gesetzt, mit der Schulverwaltung und mit der Kommune. Sie haben selbst Gruppen organisiert und ein System von Patenschaften ersonnen. Vorwiegend ältere Leute haben dann Patenschaften für diese jungen Leute übernommen. Dann wurde organisiert, dass die Schule zwei Klassen einrichten darf. Das waren alles sehr schwierige Prozesse, aber es geht, wenn man will. In diesen Klassen wurden dann die Schulabbrecher wieder aufgenommen und auf besondere Weise unterrichtet. Pensionierte Lehrer wurden dafür gewonnen, diesen Unterricht zu gestalten. Auch dabei gab es große Probleme mit der Schulverwaltung, die einwarf: „Sind die versichert? Können die das überhaupt?“ Trotz all dieser Schwierigkeiten haben sie es geschafft, von 100

Schulabbrechern 70 zum Abschluss zu führen. Und bei den meisten davon haben sie sich auch noch darum gekümmert, dass sie eine Lehrstelle bekommen. Das ist besonders in den ländlichen Räumen wichtig: die jungen Menschen zu binden, indem sie eine berufliche Chance bekommen. Diese ganz praktischen Dinge wirken zusammen mit der Reaktivierung der historischen Substanz und der Lebendigkeit in einer Kommune, in der die Menschen immer älter werden.

Eines muss ich hierzu ganz klar sagen: Bei unseren gegenwärtigen Vorstellungen von Ruhestand funktioniert das nicht! Denn wenn eine Bevölkerung älter wird und an der Vorstellung festhält, dass sie mit spätestens mit 65 in Rente geht und dann bei den heutigen Verhältnissen noch 17 Lebensjahre (Männer) oder mehr (Frauen) vor sich hat (wobei sich die Lebenserwartung in Deutschland pro Jahr um sieben Wochen verlängert) dann haben Sie es mit einer Bevölkerung zu tun, die in absehbarer Zeit einen ebenso langen Ruhestand hat, wie die Ausbildungszeit. Das heißt, die ersten 20 Jahre sind sie ausgebildet, dann arbeiten sie 40 bis 45 Jahre und dann sind sie weitere 15 Jahre aktiv, aber im ganz anderen Sinne als bisher. Ich kenne ältere Menschen, die waren in Regionen der Welt, in denen ich nie war und auch nie hinkommen werde – vollkommen selbstverständlich, eigeninitiativ – fabelhaft. Aber was geschieht in der Kommune? Wir brauchen diese älteren Menschen.

Es gibt zwei Sätze, die ich Ihnen dazu sagen möchte. Der Eine lautet: Die 70-Jährigen werden die 90-Jährigen pflegen. Und der andere Satz ist eine Antwort, die ich einer Enkelin gegeben habe, die gefragt hat: „Opa wie lange muss ich arbeiten?“ Da habe ich ihr geantwortet: „So lange du kannst.“ Das ist im Übrigen die Arbeitszeit des Menschen so lange es Menschen gibt, bis Ende des 19. Jahrhunderts. Dann hat man die Verrentung erfunden. Und nachdem man die Verrentung erfunden hatte, hat man das Leben aufgeteilt in „Arbeitsleben“ und „Rentnerleben“ – jedenfalls technisch.

Eine Stadt die lebendig sein will, muss die Aufgaben, die sich ihr stellen, selbst und dezentral lösen können, wenn nicht nur Freiheit, sondern auch Verantwortung und Verbundenheit herrschen sollen. Verbundenheit meine ich nicht im Sinne einer kollektiven Verbundenheit, die auf Gesetz beruht, sondern Verbundenheit, die sich aus dem Verantwortungsbewusstsein von Menschen ergibt. Diese beiden Elemente – Freiheit und Verbundenheit – sind existenziell bedeutsam für die Zukunft eines Konzeptes, das von Dezentralisation ausgeht.

Dezentralisation ist ein Begriff, der sehr technisch klingt. Wir wissen, was gemeint ist, aber eine Dezentralisation von Gesetzes wegen oder von Staats wegen ist in der Regel eine widerrufliche Dezentralisation. Wenn die Dinge nicht so laufen, wie die nächst höheren Behörden das wünschen, dann greifen sie ein. Wenn sie aber eingreifen, zerstören sie genau das, was eigentlich lebendig werden muss: nämlich das Gefühl der Menschen, dass sie ihre Probleme selbst lösen können. Die Menschen brauchen die Erfahrung, dass sie sich ihre Aufgaben selbst stellen und diese dann auch lösen oder auch Fehler machen, ohne dass die Welt nur deshalb untergeht, weil die nächst höhere Ebene daran nicht durch Erlasse, Verordnungen, Gesetze und andere Möglichkeiten beteiligt ist – und die Dinge gewissermaßen von außen gestaltet.

Was wir hier diskutieren ist eine höchst praktische Sache, die aber auf einem fundamentalen Grundsatz beruht. Sie können eine dezentrale Gesellschaft, oder nennen wir es „eine in vielen lebendigen Teilen verselbständigte Ganzheit eines Landes“ nur organisieren, wenn die staatlichen Organisationen die Freiheitsräume respektieren, die die Menschen haben, und sie nicht damit verführen, Verantwortung abzugeben, indem sie sagen: „Wir übernehmen die Verantwortung.“

Damit sind wir bei einem ganz elementaren Punkt: In der Bundesrepublik Deutschland sind zwei Drittel der Bevölkerung, in Ostdeutschland sogar 70%, der Meinung, dass der umfassende Wohlfahrtsstaat der Menschlichere und der Gerechtere ist. Das heißt, sie erwarten eigentlich, dass „die Politik“ oder „Vater Staat“ die Dinge regelt. Wenn die Regelung von Vater Staat ausgeht, wird sie letztendlich eine zentralistische Regelung sein, auch wenn die vielen Unterabteilungen am Ende scheinbar lokal agieren. Das heißt, sie wird nicht das sein, was wir uns zum Ziel gesetzt haben. Wenn der Staat diese Rolle übernimmt, dann sind die Menschen auf dem Land der staatlichen Bürokratie stärker ausgeliefert als in einer Stadt. Viele Menschen gehen in die Stadt, weil man dort anonym lebt, weil man nicht von den Nachbarn beobachtet wird, weil man nicht eingebunden ist in ein System der sozialen Kontrolle.

Es gibt eine machtpolitische Frage, die für das Ziel „Dezentralisation“ entschieden werden muss. Es ist die Begrenzung der Macht der zentralen Einrichtungen zugunsten der Fantasie, der Initiativfähigkeit, der Innovationsfähigkeit, dem Freiheitsstreben und der personalen Verantwortung der Bürger. Diese personale Verantwortung, die sich in personaler Solidarität äußert, ist die eigentliche Basis, auf der sich Sinngebung entwickeln kann, denn Sinngebung entwickelt sich durch Aufgaben.

Wenn ich Aufgaben habe, die ich lösen kann, dann fühle ich mich gut. Ich muss nicht gleich glücklich sein, aber ich fühle mich gut, ich fühle mich als jemand, der nicht nur für sich selbst, sondern auch für seine Umwelt nützliche Dinge tut. Das Vereinsleben ist ein wunderbares Beispiel dafür. Vereine wären ohne diese Art von Bereitschaft zur Verbundenheit gar nicht denkbar. Dann sind es keine Vereine mehr, sondern das was wir heute „Social Networks“ nennen – in denen die Leute sich nur als Chiffre kennen, aber nicht durch eine personale Beziehung. Die personale Beziehung entsteht nur dann, wenn man gemeinsam mit anderen zusammen Probleme löst. Und wenn eine Kommune eine solche

Kultur entwickelt, dann hat sie einen anderen Charakter. Die Entwicklung dieser Art von Kultur ist eine wichtige Aufgabe.

Stellen Sie sich vor, ein Mensch zieht in eine Stadt, weil er sich sagt: „Wenn ich hierher ziehe, dann kommt jemand zu mir und sagt ‚Willkommen! Es ist schön, dass Sie da sind. Wir haben eine Menge Dinge vor, und wir können Sie brauchen.“ Das ist eine Haltung, die uns ganz fremd ist. Ich habe drei Jahre in Amerika gelebt in drei verschiedenen Abschnitten, davon den zweiten und dritten Abschnitt mit Familie. In diesen beiden Fällen – beides Mal waren es Vororte von Washington – kamen relativ bald zwei, drei Frauen mit einem kleinen Wägelchen mit hübschen Sachen, wie zum Beispiel Früchte. Vor allen Dingen aber ein Zettel, auf dem stand: „Wo ist die Apotheke, wo krieg ich dies, wo krieg ich jenes …?“ Man nennt das einen „Welcome Waggon“. Das war eine Initiative der bürgerlichen Gesellschaft, das heißt der Menschen, die da lebten. Dafür gibt es keine behördlichen Vorschriften und keine Versicherungsprobleme. Die Bürger dieser Ortschaft haben für sich beschlossen: „Wenn jemand kommt, wollen wir ihn willkommen heißen.“ Dann gehört er gewissermaßen zu der Stadt.

Etwas ganz Ähnliches habe ich hier einmal persönlich erfahren, ganz zu Beginn meiner Arbeit in Sachsen. Kurt Masur antwortete mir auf meine Frage, was ich denn hier tun könnte, zuerst mit der Aufgabe: Ich solle in Leipzig Gastprofessor werden. Und dann mit einer Begründung: „Dann sind Sie einer von uns.“ Ich habe das dann auch genauso empfunden.

Menschen werden eine Gemeinschaft bilden, wenn sie untereinander das Gefühl haben, gebraucht zu werden. Wenn sie das Gefühl haben, keiner will was mit ihnen zu tun haben, jeder ist für sich, der Gartenzaun ist eine Burgmauer, dann kommt so etwas nicht zustande. Ich will das jetzt nicht vertiefen. Zum Schluss jedoch noch ein Gedanke: Ich bin fest davon überzeugt, dass wir die sozialen Probleme der Zukunft in diesem Land ohne eine Reaktivierung der kommunalen Ebene in dem Sinne, wie ich ihn beispielhaft beschrieben habe, nicht bewältigen werden. Denn die zentralen Systeme sind nicht fähig, die Vielfalt abzubilden, in der wir heute leben.

In jeder Stadt leben Frauen, die allein erziehend sind, also so genannte „Alleinerziehende“ – ein rein bürokratischer Begriff. Sagen wir besser, wir haben Mütter oder Väter, bei denen der andere Partner fehlt, und die sich deshalb alleine um die Kinder kümmern, oder kümmern müssen. Sie haben die sehr schwierige Aufgabe, ihr Leben zu organisieren. Daher ist es eine interessante Frage, ob sich in der älter werdenden Bevölkerung eines solchen Ortes Initiativen entwickeln, die ihnen dabei helfen. So etwas gibt es bereits. Es gibt in Städten, so groß wie Bautzen, kleine Organisationen, in denen diese Frauen, seltener Männer, sagen: „Ich habe hier ein großes Problem mit der Übereinstimmung von angemessener Betreuung und Erziehung meines Kindes oder meiner Kinder und meinem Beruf.

Wie kann man das verbessern?" Meiner Meinung nach ist es wichtig, dass sich in der Zivilgesellschaft eines Ortes der Wunsch entwickelt, in diesem Sinne sinngebend zu arbeiten, also sich eine Aufgabe zu stellen.

Praktisch könnte man das wie folgt angehen: In Bautzen gibt es Gymnasien und Mittelschulen. Den Schülern der 9. und 10. Klassen könnte man folgende Aufgaben stellen: „Welche Aufgaben können wir in unserer Gemeinde lösen? Wo sind Herausforderungen, wo sind Aufgaben, wie kann man das machen?" Da können die Schüler mitmachen. Schulen könnten Orte der Innovation sein. Das kann in der Gesellschaftskunde, das kann in der Geschichte, das kann anderswo geschehen. Eine kleine Gruppe kümmert sich um die Geschichte des Landes, entdeckt sie neu, auch der Stadt – eine Stadt ist voller Geschichte – und macht sie lebendig für die Gegenwart. Sie fragen: „Wie haben die Leute das früher gemacht, als es noch kein Sozialsystem gab?" Kein Mensch will zurückkehren zur Armenfürsorge und zur Caritas. Aber die Idee, die dahinter steckt, ist nicht unwichtig. Wenn die Caritas verstaatlicht wird, ich also einen Anspruch darauf habe, von einer anonymen Mehrheit, durch Steuermittel finanziert, eine Zahlung zu bekommen, dann bin ich in einem alimentierten Zustand. Dieser alimentierte Zustand ist nicht unbedingt der Zustand, aus dem sich kommunal orientierte Interessen entwickeln, die auf Lösung von Aufgaben innerhalb der Kommune ausgerichtet sind.

Wir werden das Problem – „Die zweite Zukunft ist dezentral" – so nicht lösen. Ich bin dafür, die „zweite" wegzulassen. Was mit dem „zweiten" zum Ausdruck gebracht werden soll, ist ein Neuanfang. Ich glaube jedoch nicht, dass das allein ein Problem des Neuanfangs ist. – Es ist ein Problem der Wahrnehmung der Menschen in Bezug auf ihre Umgebung und der Verantwortung, die sie empfinden.

In einer kleinen bis mittelgroßen Stadt kann man das leichter praktizieren. Ich habe lange im Ruhrgebiet gelebt. Dort hat sich dasselbe entwickelt – in Straßenform! Dort gab es Straßen, deren Bewohner sich zusammentaten, um dann nicht nur Straßenfeste feiern, sondern sich als Mitglieder dieser kleinen Einheit umeinander auch zu kümmern. Eine Initiative ist dadurch entstanden, dass eine alte Frau in ihrer Wohnung gestorben war, und keiner hatte es gemerkt. Daraufhin haben sich viele gefragt: „In welcher Welt leben wir denn? Dass da jemand, der unter uns war, plötzlich drei oder vier Wochen später aufgefunden wird, weil jemandem aufgefallen ist, dass der Postkasten überquillt?" Das sind scheinbar praktische Probleme, aber sie haben eine tiefere Bedeutung für die Qualität einer Kommune. Und es ist die Qualität einer Kommune, was die Menschen festhält – nicht die Tatsache, dass sie einfach da wohnen, sondern dass sie sich als Bürger untereinander respektieren.

Ich habe, wenn es um die Abwanderung junger Leute geht, unseren Bürgermeistern immer wieder empfohlen: Sie könnten die E-Mail-Adresse von jeder jungen Frau und jedem jungen Mann kennen, der hier weggegangen ist. Damit kann man diese jungen Menschen überall in der Welt erreichen. Was spricht dagegen, dass man sie in einer Blog-Adresse zusammenfasst und ihnen alle Vierteljahre oder alle acht Wochen erzählt, was sich hier in der Stadt und Region tut? So werden sie immer wieder daran erinnert, wo sie herkommen. Ganz entscheidend dabei ist auch, dass sie so kein schlechtes Gewissen haben werden, weil sie weggegangen sind. Ich habe mit vielen jungen Leuten gesprochen. Sie sagen mir: „Ich würde ja ganz gerne wiederkommen, aber wenn ich hin und wieder da bin, dann deuten die auf mich und sagen, der ist ja weggegangen.“

Kommunikation ist so einfach geworden. Ich brauche keine Adresse, ich brauche keine Briefmarken, und es kostet auch kaum etwas. Nehmen wir einmal an, ein neuer Betrieb wollte sich hier ansiedeln, und suchte zwanzig Facharbeiter. Die findet er hier nicht. Jetzt nehmen Sie mal an, eine Stadt hätte ein solches E-Mail-Adressarchiv. Dann könnte sie alle anschreiben, könnte sagen: „Wir brauchen zehn Leute, wer von Euch kann das? Und wer hat Lust, wieder hierher zu kommen, und sei es nur für eine gewisse Zeit.“ Wenn Sie das über eine längere Zeit machen, haben Sie ein anderes Kommunalgefüge und auch eine andere kommunale Kultur. Das zu versuchen, das möchte ich Ihnen gerne empfehlen.

Gerald Hüther

Was braucht der Mensch, um zu werden, was er sein könnte?[1]

Wir wüssten schon, wie man es besser machen könnte – nur dies geht so schwer. Offenbar haben wir ein Umsetzungsproblem. Deshalb fühle ich mich heute berufen, einen Gedanken in Ihre Hirne zu verpflanzen: dieses Umsetzungsproblem haben wir deshalb, weil wir mit bestimmten Vorstellungen darüber unterwegs sind, wie etwas zu sein hat. Diese Vorstellungen hängen härter in unseren Hirnen, als uns gefällt und sie sind oftmals unbewusst.

Wenn Hirnforschung in den letzten Jahren etwas Vernünftiges zustande gebracht hat, dann hat sie uns geholfen zu verstehen, wie die Vernetzungen im Hirn entstehen, die uns plötzlich so hinderlich werden können: Wenn man merkt, dass sich die Welt verändert hat und man sich jetzt auch eigentlich verändern müsste.

Das erinnert mich an das Beispiel mit den Lachsen, das ich Ihnen gern als Motto meines Vortrages mitgeben möchte. Die Lachse werden in den oberen Läufen der Gebirgsflüsse in Alaska geboren. Nach dem Schlüpfen schwimmen sie hinunter ins Meer und fressen sich satt. Wenn sie dort in die Geschlechtsreife eintreten und ihnen die Hormone ins Hirn schießen, werden die sinnlichen Wahrnehmungen für sie plötzlich sehr bedeutsam, die sie in ihrer ganz frühen Kindheit gemacht haben. Sie erinnern sich plötzlich unter dem Einfluss dieser Sexualhormone daran, woher sie gekommen sind und wie es dort gerochen hat. Sie folgen der Duftspur, die sie an der Zusammensetzung des Wassers erkennen, zurück in ihren Heimatfluss. Kein anderer Fluss riecht so wie der, aus dem sie gekommen sind. So schwimmen sie ihren Heimatfluss entlang, getrieben von ihrem tiefen Bedürfnis, sich dort zu verpaaren wo es so riecht wie dort, wo sie herkommen. Wenn die Lachse oben angekommen sind, verpaaren sie sich und sterben. Das ist auch gut so, weil ihre Nachkommen in den nährstoffarmen Flüssen keine Nahrung finden würden. Auf den toten Lachsen wachsen die Flohkrebse, die das Futter für die kleinen Lachse sind. Nach einer gewissen Zeit ziehen diese wieder flussabwärts, so vollzieht sich das Leben der Lachse.

Jetzt ahnen Sie, worauf ich hinaus will. Man würde annehmen, die Lachse könnten nicht anders als zu sterben. Es gäbe ein Tötungsprogramm, welches

1 Vortrag bei der Zukunftskonferenz zum Trend gegen den Trend EXTEND 2011 am 10. Mai 2011 in Bautzen.

nach der Paarung eingeschalten wird und dann stirbt der Lachs, weil er seine Aufgabe erfüllt hat.

Mein schon verstorbener Kollege aus Göttingen, jemand, der sich nicht an übliche Denkschemata hielt, hatte die Idee herauszufinden, woran die Lachse sterben und stellte fest: sie sterben am Stress. Er machte ein wildes Experiment: er flog mit einem Hubschrauber nach Alaska. Dort nahm er einige Lachse sofort nach der Verpaarung in den Hubschrauber in ein Bassin, gab ihnen eine rote Marke an den Schwanz und flog sie zurück in den Atlantik. Und dann – so arbeitet die Wissenschaft heute – hat er zu Hause ein Jahr gewartet. Danach flog er wieder zu den Oberläufen der kanadischen Flüsse um zu schauen, ob Lachse mit markierten Schwänzen dabei sind. Meine Damen und Herren, sie ahnen es – wenn man noch mal raus kommt aus der Misere, dreht man noch mal eine Runde!

Was passiert diesen Lachsen? Der Verpaarungsinstinkt ist so stark, dass sie immer nur dem Duft nachschwimmen mit einer festen Vorstellung im Kopf, worauf es jetzt ankommt: verpaaren, verpaaren, verpaaren. Mit dieser festen Vorstellung, was sie jetzt unbedingt umsetzen wollen, kommen sie dort an, paaren sich – und dann gehen ihnen zum ersten Mal in dieser langen Reise die Augen auf. Sie stellen fest, wo sie gelandet sind: in einem flachen Gewässer, in dem es viel zu eng ist, es von anderen Lachsen wimmelt, es nicht genug Sauerstoff und schon lange nichts mehr zu fressen gibt. Sie kommen in eine extreme Stresssituation, die selbst ein Lachs nur drei Tage aushält.

Das ist, worauf ich hinaus will. Es ist uns in unserer eigenen Menschheitsgeschichte immer wieder passiert und es wird auch immer wieder passieren, dass wir uns verrennen. Im Augenblick prognostiziert die WHO für die westliche Welt eine Zunahme der stressbedingten Erkrankungen, Depressionen, Angststörungen, psychosomatische Störungen, die nicht mehr handhabbar sein wird. Offenbar sind wir in der westlichen Welt wie die Lachse unterwegs.

Wir wollen in dieser Diskussion darüber nachdenken, wie wir in die Situation des Lachses hinein- und wie wir wieder hinauskommen: woher kommt der Hubschrauber?

Ich möchte an dieser Stelle Marx zitieren, der schon in seinen jungen Jahren einen markanten Satz äußerte, der mich immer sehr beeindruckte und ich mir gewünscht hätte, die Parteisekretäre hätten ihn auch besser gelesen – der Satz heißt: „Ideen sind wie Ketten, derer man sich nicht entreißt, ohne sein Herz zu zerreißen."

Das heißt offenbar, man kann Menschen nicht einfach von etwas anderem überzeugen, genauso wenig wie die Lachse. Wenn sie in die Oberläufe wollen, dann mit großer Begeisterung. In der Kultur des vergangenen Jahrhunderts war es bedeutsam, anonym zu sein, keine engen Beziehungen einzugehen, sich aus den klebrigen Familienverbänden des Mittelalters zu befreien und sich endlich frei selbst zu verwirklichen. Da bot die Stadt Ressourcen um Gewinne zu machen, sich Geld zu verschaffen und ein angenehmes Leben zu führen. Auf dem Land war es nicht immer schön und es kam zur Landflucht. In einer Kultur, in der plötzlich die Nutzung von Ressourcen so bedeutsam wird, jagt man diesen hinterher. Wenn irgendwas so bedeutsam und sinnvoll ist oder man dies dafür hält, dann beginnt man sich dafür zu begeistern. So kann sich der Mensch, anders als die Lachse, für alles möglich begeistern. Tiere können sich nur für Partnersuche, Nachkommen und Nahrung begeistern. Menschen haben keine solchen Instinkte, die sie treiben, Menschen können auf die Idee kommen, alles Mögliche für bedeutsam zu halten.

Ich kenne beispielsweise Leute, die Eulengewölle sammeln. Das Ausgespuckte und Unverdauliche der Eulen kann man im Wald finden. Anhand dessen kann man feststellen, welche Spitzmausarten die Eulen verzehren. Manche Menschen können so ihr ganzes Leben voller Begeisterung mit Eulengewölle verbringen. Das wäre alles nicht so schlimm, wenn die Hirnforschung nicht Erkenntnisse zustande gebracht hätte, die einem zu denken geben sollte. Man hat lange geglaubt, dass das Hirn eines Menschen immer so bleibt, nachdem es einmal fest verdrahtet wurde. Um die Jahrhundertwende stellte man dann fest, dass unser Hirn veränderbar ist. Wenn man einmal etwas anderes macht, entstehen neue Vernetzungen. Da man nun glaubte, das Hirn trainieren zu können, wurden die Altersheime mit Kreuzworträtseln und die Kindergärten mit Frühförderprogrammen überschüttet. Erst dachte man, das Hirn sei eine Maschine und könne sich nach dem Zusammenbauen gar nicht mehr verändern. Dann dachte man, es sei wie ein Muskel, den man trainieren könne. Jetzt sagen die Hirnforscher, auch das sei ein Irrtum: das Hirn wird nicht so, wie man es benutzt sondern so, wie und wofür man es begeistert nutzt.

Das ist für all jene bedeutsam, die anderen etwas beibringen und ihnen zeigen wollen, wo es langgeht. Niemand wird etwas machen, ohne davon begeistert zu sein. Nur, wenn man sich für etwas begeistern kann, kommt im Hirn etwas in Bewegung, auch im hohen Alter. Man könnte auch mit 84 noch Chinesisch lernen. In der Volkshochschule zwar nicht, aber wenn Sie sich als Senior in eine hübsche 65-jährige Chinesin verlieben, wissen Sie alle, dass Sie in einem halben Jahr Chinesisch lernen können. Nur dann, wenn einem etwas unter die Haut geht und richtig wichtig ist, mitreißt und begeistert, gehen im Hirn die emotionalen Zentren an. Die Kerngebiete mit langen Fortsätzen schütten dann die neuroplastischen Botenstoffe aus, die für das Gehirn wie Dünger sind. Diese bringen dahinterliegende Nervenzellen dazu, neue Eiweiße zu bilden, die sie brauchen, um neue Fortsätze zu bilden, bestehende Kontakte fester zu machen, neue Verbindungen zu bilden. Wenn Sie sich also für etwas begeistern, bekommen Sie Ihr Hirn mit Dünger begossen. Das, was Sie im Zustand der Begeisterung benutzt haben, wird immer besser ausgebildet. Deswegen ist bei Jugendlichen der Bereich im Gehirn, der für die Daumenbewegung zuständig ist, immer größer geworden. Nicht, weil sie so oft SMS verschicken, sondern weil sie es mit so großer Begeisterung tun.

Sie merken, warum man keine Telefonbücher auswendig lernen kann und irgendetwas im Leben bedeutsam sein muss, damit man sich dafür begeistern kann. Am Beispiel der Lachse sehen Sie, dass bestimmte Dinge sind von Natur aus bedeutsam sind und am Beispiel des Eulengewölles, dass Menschen Dinge für bedeutsam halten können, die ziemlich sonderbar für andere sind.

Wieso kann man es für so bedeutsam halten, in einer Stadt zu leben? Vermissen Menschen als denkende Wesen etwas in einer Stadt? Merken sie, dass ihnen doch etwas nicht gefällt? So müsste man als Zukunftsforscher fragen, wenn man die Richtung von Veränderungsprozessen vorhersagen will.

Denn damit sich etwas ändert müssen sich in einer Gesellschaft die Bedeutsamkeiten verändern. Stellen wir uns die Frage: was ist denn nun bedeutsam in der Welt? Gibt es etwas, was für alle gleichsam bedeutsam ist? Den Stadtbewohnern, den Landbewohnern und dem Fußballfan?

Die Antwort ist einfach: Am Anfang seines Lebens macht der Mensch bestimmte Erfahrungen, die sehr tief im Gehirn verankert sind, ganz ähnlich wie bei den Lachsen. Weil man nicht genau weiß, wo sie sind, nennt man sie implizite Erfahrungen. So kommt jedes Kind auf die Welt: es ist gewachsen und ist gleichzeitig eng mit einem anderen Menschen verbunden gewesen. Mit dieser Grunderfahrung gehen wir alle ins Leben. Wäre es so geblieben, dass wir im Leben alle die Erfahrung hätten machen dürfen, dass wir willkommen sind, niemand etwas Bestimmtes aus uns machen will, dass wir so angenommen werden, wie wir sind, dabei das Gefühl haben, dazuzugehören, bedeutsam zu sein, nicht in einen Schultyp oder Intelligenzquotient eingeteilt zu werden – unter diesen Bedingungen hätten wir alle und unsere Kinder so aufwachsen können, dass unsere beiden Grundbedürfnisse nach Freiheit und Verbundenheit stillbar sind. Heute erleben wir und unsere Kinder leider nur sehr selten, dass das, was wir dringend brauchen – dazugehören, wachsen dürfen, Aufgaben finden, an denen wir Kompetenzen, Verantwortung, Autonomie und Freiheit zeigen können – gleichzeitig erreichbar ist. Wenn eines von beiden fehlt, erleben wir das als einen Mangel.

Die Hirnforscher untersuchen nun das Gehirn eines Menschen, der dies im Augenblick erlebt – im Kernspintomografen kann man dies simulieren. Zum Beispiel sieht man sich einen kleinen Film an und identifiziert sich mit einem Volleyballspieler, der plötzlich an den Ball nicht mehr herangelassen wird – er will mitspielen, kann aber nicht. Im Hirnscan sieht man die aktiven Bereiche: in dieser Situation, in der man ausgeschlossen ist und nicht leisten kann, was man könnte und möchte, sind dieselben Regionen aktiviert wie bei der Erfahrung körperlichen Schmerzes. Wir sind so sehr soziale Wesen, dass eine Beziehungsstörung im Körper von denselben Netzwerken im Gehirn verankert wird, wie eine soziale Beziehungsstörung. Wir verbringen unser ganzes Leben in der Erwartungshaltung, dass es möglich sein müsse gleichzeitig verbunden und frei zu sein. Leider haben wir eine Gesellschaft gebaut, in der beides nicht oder nur sehr selten geht.

Mit diesem ständigen Schmerz im Hirn kann man nicht leben. Wenn man aber nicht finden kann was man braucht, dann nimmt man eben das, was man finden kann: Süßigkeiten, Computerspiele, Facebook, ... Und indem man sich dafür begeistert entwickelt sich dementsprechend das Gehirn und man kann dann auch nichts anderes mehr.

Es wäre hoffnungslos, wenn es so bleiben müsste, denn das hieße, dass solche Menschen ihr ganzes Leben lang an diesen Ersatzbefriedigungen hängen würden und aus dem Muster nicht mehr herauskommen könnten. Doch, da das Hirn veränderbar ist, kann man auch eine einmal entstandene und im Gehirn verankerte Idee, Haltung, Vorstellung, worauf es im Leben ankommt, noch einmal verändern. Natürlich ist dies schwer, denn daran hängen immer Gefühle, wie das Marx schon in seinem Hinweis auf die Ketten am Herzen ausgedrückt hat.

Man macht Erfahrungen und dabei entstehen kognitiv-emotional gekoppelte Netzwerke im Frontalhirn, aus denen eine Haltung, eine innere Ein- und Vorstellung wird, von der man sich später einfach wieder lösen kann. Wenn man nur den vernünftigen, kognitiven Teil oder nur den emotionalen anspricht, etwa durch Belohnung oder Bestrafung, dann zieht der andere Bereich nicht mit. Wir können mit den alten Konzepten Menschen nicht mehr in Veränderungsprozesse hineinbringen. Wir können sie aber einladen, ermutigen, sie inspirieren, eine andere, neue günstigere Erfahrung zu machen. Eine Erfahrung, die zu den wirklichen Bedeutsamkeiten zurückführt.

Wenn es gelänge, Menschen noch einmal die Erfahrung zu ermöglichen, wie schön es ist dazuzugehören, wenn es gelänge, Räume für diese Erfahrungen zu erschaffen, dann ließen die Menschen sich zu neuen Erfahrungen mit sich selbst einladen. Dann wird aus einem Ressourcenausnutzer – der bisher nach Mitteln gegen seine Bedürftigkeit suchte und sich, wie allgemein üblich in unserer Kultur, mit seinen Fähigkeiten über andere erhebt, Macht gewinnt, andere unterdrücken will – plötzlich ein anderer Mensch. Wenn er erleben kann, dass er dazugehört und autonom sein Leben gestalten kann. Denn diese tiefe Grunderfahrung verliert man nicht. Selbst ein Mensch, der sein Leben lang nicht mehr geliebt worden ist, vergisst dieses Gefühl trotzdem nicht. Denn jede leidvolle Erfahrung, in der man erlebt, nicht dazu zugehören – etwa weil man die falschen Turnschuhe anhat – wird nur deshalb als schmerzlich empfunden, weil im Gehirn eben immer auch das verborgene Wissen verankert ist, mit dem man vergleicht, wie es eigentlich sein sollte. Solange Kinder von Müttern auf die Welt gebracht werden, wird dieses Wissen immer im Gehirn verankert sein, deshalb können Sie dieses Wissen auch jederzeit wieder wachrufen.

Was finden nun also Menschen heute in den Städten? Wie lange wird sie all das glücklich machen, was sie dort finden? Wir sind jetzt schon in Deutschland eines der unglücklichsten Länder auf der Welt. Wir haben jetzt schon als hochindustrialisierte Nation die meisten Krankheitsfälle. Wir sind jetzt schon ein Land, in dem die Menschen anstelle eines Frontallappens einen Jammerlappen ausgebildet haben, wie Eckehard von Hirschhausen sich ausdrückt.

Wenn es Menschen gelänge, eine neue Beziehungskultur zu entwickeln, die ein Zusammenleben in Autonomie und Freiheit bei gleichzeitiger Verbundenheit ermöglicht, so bleiben die Menschen wohl nicht mehr in den Städten. So etwas will man sehen und erleben, man möchte sich dem Glück einer solchen Erfahrung nicht entziehen! Die Ersatzbefriedigungen, die jetzt noch in anderen Beziehungsmottos gesucht werden, stellen sich dann als schale Angelegenheit heraus. Ich bin zuversichtlich, dass wir uns auf den Weg in eine Zukunft befinden, in der die Menschen das wiederfinden, was eigentlich unser Menschsein ausmacht. Denn dann muss man nicht immer weiter ziehen wie der Lachs, bis es nicht mehr geht.

Solche neuen Formen des Zusammenlebens müssen aber gar nicht neu erfunden werden, denn sie existieren schon an einigen Stellen. Und sie entwickeln sich wie Inseln. Inseln einer anderen Kultur des Zusammenlebens und Miteinanders, wie man sie beispielsweise in Thüringen finden kann. Dort gibt es das Modellprojekt „Neue Lernkultur in Kommunen“.

Natürlich können Kinder in Schulen viel besser lernen, in denen sie nicht wie im Treibhaus zum EU-genormten Gemüse gezüchtet werden sollen. Kinder müssten vielmehr in ihrer Kommune entdecken und gestalten können, was es dort zu entdecken und zu gestalten gibt. Das Wichtigste und Bedeutsamste, was Kinder erleben können ist, dass sie gebraucht werden, dazu gehören und ihr Können beweisen. Wo ginge das besser, als in einem Leben außerhalb unserer verrückt gewordenen Städte?

Wo ginge das besser als dort, wo man von anderen Menschen eingeladen, ermutigt, inspiriert wird, nochmal eine andere Erfahrung mit sich selbst, mit anderen Menschen und mit der Natur zu machen. Dort, wo Menschen diese Erfahrung machen, können sie über sich hinauswachsen.

Ein Beispiel, das sehr zum Nachdenken anregt, möchte ich Ihnen zum Schluss noch mitgeben: Bei einem Vortrag vor Gymnasiallehrern fragte ich die Anwesenden, was ist ihrer Meinung nach die größte pädagogische Leistung in den letzten 50 Jahren sei. Die Lehrer überlegten lange, konnten sich aber nicht einigen, welche gymnasiale Oberschulreform es gewesen sein könnte.

Ich sagte: „In meiner Schulzeit gab es Kinder, die wir „Mongos“ nannten, sie hatten Trisomie 21, also eine Chromosomenstörung. Weil man damals glaubte, dass sie unbeschulbar waren, steckte man sie in Irrenanstalten. Dort wurden sie so, wie man es ihnen bescheinigt hatte: nicht beschulbar – also bekloppt.

„Aber sicher wissen Sie alle“, sagte ich zu dem Lehrer, „dass jetzt die ersten dieser Trisomie 21-Kinder Abitur gemacht haben und studieren!“

Es war keine Begeisterung und kein Applaus unter den Lehrern – und das ist das Problem. Wir können uns gar nicht vorstellen, was passiert, wenn wir uns aus unseren festen Vorstellungen lösen, mit denen wir wie die Lachse eng und fokussiert immer nur weiter geradeaus schwimmen. Welches Meer an Möglichkeiten sich für uns auftäte! Dezentral, natürlich.

Balanceakt Transformation – die *Neue Region* zwischen Systemversagen und Selbstversuch

Raj Kollmorgen

(Neue) Ostdeutschlandforschung
Entwicklung und Standortbestimmung*

Seit der „friedlichen Revolution" im Herbst 1989 gerieten die radikalen sozialen Wandlungsprozesse in der DDR und – nach dem Vollzug der deutschen Einheit am 3. Oktober 1990 – in den fünf neuen Bundesländer bzw. Ostdeutschland in den Fokus der bundesdeutschen Sozialwissenschaften. Schnell wurden „die DDR/die neuen Bundesländer" zu einem der wichtigsten Gegenstände von Forschung, Forschungsförderung und Forschungsorganisation. Sowohl aus zeitgeschichtlicher wie aus gegenwartsdiagnostischer Perspektive setzte bereits 1989/90 ein wahrer Boom ein. Dieser hielt mindestens bis Ende der 1990er Jahre an, wurde dann aber von einer Stagnation abgelöst, die ab etwa 2005 in eine Schrumpfung und Marginalisierung überging. Zugleich zeigt die inhaltliche Diskussion zum Teil heftige Kämpfe um die richtigen Themen, angemessene Forschungsprogramme und Erklärungsansätze sowie Bewertungen von ostdeutschem Umbruch und deutscher Vereinigung, wobei sich gerade seit dem Beginn des neuen Jahrhunderts wichtige Verschiebungen und Revisionen erkennen lassen (vgl. Kollmorgen 2011a; Lorenz 2011).

Ziel des vorliegenden Beitrages ist es, aus einer erkenntnis- wie gesellschaftskritischen Perspektive den Standort der heutigen Ostdeutschlandforschung, d.h. ihre wichtigsten empirischen Felder (1.), theoretisch-konzeptuellen Begründungen und Legitimierungsdebatten (2., 3.) sowie Forschungsperspektiven (4.) zu bestimmen. Dabei wird die These vertreten, dass sich seit etwa 2005 eine *neue Ostdeutschlandforschung* mit eigenen Orientierungen herausgebildet hat.

1. Empirische Forschungsfelder

Schon Mitte der 1990er Jahre wurde festgestellt, dass ostdeutsche Transformation und deutsche Einheit vermutlich den am besten dokumentierten und analysierten Forschungsgegenstand in der Geschichte der deutschen Sozialwissen-

---

* Der Beitrag stellt die stark gekürzte und überarbeitete Fassung eines Buchkapitels dar, das unter dem Titel „Zwischen nachholender Modernisierung und ostdeutschem Avantgardismus. Ostdeutschland und deutsche Einheit im Diskurs der Sozialwissenschaften" im Sammelband „Diskurse der deutschen Einheit. Kritik und Alternativen" (hg. von Raj Kollmorgen, Frank Thomas Koch und Hans-Liudger Dienel) 2011 im VS Verlag (Wiesbaden) erschienen ist.

schaft darstellt (Hradil 1996). Dabei überspannt der inhaltliche Bogen heute praktisch alle Ebenen, Bereiche und Dimensionen des Sozialen. Auf Grundlage einer eigenen Erhebung lässt sich folgende grobe Verteilung der Forschungsthemen für die Jahre 2006-2010 ausmachen: Etwa ein Drittel (35%) aller Forschungsprojekte befasst sich mit (sozio-)ökonomischen Problemstellungen (Arbeitsmarkt, Management und Einkommensentwicklung bis Wirtschaftsförderung und Innovationsdynamiken). Weitere ca. 25% thematisieren soziale Ungleichheit, Sozialstrukturdynamiken, Bildung und Wissenschaft; etwa 20% Politik und Verwaltung. 10% der Forschungsprojekte analysieren Probleme der Stadt- und Regionalentwicklung und etwa 10% setzen sich explizit mit Fragen von Kultur, Biographie, Einstellungen und Wertorientierungen auseinander (vgl. Kollmorgen 2011a: 33/34).

Gegenüber den 1990er Jahren ist in den konkreten Analysen dieser Themen einerseits in den meisten Fällen das Projektdesign komplexer geworden, etwa in Bezug auf Akteurperspektiven, Langzeitigkeit oder komparative Methoden. Andererseits werden die Themen in neuen Kontexten und unter veränderten Fragestellungen diskutiert. Folgende Schlagwörter stehen für wichtige inhaltliche und theoretisch-methodologische Reorientierungen (vgl. Kollmorgen 2011a):

- *Nachhaltigkeit* („selbsttragender Aufschwung", Transfer, Förderkerne, Management-, Unternehmer- und Arbeitskulturen, ökologische Perspektiven),
- *Innovation* (Wissenschafts- und Innovationscluster, KMU und Innovation, ökologische Erneuerung, Ausbildung und Innovation usw.),
- *Region* (generell: Regionalisierung der Transformations- und Vereinigungsprozesse, regionale Märkte und „Wachstumskerne", Akteure und Programme regionaler Wirtschafts- und Strukturpolitik),
- *Demographie* (Migration, Schrumpfung, Generationswechsel und ihre Bedeutung für Regionen und Unternehmen – der Anteil von Forschungsprojekten, die sich mit diesem Querschnittsthema befassen, lag in den letzten 5 Jahren bei ca. 30%),
- *Geschlecht/Gender* (generell: Vergeschlechtlichung der Analysen in allen Themenfeldern von Arbeitsmarkt bis Demographie, Rollenverständnis der Frauen im Osten, Angleichung westlicher an östliche Einstellungen und Lebensführungsmuster, Männer/Männlichkeit im Osten im Gefolge der Umbrüche und Wanderungsbewegungen),
- *Diskurs* (sprachliche, [massen-]kommunikative und diskursive Voraussetzungen, Mechanismen und Folgen des Transformations- und Vereinigungsprozesses, diskursive Konstruktionen und Hegemonien von „Ostdeutschlandbildern" und ostdeutschen Identitäten).

2. Theoretisch-konzeptuelle Begründungen und Debatten

Die thematischen Veränderungen und Reorientierungen spielen unmittelbar auf das Problem theoretisch-konzeptueller Zugänge und deren Dynamik an. Zwar ist auch hier auf eine ungeheure Pluralität der Ansätze, Erklärungsversuche und Interpretationsangebote hinzuweisen. Es lassen sich aber fünf theoretisch-konzeptuelle Achsen identifizieren, die für die Strukturierung der Ostdeutschland- und Vereinigungsforschung seit 1990 von besonderer Bedeutung sind:

1. „Nachholende Modernisierung" von außen und oben („Implementations- und Anpassungslogik") vs. Modernität von innen und unten („Subjektsein" der Ostdeutschen)

Diese klassische konzeptuelle Frontstellung hat vor allem die ersten Jahre beherrscht. Dabei tendierte eine Gruppe der SozialforscherInnen dazu, die Transformation Ostdeutschlands mit dem staatsrechtlichen Beitritt, dem damit verbundenen Institutionentransfer und *ready made state* als Fall nachholender Modernisierung und gesteuerten Systemwechsels nach dem Vorbild der alten Bundesrepublik zu begreifen. Seither habe man es mit Folgeproblemen der Anpassung an die neuen Institutionen, effektiver Ressourcenallokation und Enkulturation zu tun. Die dahinter stehende Logik betrachtet das als ideal, was von oben und auf Grundlage bewährter Ordnungen nach unten durchgesetzt werden kann, wobei alles Querliegende und Persistente als retardierende Störung der „nachholenden Modernisierung" verstanden wird (exemplarisch: Zapf 1991). Die Gegenposition behauptete nicht nur eine wenn auch partiell deformierte alternative Modernität des Ostens (Brie/Klein 1991; Ettrich 2005; Pollack 2001), so dass nicht von einer umfassenden gesellschaftlichen Vorbildlichkeit der Bundesrepublik gesprochen werden könne. Sie kritisierte vor allem, dass die institutionelle „Blaupause" des Beitritts zugleich den Beginn einer „Kolonialisierung" des Ostens durch die Staatseliten und das Großkapital des Westens markierte (Bollinger et al. 2000; Dümcke/Vilmar 1996). Dem wurde der Ruf nach einer autochthonen Transformation von unten durch die früher und auch jetzt wieder „unterdrückten" politischen Subjekte, einschließlich der Beibehaltung positiver Eigenschaften der realsozialistischen Gesellschaft entgegengestellt (ibid.). Obwohl diese Debatte seit Ende der 1990er Jahre an Bedeutung und Schärfe verloren hat, bleiben modernisierungstheoretische Fragestellungen virulent. Davon künden auch neuere Projekte und Publikationen, wobei heute Vermittlungen zwischen den Extrempositionen die Regel sind (vgl. Alheit et al. 2004; Ettrich 2005; Kollmorgen 2010a; Reißig 2000; Schwarz 2008; Thomas 2007).

2. *Formierung des ostdeutschen Wandels durch die Lasten der Vergangenheit („Erbschaften des DDR-Herrschaftsregimes") vs. Dominanz der Prozesslogiken nach 1990 („Beitrittslogik", „Inkorporation Ostdeutschlands", „nachholende Modernisierung")*

Inhaltlich mit der ersten Konstellation verwandt, aber spezifischer auf die Faktoren des Prozessverlaufs zielend, sieht hier die erste Position die substanziellen Schwierigkeiten des Transformations- und Vereinigungsprozesses in erster Linie in den Erbschaften des staatssozialistischen Herrschaftsregimes der DDR begründet. Diese seien sowohl materieller Natur gewesen (marode Wirtschaft, überalterte Infrastruktur, ökologische Sünden usw.) wie – und nicht minder bedeutsam – „mentaler". Letztere umfassten nicht nur den Mangel an Unternehmergeist, etatistische Orientierungen oder Kollektivismus, sondern auch die ostdeutsche Sonderidentität, die sich einer „inneren Einheit" entgegenstelle (Baring 1991; auch Schroeder 2006, 2009). Demgegenüber identifiziert die zweite Position den Modus und die Machtverhältnisse im deutschen Vereinigungsprozeß als zentralen Faktor für die Probleme der Einheit. Nicht nur die Beitrittslogik, also der Versuch einer schlichten („nachholenden") Übertragung westdeutscher Verhältnisse auf Ostdeutschland, sondern auch die Entmachtung der Ostdeutschen in der Gestaltung der Transformationsprozesse vor Ort durch die Interessenpolitiken der westdeutschen Eliten hätten Umbau wie Vereinigung erschwert und verzögert. Hinsichtlich der „mentalen" Abstoßungs- und Absonderungsphänomene wurde diese Debatte vor allem Mitte und Ende der 1990er Jahre unter der Überschrift „Sozialisations- vs. Situationshypothese" intensiv diskutiert (zur Diskussion: Busch/Kühn/Steinitz 2009; Kollmorgen 2005; Land 2006b; Pollack 2000).

3. *Vereinigung als „Angleichung" vs. „Einheit in der Differenz" und Vereinigung als Differenzierung*

Im Zusammenhang mit den ersten beiden Polaritäten ist seit dem Beitritt der neuen Länder umstritten, ob staatsrechtliche Einheit und der dominierende Beitrittsmodus im Vereinigungsprozess zu einer gesellschaftlichen Angleichung beider Landesteile – oft einseitig in Ost-West-Richtung gedacht – führen wird oder ob gesellschaftliche Differenzen bestehen bleiben, vielleicht sogar wachsen und damit langfristig den Charakter neuer struktureller Disparitäten bzw. Peripherisierungen annehmen. Während in der ersten Dekade der Angleichungsdiskurs dominierte, gewann später der Differenzierungsdiskurs – bezogen auf wirtschaftliche, soziale und demographische Strukturen, politische Kulturen bis hin zu sozialen Milieus und Lebensstilen – an Einfluss (u.a. Bahrmann/Links 2005;

Busse/Dürr 2003; Falter et al. 2006; Kollmorgen 2005; Krause/Ostner 2010; Land 2006a; Links/Volke 2009; Schroeder 2006). Das hat seit Mitte der neunziger Jahre sowohl zu einem Ansteigen direkter Ost-West-Vergleiche wie auch zu einer nachhaltigen Regionalisierung von Untersuchungsdesigns und Datensätzen geführt.

4. Unvergleichbarer Sonderfall vs. fruchtbarer Vergleichsfall in der Transformationsforschung

Schon früh wurde intensiv gestritten, ob es sich bei der ostdeutschen Transformation infolge der raschen staatsrechtlichen Vereinigung um einen Sonderfall handelt, der Vergleiche mit anderen Transformationsgesellschaften weitgehend nutzlos erscheinen lässt, oder ob sie umgekehrt in bestimmten Aspekten einen „normalen" postsozialistischen Vergleichsfall, in anderen mindestens einen wertvollen Kontrastfall repräsentiert, der komparative Analysen geradezu herausfordert. Auch hier lässt sich eine Dominanzverschiebung über die Zeit beobachten. Bis auf Ausnahmen (vgl. Wiesenthal 1996) dominierte zunächst die konzeptuelle These der Ausnahmestellung und Unvergleichbarkeit, die erst Mitte, Ende der 1990er Jahre einer stärker komparativen Sichtweise Platz machte. In den letzten fünf Jahren hat dieser Trend angehalten, wobei zunehmend auch Vergleiche mit anderen westlichen Gesellschaften und darin zwischen Regionen angestellt werden (vgl. Lorenz 2011).

5. Anwendung und Spezifizierung gegebener Theorien und Ansätze vs. theoretische Innovationschancen in der ostdeutschen Transformations- und Vereinigungsforschung

Die Anfangszeit der Ostdeutschlandforschung – wie der Transformationsforschung insgesamt – war davon bestimmt, diesen unerwarteten Ereignissen und Prozessen mit tradierten Theorien zu begegnen, wobei die Modernisierungstheorie den wichtigsten übergreifenden Bezugsrahmen lieferte. In vielen Projekten wurde auch in der Folgezeit an diesem Forschungsprogramm festgehalten. Darüber hinaus wurden schrittweise alternative makro-, aber auch mikrotheoretische Ansätze eingebracht, so dass sich heute in der Ostdeutschland- und Vereinigungsforschung praktisch alle theoretisch-methodologischen Ansätze von quantitativen Aggregatdatenanalysen der Arbeitsmarkttransformation über netzwerkanalytische Untersuchungen der Elitenzirkulation bis zu narrativ angelegten Biographieanalysen wiederfinden (ibid.). Obgleich darin neben theoretisch-methodischen Anwendungen vereinzelt auch Weiterentwicklungen in Reflexion der einmaligen Konstellationen und Prozesse von ostdeutschen Umbruch und deutsch-deutscher

Vereinigung realisiert wurden, haben sich frühe Hoffnungen auf „Theoriesprünge“ (R. Mayntz) oder „Innovationen“ angesichts des „Experiments Vereinigung“ (vgl. Giesen/Leggewie 1991) nicht erfüllt. Diesen abfallenden Spannungsbogen teilt freilich die Ostdeutschland- und Vereinigungsforschung mit der postsozialistischen Transformationsforschung (vgl. Reißig 2000; Kollmorgen 2011b).

3. Legitimationskrise

Die Ostdeutschlandforschung erlebt seit Ende der 1990er Jahre und verschärft seit der Jahrhundertwende eine Legitimationskrise. Der sozialwissenschaftliche Mainstream sieht dieses Forschungsfeld einerseits als sozio-praktisch überholt an, da Umbruch und Vereinigung weitgehend abgeschlossen seien und der Osten für die Entwicklung Deutschlands insgesamt kaum etwas zu bieten habe (siehe 2.1, 2.2.). Andererseits hätte die Forschung sich als wissenschaftlich konservativ erwiesen; innovative Ansätze, Theorien oder Methoden, welche die allgemeinen Sozialwissenschaften bereichern oder vorwärts treiben, wären nicht entwickelt worden (siehe 2.5).

Dieser Delegitimierungsstrategie kann aus gesellschafts- und erkenntniskritischer Perspektive zunächst zweierlei entgegenhalten werden:

(1) Fragt man in einem ersten Schritt nach der sozio-praktischen „Erledigung“ des Ostdeutschland- und Vereinigungsproblems, ist zunächst auf vielfältige Ergebnisse der empirischen Sozialforschung etwa zur Wirtschaftsentwicklung, den Migrationsflüssen und Bevölkerungsentwicklungen, dem Sozialstrukturwandel, zur politischen Kultur, allgemeinen Lebenseinstellungen oder zum Geschichtsbewusstsein aufmerksam zu machen, die allesamt in die gleiche Richtung verweisen: Zwar gab und gibt es seit 1989/90 Konvergenzen, d.h. sowohl ein „Anpassen“ von Ost an West (z.B. Lohn- und Gehaltsniveau, Gesundheitsversorgung, Konsummuster), als auch in bestimmten Bereichen ein Aufeinanderzugehen (z.B. hinsichtlich Bildungssysteme und -verhalten, Erwerbsneigung von Frauen, soziale Schichteinstufungen, in Teilen der Lebenszufriedenheiten).[1] Es sind aber ebenso persistente Differenzen, ja selbst Divergenzen beobachtbar (z.B. Wirtschaftsstrukturen und -wachstum, Innovationspotenziale, Migrationsflüsse und Bevölkerungsstrukturen, Organisationsgrade kollektiver Interessenvertretung, soziale Lagenkompositionen, Lebensformen und Teile der Lebenszufriedenheiten oder gesellschaftspolitische Einstellungen). Das schließt Phänomene deutsch-deutscher Macht-

1 Dabei bedeutet „Aufeinanderzugehen“ nicht zwingend direkte zweiseitige Strukturanpassungen oder wechselseitige Lernprozesse. In einigen Bereichen scheinen die konvergenten Bewegungen auch – mindestens zum Teil – unabhängig vom Vereinigungsprozess.

asymmetrien, Anerkennungsprobleme und gesellschaftliche Konfliktlinien ein. Nur exemplarisch ist auf den seit zehn Jahren kaum gestiegenen Anteil Ostdeutscher im Bereich der wirtschaftlichen oder bundespolitischen Eliten oder auch auf den anhaltend hohen Anteil Ostdeutscher hinzuweisen, der sich als „Bürger zweiter Klasse" begreift. Weder von einer kontinuierlichen noch von einer schlicht übergreifenden Entwicklung der „Angleichung" und „inneren Vereinigung" kann daher die Rede sein (vgl. die Befunde bei Busch/Kühn/ Steinitz 2009; Falter et al. 2006; Heitmeyer 2009; Kollmorgen/ Koch/Dienel 2011; Krause/Ostner 2010; Lorenz 2011; Ragnitz et al. 2009). Als hartes Kriterium bleibt darüber hinaus, dass in gesellschaftlichen Schlüsselbereichen die deutsch-deutschen Unterschiede größer sind als anderweitige regionale Disparitäten – trotz deutlicher Ausdifferenzierungen *in* Ost- und Westdeutschland (ibid. sowie Kröhnert et al. 2006; vgl. als Kontrast: Schroeder 2009).

Aus dieser Perspektive legitimiert sich Ostdeutschland- und Vereinigungsforschung als eine gegenstandsspezifische Sozialforschung, die sich mit *einer*, und zwar *wesentlichen*, darin anhaltend *hoch dynamischen sozialen Ungleichheitsdimension* der deutschen Gegenwartsgesellschaft beschäftigt. Sie ist darin vergleichbar, mithin ebenso zu rechtfertigen und selbstverständlich wie sozialwissenschaftliche Ungleichheits- oder Spaltungsanalysen zu Elite-Masse-, Mehrheits-Minderheits-, Deutsche-Ausländer oder Reichtums-Armuts-Relationen.

Ostdeutschlandforschung kann damit auch *nicht* auf *Regionalforschung* zurückgestutzt und allein diesem Feld überantwortet werden. Zweifellos besitzt Ostdeutschland als Untersuchungsobjekt Aspekte, die das regionalwissenschaftliche Instrumentarium angemessen erscheinen lassen. Es sind aber nicht allein Größe und innere Differenziertheit, die über die klassische Regionalforschung hinausweisen. Entscheidend ist neben dem nach wie vor *gesellschaftstransformatorischen Charakter* die herkunfts-, struktur-, prozess- und diskursgestützte *Teilgesellschaftlichkeit* Ostdeutschlands (zu beidem: Kollmorgen 2005; Reißig 2000).

(2) Wie verhält es sich mit dem Vorwurf des theoretisch-methodologischen Konservatismus und breiter einer vermeintlichen sozialwissenschaftlichen Sterilität der Ostdeutschland- und Vereinigungsforschung?

Zum einen enthüllen sowohl Felder wie angewandte Ansätze und Methoden, nicht zuletzt die in den letzten Jahren erfolgten Erweiterungen (von Nachhaltigkeit bis Demographie), dass sich die Ostdeutschland- und Vereinigungsforschung auf der Höhe der Zeit bewegt. Von einer breiten Abkoppelung gegenüber den allgemeinen sozialwissenschaftlichen Diskursen kann definitiv nicht (mehr) gesprochen werden. Zudem lassen sich zwar in der Ostdeutschlandforschung sicher Ansätze finden, die als (eher) steril interpretiert werden können (man denke an bestimmte modernisierungstheoretische Modelle oder Einstellungsforschungen). Aber diese finden sich bekanntlich ebenso in anderen Feldern wie der Gegenwartsdiagnostik oder der Sozialstrukturanalyse. In jedem Fall trifft die Kritik keineswegs allein oder auch nur überwiegend die Ostdeutschland- und Vereinigungsforschung und begründet mithin keinen besonderen Legitimationsbedarf.

4. Vom Gegendiskurs zur Begründung einer neuen Ostdeutschlandforschung

Zum anderen sollte man aber noch einen Schritt weitergehen und nun umgekehrt fragen: Sind im Rahmen der Ostdeutschland- und Vereinigungsforschung vielleicht Felder, Perspektiven und Ansätze elaboriert worden, die einen *innovativen* Charakter aufweisen, mindestens aber substanziellen Erkenntnisfortschritt auch für die allgemeinen Sozialwissenschaften versprechen?

Diese Frage muss bejaht werden. Ohne hier in die Details dieser Entwicklung gehen zu können gehen (vgl. Kollmorgen 2011a; Lorenz 2011), ist auf eine Forschungslinie und -programmatik aufmerksam zu machen, die seit Ende der 1990er Jahre erst in der Peripherie des Diskurses (Auftragsforschung durch freie Forschungsinstitute, ostdeutsche WissenschaftlerInnen, akademische Nischen – wie Evolutionsforschung, Ethnographie, Diskursanalyse), und dann ab etwa 2005 explizit als Gegenbewegung entfaltet wurde. Diese transzendiert die diskursiv eingeschriebene Einschnürung des Forschungsfeldes der „Ostdeutschland- und Vereinigungsforschung" in dreierlei Weise: Sie widerspricht erstens der Perspektive *ostdeutscher Devianz* und *nachholender Angleichung* an Westdeutschland[2], fragt nach rekombinierenden Eigenheiten und öffnet Horizonte auf drängende Entwicklungsprobleme der deutschen und europäischen Gegenwartsgesellschaften. Die Bewegung wendet sich zweitens gegen die implizit unterstellte *Homogenität Ostdeutschlands* und thematisiert lokale und regionale, dabei auch national und international grenzüberschreitende Differenzierungs- und

2 Tatsächlich repräsentiert bereits die Markierung des Gegenstandes der „Ostdeutschland- und Vereinigungsforschung" aus diskursanalytischer Perspektive das Resultat einer diskursiven Asymmetrie und des ihr eingeschriebenen Machtgefälles. An sich setzt „Ostdeutschland" sein diskursives Pendant mit und voraus: Westdeutschland. Bekanntlich gibt es aber keine „Westdeutschlandforschung". Vielmehr bleibt dieses Diskursfeld „leer" oder „unmarkiert". Dieses Defizit reproduziert freilich nur eine übergreifende diskursive Figur. So gibt es auch in der massenmedial und politisch-kulturell formierten Normalsprache zwar eine Markierung „ostdeutsch"; jedoch tritt das „Westdeutsche" im Rahmen deutsch-deutscher Verhältnisse und des Vereinigungsdiskurses, wie es in der linguistischen Forschung heißt, als „Normal Null" auf – an dem sich alles „Ostdeutsche" zu orientieren und zu messen hat (Roth 2008; vgl. Kollmorgen/Hans 2011).

Innovationsprozesse. Drittens wendet sie sich gegen die Deutung der Transformations- und Vereinigungsprozesse als im Kern *implementationslogisch funktionierender Umbau von oben nach unten* und setzt dem die Vielfalt der Ressourcen, Kontexte und Logiken der Handlungs- und Strukturierungsprozesse vor Ort entgegen.

Exemplarisch können sieben Forschungsgegenstände und mit diesen verknüpfte Forschungsprogramme markiert werden, die über die tradierten hegemonialen Ansätze und Diskurskonstellationen (siehe 2.) innovativ hinausweisen:

(1) Ostdeutschland als *erzwungene Post-Erwerbsarbeitsgesellschaft*: Dieses Forschungsprogramm knüpft an die weltweit einzigartigen Konsequenzen der massiven Deindustrialisierung und politisch-ökonomischen Restrukturierungsstrategie der staatsozialistischen Arbeits- und (Fach-)Arbeitergesellschaft in Ostdeutschland nach 1990 an. Differenziert werden können in diesem kreativen Diskussionsraum, für dessen Gesamtperspektive wie kein anderer Wolfgang Engler mit seinen provokativen Thesen zu den „Ostdeutschen als Avantgarde" (2002) und seinem Essay „Bürger, ohne Arbeit" (2006) steht, eine stärker politisch- und sozioökonomische Richtung von einer eher sozialstrukturellen und soziokulturellen Perspektive. Erstere thematisiert insbesondere die Folgen der fordistisch dominierten Krisenregulierungen gegenüber der bereits postfordistisch geprägten ostdeutschen Wirtschaft zwischen De- und Reindustrialisierung, Transfer und Nachhaltigkeit, Stagnation und Innovation (z.B. Busch/Kühn/Steinitz 2009; Land 2006b). Die zweite Perspektive befasst sich mit der hohen (Dauer-)Arbeitslosigkeit im Osten, die zugleich als Experimentierfeld für neuartige, staatlich gestützte Formen sozialer Prekarisierungs- und Exklusionsprozesse („neue Überflüssige") fungiert (vgl. Bude/Willisch 2008). Darüber hinaus wird nach Möglichkeiten alternativer Inklusion und innovativen Formen sozialer (Re-)Integration exkludierter Bevölkerungsgruppen *jenseits* klassischer Modi der Erwerbsarbeitsgesellschaft geforscht. Egal, ob es der Sozialkapital-, der soziale Teilhabe-Ansatz oder neue integrations- und anerkennungstheoretische Diskurse sind; in allen Fällen handelt es sich um Perspektiven, die bewusst experimentelle Formen sozialer Praxis in Ostdeutschland zum Gegenstand der Sozialforschung und innovativer Konzeptbildung machen (vgl. ibid.; Kollmorgen 2005; Links/Volke 2009; Thomas/Woderich 2006).

(2) Die ostdeutsche Gesellschaft als *eigentümlich verfasste Teilgesellschaft*: Die Verfestigung deutsch-deutscher Macht- und Anerkennungsasymmetrien sowie soziokultureller Differenzen, die den simplifizierenden Diskurs um „Angleichung" und „innere Einheit" (nach dem Modell der alten Bundesrepublik) ad absurdum geführt hat, ist Anlass für eine ganze Reihe neuer Forschungen im Umkreis des Anerkennungs-, Distinktions- und Diskursparadigmas (für

viele: Kollmorgen 2011c; Cooke 2005; Roth/Wienen 2008; vgl. bereits Engler 1999; Neckel 2000). Die ost-westdeutsche Gesellschaftlichkeit innerhalb eines Staatsgebildes unter den Bedingungen gleicher Sprache und einer langzeitig gewachsenen Nationalkultur lässt sich dabei als einzigartige Konstellation soziokultureller (Re-)Differenzierungs- sowie diskursiv gestützter Distinktions- und Machtbeziehungen interpretieren. Deren weitere Analyse verspricht neue Einsichten sowohl für die (Re-)Produktion deutsch-deutscher Ungleichheiten wie für die forschungsprogrammatische Entwicklung des gesamten Forschungsfeldes.

(3) Ostdeutschland als *besonderer Fall von Generationswechseln und intergenerationalen Beziehungen in radikalen sozialen Wandlungsprozessen*: Die letzten Jahre haben gezeigt, dass Ostdeutschland infolge des doppelten Umbruchs und der besonderen Form der Krisenregulierung mit einmaligen Konstellationen im Bereich der Generationenbeziehungen konfrontiert wird. Einerseits geht es um die besondere sozioökonomische Situation des „blockierten Generationsaustauschs“ (B. Lutz) bzw. verfestigter generationaler Lagen in Unternehmen und auf Arbeitsmärkten. Dabei umfassen die Verfestigungen sowohl die abgeschobenen überflüssigen (ganz) Alten, die „alternden Jahrgänge“ der FacharbeiterInnen und GeschäftsführerInnen in den ostdeutschen KMU, aber auch die früh, oft bereits vor dem Eintritt in das Berufsleben überflüssig gewordenen jungen Arbeitskräfte. Letztgenanntes Problem wird in den kommenden Jahren höchstwahrscheinlich eine paradoxe Umkehrung erfahren. Es werden gut ausgebildete junge Fachkräfte vor allem für die ostdeutschen KMU fehlen, wobei die oben angesprochenen gesellschaftlichen Exklusions- und Missachtungsprozesse die Problemlage zusätzlich verschärfen. Andererseits und übergreifend repräsentiert Ostdeutschland wegen des doppelten Umbruchs einzigartige Generationseinheiten und intergenerationale Beziehungen. Auch wenn diese in den letzten Jahren intensiver analysiert worden sind (etwa Sackmann/Weymann/Wingens 2000; Wiener/Meier 2006), erscheint bis heute die Ausstrahlung auf die allgemeine Diskussion begrenzt und harren vorliegende Befunde theoretisch-methodologischen Auswertungen, z.B. bezüglich realisierter Longitudinalstudien (für viele: Berth et al. 2007) oder qualitativer Mehrgenerationenforschung (vgl. Alheit et al. 2004).

(4) Ostdeutschland als *avantgardistischer Fall demographischer Schrumpfungsprozesse und ihrer sozialen Folgen*: Dass Ostdeutschland mit seinen Fertilitätsentwicklungen, Migrations-, Alterungs- und übergreifend Schrumpfungsprozessen einen einzigartigen Fall einer „demographischen Revolutionierung“ darstellt, ist seit langem bekannt und Gegenstand intensiver Forschungsarbeit. Wichtig ist jedoch, dass bestimmte ostdeutsche Regionen in der Tat Vor-

bildcharakter für deutsche und darüber hinaus europäische Entwicklungen besitzen, und zwar nicht nur im Sinne der Problemlage, sondern zunehmend auch hinsichtlich regionaler und lokaler Reaktions- und Lösungsformen (zwischen Wirtschaftsförderung, Gesundheits- und Bildungsversorgung bis hin zu Remigrationsprogrammen). Dabei zeigt sich nicht zuletzt die Notwendigkeit interdisziplinärer Forschungsansätze und einer engen Wissenschafts-Praxis-Beziehung (etwa Busch/Kühn/Steinitz 2009; Dienel 2010; Kröhnert et al. 2006; Ragnitz et al. 2009).

(5) Ostdeutschland *als Experimentierfeld für innovative regionale Entwicklungs- und soziopolitische Gestaltungsprozesse*: Vor dem Hintergrund der angesprochenen Problemfelder erscheinen ostdeutsche Regionen (Kreise, Kommunen oder interkommunale, teils grenzüberschreitende Verbünde) als Orte und Träger experimenteller Restrukturierungsbemühungen. Diese Entwicklungen stellen dabei nicht nur Kontexte des Handelns regionaler Akteure dar, sondern strukturieren Formen und Status der Akteure selbst. Insofern sind neben „klassischen" Feldern ostdeutscher Regionalforschung nicht nur Fragen neuartiger Zusammenhänge von Wissenschaft, KMU, Arbeitsmarkt- und Arbeitskräfteentwicklung unter der Perspektive mehrdimensionaler Nachhaltigkeit von Interesse. Vielmehr sind innovative Strategien der Entwicklung einer *neuen regionalen bzw. lokalen Governance* gefragt. Ohne die aus Westdeutschland bekannten langfristig gewachsenen politischen Bindungen, Partizipationsformen und Akteurstrukturen sind bereits neue ausgreifende Formen von unternehmerischer sozialer und politischer Verantwortung, der Einbindung von zivilgesellschaftlichen, aber auch kulturellen und künstlerischen Akteuren generiert worden. Diese neuen Governance-Formen bedürfen dringend intensiver Analyse (vgl. Busse/Dürr 2003; Bauer-Volke/Dietzsch 2004; Engler 2005; Thomas/Woderich 2006; Land 2006a; Links/Volke 2009).

(6) Ostdeutschland als *Modell-, Ideal- und zugleich Kontrast- oder „Unfall" einer systemisch gesteuerten Gesellschaftstransformation*: Obwohl zu diesem Themenfeld seit Anfang der 1990er Jahre Forschung betrieben wird (exemplarisch: Wiesenthal 1996; Kollmorgen 2010b), sind sowohl im Hinblick auf komparative Studien zu den Transformationsverfahren, zum Problemkomplex von Wissen/Nicht-Wissen, zu administrativen, expertokratischen sowie exogenen vs. politischen, demokratischen und endogenen Steuerungsverfahren als auch gegenüber dem Verhältnis von Theorie – Ideologie – politische Programmatik – soziopolitische Praxis viele Fragen offen und versprechen weitere Forschungen erhebliche Erkenntnisgewinne nicht zuletzt bezüglich (holistischer) Reformvorhaben auch in westlichen Gegenwartsgesellschaften (vgl. auch Wiesenthal 2006). Das schließt die Problemdimension kritischer sozi-

alwissenschaftlicher Selbstreflexion gegenüber expertokratischen Rollen in Transformations- und Reformprozessen ausdrücklich ein.

(7) Ostdeutschland als *Fall eines einzigartigen doppelten Umbruchs*: Ostdeutschland ist durch „Wende“ und Vereinigung mit einer „doppelten Modernisierung“ (so bereits Klein 1991) oder – wie es im Netzwerk „Ostdeutschlandforschung“ ausgedrückt wird – mit einem „doppelten Umbruch“ konfrontiert (vgl. Land 2005, Kollmorgen 2005: Kap. V). Die Konzeptualisierung als doppelter *Umbruch* richtet das Augenmerk auf die Komplexität und Tiefe der Umwälzungen, die mit der oben angesprochenen Auffassung von Modernisierung als Implementation, Umverteilung und Enkulturation verfehlt wird. Erforderlich erscheinen demgegenüber Ansätze und Analysen, die das Aufsprengen und die Neugestaltung des gesamten sozialen Praxisbogens und seiner Kontexte – von politökonomischen Regulierungsformen, Formen soziopolitischer Partizipation und Organisation über sozialstrukturelle und intergenerationale Verfasstheiten bis hin zu Biographien und sozialen wie personalen Identitätskonstruktionen interdisziplinär aufschließen. Die Problematisierung eines *doppelten* Umbruchs stellt klar, dass wir es in Ostdeutschland einerseits mit postsozialistischer Transformation und Vereinigung zu tun haben, andererseits (und plakativ gefasst:) mit spezifischen Formierungen der „Postmoderne“. Beide Umbruchprozesse sind in sich und wechselseitig ambivalent und zum Teil kontradiktorisch aufeinander bezogen. Insofern war und ist Ostdeutschland ein einzigartiger Fall komplexer sozialer Wandlungs- und Integrationsprozesse, dessen weitere Aufklärung und Konzeptualisierung über sich selbst hinausweist (vgl. als Überblick auch „Berliner Debatte Initial“, Heft 5/2006).

Das Experiment der (neuen) Ostdeutschlandforschung – ein Resümee

Rekapituliert man die vorgestellten Gegenstände, Perspektiven und Ansätze der *neuen Ostdeutschlandforschung* scheinen die neuen Länder und die Vereinigung doch noch eine Erwartung zu erfüllen, die im Jahr der Vereinigung von einem kleinen Teil der Wissenschaftlergemeinschaft formuliert wurde: *Umbau und Vereinigung als Experiment* (Giesen/Leggewie 1991; vgl. Land 1990). Tatsächlich hat sich Ostdeutschland in den letzten Jahren wieder und neu als *Experimentierfeld der europäischen Moderne zwischen Ost und West* zurückgemeldet, als Experimentierfeld, in dem Konsolidierung und Fragmentierung, Konservatismen, Zuspitzungen und Avantgardismen neben- und widersprüchlich miteinander existieren und evoluieren. Insofern handelt es sich in Ostdeutschland zwar um einen Sonderfall und einzigartige Problemkonstellationen, die eine darauf ab- und eingestellte Sozialforschung begründen. Zugleich verweisen sie aber im Sinne eines „experimentierenden Modellfalls" nicht nur auf die vergleichende Transformations- und Modernisierungsforschung unter ausdrücklichem Einschluss vielfältiger geschichtswissenschaftlicher Ansätze. Sie verbinden auch die Ostdeutschlandforschung mit den allgemeinen Diskursen in den Sozial- und Kulturwissenschaften. So wie die neue Ostdeutschlandforschung ihre kritische Rückbindung an diese Diskurse braucht, um nicht in die unterstellte Sterilität abzugleiten, so sehr ist sie mit ihrem Gegenstand und eigenen innovativen Perspektiven und Ansätzen nicht nur in der Lage, die Soziologie der Gegenwartsgesellschaft zu befruchten. Sie ist vor allem fähig, als Aufklärungs- und Selbstreflexionsinstrument in der Gestaltung gesellschaftlicher Praxis – nicht nur im Osten Deutschlands, aber wohl zuerst dort – zu fungieren.

Literatur

Alheit, Peter/Bast-Haider, Kerstin/Drauschke, Petra (2004): Die zögernde Ankunft im Westen. Biographien und Mentalitäten in Ostdeutschland. Frankfurt/N.Y.: Campus.

Bahrmann, Hannes/Links, Christoph (Hg./2005): Am Ziel vorbei. Die deutsche Einheit – Eine Zwischenbilanz. Berlin: Ch. Links Verlag.

Baring, Arnulf (1991): Deutschland, was nun? Berlin: Siedler.

Bauer-Volke, Kristina/Dietzsch, Ina (Hg./2004): Labor Ostdeutschland. Kulturelle Praxis im gesellschaftlichen Wandel. Berlin: Kulturstiftung des Bundes.

Berth, Hendrik/Förster, Peter/Brähler, Elmar/Stöbel-Richter, Yve (2007): Einheitslust und Einheitsfrust. Junge Ostdeutsche auf dem Weg vom DDR-zum Bundesbürger. Gießen: Psychosozial-Verlag.

Bollinger, Stefan/Busch, Ulrich/Dahn, Daniela/Vilmar, Fritz (Hg./2000): Zehn Jahre Vereinigungspolitik: Kritische Bilanz und humane Alternativen. Berlin: Dr. W. Weist.

Brie, Michael/Klein, Dieter (Hg./1991): Umbruch zur Moderne. Hamburg: VSA.

Bude, Heinz/Willisch, Andreas (Hg./2008): Exklusion. Die Debatte über die „Überflüssigen". Frankfurt/Main: Suhrkamp.

Busch, Ulrich/Kühn, Wolfgang/Steinitz, Klaus (2009): Entwicklung und Schrumpfung in Ostdeutschland: Aktuelle Probleme im 20. Jahr der Einheit. Hamburg: VSA.

Busse, Tanja/Dürr, Tobias (Hg./2003): Das neue Deutschland. Die Zukunft als Chance. Berlin: Aufbau-Verlag.

Cooke, Paul (2005): Representing East Germany Since Unification. From Colonization to Nostalgia. Oxford/N.Y.: Berg Publishers.

Dienel, Hans-Liudger (Hg./2010): Bevölkerungsmagneten für Ostdeutschland. Zu- und Rückwanderung in die neuen Bundesländer und die Rolle der Hochschulen. Wiesbaden: VS-Verlag.

Dümcke, Wolfgang, Vilmar, Fritz (Hg./1996): Kolonialisierung der DDR. Kritische Analysen und Alternativen des Einigungsprozesses, 3. Aufl. Münster: agenda.

Engler, Wolfgang (1999): Die Ostdeutschen. Kunde von einem verlorenen Land. Berlin: Aufbau-Verlag.

Engler, Wolfgang (2002): Die Ostdeutschen als Avantgarde. Berlin: Aufbau-Verlag.

Engler, Wolfgang (2005): Bürger, ohne Arbeit. Für eine radikale Neugestaltung der Gesellschaft. Berlin: Aufbau.

Ettrich, Frank (2005): Die andere Moderne. Soziologische Nachrufe auf den Staatssozialismus. Berlin: Berliner Debatte.

Falter, Jürgen W/Gabriel Oskar W./Rattinger, Hans/Schoen, Harald (Hg./2006): Sind wir ein Volk? Ost- und Westdeutschland im Vergleich. München: Beck.

Geißler, Rainer (2002): Die Sozialstruktur Deutschlands. Ein Studienbuch zur Entwicklung im geteilten und vereinten Deutschland. Opladen: Westdeutscher Verlag.

Giesen, Bernhard/Leggewie, Claus (Hg./1991): Experiment Vereinigung. Ein sozialer Großversuch. Berlin: Rotbuch.

Heitmeyer, Wilhelm (Hg./2009): Deutsche Zustände, Folge 7. Frankfurt/Main: Suhrkamp.

Hradil, Stefan (1996): Die Transformation der Transformationsforschung. In Berliner Journal für Soziologie 6. Jg. (3): 299-304.

Klein, Dieter (1991): Doppelte Modernisierung im Osten. Illusion oder Option der Geschichte? In Michael Brie, Dieter Klein (Hg.): Umbruch zur Moderne. Hamburg: VSA: 9-34.

Kollmorgen, Raj (2005): Ostdeutschland. Beobachtungen einer Übergangs- und Teilgesellschaft. Wiesbaden: VS Verlag.

Kollmorgen, Raj (2010a): Transformation als Modernisierung. Eine Nachlese. In: Brunn, Moritz et al. (Hg.): Transformation und Europäisierung. Münster/Berlin: Lit-Verlag: 91-118.

Kollmorgen, Raj (2010b): Wende – Umbruch – Beitritt. Die ostdeutsche Transformation und ihre Verortung im postsozialistischen Raum. In: Großbölting, Thomas et al. (Hg.): Das Ende des Kommunismus. Die Überwindung der Diktaturen in Europa und ihre Folgen. Essen: Klartext Verlag: 151-175.

Kollmorgen, Raj (2011a): Zwischen nachholender Modernisierung und ostdeutschem Avantgardismus. Ostdeutschland und deutsche Einheit im Diskurs der Sozialwissenschaften. In: Kollmorgen, Raj/Koch, Frank Thomas/Dienel, Hans-Liudger (Hg.): Diskurse der deutschen Einheit. Kritik und Alternativen. Wiesbaden: VS Verlag: 27-66.

Kollmorgen, Raj (2011b): Transformationstheorie auf neuen Pfaden? Zur Entwicklung der theoretisch-konzeptuellen Debatte über die postsozialistischen Umbrüche. In: Berliner Journal für Soziologie, 21. Jg. (2): 295-319.

Kollmorgen, Raj (2011c): Subalternisierung. Formen und Mechanismen der Missachtung Ostdeutscher. In: Kollmorgen, Raj/Koch, Frank Thomas/Dienel, Hans-Liudger (Hg.): Diskurse der deutschen Einheit. Kritik und Alternativen. Wiesbaden: VS Verlag: 301-360.

Kollmorgen, Raj/Hans, Torsten (2011): Der verlorene Osten? Der massenmediale Diskurs über Ostdeutschland. In: Kollmorgen, Raj/Koch, Frank Thomas/Dienel, Hans-Liudger (Hg.): Diskurse der deutschen Einheit. Kritik und Alternativen. Wiesbaden: VS Verlag: 107-166.

Kollmorgen, Raj/Koch, Frank Thomas/Dienel, Hans-Liudger (Hg./2011): Diskurse der deutschen Einheit. Kritik und Alternativen. Wiesbaden: VS Verlag.

Krause, Peter/Ostner, Ilona (Hg./2010): Leben in Ost- und Westdeutschland. Eine sozialwissenschaftliche Bilanz der deutschen Einheit 1990-2010. Frankfurt/New York: Campus Verlag.

Kröhnert, Steffen et al. (2006): Die demographische Lage der Nation. Wie zukunftsfähig sind Deutschlands Regionen? München: dtv.

Land, Rainer (2005): Paradigmenwechsel in der Ostdeutschlandforschung. Dokumentation des Einleitungsbeitrags auf dem Workshop am 8. April 2005. In: Berliner Debatte Initial, 16. Jg. (2): 69-75.

Land, Rainer (2006a): Zur Lage in Ostdeutschland. Bericht des Netzwerkes und des Innovationsverbundes Ostdeutschlandforschung. Berliner Debatte Initial, 17. Jg. (5): 3-5.

Land, Rainer (2006b): Fragmentierte Wirtschaftsstrukturen zwischen Deindustrialisierung, Stagnation und Innovation. In: Berliner Debatte Initial, 17. Jg. (5): 27-38.

Land, Rainer (Hg./1990): Das Umbaupapier. Berlin: Rotbuch.

Links, Christoph/Volke, Kristina (Hg./2009): Zukunft erfinden. Kreative Projekte in Ostdeutschland. Berlin: Ch. Links Verlag.

Lorenz, Astrid (Hg./2011): Ostdeutschland und die Sozialwissenschaften. Bilanz und Perspektiven 20 Jahre nach der Wiedervereinigung. Opladen: Barbara Budrich.

Neckel, Sighart (2000): Die Macht der Unterscheidung. Essays zur Kultursoziologie der modernen Gesellschaft. Frankfurt/NY: Campus.

Pollack, Detlef (2000): Wirtschaftlicher, sozialer und mentaler Wandel in Ostdeutschland. In: Aus Politik und Zeitgeschichte, B 40/2000: 13-21.

Pollack, Detlef (2001): Wie modern war die DDR? Discussion paper No. 4/01. Frankfurt/O.: Frankfurter Institut für Transformationsstudien.

Ragnitz, Joachim/Scharfe, Simone/Schirwitz, Beate (2009): Bestandaufnahme der wirtschaftlichen Fortschritte im Osten Deutschlands 1989-2008. Gutachten im Auftrag der INSM. Dresden: Ifo.

Reißig, Rolf (2000): Die gespaltene Vereinigungsgesellschaft. Berlin: Karl Dietz.

Roth, Sven Kersten (2008): Der West als „Normal Null". Zur Diskurssemantik von „ostdeutsch*" und „westdeutsch*". In: Roth, Sven Kersten/Wienen, Markus (Hg.): Diskursmauern. Aktuelle Aspekte der sprachlichen Verhältnisse zwischen Ost und West. Bremen: Hempen Verlag: 69-90.

Roth, Sven Kersten/Wienen, Markus (Hg./2008): Diskursmauern. Aktuelle Aspekte der sprachlichen Verhältnisse zwischen Ost und West. Bremen: Hempen Verlag.

Sackmann, Reinhold/ Weymann, Ansgar/ Wingens, Matthias (Hg./2000): Die Generation der Wende. Berufs- und Lebensverläufe im sozialen Wandel. Wiesbaden: Westdeutscher Verlag.

Schäfer, Eva/Dietzsch, Ina/Drauschke, Petra/Peinl, Iris/Penrose, Virginia/ Scholz, Sylka/Völker, Susanne (Hg./2005): Irritation Ostdeutschland. Geschlechterverhältnisse in Deutschland seit der Wende. Münster: Verlag Westfälisches Dampfboot.

Schroeder, Klaus (2006): Die veränderte Republik. Deutschland nach der Wiedervereinigung. München: Bayerische Landeszentrale für politische Bildung.

Schroeder, Klaus (2009): Ostdeutschland 20 Jahre nach dem Mauerfall. Eine Wohlstandsbilanz. Gutachten im Auftrag der INSM. Berlin (unv. MS.).

Schwarz, Anna (2008): Vom Paradigma der ‚nachholenden Modernisierung' zum cultural turn: Sozialwissenschaftliche Transformationsforschung im Rückblick. In: Bönker, Frank/Wielgohs, Jan (Hg.): Postsozialistische Transformation und europäische (Des-)Integration. Marburg: Metropolis: 23-40.

Thomas, Michael/Woderich, Rudolf (2006): Regionale Disparitäten und endogene Bildung neuen Sozialkapitals. In: Berliner Debatte Initial, 17. Jg. (5): 77-89.

Wiener, Bettina/Meier, Heike (2006): Vergessene Jugend. Der Umgang mit einer arbeitslosen Generation. Beobachtungen und Schlüsse. Berlin/Münster: Lit-Verlag.

Wiesenthal, Helmut (2006): Gesellschaftliche Steuerung und gesellschaftliche Selbststeuerung. Wiesbaden: VS-Verlag.

Wiesenthal, Helmut (Hg./1996): Einheit als Privileg? Vergleichende Perspektiven auf die Transformation Ostdeutschlands. Frankfurt/N.Y.: Campus.
Woderich, Rudolf (Hg./2007): Im Osten nichts Neues? Struktureller Wandel in peripheren Räumen. Münster: Lit-Verlag.
Zapf, Wolfgang (1991): Der Untergang der DDR und die soziologische Theorie der Modernisierung. In Bernhard Giesen, Claus Leggewie (Hg.): Experiment Vereinigung. Ein sozialer Großversuch. Berlin: Rotbuch: 38-51.

Michael Thomas

Einstiege in einen sozialökologischen und solidarischen Umbau. Erfahrungen aus Deutschland[1]

Einleitung

Der Beitrag wird vor allem auf Erfahrungen in (Ost-)Deutschland stützen und nur am Rand Grundlagen der und Auseinandersetzungen um die Energiewende/ den ökologischen Umbau betrachten. Es geht um die scheinbar „kleinen“ Fragen nach dem Einstieg in den sozialpökologischen Umbau, um die kurzen Geschichten oder die vielen Erzählungen (vgl. Klein 2011).

In Europa kommt man häufig rasch dann auf Asterix und Obelix, die ihr gallisches Dorf erfolgreich gegen die imperialen Römer verteidigen konnten; allerdings ging das nicht ohne Zaubertrank. Durch die spanischen Regionen zog der „Ritter von der traurigen Gestalt“, Don Quichotte, der damals noch dem Fortschritt in Gestalt von Windmühlen die Lanze entgegen streckte. Und Deutschland sucht häufig die Erinnerung an den Baron Münchhausen, der sich nebst Pferd am eigenen Haarschopf auf dem Sumpf zu ziehen vermochte. Diese Geschichten, so ambivalent sie sind, berühren, ermutigen. Aus asiatischen Ländern kennt man viele solcher Geschichten des „kleinen Widerstands“ und der „kleinen Schritte“, deren Kraft häufig unterschätzt wird. Den Anfang zu machen, und damit sich selbst zu ermutigen – in einem weiten und thematisch passenden Bogen spricht der amerikanische Soziologe Eric Orlin Wright leitmotivisch von „envisioning real utopia“ (Wright 2010): Darum soll es gehen, wir müssen eine Utopie praktisch machen; oder, wie es sich auch sagen lässt: Wenn wir nicht das Unmögliche beginnen, dann werden wir am Möglichen scheitern. Die Utopie brauchen wir, um nicht der „Diktatur des *Jetzt*“ zu erliegen – also keinen Ausweg, keinen anderen Weg zu suchen. Und den praktischen Beginn brauchen wir als emanzipatorischen Ansatz, um eben einer auch möglichen *Diktatur* zu entgehen. – Zu einigen allgemeinen Bemerkungen und Konturen.

1 Überarbeitete Fassung eines Vortrages auf dem Workshop „Alternative left theory pardigm in Vietnam socialist orientated market economy“ am 24./25. November 2011 in Hanoi.

Allgemeine Bemerkungen zu Umbau und Transformation

Der industriekapitalistische Westen ist in einem Entwicklungs- oder Fortschrittsmodell verfangen, das sichtbar seinen Zenit überschritten hat. Was lange und über Jahrhunderte erfolgreich schien und, trotz grundlegender Ambivalenzen durchaus mit zivilisatorischem Fortschritt und Modernisierung verbunden war, zeigt sich nunmehr in seinem nackten Kern als „Weltuntergangsmodell" (Beck). Und dieses Weltuntergangsmodell betrifft eben alle – das ist der globale Zusammenhang. Wenn etwa die drängende Frage eine Trendumkehr in der Energieversorgung ist – quantitativ gefasst als Ziel, die Erderwärmung auf zwei Grad Celsius zu begrenzen –, dann zeigt die Tatsache, dass bisher etwa 80% der globalen Energieversorgung auf umwelt- und klimaschädlichen fossilen Energien beruhen, das Problem: Denn selbst dieses etablierte System reicht schon heute nicht für eine existenzsichernde Versorgung der Weltbevölkerung. Prognostiziert ist aber ein deutliches Bevölkerungswachstum. Der weitere Ausbau des fossilen Energiesystems – die globale Kapazität an Kohlekraftwerken wird in den nächsten 10 Jahren um 35% wachsen; China, Indien und die USA planen beispielsweise bis 2020 850 neue kohlegefeuerte Kraftwerke – scheint unerlässlich und ist doch *die* Bedrohung unserer Zivilisation. Wir können uns scheinbar nur die Schrittfolge der Katastrophe aussuchen. Und angesichts der düsteren Prognosen, die aus den bisher erfolglosen Versuchen zum Umsteuern gezogen werden – eine eher optimistische Variante der IEA (International Energy Agency) hält eine Erderwärmung von 3,5 Grad Celsius mit ihren „Nebenfolgen" schon jetzt für unvermeidlich, die UNESCO ist noch pessimistischer. Sie erwartet eine Erwärmung um etwa 5 Grad. Nach vorliegenden Expertisen gelten höchstes 2 Grad Erwärmung als „gerade noch beherrschbar" –, scheinen sich einige Länder auf einen zweiten Weg einzurichten: Sie bauen Zäune gegen Hungerströme, und sie rüsten die Polizei auf für den elementaren Krieg ums Überleben in den Metropolen der Welt. Die Klima- ist längst zur sozialen und zur Friedensfrage geworden: „Der härteste und wichtigste Kampf des 21. Jahrhunderts wird ohne Waffen geführt. Die Werkzeuge dieses Kampfes heißen: Energieeffizienz, Energie sparen und erneuerbare Energien." (Franz Alt)

In einem umfassenden Sinn, für Klimakrise, Ressourcenkrise und auch Finanzkrise lässt sich formulieren: „Es sind Systemkrisen eines unökologisch ausgerichteten Industrialismus, relativ unabhängig von den jeweiligen Wirtschaftsordnungen, sowie eines entfesselten Beschleunigungskapitalismus, der alle natürlichen, staatlichen und gesellschaftlichen Grenzen – ohne die eine humane Zivilisation nicht denkbar ist – zu sprengen begonnen hat." (Ypsilanti/Scheer 2010; vgl. auch: Institut für Solidarische Moderne 2011)

Die hier zitierten Autoren sprechen angesichts der Komplexität und unmittelbaren Verwobenheit dieser drei Krisen mit Recht von einem „Handlungsnotstand". In

Deutschland ist eine umfassende politische, wissenschaftliche und gesellschaftliche Debatte entbrannt, die auf einen „radikalen Wandel", auf einen „grundlegenden Paradigmenwechsel" oder auf „einen neuen Gesellschaftsvertrag" zielt. Gefragt wird nach einen neuen oder einer großen Transformation.

Die anstehenden Anforderungen würden über technologische und technokratische Reformen weit hinaus gehen. „Die Gesellschaften müssen auf eine neue ‚Geschäftsgrundlage' gestellt werden. Es geht um einen neuen Gesellschaftsvertrag für eine klimaverträgliche und nachhaltige Wirtschaftsordnung." (WBGU 2011: 2) Mit „Gesellschaftsvertrag" und „Große Transformation" wird bewusst an Karl Polanyi (1944: The Great Transformation) erinnert, der so die epochale Herausbildung der modernen kapitalistischen Marktwirtschaft, des Industriekapitalismus, charakterisierte. Jetzt geht es um die neue und radikale Bruchstelle, um ein anderes gesellschaftliches Naturverhältnis, eine „Einbettung" gesellschaftlicher Innovation in Ressourceneffizienz und Umweltkompatibilität. Dazu ist dann aber einer Erinnerung und Klärung erforderlich. Es geht um Konzept und Begriff der Transformation.

Transformation war über die vergangenen Jahrzehnte *der* Leitbegriff für die Konzeptualisierung des Übergangs der europäischen staatssozialistischen Gesellschaften in die kapitalistische Marktwirtschaft. Für die DDR etwa als *Anschluss* an die Bundesrepublik Deutschland, für die anderen Gesellschaften als (mehr oder minder schneller) *Weg nach Europa*. In dem Sinn war Transformation durchaus ein *Systemwechsel* – eben vom Sozialismus zum Kapitalismus –, nicht aber ein *Wechsel im Entwicklungsmodell*. Transformation war Adaption und konnte entsprechend der jeweiligen Perspektive dann als erfolgreich gelten – die gelungene Einfügung in die Bundesrepublik, die gelungene Aufnahme in die Europäische Union – oder auch als weniger erfolgreich – weil eine solche Adaption selbst in Frage zu stellen ist. Am Beispiel Ostdeutschlands ließe sich zudem zeigen, dass gerade die Adaption (Nachbau) ein wichtiger Grund dafür ist, dass ihr Ziel – die Konvergenz zwischen West und Ost – sich nicht erreichen lässt (vgl. Kollmorgen/Koch/Dienel 2011).

Diese Problematik nicht zu erreichender Konvergenz kann hier vernachlässigt werden. Wichtiger ist demgegenüber, dass wir ein anderes Transformationsverständnis brauchen: Es geht weniger um den Systemwechsel „an sich", es geht um das *Entwicklungsmodell*. Kapitalismus wie Sozialismus waren bis zum Ende der 1980er Jahre eingebunden in ein weitgehend vergleichbares, gemeinsames Entwicklungsmodell. Und der Zusammenbruch des einen Systems, also des Sozialismus, hat dem anderen System, also dem Kapitalismus, eher die Einsicht darin verbaut. Mit seinem „Sieg" schien auch der Kapitalismus als Entwicklungsmodell fraglos. Das ist jedenfalls in hohem Maße das ideologische Grundkorsett, in dem über Gesellschaftsfragen nachgedacht und auch entschieden wird.

Demgegenüber gehen wir davon aus, dass sich die modernen kapitalistischen Wirtschaften und Gesellschaften des Westens seit etwa den 1970er Jahren in einem radikalen Umbruch ihres Wirtschafts- und Gesellschaftsmodells befinden. In den 1970er Jahren sind, verkürzt gesprochen, die Grundlagen eines fordistischen Wirtschafts- und Gesellschaftsmodells *erodiert*. Und es war eben gerade die Ressourcenproblematik, mit der sich diese Erosion insbesondere vollzogen hat: Funktionierte bis dahin der wirtschaftliche und gesellschaftliche Zusammenhang noch leidlich, so war eben nunmehr der „Traum von der immerwährenden Prosperität" (Lutz) ausgeträumt (vgl. Bericht 2006; Land 2011).

Ist das fordistische Modell an den Folgekosten mangelnder Ressourceneffizienz und Umweltkompatibilität gescheitert, so liegt eben hier die Perspektive für ein grundlegend anderes Gesellschaftsmodell, für die sozialökologischen Transformation. Kern ist der Bruch mit dem einseitigen (fossilen) Wachstumsmodell. Insofern haben wir ein begrifflich-konzeptionelles differentes Verständnis von Transformation festzuhalten – eine hinreichend komplexe und so eben „große" Transformation. Mit diesem Verständnis stellt sich dann auch die Frage nach den Einstiegen und Einstiegsprojekten (vgl. Thomas 2011).

Transformation und der Modus der Energiewende

Die Begründung ist zunächst einleuchtend, als Konsequenz eines zu seinem Ende gekommenen Entwicklungsmodells. Zugleich aber gilt das nicht umgekehrt – nicht jeder Art einer durchaus erfolgreichen Energiewende muss zu einem Bruch mit dem Wachstumsmodell führen. Auch ein ökologischer Wirtschafts- und Gesellschaftsumbau bedeutet das nicht unbedingt; das Gegenteil ist möglich. Den „Beweis" liefern seit einigen Jahren die globalen Energie-, Rohstoff- und Agrarkonzerne. Es gibt eben Strategien, die auf zentralistische und auf Groß-Lösungen orientieren und so nicht nur alle Macht in die Energiekonzerne legen, sondern mit diesen Großlösungen zugleich Folgekosten generieren und wirkliche Einsparungen unmöglich machen. Zentralistische Anlagen, extreme Monokulturen, lange Transport- und Leitungswege verhindern den Bruch mit der Wachstumslogik (es ist ein Unterschied, ob 4.500 km neue Leitungen erforderlich sind, wie bei zentralen Offshore-Anlagen, welche die deutsche Politik favorisiert, oder höchstens 450 km, wie bei den dezentralen Onshore-Anlagen). Kosten, Zentralismus und Interessenkartelle machen diese Art von Energiewende zu einer extrem unsozialen und ungerechten Perspektive. Ähnlich sieht es mit den desaströsen Folgen zentralistischer und großindustrieller, großagrarischer Ökologie aus – Rodung des Regenwaldes in Südamerika, Aufkauf landwirtschaftlicher Flächen in Afrika etc. Allein die Absage an fossile Energien reicht nicht. Die Art und Weise, wie Energiewende oder ökologischer Umbau betrieben werden – darum geht die politische, ideologische, wissenschaftliche Auseinandersetzung (vgl. Scheer 2010; Thie 2011) auch in Deutschland –, ist *nicht beliebig, sondern entscheidend.*

Die Vorreiterrolle Deutschlands bei der Energiewende zeigt sich nicht zuletzt in den anhaltend beachtlichen Exportanteilen von Komponenten im Bereich erneuerbarer Energien (Photovoltaik 2010 bei 15,9%; Solar bei 20,5% und Wind bei 16,1%), auch wenn sich insbesondere gegenüber China deutliche Verluste zeigen und Deutschland insgesamt seine Anfangsvorsprünge nicht (mehr) entsprechend umsetzen kann. Der Anteil der erneuerbaren Energien bei der Bruttostromerzeugung lag 2010 bei 16% (beim Verbrauch bei 17%). Damit konnten bereits 118 Mio. t. Treibhausgase reduziert werden. Seriöse Expertisen belegen, dass bis 2050 100% erneuerbare Energien zu erreichen sind. Mit diesen Entwicklungen ist auch eine erstaunliche Rolle Ostdeutschlands verbunden. Steht Ostdeutschland ansonsten, wie mit dem fatal einseitigen Adaptionskurs aufgezeigt, in deutlichem Kontrast zu Westdeutschland – nahezu alle diesbezüglichen Kartierungen von BIP über Arbeitsproduktivität oder Armut zeigen die alten Grenzen – so gilt dies für den Bereich der erneuerbaren Energien gerade nicht. Hier ähneln sich die beiden Landesteile (vgl. auch Keppler/Nölting/Schröder 2011).

Der vor wenigen Tagen veröffentliche Bericht der Bundesregierung zum Stand der Deutschen Einheit weist auf diese Rolle hin (vgl. Bericht 2011: 18f.). Die ostdeutschen Bundesländer haben einen überproportionalen Anteil bei der Stromerzeugung aus erneuerbaren Energien, bei der Herstellung entsprechender Produkte und Technologien (neben Solar- und Windenergieanlagen sind das weitere Umwelttechnologien), zu verweisen ist auf beachtliche Beschäftigungseffekte (etwa 85.000 Personen, was einem Viertel der Gesamtbeschäftigung in Deutschland entspricht). Mecklenburg-Vorpommern hat mit 51,8% (2009) im Vergleich aller Bundesländer den größten von erneuerbaren Energien an der Nettostromerzeugung. Danach folgen Thüringen (40,1%) und Sachsen-Anhalt (32.2%). Brandenburg führt die Liste bei der Installation von Windleistung im Verhältnis zur Bevölkerungszahl an (bis Ende 2010 je 1000 EW 1.752 kW Windleistung); bei der Installation von Photovoltaikanlagen liegt das Land auf Platz 2 (hinter Bayern). Ostdeutschland ist gerade mit dieser Dynamik im Bereich erneuerbarer Energien zu einem „Nettostromexporteur geworden.

Mit den wirtschaftlichen Effekten und auch mit den Arbeitsplatzeffekten ist die Branche für relevante Akteure interessant (sie rechnet sich!) und hat sie sozusagen einen Punkt erreicht, von dem aus ihre weitere Entwicklung prognostiziert werden kann. Dies ist deshalb bemerkenswert, weil viele der bisherigen Entwicklungen eher im Verborgenen erfolgten, nicht im Rahmen einer offiziellen Struktur- oder Wirtschaftspolitik, und weil zugleich manche der Entwicklungen mit spezifischen ostdeutschen Eigenheiten verbunden waren bzw. sind: Sie erfolgten in kleinen und mittleren Unternehmen, häufig in Verbünden von diesen mit regionalen Forschungseinrichtungen, und sie erfolgten in hohem Maße in lokal konzentrierten Ansätzen. Mit beidem sind auch Schwächen verbunden; zugleich scheint nur so der Ausweg aus einem dominierenden Transformationskonzept möglich gewesen zu sein und hat damit ein Stück Zukunft lange schon *begonnen*. Diese Voraussetzungen sind festzuhalten – es geht auch bei den Einstiegsprojekten nicht um eine „Stunde Null“ (vgl. Thomas 2011a).

Ostdeutschland macht aber mit diesen Erfolgen zugleich Schwierigkeiten und Widersprüchlichkeiten des Prozesses deutlich. Eine neuere Studie der Raumordnung bescheinigt Ostdeutschland insgesamt gravierende und sich kumulativ verstärkende *Nachhaltigkeitsdefizite* – ökonomisch, sozial wie auch hinsichtlich Umweltschutz seien hier die Voraussetzungen für eine Ressourcenwende schlechter als in Westdeutschland (BBSR 2011). Während man über einzelne Indikatoren streiten kann, sind in der Tat die sozialen Voraussetzungen in Ostdeutschland besonders prekär: Arbeitsplätze, Einkommen, Pendleranteile, Altersstrukturen etc., gerade sozial werden Alternativen blockiert. Dies lässt sich, ohne darauf zunächst weiter einzugehen, in einer wichtigen Frage zusammenfassen, nämlich in der Frage nach der *Transformationsfähigkeit* einer Gesellschaft: Es geht nicht nur um Ziel und Aufgabe einer Transformation, sondern nicht weniger darum, ob die Gesellschaft überhaupt die entsprechenden Voraussetzungen dafür besitzt?

Dabei scheint es entgegen neoliberaler Strategien und neoklassischer Grundannahmen offensichtlich – hier ließe sich historisch zudem ebenso auf die DDR verweisen wie aktuell auf Ostdeutschland –, dass eine Gesellschaft etwa dann eine Transformationsfähigkeit besitzt, wenn sie über hinreichende Freiheitsgrade für die Menschen verfügt (also eine möglichst große Vielfalt von Optionen gesichert ist), wenn sie von einer größeren sozialen Gleichheit charakterisiert ist (etwa Rechtssicherheit, Zugang zu den Bedingungen freien Lebens, soziale und kulturelle Grundrechte usw.). Es sollte möglich sein, eigenständig, unabhängig (dezentral) zu handeln und zugleich dieses Handeln auf einen solidarischen Beitrag für die Gesellschaft auszurichten. Das sind einige wesentliche Bedingungen (vgl. Brie 2011: 75), sie bestimmen die Anforderungen an politische Gestaltung. In dieser Hinsicht nimmt Deutschland aktuell weniger eine progressive Vorreiterrolle ein. Der „Exportweltmeister“ setzt auf Niedriglöhne und soziale Differenzierung.

Ein zweiter Aspekt mit Blick auf Ostdeutschland ist darin zu sehen, dass die Kehrseite der aufgezeigten Erfolge im Bereich erneuerbarer Energien erhebliche Proteste sind. Markant sind zahlreiche Proteste der Windkraftgegner. Aber auch gegen große Biogasanlagen gibt es massive Proteste. Ostdeutschland als Energieexporteur, das heißt eben auch: Großanlagen, „Verspargelung“ der Landschaft mit Windrädern, riesige Maisfelder. Oder aber es finden sich Regionen, die zwar direkt Energieexporteur sind (Prignitz: 156% Stromerzeugung), davon aber weder einen Arbeitsplatz noch einen Euro Wertschöpfung haben!

Es sind auch Erfahrungen in Ostdeutschland, die unterstreichen, dass sich im „Wie" der Energiewende und des ökologischen Umbaus die Herausforderungen bündeln. Wir (Thomas /Reißig /Koch 2011) sprechen deshalb vom erforderlichen „sozialökologischen und solidarischen Umbau". Dabei ist die Perspektive auf einen stärker dezentralen, lokalen Entwicklungspfad eben nicht nur eine Perspektive unter anderen, sondern diese ist zugleich *die Voraussetzung* für einen sozialökologischen und solidarischen Umbau. Insofern ist das keine sekundäre Frage (Scheer); das „Wie?" wird zu einem „Ob überhaupt?".

Für den aufgezeigten konzeptionellen Weg kommt insofern einzelnen lokalen Projekten und Initiativen – den Einstiegsprojekten – besondere Bedeutung zu. An ihrer Durchsetzung liegt es, ob ein Umbau in den erforderlichen Dimensionen gelingt (vgl. auch generell Scheer 2010). Damit sind wir wieder am Ausgangspunkt der Betrachtungen. Wir können nicht wissen, ob mit solchen Ansätzen und Projekten die verhängnisvolle Dynamik etwa des anthropogen verursachten Klimawandels aufzuhalten ist. Andererseits ist das eben einer der wenigen möglichen und eben praktischen Wege. Das macht Erfahrungen interessant.

Gegenüber den von der gegenwärtig bestimmenden Politik im Bündnis mit den vier großen Energiekonzernen in Deutschland favorisierten zentralen und großen Lösungen sind solche Projekte und Initiativen wichtig (siehe auch Leggewie/Welzer 2011),

- weil sie die Chance bieten, organisatorische, technologische Lösungen in kleineren Bereichen (als „Nischeninnovationen") auszuprobieren und umsetzungsreif zu machen,
- weil sie die Chance bieten, technologische Pfadabhängigkeiten und damit gesetzte einseitigen Lösungen zu durchbrechen und Handlungsmacht zu gewinnen gegenüber den Interessenkartellen der alten Energiekonzerne.
- Lokale Ansätze bieten neue, direkte Aushandlungsmöglichkeiten für „öffentliche Güter", Entscheidungen über deren Nutzung, Rekommunalisierungen, Vervielfältigung und Modifizierung von Eigentumsstrukturen (etwa bis zu Genossenschaften, Varianten solidarischen Wirtschaftens etc.) und damit strukturelle Transformationen.
- Dezentralen Projekte können Impulse für Regionen bieten, die im Abseits marktwirtschaftlicher Dynamiken und Wachstumsrankings stehen, eigenständige Ressourcen erschließen, Handlungsmöglichkeiten auf lokaler, regionaler Ebene entfalten,
- sie können vor allem auch zu praktischer Teilhabe anregen, diese ermöglichen und so zu Lernprozessen beitragen – also gerade auch zur erforderlichen kulturellen Wende –, zur eigenen Stärkung und Selbstermächtigung,

- sie machen andere Lebensweiseformen praktisch möglich (sparsamer, mit weniger Transport etc.),
- sie schaffen Arbeitsmöglichkeiten (gerade auch für die Jugend).
- Zudem können sie insofern ganz direkt ihre eigenen Voraussetzungen verbessern, nämlich die Transformationsfähigkeit der Gesellschaft insgesamt erhöhen,
- und sie sind nicht zuletzt eben das praktische Signal, Zeichen für den möglichen Beginn, für die Machbarkeit: „Wenn es dort geht, dann geht es vielleicht auch bei uns!"

Die „Große Transformation", so lässt sich verallgemeinern, wird zu einem wesentlichen Teil eher eine „kleine Transformation" sein, und der großen Veränderung auf der Ebene der Gesellschaft – einem anzustrebenden Gesellschaftsvertrag – wird die kleine Veränderung auf der individuellen Ebene, der lokalen etc. partiell vorausgehen. Nur so lässt sich auch die erforderliche Komplexität der Transformation – Ökonomie und Technologie, Sozialität und Kultur, Lebenswelt oder Lebensstil – konkret angehen. Drei Beispiele und Erfahrungen können das verdeutlichen.

Bioenergiedörfer – Klimaschutz, regionale Wertschöpfung und lokale Teilhabe

Bioenergiedörfer – oder: Dörfer, die ihre Energieversorgung eigenständig auf Grundlage erneuerbarer Energien, überwiegend mittels Biogas und Biomasse gewährleisten – sind keine besondere ostdeutsche Erfindung. Sie haben hier aber eine mittlerweile beachtliche Ausbreitung gefunden. Speziell Bioenergie hat einen Anteil von etwa 71% an den erneuerbaren Energien (oder von 7,7% am Energieaufkommen insgesamt). Auf den Weg gemacht haben sich schon über 100 solcher Dörfer und mit umfassenden Programmen, wie dem zum Coaching von Bioenergiedörfern in Mecklenburg-Vorpommern, wächst die Zahl weiter kontinuierlich.

Einen besonders beeindruckenden und zugleich komplexen Umsetzungsansatz zeigt die Gemeinde Zschadraß im Bundesland Sachsen (in der Nähe von Leipzig). Die Gemeinde kombiniert in der Umsetzung Solaranlagen, Windräder, Biogas und Biomasse in einem Effizienzkonzept. Das Grundmodell ist eine Stiftung und ein Bürgerverein. Dieser Bürgerverein entscheidet über die gemachten Gewinne (ca. 18.000 €/Jahr bisher); investiert wird in Kindergarten, Schulspeisung, Sportvereine, Transport. Die Gemeinde organisiert die Bürger! Ein anderes Beispiel mit einem etwas anderen Modell wäre die Gemeinde Feldheim in Brandenburg. Auch sie erzeugt deutlich mehr Strom als der Eigenverbrauch ist (225%), verfügt über ein eigenes Stromnetz und beteiligt die Einwohner direkt an der Energieerzeugung (mit jeweils 1.500 EUR).

Beide Gemeinden haben sichtbar an kommunaler Handlungsfähigkeit gewonnen (eigene Finanzierung!), sie konzentrieren sich neben der wirtschaftlichen auf die soziale und kulturelle Entwicklung und sie sichern vor allem die breite Teilhabe der Bevölkerung. Sie machen zudem ganz deutlich, dass kommunale Politik – sowohl der jeweilige Bürgermeister/die Bürgermeisterin wie die Gemeindevertretung ganz entscheidend sind.

Der zuständige Minister von Mecklenburg-Vorpommern hat deshalb nicht zu Unrecht auf einer Tagung vor wenigen Tagen[2] von „energieaktiven Regionen" gesprochen. In der Tat gehört neben der energetischen Komponente (100% und mehr Stromerzeugung durch erneuerbare Energien, 75% Wärme) und der erforderlichen Umweltkompatibilität (keine „Maiswüsten", zusätzliche Artenvielfalt) auch die Teilhabe der lokalen Bevölkerung ausdrücklich zum Kriterienkatalog für solche Bioenergiedörfer (Anerkennung, Zertifizierung).

Hier sticht ein solcher Projektverbund wie der in Mecklenburg-Vorpommern besonders ins Auge: War zunächst ein Bürgermeister mit seiner Gemeinde gescheitert, so hatte er nicht aufgegeben – „Wenn es nicht allein geht, dann müssen es eben mehrere gemeinsam versuchen!" – sondern suchte 4, 5 Verbündete. Dann war die Zielstellung 100, und jetzt sollen es in 10 Jahren 500 werden. Dabei stehen über 70 jetzt schon konkret in den Startlöchern, ist ein sehr konkreter und dynamischer Prozess organisiert worden – ein Coaching als Unterstützung, ein Runder Tisch der Ingenieure, konzertierte Rechtsberatung. Aufgelegt wird jetzt ein revolvierender Fonds zur Finanzierung, und gegründet wird zudem eine Genossenschaft der beteiligten Dörfer. In einem umfassenden strategischen Konzept („Garten der Metropolen") soll die wirtschaftliche und poltische Vernetzung voran getrieben werden.

Bioenergiedörfer sind ein Weg, um kommunales (politisches) und wirtschaftliches Handeln direkt zu verbinden. Sie ermöglichen vielfältige Eigentumsformen – von Bürgerbeteiligungen über Stiftungen bis zu Genossenschaften und eben KMU – und können ein Schritt sein, um breitere gemeinschaftliche Verfügung zu erhalten (z.B. Rekommunalisierungen, Energienetze). Entscheidend ist, dass die z.T. beträchtliche Wertschöpfung im Ort bleibt, dass Arbeitsplätze und vor allem auch Ausbildungsplätze geschaffen werden können. Bioenergiedörfer können gerade Monokulturen und die Ausweitung von Großanlagen (Wind, Bio) verhindern. Ihr entscheidender Punkt sind die gewachsenen Teilhabemöglichkeiten, mit denen eben auch Einflüsse auf Kultur und Lebensweise möglich sind.

---

2 Wege zum (Bio)EnergieDorf. Welche Bedeutung haben die (Bio)EnergieDörfer für die Energiewende in Mecklenburg-Vorpommern?, 18./19.11.2011. Universität Greifswald. – Eingeflossen in die Ausarbeitung sind Beiträge, Diskussionen auf dem Workshop.

Ohne auf ähnliche Möglichkeiten – etwa die kommunalen, genossenschaftlichen Stadtwerke in kleineren Städten oder die vielfältigen Bürgergenossenschaften im Energiebereich – einzugehen, zeigt sich eine gewichtige Rolle solcher Projekte für Energiewende und den sozialökologischen Umbau. Die Dynamik ist schon jetzt beachtlich, die Komplexität in den Ansätzen muss nur noch einmal unterstrichen werden (führt dann auch zu den anderen Beispielen), die Selbstverstärkerrolle ist schon jetzt sichtbar (zumal es erfolgreiche Umsetzungen auch in den Nachbarländern gibt). Vielfach ist schon erkannt, dass es um entschieden mehr geht als um Ökonomie oder um Technologie. Mit Bioenergiedörfern ist erstmals (!), so Franz Alt unlängst, wirklich ein Einstieg in nachhaltige Landnutzung möglich geworden, die praktische Verbindung von Ökonomie und Ökologie.

Allerdings sind erhebliche Umsetzungsschwierigkeiten nicht zu übersehen. Die Bereitschaft zum Mitmachen wächst langsam, die Bundespolitik hat mit Änderungen im Erneuerbare-Energien-Gesetz einige Hürden aufgebaut, und vor allem drängen jetzt auch immer stärker die Großunternehmen in diesen Bereich und üben massiven Einfluss auf Kommunen aus. Die Entwicklung scheint sich aktuell an einem „Kipppunkt" zu befinden – beide Varianten sind möglich. Eine politische Herausforderung spitzt sich hier zu. Umso schwerer wiegen erfolgreiche Beispiele!

Stiftungen, Bürgerhaushalte, Regionalwährungen – die Dinge selbst in die Hand nehmen

Gerade auch die skizzierten Entwicklungen im Bereich der Bioenergiedörfer zeigen, wie wichtig ist es, die Verfügung über Ressourcen zu bekommen und sie nicht bei Großkonzernen etc. zu belassen. Nur so lässt sich der aufgezeigte Zirkel, der immer wieder in ein Wachstumsmodell führt, durchschlagen. Neben den schon erwähnten Genossenschaften, die in jüngster Zeit gerade im Energiesektor einen neuen Boom erfahren, ist kurz auf Erfahrungen mit Bürgerstiftungen, mit Bürgerhaushalten oder mit Regionalwährungen zu verweisen. Sie alle sind geeignet, um den Bürgern in ihren Orten tatsächliche Beteiligungsmöglichkeiten zu eröffnen, um so einerseits praktische Umsetzungen zu ermöglichen – Bürgerstiftungen bringen dafür das Geld zusammen, Bürgerhaushalte ermöglichen eine direkte Umverteilung von kommunalen Mitteln und Regionalwährungen sichern, dass Wertschöpfung auch in der Region bleibt und Effekte hat –, um aber zugleich demokratische Mitwirkung zu ermöglichen: In jedem der Beispiele sind eben die beteiligten Bürger auch mit ihrer Stimme dabei und können sie direkt wirksam werden.

Bürgerstiftungen haben sich in Ostdeutschland langsam entwickelt – es fehlt an individuellem Kapital, es fehlt an Tradition, und es gibt einige bürokratische

Hürden. Zugleich aber sind sie vielfach im ökologischen Bereich (Landwirtschaft, Naturschutz) und der Energieerzeugung (Solarwirtschaft) anzutreffen. Entwickelt hat sich eben diese besondere Form von Bürgerstiftung, in der man nicht allein mit Geld zum Stifter/zur Stifterin werden kann, sondern mit seiner einzubringenden aktiven Betätigung, Arbeitsleistung.

Bürgerhaushalte werden in einigen ostdeutschen Städten erfolgreich praktiziert; das am längsten praktizierte, und sehr erfolgreich wie demokratisch breit angelegte ist das des Bürgerhaushaltes in Lichtenberg, einem Berliner Stadtbezirk. Dies war ein linkes Projekt, es soll aber jetzt (mit einer anderen Koalition) fortgeführt werden – was den schon erreichten Erfolg zeigt. Mit Bürgerhaushalten wird ein nicht unbeträchtlicher Teil der kommunalen Mittel für Vorschläge der Bürgerschaft bereit gestellt. Diese kann breit darüber entscheiden, das Kommunalparlament ist verpflichtet, die Vorschläge dann aufzunehmen und auch in einem absehbaren Zeitraum umzusetzen. Darüber werden wiederum die Bürger informiert.

Regionalwährungen sind der Versuch, mit Vernetzungen zwischen regionalen Unternehmen und den Einwohnern zu erreichen, dass regionale Produktkreisläufe gestärkt werden. Dafür wird ein besonderes lokales Geld in Umlauf gebracht, mit dem ganz normal bezahlt werden kann. Zugleich wird verhindert, dass dieses Geld dem Kreislauf entzogen, also angespart wird. In jedem Fall soll die lokale Wirtschaft und möglichst auch die lokale Gemeinschaft (Vereine) gestärkt werden.

Kunst, Kultur, Leben – eine zukunftsfähige Lebensweise!

Nicht weniger zu vernachlässigen sind Erfahrungen, die es mit Projekten, Initiativen im Bereich von Kunst, Kultur und vor allem solchen gibt, die anders arbeiten und leben wollen und dies praktizieren. Auch hier ist einerseits ersichtlich, dass solche Projekte, Initiativen eben direkt mit Bioenergiedörfern zusammenhängen können, andererseits zeigt sich immer deutlicher, dass ein Umbau unserer ganzen Lebenswelt die ganz wesentliche Voraussetzung für eine ökologische Wende ist: Eine anzustrebende, für den einzelnen „bereichernde“ individuelle Entwicklung ohne Massenkonsum, ohne weitere Ressourcen- und Naturausbeutung. In gewisser Hinsicht kann nur eine solche kulturelle Revolution den Druck entfalten, den es für die erforderliche Wende braucht: Wir müssen auch aufhören, das zu kaufen, was uns, was die Welt kaputt macht!

Praktische Projekte sind deshalb wichtig, weil eben nur in gemeinsamer Erfahrung und Umsetzung auch ein Lernen der Veränderung und eine Änderung der eigenen Präferenzen möglich sind. Nicht Politik kann uns das sagen, nicht kulturelle Eliten können uns das vormachen – wir müssen es selbst erfahren. In Deutschland – West wie Ost – gibt es eine enorme Fülle von solchen Beispielen.

Wir haben ökologische Modellprojekte, wo eben die ganze Dorfgemeinschaft einbezogen ist, wir haben Kunstprojekte im ländlichen Raum, die eine enorme Ausstrahlung besitzen. Eine besonders interessante neuere Bewegung ist die von Nachbarschaftsgärten (urban gardening/guerilla gardening) in Städten, weil mit ihnen vor allem auch Nachbarschaften, Kommunikation und direkte Beteiligung organisiert werden. Es gibt zudem das wachsende Bestreben, nicht nur bei solchen lokalen Beispielen und Ausstiegen zu bleiben, sondern von hier zu neuen Formen aktiver Demokratie zu kommen. Das reicht von der Beteiligung an dem eigenen Projekt bis zu Vorschlägen, auf Bundesebene eine Bundeswerkstatt als Art „Dritte Kammer" – neben Bundestag und Bundesrat – einzurichten, in der zivilgesellschaftliche Akteure sich versammeln und über Möglichkeiten gesellschaftlicher Entwicklung beraten, Vorschläge machen, die dann zur politischen Umsetzung gebracht werden (vgl. Rohr 2011).

Weitere Beispiele ließen sich anführen, sie sind zum Teil ausführlich dokumentiert (siehe etwa Links/Volke 2009). In Ostdeutschland ist etwa eine Perspektive verbreitet, die sich „Raumpioniere" nennt. Sie geht davon aus, dass es immer wieder Menschen gibt, kleine Netzwerke, die sich an Orten niederlassen, wo (scheinbar) nichts mehr ist oder nichts mehr geht. Wirtschaft und Politik haben solche Orte oftmals direkt oder indirekt aufgegeben, abgeschrieben. Es sind solche „Pioniere", die wieder eine Schule zum Leben erwecken, einen Dorfkonsum, ein kleines Theater, eine Lernwerkstatt und auch neue produktive Möglichkeiten erschließen, zumeist im ökologischen Landbau und Handwerk. Schaut man sich das genauer an, dann findet man interessante Konstellationen von Zugewanderten und Einheimischen, die „verlorenen Orten" wieder Leben einhauchen. Bei vielen Beispielen ist ersichtlich, wie zentral eine direkte, unkomplizierte und anhaltende Kommunikation ist – es müssen echte *Gemeinschaftsprojekte* sein. Ein Kulturdorf etwa hat deshalb einen Verein gegründet, der einen eigenen Pizzaofen im Dorf betreibt. Und an diesem Ofen ist jeden Mittwoch gemeinsames Essen. Ein anderes Dorf hat die Gemeinschaft in verschiedenen runden Tischen organisiert, die für Themen des Dorflebens zuständig sind. Im einen wie im anderen Fall ist so direkt oder indirekt die zu beantwortende Frage: Wie können wir so leben und arbeiten, dass der Ausstieg aus dem „Weltuntergangsmodell" wirklich gelingt?

Es lässt sich schwer ein einzelnes Beispiel herausgreifen – es ist gerade deren Fülle, mit der sich zugleich eine enorme Ermutigung ergibt. Zu beobachten ist seit längerer Zeit eine Trendwende, ein Anwachsen zivilgesellschaftlicher Aktivitäten. Viele Beispiele bzw. Projekte „scheitern" wieder, zumeist an fehlenden finanziellen Ressourcen, manche sind auch nur ein Ausstieg in private Wege, die nicht viel ändern werden. In der Suchphase, in welcher wir uns heute befinden, ist auch das unvermeidlich. Wichtig ist, dass Antworten gesucht und gefunden werden, um dem eingangs beschriebenen Handlungsnotstand zu begegnen. Wie weit damit ein erforderlicher und letztlich globaler „turn" gelingt, ist offen. Eine Transformation kann aber nur gelingen, wenn sie jetzt und auch hier – bzw. an den vielen kleinen Orten und mit vielen kleinen Erzählungen beginnt.

Literatur

BBSR-Berichte 2011: Regionalentwicklung auf dem Weg zu mehr Nachhaltigkeit. Aktuelle Ergebnisse des BBSR-Indikatorenkonzepts. BBSR-Berichte KOMPAKT, 4. Bonn

Bericht Zur Lage in Ostdeutschland 2006: Bericht des Netzwerkes und Innovationsverbundes Ostdeutschlandforschung. In: Berliner Debatte INITIAL, 17. Jg. (5), S. 3-96

Jahresbericht der Bundesregierung zum Stand der Deutschen Einheit. 2011: Berlin, 9. November

Brie, M. 2011: Die Fähigkeit zur Transformation – Fortschrittskriterium heutiger Gesellschaften. In: Thomas, M. 2011: Transformation moderner Gesellschaften und Überleben in alten Regionen. Debatten und Deutungen. Münster et al., S. 61-84

Institut Solidarische Moderne 2011: Umrisse eines sozialökologischen Gesellschaftsumbaus auf dem Weg in eine solidarische Moderne. Der Erinnerung Hermann Scheers gewidmet. Rosa-Luxemburg-Stiftung. Standpunkte 33

Keppler, D./Nölting, B./Schröder, C. (Hg.) 2011: Neue Energei im Osten – Gestaltung des Umbruchs. Perspektiven für eine zukunftsfähige sozialökologische Energiewende. Frankfurt a.M. et al.

Klein, D. 2011: Das Viereck – Nachdenken über eine zeitgemäße Erzählung der Linken. Rosa-Luxemburg-Stiftung. Standpunkte 34

Kollmorgen, R./Koch, F.T./Dienel, H.-L. (Hg.) 2011: Diskurse der deutschen Einheit. Kritik und Alternativen. Wiesbaden

Land, M. 2011: Zur Unterscheidung zwischen Wirtschaftswachstum und wirtschaftlicher Entwicklung. In: Thomas, M. 2011: Transformation moderner Gesellschaften und Überleben in alten Regionen. Debatten und Deutungen. Münster et al., S. 99-137

Leggewie, C./Welzer, H. 2009: Das Ende der Welt, wie wir sie kannten. Klima, Zukunft und die Chance der Demokratie, Frankfurt a.M.

Links, Chr./Volke, K. (Hg.) 2009: Zukunft erfinden. Kreative Projekte in Ostdeutschland. Berlin

Rohr, J. 2011: Kollaborative Demokratie! Warum wir eine Bundeswerkstatt brauchen, in: Oya. Anders denken, anders leben. September/Oktober, S. 12-15

Scheer, H. 2010: Der energetische Imperativ. 100% jetzt: Wie der vollständige Wechsel zu erneuerbaren Energien zu realisieren ist. München

Thie, H. 2011: Exit statt Exitus. Das rote Projekt für den gründen Umbau in 16 Leitsätzen.Rosa-Luxemburg-Stiftung. Standpunkte 09

Thomas, M. 2011: Transformation moderner Gesellschaften und Überleben in alten Regionen. Debatten und Deutungen. Münster et al.

Thomas, M. 2011a: ostdeutsche zukunftspotenziale – oder: Wie man das Rad doch noch einmal neu erfinden muss. In: Kollmorgen, R./Koch, F.T./Dienel, H.-L. (Hg.) 2011: Diskurse der deutschen Einheit. Kritik und Alternativen. Wiesbaden, S. 361-384.

Thomas, M./Reißig, R./Koch. Th. 2011: Das Projekt des sozialökologischen und soldarischen Umbaus. Fallbeispiele für den Einstieg. Im Auftrag der Fraktionsvorsitzendenkonferenz der Partei DIE LINKE in den Landtagen und im Deutschen Bundestag. Berlin

WBGU 2011: Wissenschaftlicher Beirat der Bundesregierung Globale Umweltveränderungen. Welt im Wandel. Gesellschaftsvertrag für eine Große Transformation. Berlin

Wright, E.O. 2010: Envisioning Real Utopias. New York

Ypsilanti, A./Scheer, H. 2010: Grundsatzpapier Institut Solidarische Moderne. Frankfurt a.M.

Rainer Land

Kritik der Wachstumskritik. Zur Unterscheidung zwischen wirtschaftlichem Wachstum und wirtschaftlicher Entwicklung[1]

Abstract

Heute ist es fast unstrittig, dass ein weiteres Wachstum des Verbrauchs von Primärenergie und Rohstoffen bzw. der Emissionen und Abprodukte früher oder später zum Zusammenbruch der Ökosysteme und damit auch der wirtschaftlichen Grundlage der Menschheit führen wird. Trotz wachsender Weltbevölkerung – prognostiziert sind etwa 9 Mrd. bis 2050 – müssen der Verbrauch an Primärenergie und Rohstoffen sowie die Emissionen (vor allem von CO_2) und Abprodukte absolut sinken, teilweise bis auf Null. Zugleich aber werden zumindest drei „gute Gründe" für das Wachstum des Outputs, also des globalen Sozialprodukts bzw. des BIP der einzelnen Volkswirtschaften gefordert.

Ein drastischer Rückgang des Naturverbrauchs pro Kopf Jahr für Jahr über einen Zeitraum von 20 bis 50 Jahren, ein Rückgang der deutlich größer sein muss als die Rate des Zuwachses der Weltbevölkerung, kann theoretisch auf drei miteinander kombinierbaren Wegen erreicht werden: Erstens durch Selbstbeschränkung, also den Rückgang der Konsumtion pro Kopf, also auch der realen Pro-Kopf-Einkommen. Zweitens durch Rückgang der höheren Pro-Kopf-Einkommen, also Abbau der Einkommensungleichheit, wobei das Sinken der höheren Einkommen nicht vollständig durch steigende Einkommen im unteren Einkommensbereich kompensiert werden dürfte.

Angesichts der globalen Einkommensverteilung sind aber die Effekte dieser beiden Möglichkeiten viel zu gering. Eine Reduzierung der unteren Einkommen ist global gesehen undenkbar, die Reduzierung nur der hohen Einkommen würde aber nicht ausreichen, wie zu zeigen sein wird.

Trotzdem sind beide Wege wichtig. Eine gerechtere Verteilung der Einkommen ist ganz unmittelbar eine Komponente der Regulierung der Finanzmärkte und der Eindämmung selbstreferenzieller (spekulativer) Geldbewegungen mit negativen Effekten auf die Realwirtschaft. Zudem hätte die Beschränkung der

1 Beitrag zum Momentum-Kongress 2011 Track 1: Öko-soziale Globalisierung. Ergänzende Antworten zu Nachfragen, Oktober 2011 in Hallstatt.

Luxuskonsumtion auch direkte ökologische Einspareffekte. Ohne Beschränkung der Luxuskonsumtion ist zudem eine Selbstbeschränkung der Einkommens-Mittelschichten, die in den entwickelten Industrieländern den größten Teil der ökologischen Lasten verursachen, nicht zu erwarten. Allgemeine Selbstbeschränkung, vor allem dieser Bevölkerungsgruppen, beim Verbrauch von Konsumgütern – vor allem solchen mit hohen ökologischen Belastungen – ist wichtig, um eine Transformation der Konsumstrukturen durch Selbstveränderung des Verhaltens einzuleiten. Dabei kann es nicht darum gehen, emanzipatorische Voraussetzungen der Moderne wie Existenzsicherung, Teilhabe an Kommunikation, Bildung, Demokratie und Mobilität nicht weiter auszubauen bzw. denen zu verweigern, die daran (noch) nicht oder nur unzureichend partizipieren. Emanzipation, Freiheit, Gerechtigkeit, Gleichheit und Individualität haben eine ökonomische Grundlage, die durch einen ökosozialen Umbau nicht aufgegeben werden darf, sondern transformiert werden muss, und zwar so, dass sie mit einem Zugewinn an Verwirklichungschancen für die Individuen verbunden ist.

Die dritte und aus meiner Sicht einzig realistische Möglichkeit, erheblich und anhaltend Naturverbrauch zu reduzieren, ist ein Wechsel des Entwicklungspfades, des Innovationsregimes. In der kapitalismuskritischen Diskussion, sofern sie von der Regulationstheorie beeinflusst ist, wird zumeist das Akkumulationsregime dargestellt, wobei dies in der Regel wachstumstheoretisch behandelt wird. In vielen wachstumskritischen Argumentationen wird dargestellt, dass der *Akkumulationstrieb* des Kapitals unbeschränkt, die Naturressourcen aber endlich sind. Möglichkeiten der Steigerung der Ressourceneffizienz werden in dieser wachstumstheoretischen Modellbildung ebenfalls als begrenzt betrachtet, weshalb eine Lösung der ökologischen Krise unter den Bedingungen der Dominanz von Kapitalverwertung nicht möglich sei.

Im Unterschied dazu vertrete ich eine andere wachstumskritische Position, in der gerade die Steigerung der Ressourceneffizienz als endloser Prozess gedacht wird, und zwar auf der Grundlage einer evolutorischen Wirtschaftstheorie nach Schumpeter. Hier wird das Innovationsregime einer Produktionsweise, die Art und Weise, Inventionen hervorzubringen, zu selektieren, zu rekombinieren und zu verbreiten (dies zusammen macht eine Innovation aus), zum Zentrum der theoretischen Modellierung, und der Akkumulationsprozess, formell die Verwandlung von Mehrwert in Kapital, wird als nachgeordnete Folge von selektiv bestimmten Innovationsprozessen gedacht. Der Fokus der Regulation liegt dann nicht bei der Aneignung von Wert, Mehrwert und Lohn, sondern bei den Prozessen, die der Selektion von Innovationen und damit der Richtung der technologischen Veränderung von Produktion, Konsumtion, Infrastruktur, Lebensweisen und Sozialstrukturen zugrunde liegen. (Genau dies Vorgehen findet man übrigens auch in Marx' „Kapital", Abschnitt Produktion des relativen Mehrwerts).

Für die fordistische Variante der Kapitalverwertung, die regulationstheoretisch auf der Kombination von Massenproduktion und produktivitätsorientierter Lohnentwicklung beruhte, sind Innovationsprozesse typisch, die die Arbeitsproduktivität mittels positiver Skaleneffekte steigern. Sie sind weitgehend blind für Ressourceneffizienz.

Der einzuleitende Paradigmenwechsel bedarf einer positiven Rückkopplung zwischen sinkendem Naturverbrauch, steigenden Einkommen (mit natürlich qualitativ neuen Inhalten) und Kapitalverwertung, also eines Regulationssystems, das ressourcensteigernde Innovationen positiv selektiert – anstelle der Fokussierung auf Arbeitsproduktivität.

Ein verändertes Innovationsregime ist m. E. die letztlich tragfähige wissenschaftliche Grundlage für den Green New Deal, weil sie die qualitative Veränderung der Wirtschaftsweise ins Zentrum stellt. Man muss aus einer Wachstums- zu einer Entwicklungsperspektive übergehen, um die Voraussetzungen einer ökologischen Kapitalverwertungsökonomie zu verstehen.

Es geht dann nicht mehr darum, gegebene Produktions- und Konsumtionsweisen durch singuläre Innovationen punktuell effektiver zu machen – etwa den Dieselmotor durch ein anderes Einspritzverfahren mit weniger Treibstoff oder durch einen Russfilter mit weniger Emissionen zu fahren. (Obwohl dies im Übergang durchaus vernünftig sein kann, löst es das eigentliche Problem nicht.) Einzelne Innovationen verändern Produktionsweisen immer nur im Rahmen gegebener Selektionskriterien, ändern also weder die Bedürfnisstrukturen noch die verwertungsrelevanten Selektionskriterien. Jede Einsparung von Ressourcen wird dann durch Rebound-Effekte des alten Wachstumstyps aufgefressen und die volkswirtschaftliche Ressourceneffizienz steigt nicht bzw. zu langsam, langsamer als das preisbereinigte BIP. Ein Green New Deal erfordert nicht (nur) viele einzelne Innovationen zur Substitution bzw. Reduzierung von Naturressourcen, sondern einen Wechsel des Innovationsregimes. Green New Deal bedeutet Veränderung der Selektionskriterien und Veränderung der Entwicklungsrichtung der laufenden technologischen und sozioökonomischen Veränderungen, eine andere Richtung auch des sozialen Wandels. Grundlage des Konzepts des Green New Deal ist Umweltkompatibilität oder auch Umweltkonsistenz als Selektionskriterium für Innovationen. Mit einer Transformation des Innovationsregimes werden die absolute Senkung des Naturverbrauchs und die Erhaltung der Ökosysteme als Komponente des umweltkompatiblen Umbaus der Industrien, der Produktions- und Konsumtionsmittel, der Infrastrukturen und der Produktions- und Lebensweisen gedacht. Auf dieser Basis sind wirtschaftliche Entwicklung und Ökologie vereinbar – und zwar auch mit steigenden Masseneinkommen, bei freilich anderen Inhalten und mit anderen Konsumgütern.

Kritik der Wachstumskritik ist keine Pro-Wachstums-Position!

Kritik der Wachstumskritik bedeutet keinesfalls, dass das Gegenteil, also eine Pro-Wachstums-Position richtig wäre. Kritik (in einem philosophischen Sinne) bedeutet vielmehr zu zeigen, dass eine Position einen blinden Fleck hat, die Welt an irgendeiner wichtigen Stelle verkehrt sieht, weil sie auf der nicht reflektierten Verdinglichung von prozessualen Vorgängen beruht[2], also den wesentlichen Zusammenhang nicht durchschaut. Dies gilt nun sowohl für das Wachstumsdenken, sowohl für die Wachstumsideologie als auch für die volkswirtschaftlichen wissenschaftlichen Wachstumstheorien, als auch für die Wachstumskritik, und auch da sowohl für die ideologische wie auch für die wissenschaftliche Variante. Verdinglichung und blinder Fleck besagen aber auch, dass an der jeweiligen Position auch „was Richtiges dran ist". Nur man weiß eben nicht genau, was – weshalb sich Wachstumskritik und Pro-Wachstumsdenken wie Glaubensartikel gegenüber stehen und es den Anschein hat, als ginge es um normative Positionen.

Der hinter Wachstum (oder auch Nichtwachstum, Schrumpfung, negativem Wachstum) stehende wesentliche Zusammenhang aber ist *Entwicklung*. Entwicklung ist Veränderung überhaupt, Veränderung von *Prozessen,* die in den Prozessen entstehenden und vergehenden Dinge (Produktionsmittel und Produkte) eingeschlossen (es gibt keine Prozesse ohne Dinge). Wirtschaftswachstum ist immer Ausdruck (Erscheinung) von wirtschaftlicher Entwicklung, und wenn man verschiedene Wachstums- bzw. Schrumpfungsprozesse verstehen will, muss man versuchen, die ihnen zugrunde liegenden Entwicklungen zu analysieren, also die Prozesse ergründen, die den wachsenden oder schrumpfenden Dingen (BIP, Sozialprodukt, Ressourcen, Einkommen usw.) zugrunde liegen.

Zunächst geht es darum zu verstehen, dass es nicht *die* Wachstums-, Nullwachstums- oder Schrumpfungsökonomie gibt, sondern dass es immer eine Vielzahl von unterschiedlichen Input- und Output-Komponenten ist (Rohstoffe, Energie, Boden, Arbeit, Produktionsmittel, Konsumtionsmittel, Abprodukte, Emissionen), die in durchaus verschiedenen Relationen wachsen oder schrumpfen können. Die Fokussierung auf das BIP als dem alleinigen Indikator für Wachstum oder Schrumpfung ist falsch! Ein steigendes oder sinkendes BIP kann Ausdruck sehr verschiedener Faktorkombinationen und auch unterschiedlicher ökologischer Folgen sein.

Worum es derzeit geht, ist also nicht die Frage nach einer Post-Wachstumsökonomie, sondern nach einem Regime wirtschaftlicher Entwicklung, bei dem

---

2 Was bei Messungen (Quantifizierungen) typischer Weise der Fall sein muss, in der Regel aber nicht durchschaut wird – und Wirtschaftswachstum hat viel mit Messen zu tun.

der Naturverbrauch (Rohstoffe, Primärenergie, Emissionen, Deponien, Bodennutzung) nicht nur nicht mehr wächst, sondern absolut sinkt!

Sinkende Ressourcenaufwendungen können durchaus einhergehen mit einem global wachsenden Aufkommen an Arbeit (da die Weltbevölkerung wächst und die Arbeitslosigkeit in vielen Regionen sehr hoch ist) und es kann und sollte auch einhergehen mit einem wachsenden Einkommenssaldo der Bevölkerung (vor allem der Masseneinkommen im unteren Einkommensbereich) und einem sich strukturell verändernden BIP, das in einigen Komponenten stark schrumpfen muss, z.B. in den Rohstoffindustrien und bei umweltbelastenden Konsumgütern, in anderen aber stark wachsen soll, zum Beispiel bei erneuerbaren Energien, in den Branchen, die mit Stoffkreisläufen oder dem Aufbau umweltkompatibler Trink- und Abwassersysteme zu tun haben oder qualitativ neue, umweltkompatible Konsumgüter für eine wachsende Weltbevölkerung herstellen müssen. Wachsen müssen aber auch Forschung und Entwicklung, die Wissenschaft, Bildung und Kultur. Ob dann rechnerisch per Saldo ein schrumpfendes oder ein wachsendes BIP herauskommt, ist kein inhaltliches, sondern ein Messproblem (wie ist die Quantität eines sich qualitativ verändernden BIPs zu messen!, vgl. Land 2010: 26 ff.). Die Forderung nach einem schrumpfenden BIP ist analytisch wertlos, wenn man nicht hinzufügt, welche Komponenten des BIP schrumpfen und welche wachsen. Dass alle Komponenten auf dem gleichen Niveau stagnieren oder gleichmäßig schrumpfen, wäre ein (entwicklungsloser) Idealtyp, der praktisch nicht vorkommen kann, weil der vollkommene Ausschluss jeder Innovation, jeder Veränderung vorauszusetzen wäre.

Die Forderung nach einem stagnierenden oder schrumpfenden BIP-Saldo ist aber auch politisch unsinnig, weil praktisch unvereinbar mit einer wachsenden Weltbevölkerung. Zudem würde kein einziges der Umweltprobleme gelöst, weil eine entwicklungslose Ökonomie außerstande wäre, neue umweltkompatible Verfahren und Produkte zu entwickeln und alte abzulösen.

In Wirklichkeit geht es also um eine präzise Darstellung der Komponenten, die schrumpfen, ggf. vollständig substituiert werden müssen, und derjenigen, die ggf. wachsen sollen oder können. In Wirklichkeit geht es also vor allem um ein qualitatives Szenarium wirtschaftlicher Entwicklung, das letztendlich nicht durch reine Größenüberlegungen beschrieben werden kann.

Wie kann der Wandel zu einem neuen Innovationsregime gedacht werden?

Um diese Frage zu beantworten, muss man zunächst die historischen Umbrüche analysieren, in denen neue Innovationsregime entstanden sind. Der am besten dokumentierte Fall ist sicher die Entstehung des fordistischen Teilhabekapitalismus. Ausgangspunkt war die Weltwirtschaftskrise und -depression 1929-1937, für die Herausbildung dieses neuen Innovationsregimes spielten mehrere Voraussetzungen eine Rolle, z.B. die industrielle Massenproduktion (vor allem in der Rüstungsindustrie des 1. Weltkriegs entstanden), das Kreditgeld, die Organisationsformen der Kapitalgesellschaften (AG, Konzerne) und viele mehr. Der eigentliche Auftakt war der New Deal (als Versuch der Krisenbewältigung in den USA) in Kombination mit dem Kriegseintritt der USA und dem dadurch ausgelösten Wirtschaftsboom, der vor allem ein *Konsumwunder* war. Global hat sich dieses Wirtschaftsregime nach dem Sieg im zweiten Weltkrieg auf Grund der wirtschaftlichen und politischen Dominanz der USA nach Europa, Japan, Asien und Lateinamerika ausgedehnt; es gelangte m. E. in den 1970er Jahren an immanente Entwicklungsgrenzen, die bis heute nicht überwunden sind und die Ursache einer anhaltenden allgemeinen Krise der kapitalistischen Weltwirtschaft sind.

Der Blick auf diese Geschichte zeigt m. E. dreierlei:

1. Das neue Regime wirtschaftlicher Entwicklung entstand, weil das bestehende alte an Entwicklungsgrenzen geraten war, die im und nach dem Ersten Weltkrieg zu einer Dauerkrise des Reproduktionssystems geführt hatten, weil die Strategien der industriellen Expansion des späten 19. Jahrhunderts nicht mehr funktionieren konnten. Die Widersprüche und Grenzen des alten Reproduktionssystems sind von Rosa Luxemburg m. E. korrekt analysiert bzw. in der Debatte um die *Akkumulation des Kapitals* am Anfang des 20. Jahrhunderts diskutiert worden, an der sich unter vielen anderen auch Lenin und Bucharin (mit Gegenthesen) beteiligten. Ohne Krise kein Umbruch, keine Entstehung eines neuen Regimes wirtschaftlicher Entwicklung. Man kann aber an den Krisenanalysen der Zeit sehen, dass es zwar recht gute Analysen gab, aber kaum zutreffende Prognosen des später entstandenen Auswegs. Der Zusammenbruch des Kapitalismus war jedenfalls eine falsche Schlussfolgerung aus der weitgehend richtigen Analyse Luxemburgs. Die grundsätzliche Idee, einen Kapitalismus zu denken, bei dem das Akkumulationsproblem durch Einkommenssteigerung der Lohnarbeiter gelöst wird, lehnte sie selbstverständlich ab. Aber es gab diese Idee natürlich bei den sozialdemokratischen Reformisten, allerdings war sie zu simpel gedacht, wissenschaftlich eher marginalisiert und sie wurde insbesondere von Marxisten weitgehend abgelehnt. Jedenfalls bleibt festzuhalten, dass sich das neue Regime wirtschaftlicher Entwicklung nicht als Umsetzung eines in der Krise entstandenen Konzepts, sondern in ca. 30 Umbruchsjahren vom Ersten bis zum Ende des Zweiten Weltkriegs (1918 bis 1949) in sozialen Auseinandersetzungen herausbildete, ohne dass irgendeiner der einzelnen Akteure als Gründer angesehen werden könnte.

2. Ein neues Regime wirtschaftlicher Entwicklung entsteht durch das Zusammen- und Gegeneinanderwirken einer Vielzahl sozialer Bewegungen und Akteure. In diesem Fall waren die Gewerkschaften und die Arbeiterbewegung mit dem Kampf um höhere Löhne und bessere Arbeitsbedingungen besonders wichtig – neben den Auseinandersetzungen rivalisierender Fraktionen der Bourgeoisie um Boden, Rohstoffe, Absatzmärkte, die Kämpfe der Nationalstaaten um Dominanz im Weltmarkt, aber auch die politischen Auseinandersetzungen zwischen den Demokraten und den Republikanern in den USA um die richtige Strategie der Krisenbewältigung. Nicht zuletzt spielten auch differente Strategien der Notenbanken (z.B. Deutsche Reichsbank) sowie wissenschaftliche Entwicklungen – Keynes insbesondere – eine Rolle. Die Auseinandersetzungen der 1920er und 30er Jahre sind somit als soziale Suchprozesse zu verstehen, in denen alle möglichen Akteure versuchten, Spielregeln zu ändern, Ressourcen zu mobilisieren, bestimmte institutionelle Innovationen gegen andere durchzusetzen. In einem unüberschaubaren Prozess institutionellen und kulturellen Experimentierens entstanden und vergingen soziale Innovationen, wurden rekombiniert, verworfen und verteidigt. Entscheidend aber wurden einige wenige sozioökonomische Basisinnovationen, die dann Ausgangspunkt einer selektiven Rekombination der Vielzahl weiterer sozioökonomischer Veränderungen institutioneller wie kultureller Art werden konnten. Damit wurde – etwa 1938 in den USA – der Übergang aus dem Umbruch als Phase der divergenten Suchprozesse mit überwiegenden Auflösungserscheinungen – in eine neue Systembildung mit überwiegenden Rekombinationseffekten eingeleitet. Welches waren diese systemkonstitutiven sozioökonomischen Basisinnovationen? m. E. drei:
   - Die Zulassung der Gewerkschaften, die Sicherung von Mindestlöhnen und die Schaffung eines Kräfte- und Regelsystems, was die Lohnentwicklung an die Produktivitätsentwicklung koppelte.
   - Die strikte Regulierung der Finanzmärkte und die Schaffung eines funktionierenden staatlich kontrollierten Kreditgeldsystems.
   - Die Regulierung des Weltfinanz- und Welthandelssystems (Bretton Woods usw.).

Viele weitere Elemente kommen hinzu, aber dies scheinen mir die konstitutiven zu sein, die alle weiteren sozioökonomischen Innovationen, teilweise auch früher entstandene, wie die Organisationsformen der Massenproduktion, in eine neue Ordnung und einen Funktionszusammenhang bringen. Erst diese Rekombinationen stabilisieren ein neues Regime wirtschaftlicher Entwicklung und etablieren den dazu gehörigen Innovationstyp, der ja eigentlich ein Verfahren der *Selektion* potenzieller Innovationen darstellt.

Es bleibt hervorzuheben, dass der in den Auseinandersetzungen entstehende neue Typ wirtschaftlicher Entwicklung in Krise, Umbruch und Kämpfen *erschaffen, erfunden, konstruiert* wird, also nicht schon vorher angelegt ist. Wie in allen Evolutionsprozessen geschieht dies durch Rekombination positiv selektierter Variationen, wenn diese Rekombinationen selbst funktionierende Wege aus der Krise darstellen und daher positiv verstärkt werden. In diesem Sinne handelt es sich bei dem neuen Regime um eine *Fundsache* im Sinne der Regulationstheorie (verstanden als erfunden, nicht gefunden im Sinne von in der Krise schon angelegt). Daraus folgt, dass es zumindest möglich gewesen wäre, dass auch andere Entwicklungsregime[3] als Auswege aus der Krise entstanden wären.

3. Erst neue bzw. veränderte Institutionen, ein neues Institutionensystem, etablieren ein neues Regime wirtschaftlicher Entwicklung. Das neue Regime wirtschaftlicher Entwicklung stabilisiert sich durch Institutionen (z.B. die Institutionen, die an der Lohnregulation beteiligt sind oder die die Finanzmärkte und ihr Verhältnis zur Realwirtschaft regeln oder solche, die die schnell expandierenden Verbrauchermärkte betreffen) und die kulturelle Praxis der Bevölkerung, also die Präferenzen, Verhaltensmuster, aber auch die speziellen Ressourcen und das Wissen, das zu einer funktionierenden fordistischen Erwerbsarbeits- und Konsumgesellschaft gehören. Dieser Prozess wird erst in den 1950er Jahren abgeschlossen. Entscheidend bei der Etablierung dieses neuen Entwicklungsregimes aber war, dass der Erfolg der neuen Regulationsweise nach dem einmal in Gang gekommenen Auftakt – also nach 1938 – bald alle Erwartungen übertraf und alle Alternativen marginalisierte. Der amerikanische *Way of Life* beherrschte für die nächsten 30 Jahre das Geschehen und er blieb auch nach der in den 1970er Jahren beginnenden Krise bis heute das global dominierende Kulturmuster.

   Krise, Kämpfe, sozioökonomische Suchprozesse mit selektiver Rekombination von institutionellen und kulturellen Innovationen und schließlich evolutionäre Institutionenbildung und kultureller Wandel sind die Momente, mit denen der Übergang zu einem neuen Regime wirtschaftlicher Entwicklung, einem neuen Innovationsregime, gedacht werden können.

Was sind die institutionellen und sozialen Voraussetzungen?

Die institutionellen Konfigurationen eines neuen Regimes wirtschaftlicher Entwicklung lassen sich heute nicht prognostizieren – es ist ja auch durchaus offen, ob es zur Konstituierung eines neuen, auf Zeit wieder funktionsfähigen Regimes

---

3 Art und Weise, wie Veränderungen erzeugt, selektiert, rekombiniert und stabilisiert werden.

kommt oder ob die Menschheit mit den ungelösten Problemen des alten Reproduktionstyps recht und schlecht klarkommen muss und daran ggf. zugrunde gehen wird. Man kann aber sagen, welche Problemkreise im Zuge des Auftakts zu einem neuen Entwicklungsregime zu lösen wären:

a) Selektionskriterien für eine umweltkompatible Entwicklungsrichtung. Das Kernproblem des fordistischen Entwicklungstyps war und ist, dass die Tragfähigkeitsgrenzen der Naturressourcen institutionell nicht geltend gemacht werden, es daher also nicht zu einer ausdrücklichen Selektion umweltkompatibler Produkt- und Verfahrensinnovationen kommt. Für einen neuen Innovationstyp ist es erforderlich, nicht umweltkompatible Entwicklungen strikt auszuschließen. Dies bedeutet, die Nutzung bestimmter Naturressourcen, vor allem nicht erneuerbarer, grundsätzlich auszuschließen oder deutlich unter der Tragfähigkeitsgrenze zu limitieren, Stoffkreisläufe vorzuschreiben, die Erzeugung in der Natur nicht vorkommender Chemikalien zu verbieten, zu kontrollieren usw. Dies betrifft alle Ressourcen, also Rohstoffe, Primärenergie, Emissionen und Abprodukte.

   Das sozioökonomische Problem, das dabei zu lösen ist, betrifft die Nutzung von Allmende, also Ressourcen, die an sich nur der Allgemeinheit gehören können und die nachhaltig bewirtschaftet werden müssen. Zugleich aber muss ihre Nutzung den Individuen zum freien lebensweltlichen Gebrauch wie auch den wirtschaftlichen Akteuren (den Unternehmen) zur freien, aber kontrollierten, wirtschaftlichen Nutzung zur Verfügung gestellt werden. Die kontrollierte Nutzung und der Ausschluss des nicht umweltkompatiblen Gebrauchs von Naturressourcen sind also zugleich als Probleme der Reproduktion von Gemeingütern vermittels ihrer Transformation in private Nutzungsrechte zu denken. Hier besteht das eigentliche sozialökonomisch Neue.[4] Grundsätzlich ist das Problem praktisch unverstanden und ungelöst, auch wenn es Ansätze gibt, und zwar im Umweltrecht, den Zulassungsverfahren, der Emission und Bezahlung von Nutzungsrechten. Grundsätzlich wäre ein System der Bewirtschaftung von Naturressourcen erforderlich, das je nach Sachlage globale, regionale und lokale Komponenten haben muss und das man analog zu dem regulierten Finanzsystem der Nachkriegszeit

4 Dieses Problem würde nur dann nicht bestehen, wenn alle Produktion gemeinschaftlich kontrolliert würde, also keine freie unternehmerische Nutzung von Naturressourcen erfolgen kann. Dies ist aber m.E. eine Scheinlösung, wie an anderer Stelle ausgeführt wird. Denn entweder sind auch sozialistische Betriebe unternehmerisch im Rahmen allgemeiner Spielregeln frei – dann besteht das Problem auch. Oder sie sind unselbständige Glieder des Staates als Gesamtbetrieb – dann gibt es m.E. gar keine evolvierende Wirtschaft und die Kontrolle der Naturressourcen hinge von den Interessen der herrschenden Staatswirtschaftsoligarchie ab.

schaffen müsste. An anderer Stelle gibt es dafür die modellhafte Vorstellung eines Kreislaufs des Ökokapitals. Analog zum Kreislauf der Lohnarbeit und dem Kreislauf des fixen Kapitals (der Produktionsmittel) wäre dies ein theoretisches Modell, die Reproduktion von Naturressourcen als regulierten Kreislauf zu denken.

b) Das zweite im fordistischen Entwicklungstyp ungelöste Problem betrifft das Verhältnis zwischen entwickelten kapitalistischen Wirtschaften zu ihrer nicht kapitalistischen wirtschaftlichen Umgebung. Es ist klar, dass die monopolisierte Nutzung der Naturressourcen und die Dominanz der Regulation der Weltwirtschaft durch die USA und die anderen entwickelten Länder eine nachholende Entwicklung zwar nicht grundsätzlich ausgeschlossen hat, aber per Saldo die soziale Erosion in einem erheblichen Teil der Erde zur Folge hat. Angesichts der globalen Umweltprobleme ist eine nachholende Entwicklung auf dem inzwischen in einer existenziellen Krise befindlichen fordistischen Entwicklungspfad ganz ausgeschlossen. Die Re-Organisation eines neuen, auf Zeit wieder funktionsfähigen Institutionensystems muss also nicht nur eine umweltkompatible Innovationsrichtung und nicht nur die Reproduktion der Allmende durch private Nutzungsrechte funktionsfähig regulieren, sie muss dies auch auf eine Weise tun, die eine wirtschaftlich und sozial stabile, umweltkompatible Art nachholender Entwicklung in der sogenannten dritten Welt möglich macht. Auch dieses Problem ist nur teilweise begriffen und weitgehend ungelöst.

c) Das dritte zu lösende Problem betrifft den Modus sozialer Entwicklung der Individuen, also die Frage, wie frei individuelle Entwicklung mit einer umweltkompatiblen wirtschaftlichen Entwicklung verbunden werden kann. Der fordistische Teilhabekapitalismus hat mit der Kopplung von Produktivität und Lohn, von Massenproduktion und Massenkonsumtion historisch erstmalig dazu geführt, dass eine große Zahl von Individuen über mehr Ressourcen frei verfügen konnte, als zur bloßen Reproduktion ihrer Arbeitskraft erforderlich waren. Erstmalig entstand ein Fonds zur Entwicklung von Individualität, der nicht mehr nur auf wenige privilegierte Klassen beschränkt war. Diese Art sozialer Entwicklung, die spezielle Art der Teilhabe durch Konsum und Schutzrechte war selbst noch borniert (schloss z.B. die demokratische Entscheidung über die Innovationsprozesse, also über die inhaltlichen Entwicklungsrichtungen des Konsums und der Infrastruktur weitgehend aus). Ihre Grundlage war eine *nicht* umweltkompatible Industrieentwicklung. Wenn der Rückschritt in eine Wirtschaftsweise individueller Stagnation ebenso wenig denkbar ist wie das Festhalten am Massenkonsum, muss eine neue Antwort auf die Frage gefunden werden, wie eine dynamisch sich entwickelnde Wirtschaft mit schnell sinkendem Ressourcenverbrauch zugleich wachsende

Spielräume freier Individualitätsentwicklung außerhalb der Konsumgesellschaft schaffen kann. Auch dafür müssen die Lösungen erst noch gefunden werden. Es gibt zwar Ansätze (Selbstverwirklichung, Selbstentwicklung in zunehmender und qualitativ anspruchsvoller Eigenarbeit), aber kaum regulativer Ansätze Art – Kombinationen von Erwerbs- und Grundeinkommen könnten dahin führen.

Ein regulierter Kreislauf der Ökoressourcen, eine neue Regulation individueller Einkommensverfügung und Lebensgestaltung sowie ein neuer Ansatz für nachholende Entwicklung, von vornherein nicht auf dem alten, sondern auf einem neuen industriellen Entwicklungspfad, das wären die Themenkreise, in denen nach institutionellen und sozialen Voraussetzungen zu suchen wäre.

Wie misst man die Umweltkompatibilität von Innovationen (z.B. wer sollte da absolute Schwellenwerte festlegen)?

Umweltkompatibilität von wirtschaftlichen Prozessen muss durch wissenschaftliche Analysen und öffentliche Debatten festgestellt werden, wobei eine einzelne Innovation stets in ihrem komplexen industriellen Zusammenhang gesehen und analysiert werden muss. Ein Produkt und Verfahren ist umweltkompatibel, wenn bei seiner Herstellung, Anwendung und Entsorgung grundsätzlich nur Ressourcen verwendet werden, die vollständige industrielle oder Naturkreisläufe darstellen. Eines der Probleme ist, dass nicht bei allen, aber bei vielen Ressourcen *globale* Tragfähigkeitsgrenzen und Schwellenwerte bestimmt werden müssen.

Wer entscheidet über die Selektionskriterien für Innovationen?

Die Entscheidung über die Selektionskriterien von Innovationen fällt in komplexen sozialen Prozessen. Die Akteure in solchen Prozessen sind alle Wirtschaftssubjekte in ihren jeweiligen besonderen Rollen, also die Käufer und Verkäufer von Produkten, die Forscher und Entwickler, die Belegschaften, Aufsichtsräte, Vorstände, Medien, die Öffentlichkeit. Ein neues Produkt, ein neues Verfahren wird sich nur durchsetzen, wenn

- es im gesetzlichen Rahmen zulässig ist (wobei es auch illegale Produktionen gibt: dann hängt es vom Druck der Kontrolle und der Öffentlichkeit ab, ob und zu welchem Preis ein illegales Produkt weiter gehandelt werden oder ein illegales Verfahren weiter angewendet werden kann (Regelungsinstrument Gesetze, Öffentlichkeit, politische Kontrolle));
- sich Käufer bzw. Anwender, Investoren und Hersteller in hinreichender Zahl finden und wenn die Produktion rentabel möglich ist, also der Preis des Produkts die Kosten mindestens deckt oder das Produkt auf Grund außerwirt-

schaftlicher Entscheidungen subventioniert wird (Regelungsinstrument: Markt und Wirtschaftlichkeit).

Natürlich findet eine Bewertung der Chancen eines Produktes schon in der Forschung und Entwicklung statt, aber ob es letztendlich zugelassen wird (z.B. eine neue Chemikalie nach der inzwischen in der Umsetzung befindlichen EU-Chemikalienverordnung von 2007 zugelassen wird), ob es Abnehmer findet und kostendeckend hergestellt werden kann, entscheidet sich erst am Ende des Prozesses.

Beide Regelungsinstrumente sind auch bei ökologischen Kriterien und der Bewertung von Umweltkompatibilität relevant. Sofern Produkte und Verfahren ökologische Belastungen verursachen, müssen ihre Produktion, die Nutzung bestimmter Ressourcen, die Anwendung und ggf. Entsorgung und das Recycling gesetzlich und administrativ geregelt werden. Dabei spielen auch Verbote eine entscheidende Rolle: sie schneiden bestimmte Entwicklungsrichtungen grundsätzlich ab, z.B. die Nutzung von FCKW.

Werden für bestimmte ökologische Nutzungsrechte hingegen Gebühren oder Preise verlangt, beeinflusst dies die Selektion über die Wirtschaftlichkeitskriterien. Je höher die Kosten, desto unwirtschaftlicher wird eine Innovation und umso größer sind die Chancen für Lösungen, die weniger Ressourcen beanspruchen.

Derzeit sind wir global von einer durchgängigen Selektion nach ökologischen Kriterien weit entfernt. Um dazu zu kommen, müssen zwei grundsätzliche Regelungen verändert werden. Erstens muss die Nutzung jeder ökologischen Ressource wissenschaftlich analysiert und administrativ kontrolliert werden. Das bedeutet, dass die Tragfähigkeitsgrenzen, die Nutzungsbedingungen und die Reproduktionsbedingungen untersucht und Spielregeln aufgestellt werden müssen, die die Umweltkompatibilität langfristig sichern. Sofern der heutige Zustand der Nutzung nicht umweltkompatibel ist (was in den meisten Fällen erwartet werden muss), ist ein Übergangspfad erforderlich, der regelt, wie und in welchem Zeitraum aus dem heutigen Zustand ein umweltkompatibler erreicht werden kann.

Zweitens muss die Bewirtschaftung ökologischer Ressourcen als Gemeineigentum (je nach Reichweite der Ressource als globales, regionales oder lokales Gemeineigentum) zur Regel werden, es darf auf die Dauer keine nicht bewirtschafteten Ressourcen geben. Die Bewirtschaftung hat auf eine geregelte und begrenzte Weise für die Ressource Nutzungsrechte an Unternehmen und andere kollektive Nutzer zu emittieren und – sofern relevant – die kostenlose lebensweltliche Nutzung der betreffenden Ressource zu regeln.[5]

---

5 Gemeint ist: Atmen und Baden im See müssen als lebensweltliche Nutzung kostenlos bleiben, Grillen im Park ist eine lebensweltliche Nutzung, die geregelt werden kann aber nicht verboten werden darf und kostenlos bleiben soll. Dagegen wäre die wirtschaftliche Nutzung der Luft für

Bislang haben wir in wenigen einzelnen Fällen solche Regularien (z.B. in den USA bei SO_2- und NO_x-Emissionen, ansatzweise ist global bei den CO_2-Emissionen so etwas beabsichtigt), aber nicht umfassend. Für den Übergang geht es darum, die gegenwärtigen Nutzungsvolumina, die oft weit über den Tragfähigkeitsgrenzen liegen, schrittweise auf ein Maß unterhalb der Tragfähigkeitsgrenzen zurückzuführen – wie schnell, das hängt natürlich von politischen Entscheidungen, Kräfteverhältnissen und öffentlichem Druck ab. Praktisch kann dies dadurch geschehen, dass die Nutzungsvolumina Jahr für Jahr um einen bestimmten Betrag gekürzt werden. Für die Preisbestimmung der Nutzungsrechte können unter bestimmten zu definierenden Voraussetzungen auch Marktregelungen angewendet werden, dabei müssen aber die Belastungen für benachteiligte Unternehmen unter Umständen ausgeglichen werden. Bei diesem Verfahren sind Rebound-Effekte jedenfalls ausgeschlossen, da das Gesamtvolumen einer Nutzung auf einem definierten Pfad zurückgeht und frei werdende Ressourcen nicht wieder der Nutzung zugeführt werden können. Zu den aus den Einnahmen zu finanzierenden Reproduktionsprozessen der entsprechenden Ressource gehört natürlich auch, Innovationen zu finanzieren, die die Ablösung der entsprechenden Ressource durch andere, umweltkompatible Produkte und Verfahren unterstützen (vgl. Land 1994).

Eine Schwierigkeit ist die Kombination von objektiven und subjektiven Komponenten bei der Festlegung der Tragfähigkeitsgrenzen, der Nutzungsvolumina und der Entgelte. Die Tragfähigkeitsgrenzen sind an sich objektiv bestimmbar. Aber hier gibt es abgesehen von bestimmten Spielräumen das Problem des unzureichenden Erkenntnisstandes und des noch nicht vorhandenen Wissens. Auch wenn es sich um die Feststellung objektiver Fakten handelt, ist daher ein ständiger Forschungsprozess nötig, der Erkenntnisse ggf. revidiert. Wissenschaft und Öffentlichkeit müssen bei der Feststellung und Bewertung ökologischer Lasten und Probleme zusammenwirken. Trotzdem handelt es sich hier nicht um freie Meinungsbildung, sondern um objektive Tatsachen. Eine politische Entscheidung, die von Meinungsbildung abhängt, ist hingegen, Nutzungsvolumina festzulegen, z.B. in welchem Tempo ein ggf. über der Tragfähigkeitsgrenze liegendes Nutzungsvolumina zurückgeführt werden muss. Man kann sich entscheiden, die Nutzung ganz schnell auf Werte unterhalb der Tragfähigkeitsgrenze zurückzuführen, muss dann aber wirtschaftliche Probleme hinnehmen. Entscheidet man sich für einen längeren Transformationspfad des Nutzungsregimes, muss man mit enormen ökologischen Langzeitschäden rechnen, die auch wirtschaftlich negative Konsequenzen haben, aber eben erst später.

Verbrennungsprozesse oder des Flusses für Schiffe, Kühlwasser oder Abwasser strikt zu regeln, deutlich unterhalb der Tragfähigkeitsgrenzen zu limitieren und grundsätzlich nur gegen Nutzungsentgelte zu gestatten, die die Reproduktionskosten der Ressource decken.

Preise für Nutzungsrechte können an sich durch Angebot und Nachfrage reguliert werden – dann jedenfalls entstehen auch sinnvolle Impulse für Innovationen, die die jeweilige Nutzung substituieren oder senken. Es ist dafür aber ein kontrollierter Rahmen erforderlich und es ist hingegen eine politische Entscheidung, in welchem Maße man bestimmte Nutzungen zeitweise stützt und andere stärker belastet. So sollten beispielsweise Schifffahrtsrechte nicht nur nach den gefahrenen Seemeilen und Gefahrenklassen, sondern auch nach der wirtschaftlichen Bedeutung bzw. Nichtbedeutung des jeweiligen Transportvorgangs unterschiedlich belastet werden. Ebenso ist die Nutzung der Einnahmen für die Pflege einer Ressource versus Investitionen in die Ablösung ihrer Nutzung eine politisch zu treffende Entscheidung.

Dies soll veranschaulichen, dass die Selektion von Innovationen ein hochkomplexer gesellschaftlicher Prozess ist und nicht bürokratisch von einigen wenigen Schaltstellen vorgenommen werden kann. Mehrere gesellschaftliche Kommunikationssysteme, Wissenschaft, Politik, Waren- und Kapitalmärkte, globale, regionale und lokale Akteure, internationale und nationale politische Gremien sind dran beteiligt. Kulturelle Prozesse spielen bei der Veränderung der Selektionskriterien ebenso eine Rolle wie die Etablierung neuer und veränderter Institutionen.

Eine zentrale Kritik am Konzept der ökologischen Modernisierung sind „rebound-Effekte“, also dass Wirtschaftswachstum die gesteigerte Ressourceneffizienz kompensiert: wie geht die Kritik der Wachstumskritik mit solchen „rebound-Effekten“ um? Lassen sich diese in einem Modell der Ressourceneffizienz ausschließen?

Rebound-Effekte treten nur auf, wenn Effizienzsteigerungen nicht Verbesserungen im Rahmen einer bestehenden Technologie erfolgen, also z.B. ein Benzinauto durch ein Benzinauto mit geringerem Verbrauch ersetzt wird. Dann kann die frei werdende Kraftstoffmenge durch Nachfragesenkungen den Benzinpreis wieder senken – oder realistischer, seine Steigerung abbremsen – mit dem Effekt, dass am Ende mehr Autos zu dem gleichen Gesamtverbrauch führen. Eine allein auf Effizienz einzelner Verfahren gerichtete Innovationsstrategie greift daher zu kurz. Das ist der rationale Kern der These vom Rebound-Effekt.

Dies gilt aber nicht, wenn ein problematisches Produkt oder Verfahren durch ein umweltkompatibles ersetzt wird, und zwar in einer bestimmten Frist vollständig. Werden die heutigen fossil getriebenen Kraftfahrzeuge vollständig durch öffentlichen Nahverkehr und regenerative Fahrzeuge abgelöst, geht der Verbrauch der Ressource gegen Null und es gibt (bezogen auf Benzin und Diesel) keinen Rebound-Effekt, einfach weil keine fossilen Kraftstoffe mehr verbraucht würden. Das gleiche gilt, wenn man alle vorhandenen Kohlekraftwerke binnen 30 bis 50 Jahren vom Netz nimmt und vollständig durch regenerative Kraftwerke ersetzt. Volkswirtschaftlich darf also die Umwelt-Effizienzsteigerung nicht primär oder gar ausschließlich durch effizienzsteigernde Einzelinnovationen (Verbesserung bestehender Produkte und Verfahren) angestrebt werden, sondern muss durch die umweltkompatible Substitution von Produkten und Verfahren erreicht werden.

Hinsichtlich der Regulation ist zu sagen, dass Rebound-Effekte nicht auftreten können, wenn definierte Nutzungsvolumina (wie oben dargestellt) verbindlich festgelegt werden, die entweder deutlich unter den Tragfähigkeitsgrenzen liegen oder die einen Pfad jährlich sinkender Volumina definieren, der hin zu einem unter der Tragfähigkeitsgrenze liegenden Nutzungsniveau führt. Dann kann sinkender Verbrauch nicht durch Wachstumseffekte kompensiert werden, genauer gesagt nur dann, wenn die Effizienzsteigerung größer ist als die avisierte Senkung der Nutzungsvolumina. Nicht die Rebound-Effekte sind das Problem, sondern die globale Entscheidung für ehrgeizige Ziele bei der Definition sinkender Nutzungsvolumina. Dies aber hängt vom Druck der Öffentlichkeit ab und von der Etablierung eines rechtlichen, administrativen und marktwirtschaftlichen Regulationsinstrumentariums, das sinkende Nutzungsvolumina mit Wirtschaftlichkeit positiv koppelt.

Handelt es sich bei dem neuen Innovationsmodell auch sozial um eine win-win-Konstellation? Wie wird soziale Gleichheit in diesem Modell gedacht?

Bezogen auf den fordistischen Teilhabemodus ist ein neues Innovationsmodell kontraproduktiv, d.h. die Teilhabe durch wachsenden Konsum ist nicht ohne Weiteres mit einem ökologischen Entwicklungspfad vereinbar. Andererseits ist aber auch klar, dass die sozialökonomischen und politischen Bedingungen und die massenhafte öffentliche Unterstützung für einen ökologischen Entwicklungspfad nur hergestellt werden können, wenn die Bevölkerungsmehrheit Verbesserungen ihrer sozialen Lage und Chancen für ihre individuelle Entwicklung damit verbinden kann.

Daraus folgt, dass die soziale Konstruktion eines ökologischen Entwicklungspfades eine neue Antwort auf die Frage nach dem sozialen Fortschritt geben muss – eine Antwort, die in gewisser Weise auf den Modus des fordistischen Teilhabekapitalismus aufbaut und ihn zugleich aufhebt. Damit werden sich auch das Muster sozialer Gleichheit und der Zusammenhang von sozialer Gleichheit bei wachsender Individualität verändern.

Die Lösungen für dieses Problem ist eine der zentralen Fragen der gegenwärtigen Gesellschaftstransformation, aber die Antwort kann man nicht wissenschaftlich deduzieren, sie muss in sozialen Kämpfen und Suchprozessen gefunden werden. Klar ist aus meiner Sicht, dass nur eine Lösung durchsetzbar ist, die eine neue ökologische Produktionsweise zugleich als sozialen Fortschritt neuer Art verwirklicht, in den die bisherigen Entwicklungsländer voll einbezogen werden müssen. Die Kopplung des ökologischen und des sozialen Aspekts wird der Schlüssel für Erfolg oder Misserfolg sein.

Weiterführende Texte alle unter www.rla-texte.de

Busch, Ulrich / Land, Rainer (2010): Kapitel 4: Der Fordistische Teilhabekapitalismus als Regime sozioökonomischer Entwicklung und der Umbruch. Deutschland 1950 bis 2009. In: Forschungsverbund Sozioökonomische Berichterstattung (Hrsg.): Berichterstattung zur sozioökonomischen Entwicklung in Deutschland. Teilhabe im Umbruch. Zweiter Bericht. Wiesbaden 2010: VS Verlag für Sozialwissenschaften.

Land, Rainer (1993): Evolution der Moderne und Emanzipation. Vom „modernen Sozialismus" zum „Libertären Ökosozialismus". In: Berliner Debatte INITIAL (1993)6.

Land, Rainer (1994): Irrwege und Auswege der Ökokapital-Debatte. In: Andere Zeiten. Forum für politische Ökologie und soziale Emanzipation. Nr. 3/95, September 1995, Berlin, S. 3-10.

Land, Rainer (1994): Ökosteuer oder Ökokapital? Versuch einer Antwort auf Fragen von André Gorz. In: Andere Zeiten. Forum für politische Ökologie und soziale Emanzipation. Nr. 4/94, September 1994, Berlin, S. 3-12.

Land, Rainer (1996): Staatssozialismus und Stalinismus. In: Lothar Biesky, Jochen Czerny, Hernert Mayer, Michael Schumann: Die PDS – Herkunft und Selbstverständnis. Dietz Verlag Berlin 1996.

Land, Rainer (1996): Vom Fordismus zum Öko-Kapitalismus? Überlegungen zu Regulationsprinzipien eines neuen Entwicklungspfades. In Berliner Debatte Initial (1996)6, S. 18.

Land, Rainer (2007): Grundeinkommen und Vollbeschäftigung. In Berliner Debatte INITIAL (2007)2.

Land, Rainer (2009): Die globale Energiewende als neues Paradigma wirtschaftlicher Entwicklung und die politische Agenda von Barack Obama. In: In Berliner Debatte Initial 20(2009)2, S. 62-66, 22.000 DZ.

Land, Rainer (2009): Ressourceneffizienz und die Grenzen des fordistischen Typs sozioökonomischer Entwicklung. Exkurs zum SOEB-Kapitel

Land, Rainer (2010): Ökologische Wirtschaftsentwicklung und soziale Teilhabe. In: Neue Gesellschaft/Frankfurter Hefte 5/2010 S. 34-36.http://www.frankfurter-hefte.de.

Land, Rainer (2010): Staatssozialistische Planwirtschaft und wirtschaftliche Entwicklung – Warum Planwirtschaft nicht innovativ sein kann.

Land, Rainer (2011): Zur Unterscheidung zwischen Wirtschaftswachstum und wirtschaftlicher Entwicklung. Teil I: Regime wirtschaftlicher Entwicklung. Teil II: Wachstumstypen, Indikatoren und Messprobleme. Eine Abhandlung. In: Thomas, Michael (HG. 2011): Transformation moderner Gesellschaften und Überleben in alten Regionen. Berlin (LIT). In der Webausgabe S. 26 ff.

Eckehard Binas

Transformationsprozesse sind Wettbewerbe um die knappe Ressource Sinn

Inhaltsverzeichnis

1. Verstrickungen

In der Überschrift sind Verlockungen und Gefahren enthalten. Sie soll den interessierten Leser auffordern mitzukommen in eine ungesicherte Gedankenwelt, in der Beobachtungen und Behauptungen zu Transformationsprozessen (insbesondere denen nach 1990 in Ost- und Mitteleuropa, allerdings geht es hier weniger um diese allein) nicht widerlegt oder bestätigt werden, sondern ergänzt und erweitert um einen Bereich, in den sich die strenge Sozialwissenschaft in der Regel nicht vorwagt. Hier gibt es zu wenig gesicherte Empirie, zu komplexe Indikations-, Aggregationsprobleme, eine kaum noch zu beherrschende (Sozio-, Ökono-, Kulturo-)Metrie. Der Blick richtet sich nicht auf die Diskurs- und Forschungslandschaft, um Suchpfade und Irrwege nachzuzeichnen. Die Intention dieser Überlegungen ist dennoch verführerisch, denn es soll gezeigt werden, dass Transformationsprozesse wesentlich gezeichnet sind von den in ihnen stattfindenden Interpretationen und diesen zugrundeliegenden Problemlösungsmustern, und dass diese wiederum auf eingeschränkte historische Kontingenz aufbauen. Die Überlegungen wenden sich also auch en passant gegen eine Vernachlässigung dieser geisteswissenschaftlichen Dimension in Transformationsforschungen wie auch dieser Merkmale ganz praktisch in solche Entscheidungen, die sich auf die Beeinflussung von politischen und oder wirtschaftlichen aber auch sozialen wie kulturellen Entwicklungen richten.

Dabei dürfte von besonderem Interesse – weil umstritten – sein, dass erstens Sinn überhaupt als Ressource begriffen werden kann, zweitens dass diese knapp sein kann und drittens diese spezifische Knappheit systemisch, strategisch und pragmatisch wie intentional erzeugt werden kann. Und darüber hinaus, im Ergebnis ist solche Knappheit sehr nützlich, Handlungs- und Interpretationsmuster zu (de-)stabilisieren und so gegebenenfalls auch das gesellschaftliche Regel- und Institutionengefüge sowie das Aneignungsarrangement. Wenn schon nicht genau adressierbar, so kann man aber einen affirmativen oder destabilisierenden Charakter und Wirkungszusammenhang von „künstlich verknapptem Sinn", von inszeniertem und „nahegelegtem" Verstehen und dem Einfluss nehmen Wollen und Können auf den starken gesellschaftlichen Wandel, auf das Entstehen und Begehen von Transformationspfaden und -mustern unterstellen.

Dass dieser Gedanke entweder banal oder aber langweilig scheint, verweist m.E. aber weniger darauf, dass er falsch ist, sondern dass Statistik fixierte Sozialwissenschaften ob der metrischen Nachweisprobleme resigniert, dass – wie ja schon so oft gezeigt (Adorno, Foucault und andere) – das sogenannte positivistische Soziologieparadigma an seine Grenzen stößt[1]. Letztlich ist in diesem Feld die Differenz zwischen Sozialwissenschaften und Philosophie aufgerufen. Mit anderen Worten hier soll provoziert werden. Sinn, Sinngebung, Sinnangebote gehen auf Interpretationen in konkreten historischen Situationen und gesellschaftlichen Lagen zurück. Dass, was und warum Menschen etwas tun, warum sie es freiwillig oder erzwungen und hinnehmend tun, was ihre mentalen, kognitiven und methodisch-instrumentellen Voraussetzungen dafür sind, welche Akteurskonstellationen sie eingehen, welche institutionelle Ordnung sie schaffen, welche gesellschaftlichen Verhältnisse, welches Format ihrer ökonomischen, juristischen, politischen und kulturellen Beziehungen sie schaffen, einrichten und fixieren, welche Justierungen und Eichungen sie vornehmen, was ihnen in diesen Formaten attraktiv erscheint und was ihnen als Zwangsverhältnisse, warum Menschen sich als „Wendeverlierer" oder als kulturell und historisch überlegen verstehen, all das wird maßgeblich von dem hier in den Vordergrund gerückten

1 Das zeigt sich schon dann, wenn nur die Komplexität zu berücksichtigender Wirkungszusammenhänge erfasst werden soll, oder wenn es um das Verknüpfen quantitativer und qualitativer Sozialforschung geht. In welch' unsicheres Gelände der auswertende Sozialforscher gerät, wenn er aus dem qualitativen (offenen) Interview semantische Cluster bilden will, mag hier als Andeutung genügen.

Zusammenhang geprägt, wie dies im Übrigen schon oft gezeigt wurde. Insbesondere wird das in der sozialkulturellen Milieuforschung genutzt, die mit mehr oder minder großem Erfolg lebensstilbasierte Märkte beschreibt und deren Größenordnungen erfasst, oder auch für politische Parteien und Ideen zeigen kann, wie groß und stabil deren Akzeptanz in bestimmten gesellschaftlichen Gruppen ist.

Dass Transformationsprozesse stetig stattfinden und auf Wettbewerben basieren, mag auf den ersten Blick ebenfalls als eine banale These erscheinen. Doch der Begriff des Wettbewerbs ist vielschichtig und facettenreich. Welche Faktoren bestimmen „Wettbewerb" in modernen Gesellschaften? Welche Voraussetzungen bestehen jeweils konkret? Grundsätzlich muss in irgendeinem Bezug eine Knappheit vorliegen, zunächst einmal ganz gleich ob materiell oder ideell, die die Wettbewerber erleben, erleiden oder deren Aufhebung sie dringend erstreben. Darüber hinaus gehen die Beteiligten nicht nur zum knappen Gut eine Beziehung ein, sondern vor allem zueinander, was sie überhaupt erst einmal zu Wettbewerbern macht. Aber ihre spezifischen Beziehungen sind über Güter, Verabredungen, eingegangene Regeln und gegenseitige Projektionen und Erwartungen vermittelt. Wettbewerbe werden mit mehr oder minder angemessenen Instrumentarien ausgetragen, es werden Beteiligungsbedingungen beeinflusst, Einstiegs- und Ausstiegsmöglichkeiten ausgehandelt etc. pp. Dies alles hier argumentativ und beschreibend auszubreiten und dabei noch zu zeigen, dass es Wettbewerbe auf unterschiedlichen Ebenen der Reproduktion von Gemeinwesens und Gesellschaft gibt, würde den vorgegebenen Rahmen sprengen.

Und damit wäre die Sinnebene ja noch gar nicht berührt. Das heißt jedoch nicht, dass in der Betrachtung unterschiedlicher Ebenen – oder wenn man so will: Schichtungen – des gesellschaftlichen Reproduktionsprozesses jeweils „Verstehen", „Wissen" und „Interpretation" erforderlich sind, ganz gleich ob es sich um den „Stoffwechsel" von Mensch/Gesellschaft/Kultur und Natur handelt. Auf dieser Ebene ist eine Sinnfrage sinnlos, weil sie nur noch existenzialistisch zu stellen und zu beantworte ist. Und damit ist nicht gemeint, dass auf einer „Ebene" von Optimierungen und wachsender Alternativen in der Organisation und Technologie der Reproduktion von Gesellschaft auf dem jeweiligen historischen Niveau zweckgerichtete zielabhängige Entscheidungen zu treffen sind, ja geradezu Entscheidungen vor dem Hintergrund von Zielkonflikten aufgezwungen werden. Auch hier geht es nicht vordergründig um Sinn. Zu unterscheiden ist Zweck und Sinn. Sinn setzt die lebensweltliche und selbstreflexive Positionierung der Subjekte voraus. Gesellschaften schaffen sich Kulturen und darin Denkweisen, Religionen, Paradigmen usw. immer wieder neu ja genau deshalb, damit sie das, was sie tun und wie sie es tun als sinnvoll, als kohärent, als legitim, machbar, risikoausgewogen etc. interpretieren können, immer vor dem Hintergrund perspektivischer Verortung von Handlungs-, Entwicklungs-, Glücksmöglichkeiten, kurz: vor dem prospektiven Spiegel des gelingenden Lebens. Und dass das nicht genau fassbar oder mehr oder minder normativ ist, also wesentlich auf Differenz aufbaut, ist ja eine konstitutive Bedingung für Sinn, aber eben auch eine konstitutive Bedingung kohärenten sozialen Handelns. Interessanter Weise haben moderne Gesellschaften inzwischen eine sehr effiziente Industrie der Sinnproduktion und -verhandlung geschaffen, d.h. diese (Dynamisierungs- und Kohärenz-)Funktion ausdifferenziert und ökonomisch verwertbar gemacht und politisch institutionalisiert. Andernfalls – was typisch für vormoderne Gesellschaften ist und funktional auf nur sehr wenige Institutionen wie die Kirche etwa zugeschnitten wurde – müsste Sinn einzelnen Ebenen der Reproduktion funktional schlüssig zugeordnet werden und es müsste gezeigt werden, dass aufgrund historischer Gegebenheiten sowie grundlegender Exklusivitätsverabredungen einschließlich stets erneuerter Sanktionsandrohungen im Falle zu erwartender Verletzungen solcher Verabredungen Sinn künstlich verknappt wird und gegebenenfalls zu erlebbaren Einbußen führt. Aus diesem Grunde sind auch Buße und Strafe voneinander zu unterscheiden und letztere nicht zwingend mit Sinn verknüpft. Diese Verbindung geht auf die Idee von Besserung durch Strafe zurück und ist eine Erfindung der Moderne[2]. Mit anderen Worten, für die im Transformationsprozess sich ändernde und in der Regel zunehmende Komplexität kann wesentlich Wettbewerb und für Richtungseffekte der Entwicklung, die nicht primär-technisch-technologisch bedingt sind, kann auch Sinn und Sinngebung, kann ein Wettbewerb um das, was als sinnvoll erscheint und angenommen und beansprucht wird, „verantwortlich" gemacht werden. Auf Autodynamiken, Autopoiesis, Komplexitätszuwachs von Wettbewerb selbst kann hier nur am Rande hingewiesen werden.

Aber so banal oder eben abstrakt dieser hier festgestellte Zusammenhang auch scheinen mag, so nützlich dürfte dann die Beschreibung solcher Prozesse selbst sein. Denn es kommt darauf an, die Form selbst zu erfassen, den Transformationsprozess zunächst von seiner Formseite her zu begreifen und das heißt zugleich als Form *und* Prozess. Aber einmal abgesehen von erkenntnistheoretischen Untiefen zirkulärer Beobachterbeschreibungen, die auf abhängigen und mitwirkenden Beobachterpositionen aufbauen, die immer den Überblick ausschließen, ist schon allein die Entscheidung über Strukturniveaus, deren Systematik und Differenzierung sowie über den Prozessausschnitt nur dann möglich, wenn eine überschaubare, klar definierte Perspektive eingenommen und eine für andere schlüssige und sinnvolle Selektion vorgenommen werden kann. Beschreibung von Form und Format sind alles andere als voraussetzungs- und problemlos und Transformationsanalyse steht hier in der Verpflichtung zu methodologischer Schärfung. Selbst die interessante Frage, warum man die knappe Ressource

2 Vgl. Foucault, Michel: Überwachen und Strafen, Frankfurt am Main 1977.

„Forschungsanstrengung“ z.B. auf die Arbeit karitativer Einrichtungen in der Bundesrepublik Deutschland oder die von Unternehmerverbänden zwischen 1991 und 2011 richtet oder auf den Umbau des deutschen Hochschulsystems zum „europatauglichen“ und somit international wettbewerbsfähigen einheitlichen Hochschulraum zwischen 2000 und 2010 etc. pp. und nicht auf etwas ganz anderes, ist nicht allein auf ein wie auch immer geartetes Forschungsinteresse zurückzuführen, sondern abhängig vom Zugang zum Gegenstand und seiner Form und fachlichen „Zugriffsmöglichkeiten“.

Und schließlich soll noch unterstellt werden, dass für Wandel und Wettbewerb, wenn in diesen als knappstes Gut „Sinn“ „verhandelt“ wird, es zu formgebenden Wirkungen kommt, als transformierende Wirkungen für Strukturen, in denen Menschen unweigerlich handeln müssen, von denen sie, so sie sich reproduzieren und entwickeln wollen, nicht absehen können, die also Pfadwirkungen für künftiges Interpretieren, Entscheiden und Handeln haben.

Transformationsforschung muss einen Wandel zeigen, der Formen bzw. Formate so ändert, dass diese sich entgrenzen, ihre eigenen Bestimmungen überschreiten, Determinationen abschütteln, sich also gleichsam neu erfinden, ohne sich aufzugeben oder gar abzuschaffen. Das fordert sein Begriff heraus. In der „Überschreitung“, der „Umstülpung“, in der „Emergenz der neuen Form“ liegt das Wesen von Transformationsprozessen. Deshalb gilt es nachzuweisen, dass dieses Umstülpen, Wachsen, dass dieses Finden von Formaten für das Handeln bzw. Aushalten der jeweiligen Spannung zwischen Pfadbestimmtheit und Kontingenz auf Wettbewerb basiert und, was nahe liegt, selbst Formate für Wettbewerb bereitstellt.

Unter welchen Bedingungen kann dies plausibel sein? Welchen Wettbewerbsbegriff und welchen Transformationsbegriff – und warum nicht Transition – müssen wir verwenden? Und ist nicht eine Konsequenz der Transformation der grundlegende Wandel des Wettbewerbs selbst, d.h. seiner Merkmale und Formen, wie etwa des Knappheitsparadigmas, der Verdrängungsform- bzw. -praxis und der „egoistischen intrinsisch arbitragemotivierten“ Akteure bzw. Wettbewerber?

Fassen wir „Sinn“ als Kategorie, können wir ihn ebenfalls als historisch formiert vorstellen. Eine wesentliche Eigenschaft von Kategorien ist die stabile Konstruktion von Beziehungen zwischen Merkmalen, die nach bestimmten Regeln klassifiziert sind. Diese Stabilität haben Kategorien mit „Formaten“ gemein. Formate sind Formen mit besonderer Stabilität und Unterscheidung zu anderen Formen. So ist „Sinn“ vorstellbar mit sparsam hinreichender Vielfalt an Merkmalen und Beziehungen und demgegenüber auch „Sinn“ voller überquellender Vielfalt. Der Nutzen solcher Abstraktionen mag deutlich werden, wenn z.B. Interpretationen bezogen auf die Möglichkeit der Herstellung von Wertungsreferenzen verglichen werden. Die Fülle und Vielfalt auf der einen und Normativität und Reduktion solcher Referenzen auf der anderen Seite legt einen politischen Gebrauch von Sinn nahe und verweist auch auf die mehr oder minder ausgeprägte Pluralität oder Finalität gesellschaftlicher Entwicklungsvorstellungen, letztlich sogar auf Gesellschaft selbst hinsichtlich Offenheit oder „Geschlossenheit“[3]. Sinn und Sinnkategorie sind historisch und sozial formiert. Was konkret Sinn macht, sinnvoll ist oder vor welchem Hintergrund etwas Nonsens wird, kann immer nur konkret bestimmt werden. Der Nutzen der abstrakten Bestimmung besteht demgegenüber darin zu erkennen, welchen instrumentellen Charakter der Begriff Sinn annehmen und welchen Einfluss die jeweilige Bestimmungspraxis von Sinn auf Transformationsprozesse haben kann. Unter bestimmten gesellschaftlichen Bedingungen entfaltet der Wettbewerb um die Definitionsmacht des Sinnvollen oder Sinnlosen selbst transformatorische Kraft.

2. Transformation

Würde sich alles ändern, liefe unsere Orientierung völlig irre. Im Wandel das Beständige zu suchen, ist deshalb zugleich eine Bestimmung dessen, was sich ändert. Und wenn uns die permanente Reform bedrängt, tritt das hervor, woran wir festhalten. Der Wandel macht uns tendenziell alle zu Konservativen, ganz gleich, ob gewollt oder nicht. Allerdings halten wir immer öfter am „falschen“[4] fest. Innovationen scheinen mit einem per se Bonus versehen, der eine Prüfung auf Verträglichkeiten (im ökologischen, wie sozialen und kulturellen Sinne) erheblich erschwert. Das liegt nahe, ist prinzipiell. Wo Wachstum ein abstraktes Prinzip geworden ist, kann mit Innovation auch so verfahren werden; ein gesellschaftlich allgemeiner Modus der Abstraktion. Diese Situation ist dort paradox, wo der Alltag – insbesondere der des wirtschaftlichen Unternehmens – mit einer historisch einmaligen Regelungsdichte überzogen ist und Kapital ins Zügellose ausweicht. Was im Einzelnen rational ist und zurechnungsfähiges Geschäft, erzeugt eine irrationale Metastruktur mit immanent-katastrophischen Zufällen.[5]

Das Selbstverständliche infrage zu stellen, der Zweifel scheint eine notwendige Voraussetzung für Einsichten in Transformationsprozesse. Das betrifft zuerst

3 Vgl. Geschlossene Gesellschaft: Stück in einem Akt von Jean-Paul Sartre, Reinbeck und Berlin 1986 und in verschiedenen Ausgaben, oder auch: Winter, Robert: Geschlossene Gesellschaft: Die DDR-Rockmusik zwischen Linientreue und Nonkonformismus, Grin Verlag München 2010.

4 Hier wird Bezug genommen auf Th. W. Adorno: „Es gibt kein richtiges Leben im falschen“, Minima Moralia, *Reflexionen aus dem beschädigten Leben.* Berlin, Frankfurt am Main, Suhrkamp 1950.

5 Das hat jüngst Joseph Vogl überzeugend dargestellt: Das Gespenst des Kapitals, diaphanes Zürich 2010/2011, insb. S. 141 ff.

den Transformationsbegriff selbst[6]. In jüngster Zeit gab es immer wieder Versuche, die Diskussion über den gegenüber dem Transitionsbegriff historisch und philosophisch viel ertragreicheren und historisch-logisch viel anspruchsvollen Transformationsbegriff zu beleben[7]. Ausgangspunkt für diese Diskussion sind die Entwicklungen und Erfahrungen in den Ländern des ehemaligen sozialistischen Politik-, Wirtschafts-, und Währungsraums, die zu Vergleichen herausfordern und die Vermutung nahelegen, dass selbst im westeuropäischen Kernland nicht nur „Übergänge" stattfinden, zumal wohin?, sondern ein globaler und umfassender Transformationsprozess in Gang gekommen ist. Das ist nicht nur am gelegentlich diskutierten 6. Kondratjeff-Zyklus zu erkennen, sondern viel eher an Faktoren wie der globalen Verschiebung von Kräfteverhältnissen, dem Klimaproblem, der Bevölkerungsexplosion außerhalb Europas und der damit verbundenen aber nicht nur dadurch verursachten wachsenden Ressourcenknappheit.

Aus der Perspektive ostdeutscher Sozialisation etwa, mag der Eindruck gestimmt haben, dass es sich zunächst um transitorische Prozesse handelt, zumal ein schnelles Aufholen als Modus der Transition laut versprochen wurde. Kaum vorstellbar waren aber dabei die Details, die zudem noch nur vor dem Hintergrund vorher erlernter Praktiken und Interetationen verstanden werden konnten: die allgemeine Privatisierung der Betriebe, die über Nacht zu Unternehmen wurden, zumeist ohne Kapital und Wettbewerbserfahrungen, der Abbau gemeinnütziger und die Privatisierung vieler kommunaler und staatlicher Betriebe, der komplette Umbau von Verwaltung und Justiz, die Umwandlung des Bildungs- und Hochschulwesens, die Schaffung von privaten Schulen und Hochschulen, die scheinbare Entkopplung von Staat und Sozialleistungen und ihre Verlagerung in Versicherungen – wo es doch vorher überhaupt nicht klar war, worin der Unterschied zwischen Staat und Sozialversicherung bestand. Dazu kam die Massenarbeitslosigkeit, wo zuvor eine gesetzlich verankerte Pflicht zur Arbeit bestand und Arbeitslosigkeit nur bestimmten Behörden bekannt war. Fast zeitgleich war

6 Vgl. hierzu auch den Beitrag von Raj Kollmorgen in diesem Band mit der umfangreichen Darstellung der Theorie- und Diskursgeschichte der im wesentlichen auf den Mittel- und Osteuropäischen Raum bezogenen Transformationsforschung und als hier nur als Ergänzung zur breiten Diskussion: Merkel, Wolfgang : Systemtransformation: Eine Einführung in die Theorie und Empirie der Transformationsforschung, VS Verlag für Sozialwissenschaften Wiesbaden 2010, 2. Aufl. sowie Müller, Horst : Von der Systemkritik zur gesellschaftlichen Transformation (Herausgeber), Herstellung und Verlag Books on demand, Norderstedt 2010 und Thomas, Michael: Transformation – Hypertransformation – Transformation? Drehen wir uns nur im Kreis? Anmerkungen zu einer berechtigen Fragestellung, in: Binas, E. (Hrsg.) Hypertransformation. Frankfurt a.M. u.a., Peter Lang, 185-206, 2008.

7 Transition: „Übergang", vgl. Duden, das Fremdwörterbuch, stellvertretend: Bibliografisches Institut und F.A. Brockhaus Mannheim 2009, siehe aber vor allem den Beitrag von Raj Kollmorgen in diesem Band.

damit der nahezu vollständige Austausch der intellektuellen Eliten in Wissenschaft, Forschung, Entwicklung, Kunst, Politik und Verwaltung verbunden. Sogenanntes Führungspersonal musste zumindest in Institutionen der Öffentlichen Hand eine Ausbildung an westdeutschen Hochschulen vorweisen, um auch in den Genuss einer gleichen Bezahlung zu kommen wie die Kollegen, die oft die gleiche Arbeit machten und gleiche Verantwortung trugen[8]. Arbeitslosigkeit, politischer Wandel, die vergleichsweise geringen Chancen, mit einer Ausbildung oder einem Studium an DDR-Bildungseinrichtungen in respektable Positionen in Unternehmen und Verwaltung zu gelangen, hat die (Wohlstands-)Migration noch verstärkt – inzwischen sind ca. 3 Millionen Bürger zwischen 1990 und heute in die „Alten" Bundesländer gezogen. Damit verbunden ist darüber hinaus eine Segregation der Generationen. Etwas lax formuliert meint das die Trennung in: „verstrickt aber gute Fachkenntnisse und Berufserfahrung", „noch nicht verstrickt weil zu jung, aber keine hinreichenden Berufserfahrungen und wenig soziales Kapital", „nicht verstrickt weil keine Chance für Verstrickungen aber noch in den DDR-typischen Sozialisationsmodellen gefangen und zur Identitätsneufindung genötigt" etc. Die „Erneuerer- und Beraterschwemme" im „Clondike Fever" sowie die gelegentliche halb- und voll-kriminelle Destruktion des verbliebenen Wettbewerbspotentials ostdeutscher Betriebe hat den Eindruck einer „nicht unnützlichen Kolonialisierung der DDR"[9] erzeugt. Die Massenauswanderung hatte dann Folgen für Wohnungsleerstand und bewirkte eine permanente Krise des Wohnungsmarktes mit erhöhter Sensibilität für Schwankungen an Kapital- und dem Immobiliengesamtmarkt. In Städten wie Görlitz oder Hoyerswerda schien zwischenzeitlich der Wohnungsmarkt völlig zusammengebrochen[10]. Noch heute sind Mieten in saniertem Altbau von 3,– € im Vergleich zu Berlin Ost Altbau saniert von 7,– € keine Seltenheit. In dieser frühen transitorischen Phase, geraten Kommunen rasant in Not und in Transferabhängigkeiten. Leistungsträger stehen immer weniger zur Verfügung wohingegen die kommunal-finanziellen Handlungsspielräume der „Zielgebiete ostdeutscher Auswanderer" wachsen. Nationale Binnenwanderung von Leistungsträgern erzeugt in diesen Dimensionen ein erhebliches Ungleichgewicht in den regionalen Entwicklungspotentialen, das durch Wirtschafts- und Infrastrukturförderung kurzfristig nicht ausgeglichen werden kann. Wie sich inzwischen zeigt, sind dafür längere Zeiträume erforderlich, vielleicht Generationen. Oder Regionen kompensieren nolens volens struk-

8 In Sachsen sind an den Hochschulen erst 2008 die Gehälter denen der Kollegen aus den sog. Alten Bundesländern angeglichen worden.

9 Wolfgang Dümcke/Fritz Vilmar (Hrsg.): Kolonialisierung der DDR. Kritische Analysen und Alternativen des Einigungsprozesses. agenda Verlag, Münster 1996.

10 Immobilienhändler sprechen von zum Teil kompletter Buchwertvernichtung. Ob das allerdings bilanztechnisch richtig und nicht kompensierbar ist, mag an dieser Stelle dahingestellt bleiben.

turfunktional[11]. Schließlich: politische Fehlleistungen nach 1990, Pauschalisierungen (Nationalsozialismus plus DDR gleich Totalistarismus, Stasifizierung der DDR etc.), oder auch die als unannehmbar erlebten Entwertungen von Arbeits- und Leistungsbiografien zweier Generationen der Geburtenjahrgänge zwischen 1920 und 1960, das kulturelle und historische Verlierersyndrom, etc. pp. sind Indizien für Transition. Dass dies jedoch nur die „halbe Wahrheit", nur eine Seite der Entwicklungen darstellt, fordert den Transformationsbegriff heraus.[12] Zeitgleich finden Entwicklungen statt, die keine „nachholende Modernisierung", keine Nachahmung bzw. keinen Nachbau westdeutschen Institutionengefüges darstellen[13].

Aber selbst dort, wo es solches Nachholen gegeben hat, geben musste, stand oft die Tauglichkeit des Übernommenen zur Disposition. Erinnert sei an die bis heute problematische und in einen permanenten Reformstau verfangene Situation der Struktur von Schulen und Hochschulen, oder die mit der sogenannten demografischen Entwicklung als ganzheitlicher und komplexer Herausforderung überforderten administrativen Gliederungen und Zuständigkeiten der Landes- und Kommunalverwaltungen, oder – um noch ein drittes Beispiel zu nennen – die Hilflosigkeit verschiedener Förderinstitutionen im Bereich der Wirtschaftsförderung, der neuen Rolle von Regionen, Regionalentwicklung und Regionalmarketing Rechnung zu tragen. Dies hat bekanntlich zum Aufbau von Marketinggesellschaften und ähnlichen Instrumenten geführt, allerdings erst wirksam in den letzten 10 Jahren. Also: erinnert sei an den sog. Reformstau der „alten" Bundesrepublik der späten 80er, der sich mit der Erweiterung von Märkten und der Öffnung von Grenzen und nicht mehr nur schwach-permeablen Gesellschaften entladen konnte.

---

11 Vgl. Ragnitz, Joachim im Interview mit der Sächsischen Zeit vom 12.12.2011, S. 15 Görlitzer Ausgabe: „Für betroffene Regionen kann es auch eine Chance sein, sich um Industrien zu bemühen, die sonst keiner haben will. Etwa um Schweinemast- oder Müllverbrennungsanlagen." J. Ragnitz ist Leiter des Dresdner Ifo-Instituts für Wirtschaftsforschung.

12 Stellvertretend für eine „naturgemäß" kontroverse aber umfangreiche Debatte: Reißig, Rolf 2005: Bilanz und Ausblick. Das Transformations- und Vereinigungsmodell und seine Ergebnisse. In: Bahrmann, Hannes/Links, Christoph (Hg.): Am Ziel vorbei. Die deutsche Einheit – Eine Zwischenbilanz. Ch. Links Verlag Berlin, 2005, S. 293-316; Reißig, Rolf: Weltgesellschaft – Dialog- und Transformationsprojekt des 21. Jahrhunderts, in: Egon Bahr (Hg.): Weltgesellschaft. Ein Projekt von links, Bonn 2008; Reißig, Rolf: Gesellschafts-Transformation im 21. Jahrhundert: Ein neues Konzept sozialen Wandels, VS Verlag für Sozialwissenschaften, Wiesbaden 2009; Raj Kollmorgen: zwischen nachholender Modernisierung und „doppeltem Umbruch": Ostdeutschland und deutsche Einheit im Diskurs der Sozialwissenschaften, in Kollmorgen, Raj et al: Diskurse der deutschen Einheit. Kritik und Alternativen, VS Verlag für Sozialwissenschaften Wiesbaden 2011.

13 Siehe dazu die Beiträge in diesem Band von Michael Thomas, aber auch die von Arno Glauch, Holm Große und anderen, weshalb hier auf eine ausführliche Betrachtung verzichtet wird.

Schließlich wirken gravierende Veränderungen in den sogenannten Schwellenländern der sogenannten Dritten Welt auch auf die Prozesse hier unter den Bedingungen einer globalisierten und vernetzten Wirtschaft zurück. Der neudeutsche Ausdruck von globalen oder Megatrends mag das andeuten. Dass diese Entwicklungen nicht einfach nur eine Transition ist, ein Übergang zu einem noch nicht gekannten oder erahnbaren Wohin und dass es nun nicht nur um die „Übernahme" von „abendländischen" Wirtschafts-, Politik- und Kulturmodellen, um eine Übertragung der „historisch überlegenen Konzepte"[14] auf die Bereiche

14 „Zu den Nachteilen historischer Überlegenheit" siehe: Mühlberg, Dietrich: Anpassung oder neue Eigenständigkeit? Eine Debatte über die kulturelle Assimilation der Ostdeutschen, in: Kulturation 1/2003, Onlinejournal für Kultur, Wissenschaft und Politik, Nr. 14, 2011, http://www.kulturation.de/ki_1_report.php?id=29 Online: „... die Anpassung an neue Bedingungen ist eine schöpferische Leistung. Sie ist nur durch den Einsatz des subjektiven Vermögens möglich, erfolgt in den erlernten Techniken und modifiziert nicht nur das eigene Repertoire, sondern auf Dauer zu einer gewissen kulturellen Überlegenheit. Denn die aktiven ‚Anpasser' haben gegenüber den Eingesessenen ein dreifaches Wissen. Neben der Kenntnis des Früheren und der Erfahrung der Anpassung verfügen sie auch über die aktuellste Variante der Hegemonialkultur. Laurence McFalls (ApuZ 11/2001) beobachtete das und meinte, inzwischen wären viele Ostdeutsche viel westdeutscher als die Mehrheit der Westdeutschen selbst. Nicht nur in dieser Perspektive dürfte der Beitritt der DDR ‚das Westdeutsche' mächtig verstärkt haben, wie schon Heiner Müller sarkastisch anmerkte: ‚Zehn Deutsche sind dümmer als fünf Deutsche'. Vor allem mussten ‚die Westdeutschen' im Zusammenbruch des Realsozialismus eine Bestätigung ihres Systems, ihrer Lebensweise, ihrer Überlegenheit sehen. ... Die von McFalls beobachtete relative Überlegenheit den Westdeutschen gegenüber dürfte auf einer anderen Ebene, in anderen sozialkulturellen Milieus zu finden sein, und ihr wäre erst noch empirisch nachzugehen. Tatsächlich sind ja die Ostdeutschen mehrheitlich nicht nur die seltsamen Hinterwäldler jenseits der Elbe, sie sind auch die Fremden in der neuen großen Bundesrepublik, sind im Bricolageprozeß mit den hier herrschenden Mustern. Für alles, was hier als normal gilt und nicht weiter hinterfragt wird, für alles, was den Westlern quasi angeboren und selbstverständlich ist, müssen sie einen „rationalen Zugang" finden. Sie sind durch ihre Lage gezwungen, besser zu sein. Sie allein verfügen über die Assimilations- und Durchsetzungskraft des ‚Fremden' (Georg Simmel). Diese (oft auch hinterlistige) Überlegenheit des Unterlegenen findet sich in manchem der kursierenden Sprüche auf ‚den Westdeutschen': ‚Der Fuchs ist schlau und stellt sich dumm, beim Wessi ist das andersrum'. Allerdings überdecken solche Sprüche ein fatales Defizit, das aus der besonderen Lage nach dem Beitritt zur Bundesrepublik folgte. Die Ostdeutschen verfügen über fast keine eigenen Institutionen als Medien kultureller Anpassung. Jenseits der Alltagsebene ist das kein innengesteuerter Prozeß, auch die ‚Spezialisten für Anpassung' kamen mehrheitlich aus dem Westen, es fehlte weitgehend an der eigenen kulturellen Avantgarde, die diesen Anpassungsprozeß spektakulär reflektiert. ... „...im Unterschied zu ihren östlichen Nachbarn, deren Gesellschaften einen längeren Transformationsprozeß durchmachen, der von den inneren, von eigenen sozialen Kräften bewirkt wird, sind die Ostdeutschen einer typologisch andersartigen Gesellschaft beigetreten. Auf deren innere Dynamik haben sie nur indirekt, nicht als absichtsvolle Akteure einen Einfluß. Was sie zu leisten hatten und haben ist tatsächlich weitgehend eine Anpassung an vorgegebene Strukturen. Ihre Handlungsspielräume liegen im Lernprozeß, nicht im Einfluß auf das Rechtssystem, auf die politischen Strukturen, auf die Mediensituation oder gar auf die Wirtschaftsverfassung." (ebd.)

und Länder, die historisch aufs falsche Pferd gesetzt hatten, darauf muss hier insistiert werden. Es gab und gibt nicht nur verschiedene Wachstumsmodelle, verschiedene Konzepte und Paradigmen des „Stoffwechselprozesses mit der Natur“, der Integration des Einzelnen, der institutionellen Problemanerkennung und hierarchischer Lösungspraktiken. Die Überschrift „Du musst Dein Leben ändern“[15] liefert als (kategorischer) Imperativ noch keinen hinreichend vielfältigen, differenzierten und weitreichenden „Kompass“ einer „kritischen Transformationsperspektive“. Es mag eines der spezifischen Merkmale deutscher Diskurse sein oder Ausdruck nach wie vor großer Verunsicherung, dass wir zwar einen „neuen Wutbürger“[16] haben, aber keine konkrete Utopie. Manchmal scheint es, als seien (akademische) Diskurse (und Talkshows) eher dazu in der Lage, paradoxe Paradigmen[17] zu integrieren, als sich „Transformation“ im hier gemeinten umfassenden Sinne vorzustellen.

Transition scheint eine Eigenschaft, ein Merkmal von Transformation zu sein. Im besten Fall macht dieser Begriff neugierig, zu welchem Neuen er uns führen wird. Deshalb ist hervorzuheben, dass Transformation nicht als Irritation oder als ein Beben der Form missverstanden werden darf. Diese Erschütterung gibt es ohne Zweifel immer wieder und sie führt in der Praxis immer auch zu Versuchen, Formstabilität zu sichern. Im Grund geht es aber nicht nur um Wandel, um Modifikation der Form, sondern um die Emergenz einer neuen Form oder mit Hegel formuliert darum, dass und wie die Form sich überschreitet, sich selbst überwindet, sich aufhebt. Die Transformation löst nicht nur Bindungen und Kohärenzen auf und hinterlässt fluktuierende Formverlorenheit, eine amorphe Landschaft destruierter Struktur, sondern sie ist jener Prozess, in dem aus Überschreitung, zu der Destruktion gehört, eine neue Form und Formstabilität entsteht. Nun mag eingewendet werden, dass letztlich selbst das Chaos nicht formlos ist und auch die Ergebnisse aller Destruktion sich als Form und Formiertheit beschreiben lassen. Im Kontext „praktischer Philosophie“ geht es aber um Maß, kritische Masse und Lebbarkeit, um Bedingungen für das fortschreitende Gelingen von Problemlösungen und also um Grenzbestimmungen zuträglicher, erträglicher Form als elementarste auf den Menschen bezogene Bestimmung des Neuen. Das ist die notwendige Dimension. Vom Standpunkt des Jetzt und Hier

---

15 Sloterdijk, Peter: „Du musst Dein Leben ändern“, Suhrkamp FFM 2009

16 Z.B.: Der Spiegel 41/2010.

17 Siehe zum Thema insbesondere im Bereich Wirtschaft: Gutschelhofer A.: Paradoxe Paradigmen der BWL: Rationalisierung oder Ratio-Sanierung. In: „Rationalisierung im Spannungsfeld zwischen betriebswirtschaftlicher und volkswirtschaftlicher Optimierung“, Hrsg. G. Schöpfer, Steirischer Landes-Verlag: Graz, 1997; oder auch ders.: Ein Mosaik von Paradoxien als Anregungen für eine holistische Managementperspektive. In: „Paradoxes Management“, Hrsg.: Gutschelhofer A./ Scheff J., Linde Verlag: Wien 1996.

ist das Neue[18] immer das Vage, das Riskante. Heiner Müller hat das einmal so formuliert:„Die erste Gestalt der Hoffnung ist die Furcht, die erste Erscheinung des Neuen ist der Schrecken“[19]. Zugleich konnte man diesen für Transformationsprozesse selbstreferenziellen Satz 1991 auf einer 3 mal 6 Meter großen Plakatwand im Berliner U-Bahnhof Alexanderplatz lesen.

Wir haben es hier nicht mit Überformung, sondern mit Überschreitung der Form, mit Entwicklung zu tun. Transformation ist eine Dimension von Entwicklung, ihr Begriff hebt das *Verhältnis* zum Inhalt hervor. Aber die Form wird in ihrer (dialektischen) Bestimmtheit durch den Inhalt begriffen. Denn so wie es kaum sinnvoll sein kann, Raum ohne Zeit vorzustellen, es aber auch „Raumordnung und -planung“ gibt, kann Transformation die Formdimension von Entwicklung darstellen. Bindungen sind aufgelöst, Verlässliches gilt nicht mehr, Interpretationen werden labil oder kehren sich um, für die relevanten und dramatischen Ereignisse fehlen die Bezeichnungen, was sinnvoll schien, wird absurd. Wo im Wandel stets die Hoffnung belebt wird, die Unruhe werde sich bald in Kenntnis und Überschaubarkeit kehren, stellt sich in der Transformation die Einsicht ein, dass die Unruhe des Wandels selbst eine maßgebliche Eigenschaft der Neuen Zeit ist.

3. Überschreitung

Damit ist nicht gemeint, dass Transformationsprozesse alles anders machen, nach einer Tabula rasa nur der Tisch neu gedeckt werden muss. Sie sind höchst heterogen und verlaufen partiell in unterschiedlichen Phasen und Geschwindigkeiten. Das Alte hat Schwerkraft, altes Denken lebt im Neuen fort, oft über ganze Generationen hinweg. Relevant für die Theorie und die theoriegeleitete Beobachtung ist deshalb die Pfadabhängigkeit von Änderungen, die eingeschränkte Kontingenz, die Gravitation und Antiquiertheit des Neuen[20]. Das Fahrrad wird also nicht neu erfunden, sondern entweder wird die Fortbewegung gänzlich eingestellt oder das Paradigma „Fahrrad“ zugunsten des Leichtflugzeugs überwunden.

Doch was sind deutliche Zeichen des Wandels, wie lässt sich der Unterschied zwischen Wandel und Entwicklung erkennen? In der Regel wird zunächst vom Organisationsumbau ausgegangen, die zu einer Neukonstellation der Strukturelemente, dem Entstehen neuer Elemente, anderer Organisationsprinzipien, zu

---

18 Vgl. Heinrich v. Pierer, Bolko v. Oetinger (Hrsg.): Wie kommt das Neue in die Welt? Hanser, Wien 1999.

19 In einer Anmerkung zum Theatertext „Mauser“ von Heiner Müller 1977, siehe z.B.: www.literaturwissenschaft-online.uni/veranstaltungen/vorlesungen/literatur20/hamletmaschine.pdf.

20 Vgl. Anders, Günter: Die Antiquiertheit des Menschen. Band II: Über die Zerstörung des Lebens im Zeitalter der dritten industriellen Revolution. C. H. Beck, München 1980.

Kreation und Innovation führen. Vor allem reifen Transformationssituationen heran, wenn Interpretationen und Entscheidungen gewählt werden müssen, die zu alternativen Problemlösungen führen, banal gesprochen: eingefahrene Wege verlassen werden. Allerdings setzt Erkennbarkeit Vergleich bzw. Differenz voraus. Und so wird sich der Unterschied zwischen dem gewissermaßen stetigen Wandel der Dinge und der Transformation in Musterbildungen zeigen, die entweder durch Erfolg in der Wiederholung von Verfahren entstehen oder aus Mangel an Alternativen und Ressourcenknappheit.

Transformationsforschung muss mehreres leisten: Aufzeigen der Stimuli von Veränderungen und Entwicklung, die Bestimmung der Neuerung und den Vergleich, die Differenz und Unterschiedsmessung, die Herstellung von Interpretationsplausibilität für das Entwickelte. Dazu leistet der Wettbewerbsbegriff, wie bereits erwähnt, Grundsätzliches. Er kann als Bewegungs- bzw. Austragungsform des Wandels angesehen werden.

Kommen wir noch einmal auf das Bild der verschiedenen Schichten gesellschaftlicher Reproduktion zurück, auf Strukturniveaus der Reproduktion von Gesellschaft, Gemeinwesen und Kultur. Sehen wir auf einer primären Ebene des Reproduktionsprozesses die Verwandlung der Natur in eine Ressource und diese in Produkt und Technologie – knappe Wettbewerbsressource auf dieser Ebene sind Natur, Produkt und Technologie. Auf einer zweiten geht es um Optimierung von Organisation und Verwertung. Knapp sind hier Nutzungs- und Verwertungsrechte bzw. Mittel, rechtlose Aneignung und Verteilung zu ermöglichen. Auf einer dritten wird geregelt, welche Produkte, Technologien und Systeme wir brauchen und wozu, knapp sind hier Nachfrage, Erwartungen etc. Auf einer vierten Ebene stehen verschiedene Vorschläge für Sinngebungen miteinander im Wettbewerb und die Gesellschaft gibt sich Institutionen und Instrumentarien, Wettbewerb nach ihrem Maße zu gestalten und gegebenenfalls friedlich auszutragen. Schließlich sind noch eine fünfte, sechste und siebte Ebene dieses Reproduktionsprozesses zu beobachten – die sogenannten komplementären Ebenen. Auf einer fünften Ebene *prüfen* und *spielen* wir, hier stehen Modelle, Theorien und Methodologien zur Disposition, mit denen wir dazu befähigen, das Sinnfragen zu stellen und das Mögliche zu erkennen. Auf einer sechsten versuchen wir, Defizite auszugleichen und Zumutungen ertragbar zu machen. Schließlich, wenn dieser Ausgleich nicht mehr ausreicht, organisieren wir auf einer siebten Ebene erneut einen Wettbewerb. Hier sind die Beteiligten *nicht* mehr bemüht, jene Systeme der Regelungen des Wettbewerbs und der kritischen Diskurse um Sinn und Unsinn der Herstellung und Verteilung von Produkt, Technik und Organisation neu zu bestimmen und zu regeln, sondern greifen entweder direkt in das bestehende System der Regelungen ein, oder ignorieren es und greifen sofort auf die primären Dinge zu. Das Brot wird nicht mehr beim Bäcker bezahlt, sondern gleich genommen. Historisch stehen hierfür Kleptokratien. Heute sind im radikalen Falle die betreffenden Akteure auf dieser Ebene bestrebt, das System der Verteilung von Ressourcen und Zugangsprivilegien völlig neu einzurichten. Darin sind sich also Mafia und Revolutionäre gleich, ungleich jedoch in ihren Wertungen und Interpretationen. Die einen leben vom Schlechten und die anderen wollen alles gut machen. Interessant ist, dass scheinbar für unsere Gesellschaft mit ihrer historisch gewachsenen Produktionsweise keine dieser Ebenen fehlen darf, ohne erhebliche Konsequenzen für ihre Stabilität.[21]

4. Normalisierung

Vergleicht man Ergebnisse der Beobachtung und der Analyse von Transformationsprozessen in kleineren historischen Schritten etwa von 5 bis 8 Jahren, so fällt eines besonders auf: im Vordergrund standen zunächst Komplexität und Dynamik des Wandels sowie eine Abwägung zwischen als erforderlich empfundenen Anpassungen und Defizitkompensationen auf der einen und einer mehr oder minder moralischen bzw. auch ideologischen Interpretation von kurzfristigen Folgen (Transformationsfolgelandschaften). Letzteres schwankt wiederum zwischen Larmoyanz und Protest. Nach 20 Jahren ist die Aufregung abgeklungen und mischt sich ab und an mit Enttäuschung.

Eine nüchterne Betrachtung und vor allem eine historisch übergreifende Bewertung zeigt demgegenüber nicht nur, dass es einen grundlegenden Wandel der Bindungen, Steuerungen und Paradigmen gegeben hat, sondern dass Staats- und Gemeinwesen vergleichsweise instabil geworden sind, dass die Kohärenz der ineinandergreifenden Struktureinheiten wie etwa von Rechts- und Wirtschaftssystem, von politischer Öffentlichkeit und Administration nur unter erheblichen zusätzlichen Mühen aufrecht erhalten werden kann, dass das Gleichgewicht und die Arbeitsteilung von Bundesländern, Kommunen und Bürgergesellschaft zu Lasten von jeweils Schwächeren verschoben wurde – dies sind typische Indikatoren des „System"-Wandels respektive des Wandels als Prinzip. Vor allem aber ist erkennbar, dass es eine Verschiebung und Umverteilung wesentlicher Wettbewerbsfaktoren gegeben

21 Betont werden muss der Sinn der Begriffs des Komplementären. Bei ihm geht es nicht um beiläufige und zufällige, um verzichtbare Nebensächlichkeiten. Die Künste etwa oder auch ihre mehr verträumten oder kriminellen Verwandten machen unsere Gesellschaft, wenn man so will komplett, sie verhalten sich komplementär zur materiell-physischen, organisatorischen und über „Sinn" orientierten Reproduktion und Entwicklung unserer Gesellschaft. Nicht verwechselt werden darf *komplementär* mit unabhängig oder gar zusätzlich. Ganz im Gegenteil handelt es sich hier um eine innere Abhängigkeit des einen vom andern.

hat und immer noch – auch mit Blick auf die EU-Erweiterung nach 2000, den Euro und die Finanzkrise[22]– gibt.

Zunächst einmal heißt das, dass der Wettbewerb, der zwischen Systemen stattfand, nun diversifiziert wurde und sich territorial ausweiten konnte. Es ist hier nicht sinnvoll, von Transformation bezogen auf das Wettbewerbsparadigma zu sprechen. Um das Wettbewerbsprinzip oder auch konkrete Wettbewerbsformen ging es nicht. Und das heißt auch, dass das Arrangement von Wettbewerb allgemein – das Prinzip – sich nicht verändert hat. Das scheint für beschreibende Wissenschaften einen sicheren Gegenstand zu generieren. Wettbewerb findet statt, interessant ist nicht was ihn fundiert, sondern nur, wie er stattfindet und was er für die Figuration gesellschaftlicher Verhältnisse bewirkt. Man kann den gesellschaftlichen Wandel insbesondere unter den Gesichtspunkten des Wettbewerbs (nicht nur der Wettbewerbspolitik) lesen". Wer sind die relevanten Akteure im Wettbewerb, mit welchen Instrumentarien und Strategien gehen diese vor, wie gehen sie mit den Wettbewerbsregeln um, auf welche Ressourcen, auf welche Bestimmungsgrößen des Wettbewerbs richten sich ihre Aktivitäten und welche Ressourcen können dafür aktiviert (kreditiert) werden? Welche „knappen Güter" stimulieren Anstrengungen und Innovationen, wie werden Positionen stabilisiert, welche Allianzen werden eingegangen? Das lässt sich besonders gut an der Autoindustrie zeigen, trifft aber im Prinzip alle Branchen der Wirtschaft und auch die Administration. Heute findet in vielen Fällen ein Kompetenzwettbewerb zwischen Behördenebenen und darüber hinaus dieser mit den nichtstaatlichen Organisationen statt. Vor 1990 war daran nicht zu denken, Wettbewerb fand zwischen Systemen und mit den (individualisierten) Kritikern im eigenen Land statt. Andernfalls gäbe es einen Paradigmenwechsel: dann wäre das Paradigma selbst das Umworbene.

Kurz: Eigentlich ist inzwischen alles normal. Der Wandel wird durch Wettbewerb generiert. Diesen interpretieren wir und geben ihm eine Sinnperspektive. Und genau hier und erst jetzt erscheint es effektiv, in der strengen Bedeutung des Begriffs „Transformation" zu verwenden. Dann ist deutlich, ob sich kulturelle Selbstverständnisse, Selbstverständlichkeiten und Perspektiven und deren Resultate grundsätzlich verändert haben, z.B. als Bezugsgrößenerweiterung des Entwerfens, Planens und Entscheidens: von Marktökonomie hin zu Ökologie, von Nationalökonomie zu global-radikaler Ressourcenokkupation, von Politik zu Finanzmarktabhängigkeit, von Staatlichkeit zu Zivilgesellschaft, von Privatisierung zur Allmende, von der Entkopplung des Globalen vom Regionalen zu ihrer jeweiligen Integration usw.

22 Angesichts der Versuche der dominanten Länder in der Europäischen Union im Jahr 2011, die Krise der europäischen Währung zu überwinden, erscheinen viele Versuche nicht nur hilflos, sondern als treibe internationales Spekulationskapital die verschuldeten Regierungen vieler Staaten vor sich her.

Soll nun beides: der Stimulus des Wandels – Wettbewerb – und seine Tendenz und Form – Transformation – daraufhin untersucht werden, welchen gemeinsamen Kern sie haben, aus dem heraus der „Prozess“ sichtbar gemacht werden kann, so wird man auch hier auf den Schlüsselbegriff allen Wettbewerbs stoßen: Knappheit. Allerdings eben nicht solche, um die gewissermaßen in vortransformatorischer Weise „gekämpft“ wurde, sondern jene, die selbst die Referenzialität der Form, also die Interpretation des Gegebenen als System oder Formation ermöglicht. Jene Knappheit ist „Sinn“. Sinn ist also in diesem Zusammen etwas, in dessen Logik es liegt, referenzielle Systeme zu erzeugen und wo sie da sind, diese zu modifizieren. Die Kulturen von Gesellschaften sind Wettbewerbskonstellationen der Sinngebung, sie richten Interpretationen. In Kulturen wird die (Aus-)Nutzung von Sinndefiziten möglich, die Rekontextualisierung von Nonsens. In ihr wird die jeweilige Beherrschung von hermeneutischen Gemeinschaften ausgehandelt, findet das Finetuning alltagsästhetischer Schemata statt[23], Kulturen unterliegen der Eichung[24] mediogener Erregungsskalen und bilden einen je historisch und regional eigenen „Wertehaushalt“ aus[25].

5. Denken

Denken hat seine Voraussetzung in der Vorstellung der Subjektivität der Anderen respektive der Beziehungen zwischen verschiedenen Menschen. Kultur ist deshalb immer auch tendenziell. Sie ist die Tendenz der Verringerung des Abstands zwischen dem heutigen hier und so Sein, dem vergewissernden Urteil des Gegebenen und dem oft Vision und Gestalt gewordenen Entwurf eines Korrigierten. Fassbar wird sie im spielenden, experimentierenden, arbeitenden, phantasierenden Tun. Das wird möglich, weil der Mensch die Fähigkeit ausgebildet hat, langfristig vorauszudenken und Erinnertes so zu kombinieren, dass daraus eine Referenz für künftige Herausforderungen gemacht werden kann.

Denken ist demnach keine kumulative Merkmalsfolie, durch die späterhin nur gefiltert werden muss, sondern es geht mit Standardisierung einher, mit Muster- und Routinenbildung, die dispositive Besetzungen verlassen können. Denken ist gleichsam die „Eroberung“, eines Allgemeinen, das als Struktur des möglichen Besonderen erarbeitet wurde und sich bewähren muss. In der Evolution des Menschen bildete sich ein referenzielles System der Interpretation und Kontrolle

23 Die Konformisierung neotribalisierter User-, Käufer- und Wählergruppen …

24 Vgl. u.a. zum Eichungsproblem von Kulturen resp. Wertungssystemen: Mühlmann, Heiner: Die Natur der Kulturen. Entwurf einer kulturgenetischen Theorie. Ästhetik u. Naturwissenschaften. Zivilisierung der Kulturen. Hrsg. von Bazon Brock [darin: Decorum. S. 50-94.] Wien, New York 1996.

25 … der in der Regel auf Verabredungen über optimierte Problemlösungsmuster basiert.

von Tauglichkeiten heraus, das die kulturelle Evolution begleitet, in sie eingreift und aber auch autodynamische und selbstschöpferische Merkmale herausbildet mit der oft fatalen und irrationalen Nebenwirkung der Intervention der Resultate solcher Verselbständigungen in Herkunftskulturen[26]. Der Mensch ist ein Strebewesen, was auf seine Gabe und seine Last zurückgeht, bisher geleisteter Erkenntnis die emotionale Wichtung gleichsam als Werteintragung einzubauen. Ein oft unspezifisches Gefühl leitet das Klassifikationsresultat, und je komplexer verfasst das kognitive Muster ist, um so eher muss es semantisch fixiert werden. Das entlastet und ermöglicht Operationen verallgemeinernder und abstrahierender Verfahren kognitiven Komplexitäts-„managements" bzw. komplexen Kognitionsmanagements, das selbst zum Thema für die Ausbildung referenzieller Strukturen gemacht wird. Lernen heißt also nicht nur erfahren, speichern und abrufen können, sondern Komplexitätsaufbau und die funktionelle Zuordnung von kognitiven Strukturbildungen zur Prüfung der Strukturbildung selbst und ihrer Transgression in riskante Gefilde. Lernen in diesem Sinne (z.B. Komplexitätsaufbau) heißt Begriffe als Merkmal- und Operatorenklassifikation zu bilden, die für Klassifikationen zweiter, dritter und n-ter Ordnung offen und dennoch bestimmt sind, weil sie auf Klassifikationen zurückzuführen sind, in die die Bewertung der Effizienz des Denkresultats gewissermaßen rückkoppelnd einbaut ist. Darin bleibt Platz für Unvorhergesehenes, also für ein Management von Gewusstem, Erwartetem, Kontingentem sowie Neuartigem, aber möglicherweise Integrierbaren. Erkenntnis ist nicht ein Resultat der Komplexitätsreduktion, sondern seiner Komplexitätserweiterung – mit einer integrierten Instanz fürs Zufällige, sie plant gewissermaßen das nicht Planbare ein, in dem sie diesem einen Platz einräumt, und das Offene einhegt, ohne es besitzen zu können.

Und was gibt es schon in dieser Dialektik von Risiko und Erwartbarkeit Aufregenderes und für den einzelnen Menschen Relevanteres als den anderen Menschen! Der Teil des zu Erwartenden findet sich schon im Normativen. Das Risiko aber ist immer wieder die wilde Seele und der begierliche Leib der anderen Einzelnen[27] (die freilich auch in Interessengruppen auftreten können). Neugierde ist nicht etwa räumliche Nische, sondern funktionelles Moment reflexiven Struktur der Kognition[28]. Dies begründet schließlich den Unterschied zwischen Bedeutung

---

26 Vgl. u.a. Baecker, Dirk: Poker im Osten. Probleme der Transformationsgesellschaft. Berlin: Merve Verlag. 1998. und Organisation als System. Frankfurt am Main 1999 (Hier siehe insb. zum Problem des „Re-entry" systemeigener Produkte) sowie Wozu Kultur? Berlin 2000 und Studien zur nächsten Gesellschaft. Frankfurt am Main 2007.

27 Hier schon zeigt sich die Bedeutung, die das Knappsein des Anderen für unsere Entwicklung und Kreation hat.

28 Vgl. hier die umfangreichen Arbeiten von Rolf Singer, Gerald Hüther, Wolfgang Welsch, Friedhart Klix, u.a.

und Sinn[29] und den sollten wir kennen, wenn „Sinn" eine Schlüsselrolle im Wettbewerb zukommen soll. Nicht Bedeutung oder Wissen und bestimmte Erkenntnis ist jeweils knapp, sondern Sinn, weil es in ihm vor allem um Geltung geht[30].

6. Sinnhorizont

Der Begriff „Horizont" trägt in unserem Kontext eine doppelte Bedeutung: es könnte etwas dahinter geben und zugleich markiert er die Kohärenz des Sinns. Innerhalb seines Kreises kann das strebende, akrobatische[31] Gemeinschaftstier Mensch Errungenes aufbewahren und verfügbar machen. Hier unterzieht er die Gegenständen, die Raumsysteme, die Zeitstrukturen und die symbolischen Repräsentationen permanent einer Effektivitäts- und Effizienzprüfung. Glaubwürdiges und Kontingentes nötigt dabei ihm einen Perspektivwechsel auf, gleichsam einen Wechsel des „Ortes", von dem aus geurteilt und entworfen wird. Die Vervielfachung solchen Änderns, des Positionswechsels bzw. der immer neuen Wahl der Position lässt einen Horizont entstehen, und dies nicht nur virtuell sondern eben auch ganz praktisch[32]. Allerdings wohnt diesem dann immer auch die Beschränktheit, das Limit der Schritte und des „Fahrplans" der Positionswahl inne. Horizont stellt so Ordnung her, allerdings ist ihm immer auch immanent, über sich hinauszuweisen, ohne bestimmbares anbieten zu können. Horizont ist Ordnung und Offenheit zugleich.

Oft ist dies missverstanden worden und der Mensch wäre das „unspezifische Tier"[33], das sich nun nicht mehr festlegen muss und sein Ökotop gleichsam sorg-

---

29 Darauf zielt im Übrigen auch Derrida mit seinem Differance-Konzept. Interessant und hier leider nicht auszuführen ist die prozessuale Komponente: die Differenz, als die Nötigung zu Sinn, entsteht schon allein durch den zeitlichen Verlauf. Transformationstheorie bräuchte eine eigene prozesstheoretische Komponente, die Verlaufsmuster, Dauern, Beschleunigungen[29], Wiederholungen etc. aufnimmt und deren Folgewirkungen, d.h. deren strukturbildende Folgen beschreibt.

30 Vgl. Habermas, Jürgen: Theorie des kommunikativen Handelns, Frankfurt am Main 1981.

31 Diese Denkfigur liegt Peter Sloterdijks Buch „Du musst Dein Leben ändern", FFM 2009, zugrunde, den Menschen als Akrobat vorzustellen bzw. zu begreifen, als einem der nach oben strebt. Es ist eine grundlegende historische Idee, die Emergenz des Menschen als Kulturwesen diesem Streben zuzuordnen. Ursache wird hier Wirkung et vice versa. Dieses Streben führt zu Kultur und ist sie selbst.

32 Etwas anderes ist es, wenn von „Multiversen" gesprochen wird. Damit ist die Konstruktion vieler nicht notwendig integrierbarer bzw. kompatibler Universen zu verstehen. Das Gleichnis des Horizonts ist damit nicht zu verwechseln. „Welt" oder „Universum" kann viele Horizonte haben.

33 Vgl. Gehlen, Arnold: Mängelwesen Mensch, Arnold Gehlen: Der Mensch. Seine Natur und seine Stellung in der Welt. 1940 und später: *Urmensch und Spätkultur*, Athenäum Verlag, Bonn 1956.

los verlassen kann. Das ist ja hinlänglich auch biologisch widerlegt worden. Selbst die Perspektivoptionen sind nicht beliebig, die Vielfalt und die Varianz der möglichen Stellen, von denen aus der Mensch sich seinen historisch unkorrigierbaren „Versuch" ansieht, sind natürlich, physiologisch und temporal und vor allem sozial nicht grenzenlos[34]. Grenzenlosigkeit überfordert den Menschen. Er kann nicht alle Perspektiven, alle Standpunkte einnehmen, weil er Bedürfnisse und Interessen hat und ein jeweiliges Können, weil Zeit immer knapp ist und das Denken selbst sich immer nur in gegenständlicher Welt formt, formen kann. Auch wenn „Welt" dabei selbst konstruktiver Akt ist und Transzendenz ins Ungewisse und Ungeheure geht – mit und ohne „Sicherheitsleine" –, so ändert dies nichts an dieser gegenseitigen Abhängigkeit von Welt- und Geistbildung. Welche reale und wirkliche Vielfalt der Perspektiven im reflektierenden und gegenständlich-tätigen Leben gewissermaßen *tatsächlich* aber für jeden Einzelnen und als Bedingung der Möglichkeit zu Vielfalt für die unter ähnlichen Umständen Lebenden zustande kommt, welche Grenzen natürlich und darüber hinaus gesetzt werden, und welche Macht sich im Setzen solcher (zusätzlichen, künstlichen) Grenzen verwirklicht, das ist gesellschaftlich bestimmt durch den konkreten Wettbewerb, in dem genau solche Optionalität[35] das knappe „Gut" wird. Für das begehrte Objekt des Wettbewerbs sind viele Formulierungen gebräuchlich. „Souveränität" mag hier stellvertretend stehen für die realisierbare Möglichkeit des Bestimmens über Ziele, Mittel, Methoden, Ressourcen, Wünsche und Hoffnungen. Im Wettbewerb wird dieses Bestimmen konkret, wird beschnitten, gelenkt und eingeschränkt, gelegentlich auch „gesteigert".

7. Sinn

Vor diesem Hintergrund lohnt sich die Überlegung, ob tatsächlich das menschliche Leben, sein Dasein ohne Sinn ist[36], also das Leben des Menschen keinen Sinn hat im an sich Sein, sondern nur im für sich Sein jedes Einzelnen. Zu einer solchen Auffassung muss man freilich auch kommen, wenn der Mensch als Gat-

---

34 Moderne technische Kultur legt jedoch das Gegenteil nahe, was immer Illusion und gefährlich ist. Selbst das Denken ist es nicht, es konstruiert sich Begriffe, die das Ungeheure einhegen und uns nicht die Angst vor ihm nehmen sollen, sondern vor uns selbst, eine Angst, in die wir geraten, wenn wir wirklich ins Fremde geraten sind. Das ist nicht zu verwechseln mit Fremdenangst, was nur eine primitive Variante des Umwendens von Benachteiligungserfahrungen ist.

35 (die Ordnung der Wahlmöglichkeiten)

36 Als Kronzeuge siehe z.B. Jean-Paul Sartre: L'Être et le néant (Das Sein und das Nichts) und der Essay L'Existentialisme est un humanisme (Der Existentialismus ist ein Humanismus) von 1946; und auch die grundlegenden Arbeiten von Heidegger, Martin: insb. „Sein und Zeit" und Flusser, Vilem: „Kommunikologie".

tung bzw. Art nur aus der Vielheit der Individuen konstituiert begriffen wird. Dann ist der einzelne nicht nur Ausgangspunkt der Überlegung, sondern auch Endpunkt, er ist in diese Welt geworfen und hat nur die Möglichkeit, Sinn zu finden und zu geben oder aber in dieser Hinsicht zu scheitern. Darin mag seine Grundwahl liegen und diese mag die vielen anderen großen und kleinen Entscheidungen im Grunde rechtfertigen oder verwerflich erscheinen lassen. Zu fragen ist aber, ob sich an solcher“ Sinnlosigkeit“ irgendetwas ändert, wenn Sinn für den Einzelnen nicht nur im Ja-Sagen zu sich selbst gefunden wird (also in der Entscheidung, dieses Leben anzunehmen), sondern darüber hinaus im Ermöglichen des Anderen, in dessen so Sein und Werden. Vermutlich lässt sich das auf der Ebene der Interpersonalität, der einfachen bestätigenden Beziehung zwischen Individuen nicht beantworten. Denn auch hier wird die Einzelheit des Individuums ja nur additiv ergänzt, wenn auch schon angereichert mit dem Alter-Ego. Das Niveau des Additiven wird nicht „überschritten“ und so nicht die prinzipielle Sinnlosigkeit der Gesamtheit, denn es sind ja immer noch nur die Individuen, die hier sich aufeinander beziehen.

Demgegenüber muss „Mensch“ anders begriffen werden. Für ihn ist die Ermöglichung des Anderen prinzipiell, nicht schlicht die Ermöglichung eines prekären Daseins des Anderen, oder die Sicherung einer Funktion durch ihn. Wenn er sich erst als Mensch verwirklicht, ist der Mensch zu einem Perspektivwechsel gezwungen. Und das gleich zweifach: er muss die Ebene wechseln und zugleich radikal empathisch werden. Wenn er so einen Anderen fördert, und zwar ohne dass sich der Zweck der Förderung in der Steigerung des Förderers erfüllt, muss er zu jener – durch den anderen vermittelten und provozierten, in dessen Sehnen und Suchen begründeten – Urteilsverbesserung auf der Basis des beschriebenen Perspektivenwechsels gelangen. Allerdings bleibt das Ergebnis dieser sozialen Erkenntnis egoistisch begrenzt, wenn das Verstehen des Anderen nicht interesselos ist. Das auf den Anderen gerichtete „interesselose Wohlgefallen“– Kants Fassung des Interesselosen Wohlgefallen dient für uns heute zumeist nur als eine Variante der Erklärung eines allgemeinen Schönheitsbegriffs und einer idealisierenden Kunsttheorie – ist also eine Bestimmung des Menschlichen, dem die Steigerung des Anderen immanent ist. Das ist nicht voraussetzungslos möglich. Förderung setzt das reiche und bestimmte Selbst voraus. Förderung in davon abweichenden Fällen braucht zusätzliche Gründe und seien dies ideologische, religiöse oder utilitaristische.

So finden wir nun doch ein allgemeines Merkmal, das als „Sinn“ bezeichnet werden kann. Letzter – nein, richtiger: höchst entwickelter Sinn ist, menschlich zu werden. Menschlich ist, den Anderen „interesselos“ zu fördern, „Interesselosigkeit“ setzt die vollständige Verwirklichung der Gleichheit des Rechtsanspruchs auf

Ansprüche und des Gebeverlangens[37] voraus. Letztbegründungen vernünftigen Handelns arbeiten sich an Wahrheit und Gesetz(-mäßigkeit) ab. Der Sinnbegriff dürfte eine ähnliche unerfüllbare Rolle spielen. Er kann zeigen, in welchem Ideal er seinen Bestimmungen vollständig entspricht. Und zugleich stellt er sich immer als relational und relativ heraus. Interessant ist daran, dass diese Bezeichnung aufgrund ihrer semantischen Mehrdeutigkeit die bloße Geistigkeit, Intellektualität oder gar Spiritualität und Idealität ausschließt und das Erleben am eigenen Leibe, als zärtlich-leidenschaftliche Berührung durch den gewollten anderen – auch wenn der praktisch ein Leben lang ausbleiben sollte oder die Labyrinthe „gesellschaftlicher Arbeit" endlos scheinen –, der Begriff hier nun gewissermaßen das Feedback immer einbezieht. Sinn zu finden und zu geben, kann sich ohne Leiblichkeit zwar theoretisch artikulieren, nicht aber sich erfüllen und so fehlt dann auch Glück[38].

8. Knappheit

Prinzipiell und grundsätzlich ist solcher Sinn, der gesellschaftlich gebildete, universell und nicht knapp! Dass er es doch (historisch-konkret) ist und auch über die Sinnlosigkeitskonstruktionen existenzialistischer Philosophie hinaus, das hat Gründe/Ursachen, die zwar im gegenseitigen Selbst liegen, aber an der Sinnbestimmung im Ganzen nichts ändern[39]. Die Verwandlung von Sinn in ein Gut, in dazu noch künstlich verknapptes Gut, setzt letztlich die Erkenntnis und das Eingeständnis eines solches Sinns voraus: Hier wird sich die Gattung in ihrer wichtigsten Bestimmung selbst zum Gegenstand, allerdings noch recht ideologisch, fremd und falsch. Verknappung ist deshalb grundsätzlich erst einmal Entzug, Teilhabe- und Mitwirkungsverweigerung.

Wenn Sinn zunächst genealogisch, d.h. in seinem Ursprung immer knapp ist, meint das zunächst nur unsere Unsicherheit, unseren Platz und das Geschehen um uns herum hinreichend zu verstehen und auf unser Dasein zu beziehen. Erst wenn wir aus der Frage, „wie kommt das zustande" eine „was hat das mit uns zu tun" und „was soll das bedeuten" machen, d.h. wenn der umstürzende Baum

37 Vgl. Sloterdijk, Peter: Die nehmende Hand und die gebende Seite: Beiträge zu einer Debatte über die demokratische Neubegründung von Steuern: Beiträge zu einer Debatte über ... von Steuern. Sonderdruck der edition suhrkamp Berlin 2010.

38 Vgl. Gerhard Schulze: Die Kulissen des Glücks. Streifzüge durch die Eventkultur. Essays, Campus Verlag, Frankfurt am Main 1999. Vgl. auch zur Ausstellung im Deutschen Hygiene-museum Dresden: „Glück – Welches Glück" 6. März 2008 bis 4. Januar 2009 http://dhmd.de/index.php?id=1243, 7.9.2011.

39 Auf das Problem der Konstruktion und Emergenz von Sinn in hermeneutischen Gemeinschaften kann hier nur verwiesen werden. Die Binnendynamik von hinreichend differenzierten jedoch nur schwach-permeablen Gruppen und ihre gelegentlichen Exzesse, wie etwa der Gruppensuizid von Sekten in den USA, sind auf solche emergenten Sinnkonstruktionen zurückzuführen.

nicht einfach umstürzt, weil der Wind zu heftig war, sondern weil er stürzt, um uns zu zeigen, wie fragil letztlich auch der vermeintlich Starke sein kann, also der Sturz einer war, der mir etwas zu sagen hatte, ein Sturz für mich war, er mich meint in seinem Ächzen, dann ist Sinn (dann hat der Sturz des Baumes einen Sinn) und so wird auch klar, dass solchen nur wir selber machen können. Als „gemachter" Sinn liegt er dann (fast immer) wie ein Koordinatensystem, eine Folie oder wie Mehltau auf unserem Denken, ist ein großes Wirken[40].

Die Verknappung wiederum solchen Sinns für uns kann neben Langeweile oder Verdruss nur wettbewerbliche Gründe haben. Und die künstliche, instrumentelle auf Exklusivität und Privilegien orientierte (egoistische) Verknappung geht auf einen besonderen historischen Typ des Wettbewerbs zurück. Bei der Kurzformel der „künstlichen Verknappung von Sinn" handelt es sich also um den Versuch, auf einen Modus der Verknappung aufmerksam zu machen – bei dem Philosophie und politische Ökonomie Hand in Hand gehen. D.h. die Beschreibung und Analyse der Bedingung der Möglichkeit von Welt *und* ihrer Auffassung sind im Verbund mit den politischen, historischen und ökonomischen Bedingungen des Auffassens selbst (Weltauffassung, „Weltanschauung"). Sinn als kulturelle „Ressource" und Faktor für Wettbewerb und Entwicklung wird in eine sozio-ökonomische Ressource verwandelt. Wie Sinn dann formuliert, artikuliert wird, welche Gestalt und Symbolik er bekommt ‚daran kann gezeigt werden, wie Sinn privatisiert und wie „verschacherbar"[41] er wird wie Wasser und Wald[42], „Human Kapital", Kreativität und Identität, zeigt, wie die Aneignung und instrumentelle Belegung dieser Ressourcen mit einem exklusiven Handhabungs- respektive Steuerungsprivileg funktioniert.

Wenn Sinn als Bedürfnis der vorläufigen, befristeten Festlegung auf Koordinaten für Identität, Erwartbares und darin für Risiko und gelingendes Leben entsteht und dieses Bedürfnis auf Horizont, Perspektivwechsel, auf Bedeutungsunschärfe zurück geht, die sich in der wachsenden Kontingenz des Möglichen, Künftigen bildet, wird deutlich, welche strukturelle Relevanz Flexibilität und Mobilität für die Sinngebung besitzt. Der Tunnelblick im Alltag ist die Sinnreduktion, die auf den Verlust oder die Verweigerung von Perspektivwechsel, von Horizonterweiterung zurück zu führen ist.

40 Auf Referenzen in die verschiedenen Disziplinen wie Psychologie und Theologie, Philosophie usw. kann hier m.E. verzichtet werden.

41 Eigentum unterscheidet sich von Privateigentum dadurch, dass letzteres verschachert bzw. in einen gewinnorientierten Tausch gebracht werden kann.

42 Auf eine breite Diskussion zur Allmende kann hier nur stellvertretend verwiesen werden. Vgl. Ostrom, Elinor: Die Verfassung der Allmende: jenseits von Staat und Markt. Mohr, Tübingen 1999.

Wie schon festgehalten, setzt Sinngebung die semantische Differenz und die Möglichkeit der wechselnden Perspektiven voraus. Allerdings ist dieser Wechsel nicht Selbstzweck. Er darf sich im Wechseln nicht vergessen. Die eine Interpretation muss in der anderen zur Folie der neuen Betrachtung werden, in dem die Differenz deutlich wird zwischen der einen und anderen Perspektive. Erst so bildet sich Urteilsfähigkeit. Festhalten und Differenzieren schärft das Urteil und steigert es dadurch, dass es relevant für ein künftiges Eingreifen im Jetzt wird. Das verbesserte, das im Vergleich geschulte Urteil bewährt sich als Prinzip, als Prozedur, ohne die alles beim Alten bliebe.

Doch es ist nicht das Prinzip allein. Der einfache Bezug auf Natur, auf Umwelt, auf das, was wir selbst nicht haben und noch nicht in unser eigenes Leben übersetzt haben, auf das, was uns Lebensmittel ist, das zeichnet uns nicht als Andere zu allen auch so Aneignenden aus. Schlicht, auch Tiere – und Menschen sind solche solange, sie nur das tun – wären so beschreibbar. In einer weiteren Bestimmung des Wechselwesens Mensch, dem Sinnerzeuger, müssen wir das finden, ***was*** wir als unser Eigenes im Wechsel der Perspektiven behalten, festhalten, erinnern, handhaben. Und wahrscheinlich liegt dies Eigene nicht im Sattwerden, Warmbleiben, Nachkommen Zeugen, Schutz Finden usw., sondern darin, dass der eine den anderen als seine Bedingung des Lebens, als notwendige Bestimmung behandelt und als Bedingung seiner Steigerung und Verbesserung, seiner Sinngebung und Weltauslegung, seiner Interpretation, seines Glücks wie Tragödie, als hinreichende Bestimmung seines Selbst in den Vergleich aufnimmt, ja geradezu zum Filter, zum Gebilde umformt, durch das er sich sehen und entwerfen kann.

Dieser Andere wird nicht nur die Frau oder der Mann sein können als das natürlich unvermeidliche Pendant – im Übrigen ist Liebe wahrscheinlich dann die Steigerung dieser Andersheit mit den Mitteln moralischer Formung und Prägung –, sondern es ist der Andere als Repräsentant der und Vermittlung in die Gemeinschaft, der mich teilhaben lässt an den Ergebnissen synergetischer Produktion. Das natürliche Pendant solchen Teilhabens, unsere geschlechtliche Differenz und die biologisch zwar vollkommene aber menschlich höchst unvollkommene also negative Position könnte das teilhaben lassen nur aus der Perspektive der Funktion der Arterhaltung, der Weitergabe genetischer Information tun. Vermutlich auch nur für eine gewisse Zeit, weil unsere Art gesellschaftlich zu werden und zu sein und kombiniert zu produzieren, zu verteilen und verteilt nachzufragen mit aufgeteilter Kompetenz und Expertise schließlich im Kampf um die begrenzten Ressourcen nicht lange halten dürfte. Die Differenz zwischen dem Ego und dem Alter basiert zwar auf der natürlichen Komplementarität. Aber auf sie reduziert, verliert sich letztlich die Art bzw. die Gattung. Wesentlich ist hier die Differenz zwischen Ego und Alter als die zwischen dem Einzelnen und dem Gesellschaftlichen, auch wenn bisweilen behauptet wird, wir könnten heute in nachmodernen Zeiten nicht mehr von Gesellschaft reden, sondern nur noch von „zu Schaum verklumpten Blasenwelten“[43] (Sloterdijk), in denen die Existenzen hausen und sich zu einem Außen mit osmotischen bzw. penetranten Eigenschaften verhalten; das Selbst sei nicht mehr nur Wanderer im Universum mit manchmal zufälligen und oft aufgenötigten Begegnungen, sondern die eigene Welt ist selbst schon multiversisch und kollidiere irgendwie ständig mit Versionen der anderen. Dass sich so auch der Kollaps zu Klumpen versammelter Massen denken und verachten lässt[44], liegt dann ja auch nahe, weil eine funktionelle Beziehung als Qualitätsverbesserung der Systemeigenschaften, an denen die Einzelnen mitwirken und teilhaben, sich schlecht konzipieren lässt. Interessanter Weise unterläuft der Ideengeber des „Schaums“ diese Negativoption seines Bildes, das gleichsam Vorformuliert in der „Verachtung der Massen“ nun in „Blasen“[45] Gestalt angenommen hat, selbst, in dem er in „Menschentreibhaus“[46] den respektablen anthropologischen Versuch der Konstruktion der Gattungsspezifika Mensch unternimmt. An anderer Stelle spricht Sloterdijk gar explizit davon, dass vom Menschen nicht sinnvoll im Singular die Rede sein kann[47].

9. Die Anderen

Dass der Eine den verbesserten Anderen als seine gesellschaftliche Bedingung des Lebens begreift und notwendig auch so handelt, als Bedingung seiner Steigerung und Verbesserung, seiner Sinngebung und Weltauslegung, ist nicht voraussetzungslos. Das braucht historisch immer wieder Stimuli, kann sich sonst im gegenseitigen Bewirtschaften des Menschen aufzehren. Das liegt daran, dass die Bedingung des Wertschätzens verschwindet, die gegenseitigen Bewerber um das begehrte Gut. Getilgt wird Maßstab und Sporn der eigenen Steigerung und der Relativität der Leistung. So verlöre sich „Mensch“, ohne freilich vorläufig sich als Tier zu verlieren. Aus historischer Perspektive: tritt solches ein, wann und wo Wettbewerb Sieger hervorbringt und Verlierer zurücklässt bzw. keinen, mit an-

---

43 Siehe Sloterdijk, Peter: Sphären III – Schäume, Plurale Sphärologie. Suhrkamp, Frankfurt am Main 2004.

44 Siehe Sloterdijk, Peter: Die Verachtung der Massen. Versuch über Kulturkämpfe in der modernen Gesellschaft. Suhrkamp, Frankfurt am Main 2000.

45 Siehe Sloterdijk, Peter: Sphären III – Schäume, Plurale Sphärologie. Suhrkamp, Frankfurt am Main 2004.

46 Siehe Sloterdijk: Das Menschentreibhaus. Stichworte zur historischen und prophetischen Anthropologie, VDG, Verlag und Datenbank für Geisteswissenschaften Weimar 2001

47 Vgl. Sloterdijk, Peter: Du mußt dein Leben ändern: Über Anthropotechnik. Suhrkamp, Frankfurt am Main 2009.

deren Worten, wo Wettbewerb nicht von allen Gewonnen wird und der Bessere nur obsiegt, das Siegen selbst nicht maßgebliche Kraft der Förderung der anderen (nicht siegenden) Gewinner ist.

10. Ökonomie

Gehen wir dem nach. Lässt sich diese spezifische Knappheit ökonomisch untersuchen[48] und welche besonderen Seiten werden dadurch offenbar[49]? Wenn Ökonomie Haushalten knapper Güter, Werte, Ressourcen, Kapitalien etc. – wie auch immer gefasst – ist und Sinn nun knapp, dann kann auch Sinn, seine Erschließung, Optimierung, Verwertung, Verteilung, Erneuerung in einen Haushalt genommen werden und darüber hinaus können auch alle sonstigen Operationen einer Ökonomik auf ihn angewendet werden. Dazu gehört nicht nur der Wettbewerb, wie naheliegend, sondern maßgeblich seine Behandlung als zu Veräußerndes. Die Handhabung von Sinn als verschacherbares Gut, was auf seine exklusive eigentümliche gesellschaftliche Verfasstheit und Handhabung zurückzuführen ist[50], lässt es zum Objekt besonderer professionalisierter Produktentwicklung und „-verpackung“ werden, zum Objekt gezielter Investitionen bzw. von Kapitaleinsatz, mit kontrollierter Wertsteigerungsoption, zum obskuren Objekt spekulativer Begierden. Das heißt hier auch, dass ein Gewinn, der daraus zu ziehen wäre, den Kauf von Eigentumsanteilen motivieren und „Sinn“ so in „Stücke“ verwandelt werden kann. Ob dann Teil-Sinn oder bornierter Sinn dabei entsteht, mag dahin gestellt bleiben, jedenfalls veränderter Sinn, nicht wie bei Informationen, die

48 Eine recht interessante aber letztlich nur im Modus egoistischer Motive verbleibende Idee einer anderen Ökonomie hat Georg Franck aufgeschrieben in seinem Buch „Ökonomie der Aufmerksamkeit“ (München: Hanser, 1998). Aufmerksamkeit wird schließlich als eine neue Währung ins Spiel gebracht. Seine Überlegungen dazu müssen aber leider im Bereich des Spiels bleiben, weil er nicht erklären kann, wie eine Gesellschaft funktionieren soll und sich entwickeln zum Wohle der Aufmerksamkeit Verdienenden, wenn die Verknappung der Aufmerksamkeit und der Anerkennung an Instrumente gebunden ist, deren Einsatz und Einsatzsicherungen auf andere Wettbewerbe zurückgehen, in denen gründlich Ungleichheit in den Chancen fortlaufenden Wettbewerbs verankert wird. Das führt, wollte man es ohne Änderung der Voraussetzungen in die Tat umsetzen, in eine ideologische Diktatur, in der die Wettbewerbsmittel zur Erheischung der Aufmerksamkeiten und Anerkennungen höchst ungleich verteilt wurden und eine Tendenz zum Absolutismus bekommen. Und die Hoffnung, dass auch solcher sich schließlich historisch immer noch überlebt und ob seiner starren Systemeigenschaften aufgesprengt wird, solche Hoffnung ist zwar löblich, braucht aber auch eine ebenso historische Geduld.

49 Dass Ökonomie Politik nach ihrer Pfeife tanzen lässt heißt nicht, dass sie nicht auch in die Hände von Politik genommen werden kann. Und das ohne die bekannten historischen Folgen.

50 Das schließt den Respekt der nicht mit solchen Privilegien ausgestatten Mitglieder der Gesellschaft ein, den zu halten, eigene Sanktionsmittel erfordert – im Übrigen auch ein Steigerungsmotiv ....

durch Weitergabe rein theoretisch immer gleich bleiben[51]. Und auf jeden Fall scheint dies ein typisches Verfahren der Verknappung zu sein, denn die Aneignung, der „Besitz“ der „Stücke“ wird dann über den Preis reguliert. Das Paradoxe an dieser Situation besteht mithin darin, dass ein knappes, ein verknapptes Gut im Interesse der Verwertung und Stabilisierung des Verknappungsprinzips wie der Effekte der Verknappung tendenziell vermehrt werden muss, das heißt von so vielen als möglich begehrt und als Interpretationsfolie angewendet werden soll. Denn im Allgemeinen kann der Preis stimuliert werden, wenn die Nachfrage größer als das Angebot gehalten, d.h. die Zahl der Stücke etwa auch knapp gehalten werden kann. Was deshalb nahelegt und Praxis ist, dass „Sinn“ nicht schon mit Teil-Sinn gleichzusetzen ist. Erst der Erwerb, der „Zukauf“ von Teilen oder Stücken ergibt eine taugliche Interpretation und Orientierung. Der „Sinn-Sucher“ wird eine passable Weltdeutung erst aus dem ganzen Sinn erlangen, und die Wahrscheinlichkeit, zu solcher zu gelangen, steigt mit dem Kauf.

Ob hier von „Eigentum“ zu reden immer richtig ist, mögen Rechts- und Kommunikationstheoretiker diskutieren. Zum Beispiel ist geistiges Eigentum historisch an definierte Paradigmen der Gesellschaftskonstruktion gebunden. Seine Historizität erscheint unter Berücksichtigung der Entwicklungen von Web 2.0 aufwärts zumindest herausgefordert. Aus der Sicht bürgerlichen Rechts scheint Urheberrecht gleichsam natürlich, scheint ein Eigentum an Ideen, an Erfindung retrospektiv wie prospektiv unantastbar und ein exklusives Gut mit entsprechendem Schutzbedarf. Dass dies nur eine „abendländische“ Sicht auf bürgerliche Kultur darstellt, zeigen die höchst kreativen, respektlosen und auf den kollektiven Traditionen wie einer Normalität einer „Massenironie“ basierenden Produkt- und Interpretationswelten des modernen Shanzhai, der chinesischen Kultur im Umgang mit Originalität[52].

Nun scheint Sinn ebenso wie andere Phänomene eine gewisse Kohärenz zu besitzen, sich zu verhalten wie ein Text, dessen Teile oder Elemente ihre Bedeutung verlieren, wenn sie ihre Hülle, ihr Beziehungsgefüge einbüßen. Nicht erst Kontexte stiften hier diese Rahmung, sondern die innere oft als syntaktisch bezeichnete – eigentlich eher aber durch Induktion[53] hervorgerufene – Bindung, erzeugt Kohärenz, gewissermaßen einen Zusammenhalt erster Ordnung. Kontexte ergänzen und heben dann auf, Kontextualisierungen und „Kontextualisierungsspiralen“ schaffen neue Ordnungsniveaus des Sinns.

---

51 Siehe Flusser, Vilem: Kommunikologie. Frankfurt am Main1998.

52 Siehe Han, Byung-Chul: „Shanzhai. Dekonstruktion auf Chinesisch“ Merve Verlag, Berlin 2011; oder auch Yi-Chieh Jessica Lin: „Fake Stuff: China and the Rise of Counterfeit Goods“ (Routledge Series for Creative Teaching and Learning in Anthr) von Routledge Chapman & Hall, New York 2011.

53 Induktion: http://www.leifiphysik.de/web_ph10/grundwissen/12ind_ges/ind_ges.htm.

Die (Sinn-)Stücke nun können wiederum neu sortiert und in ein Portfolio gepackt werden mit dem Ziel von Kurssteigerungen, Renditen und Risikostreuung, was von Managern des Sinns, besser: der Optimierung der Verwertung von Sinn durch dessen Design und Wettbewerb, als Geschäftsfeld ausgebaut werden kann[54]. Im Übrigen lassen sich dann auch noch eine fast unendliche Anzahl von Derivaten und Mischfonds erdenken ... All dem geht jedoch eines voraus: die Präsenz von Sinn, seine Fixierung im Ding, auf einem materiellen Träger, vielleicht einem Text oder einem Bild oder einem Werkzeug. Das Festhalten des Sinns ist ganz gegen seine Eigenschaft, prompt zu fliehen und sich gleich wieder zu verflüchtigen oder aber sich selbst zu verwandeln und infrage zu stellen. Er widersetzt sich auf jeden Fall aber seiner „Objektivierung" in welchem „Träger" auch immer – gewissermaßen Shanzhai als Prinzip des Entwischens. Eigentum am Ding ist so auch Funktion des Widerstands gegen den Sog der Vergesellschaftung des Sinns. Erst durch solche Materialisierung, Vergegenständlichung und Eigentümlichkeit wird das Gut Sinn verhandelbar, handelbar und zum Gegenstand auch optimierender und begierlicher Operationen. Kapitalismus liest sich dann schnell auch als Materialismus des Sinns, ohne allerdings besonders auf die leibliche Seite des Begriffs und den erwähnten Feedbackeffekt sinnvollen Lebens abzuheben.

Ohne Knappheit insgesamt dürfte also keine Entwicklung stattfinden oder stattgefunden haben, darin liegt die positive Seite auch der kapitalistischen Handhabung der Verknappung von Sinn. Sie könnte also auch als innere Notwendigkeit verstanden werden. Den Unterschied wird man in der konkreten Bestimmung, also auch der Interpretation bzw. Wertschätzung dessen finden, was jeweils als knapp gehalten wird. Nicht immer ist dies die positive Bestimmung des Anderen, bzw. wird sie im gegenseitigen prospektiven Entwerfen des Selbst im Anderen verwirklicht und wird nicht zum Motor der interrelationalen und -personellen Reflexionen und Erwartungen, nicht zum Verfahren der Förderung des Einzelnen durch den Anderen, sondern zum exklusiven System der sich verselbständigenden Steigerungen der einzelnen Anderen an sich. Also noch einmal: Knappheit ist Notwendigkeit, nicht nur Not. Als Notwendigkeit ist sie schon insofern konkret, als hier nun gewissermaßen als positive Ausgangsbestimmung festgehalten werden kann, dass der Andere mir immer knapp sein und werden muss, damit ich mich und ihn selbst steigern, fördern kann, als das „Gut" (das „Gute") behandeln kann, das als Begehrtestes im Wettbewerb erzielt werden will. Das ist die Voraussetzung einer positiven Ökonomie des Sinns.

---

54 Die Literatur zu diesem Themenfeld ist inzwischen sehr umfangreich. Stellvertretend und inzwischen ein Klassiker: Karmasin, Helene: Produkte als Botschaften. Konsumenten, Marken und Produktstrategien", mi-Fachverlag, Landsberg am Lech 1998, oder einfach Google „Produktinszenierung" mit 11.600 Einträgen ....

11. Künstliche Knappheit

Im Folgenden gilt es noch zwei Gedanken zu entwerfen, die sich aus Wettbewerb und Knappheit ergeben. Das bezieht sich zum einen auf eine „Ökonomie von Sinn“, in deren Darstellung sowohl der verknappte (oder auch verschwendete) Sinn als solcher, als auch seine begrenzte Varianz zu verdeutlichen wäre. Zum anderen ist ein Fall zu betrachten, von dem aus erst eine solche Ökonomie positiv zu ermitteln wäre und nicht nur kritisch, bzw. Ökonomie schon von vornherein negativ belegt ist. In diesem Fall ist Knappheit kein Manko, kein Verlust, etwas, das wir zu beklagen und bedauern hätten, sondern eine Eigenschaft, von der aus erst alles losgeht und eben auch Freude, Bestätigung und Genuss. Dabei wird sich herausstellen, dass das eine Thema ohne die Ausführungen zum anderen nicht zu haben ist.

Denn wenn es darum geht, künstliche Verknappungen zu verstehen, durch was sie verursacht sind und durch wen, welche Interessen diese leiten und wenn es darum geht, dass erst aus hintergründigen Interessen und Bedingungen geleiteter künstlicher Verknappung (die also recht wohl auch von natürlicher zu unterscheiden wäre) eine kritische Betrachtung begründbar würde, so müssen wir an dieser Stelle die unterschiedlichen (kulturellen) Qualitäten von Knappheit bestimmen, also die Referenz, in der etwas als knapp eingeschätzt wird. Damit verbunden ist auch das, was zu kritisieren wäre als vermeidbar, änderbar, verbesserbar – das zu Ändernde ist eben wieder auch kulturell zu verstehen. Was also sind die kulturellen Bestimmungen dieser Wettbewerbe, wie z.B. die Legitimität der Ungleichheit von Entwicklungschancen?

Also ist festzuhalten, dass Menschen sich aufeinander in stimulierender und auffordernder Weise beziehen, ja gleichsam verschränken, der Eine sich im Anderen als Herausforderung und Ermöglichung, nicht total aber in bestimmter Weise findet, aufgenommen, bewahrt und behandelt wird. Immer dann, wenn dies sich ereignet, stehen wir an der Schwelle zu Kultur. Der eine ist Bedürfnis des anderen. Aber daraus muss nicht seine (einseitig produktive, nur den Augenblick bestätigende) Konsumtion folgen. Das wäre eben gerade nicht-menschlich, letztlich eher kannibalisch und so verallgemeinert, blinde Gier, die alles verzehrt. Das Vermeiden, wenigstens Lindern solchen Verbrauchs ist Voraussetzung für die nächsten Generationen und das Bleiben der Art. Daraus folgt ein Imperativ: Sei gut und schön und weise, denn je mehr du dies alles bist und immer besser, umso mehr werde ich von dir in mir haben als meine eigene Wertschätzung, Verwirklichung, Bestätigung. Das wäre strukturell die Basis eines glücklichen und sinnerfüllten Lebens. Faktisch aber wird das unter den Bedingungen des gesellschaftlichen Lebens unserer Gegenwart zumeist gleichsam seitenverkehrt gesehen. Wir haben eigentlich nur in Situationen von Liebe – und die Liebe zum

Geld oder eine hündische zu unseren Peinigern ist nur eine pervertierte – die einfache Negativität unseres Mensch Seins (und das ist Sinnsucher, Glücksüchtige, Steigerbare, Selbstüberschreiter, Kreateure zu sein) überwunden, wenn auch das flüchtig ist, nicht gewiss und verlässlich. So kann Liebe, auch die in Religion verformte, zum Modell werden, ja zur Utopie, zum Vorbild. Freilich: bleibt dies abstrakt, so taugt es auch gut zur Konstruktion der Idylle und der Weltflucht, was konsequent gedacht eben nicht ein Kulturelles der Menschen bedeutet, bzw. seine jeweilige Verbesserung und erneute Ermöglichung, sondern als Flucht eben nur den Verzicht darstellt, einen Verzicht auf Progression, jedenfalls solange nicht auch das utopisch-kritische Moment in jener Fluchtwelt aufscheint und die Rückkehr (das Vorwärts) der Realitätsmigranten stimuliert[55].

Es muss in einer solchen Betrachtung also auch darum gehen, Wettbewerbe miteinander zu vergleichen, vergleichbar zu machen. Wettbewerbe finden in und zwischen verschiedenen kulturellen Realitäten statt. Zugespitzt: Keine Kultur ohne Wettbewerb, kein Wettbewerb ohne Knappheit, keine Kultur ohne Knappheit (und sei es die fehlende Möglichkeit, etwas zu „verausgaben", zu „verschwenden", wie es Bataille[56] sagt), der Andere, allgemein: das Andere muss mir knapp sein, keine Kultur, ohne dass der Andere (das Andere) mir knapp ist. Wettbewerbe zwischen den Kulturen verhandeln den je spezifisch Anderen knappes. Künstliche Verknappung ist Praxis und Strategie der Wettbewerbe bis heute. Daraus folgt die Frage, welche (sinnbezogenen) Knappheiten gerade für Wettbewerbe taugen, insbesondere dann, wenn es um die zeitgenössische Gier nach dem Exklusiven geht, also im Wettbewerb um die Produktion von Siegern. Oder aber welche (sinnbezogenen) Knappheiten taugen gerade für Wettbewerbe, die die Inklusion des Gewinns auf der Grundlage des zwar unterlegenen aber im Wettbewerb selbst gesteigerten Anderen bewirken? Oder nehmen wir die zentrale Frage komplexer: welcher Wettbewerb taugt als der zwischen Kulturen und in einer Kultur, deren Werte und Ziele nicht die Verdrängung, die Kolonialisierung, die Reduktion der Anderen auf eine ökonomische Funktion legitimieren, sondern Transformation als Erringen einer neuen gesellschaftlichen Qualität befördert, in der die historische und anthropogene Kontingenz um die Option des Verbrauchs oder der Vernichtung des Letzten, der letzten Ressourcen reduziert wird und jenes Gelingen des Lebens wieder eine natürliche Knappheit von Sinn befördert?

55 Hier sei auf die künstlerischen Arbeiten von Jeff Koons verwiesen: http://www.jeffkoons.com/site/index.html, 12.12.2011.

56 Vgl. Bataille, Georges: Das theoretische Werk I: Die Aufhebung der Ökonomie (Der Begriff der Verausgabung – Der verfemte Teil – Kommunismus und Stalinismus.) 2. erw. Auflage: Matthes & Seitz (Batterien 22), München 1985.

Transformation im Hier und Heute führt zu spezifischen Interpretationen, erzeugt Verlierer, Gewinner, Pioniere und Trittbrettfahrer. Diese bringen sich wieder ein und wirken auf den Prozess, vermittelt über ihre Interpretationen und Problemlösungsmuster, zurück. So sind Interpretationen Blockade oder Katalysator. Und ob sie es wollen oder nicht nehmen sie aufgrund ihrer unvermeidlich gegensätzlichen Interessen Teil an einem Wettbewerb, in den sie die jeweils für sie und durch sie verknappten Ressourcen, zu förderst ihre eigenen Sinngebungen, Begeisterungen, Kritiken, Verzweiflungen, Ideen und Euphorien einspeisen.

Um das Gesagte noch einmal zu verstärken und auf ein (hier nur angedeutetes) Beispiel zu beziehen: Die Kunst der Standortpolitiken von entsprechend kapitalstarken Unternehmen und politischer Akteure besteht ja nicht zuletzt darin, diese Interpretationen bzw. Sinngebungen zu nutzen, Legitimität oder wenigstens Zugzwang herzustellen. Ob Mehrheiten in besonders intensiv von gesellschaftlichen Veränderungen geprägten Regionen glücklich sind, was sich ja angeblich messen lassen soll[57], und ob der sog. Transformationsprozess begrüßt und befördert werden will, hängt so maßgeblich und letztlich kausal von Sinn ab, besser: von der jeweiligen Zurichtung von Sinn.

12. Transformation von Wettbewerb

Schließlich bleibt noch eine wenngleich im Blochschen Sinne unverbesserliche weil hoffnungsträchtige Überlegung zu einem vielleicht „neuen Wettbewerbsbegriff". Ausgangsfrage bleibt: Was ist jenes Dritte, der Preis des Wettbewerbs, das ihn losgehen lässt, ihn stimuliert, antreibt und das zugleich in seinem Erreichen die Förderung des Anderen bewirkt? Das ist nicht Knappheit schlechthin, auch wenn sie immer Stimulus bleibt. Was will und kann der jeweils Andere erreichen, was fehlt, was begehrt er und wozu benötigt er das Erstrebte? Wie wird aus der Erkenntnis (oder der Ahnung, dem Gespür) eines Mangels ein Interesse an dem, was den Wettbewerb begründet? Wie wird aus einer Ökonomie des Geizes, die als Haushalten nur die Exklusion der anderen kennt, einer Ökonomie, die nur künstliche Knappheit kennt und solche verallgemeinert und den anderen, obwohl sie ihn braucht, absurder Weise verneint und attackiert, sein Gut und seine Leistung einverleibt, ohne den anderen förderndes und erneuerndes, verbesserndes Geben, wie wird nun daraus eine Kulturökonomie, bzw. besser formuliert, eine Kultur von Ökonomie, welche Knappheit nicht als Kategorie der Verweigerung, son-

57 Zur Glücksmessung siehe auch neben der umfangreichen Forschung zu Lebensstandard, Lebenszufriedenheit und Beteiligung: Schulze, Gerhard: „Das schöne Leben und seine Feinde", Fischer Taschenbuch Verlag, Frankfurt a.M. 2008. Im Übrigen sind sog. Glücksindikatoren höchst umstritten, so etwa die Suizidquote oder die durchschnittliche Geburtenfreudigkeit pro Frau etc. pp.

dern der Zuwendung begreift und handhabt, also als eine Ressource, die aufgeschlossen in den Tausch eingebracht werden kann, eine Gabe, mit der sich die je Gegenseitigen versorgen können?[58]

Antworten finden wir vermutlich in mindestens zweierlei Hinsicht. Fassen wir es zunächst negativ: wenn sich Sinn aus der Tauglichkeit des Entwurfs für besseres Leben ergibt, wir solchen Sinn erfahren, weil wir eine Identität oder Ähnlichkeit und Nähe zwischen dem, was wir tun und dem, wofür wir es tun, feststellen können, die Tauglichkeit also das Ergebnis unserer Prüfung ist, um einen Zusammenhang zwischen Bedeutungszuweisung und erlebter Befriedigung (die freilich in der Bestätigung von Entwicklungsmöglichkeiten liegen kann) herstellen zu können, wenn zunächst also sich so Sinn ergibt, durch uns gegeben wird, dann hängt genau dieser Sinn selbst vom Entwurf ab. Unser Projekt ist maßgeblich für Sinn und dieses wiederum ist bestimmt von der Fähigkeit und der Art und Weise, wie wir uns bis dato und künftig sehen, vergewissern können und was uns möglich, machbar, erreichbar, änderbar etc. scheint. Also ist „Projekt" nicht nur das gewollte Ziel oder Ergebnis, sondern maßgeblich eben die Differenz zwischen dem Vorgefundenen und dem Korrigierten. Nichts leichter als nun dies, das Projekt und den Akt des Projektierens selbst zum Gegenstand interessierter Handhabung, gewissermaßen zum Kerngeschäft einer Bewirtschaftung zu machen. Wer oder was können und könnten wir sein und was wäre dazu nötig zu tun, mit welchen Mitteln und welchen Partnern? So oder ähnlich, eine sehr schlichte Formulierung. Dass eine Antwort auf diese Frage dann oft sehr ernüchternd ausfällt, kippt diese Einfachheit radikal, weil sehr schnell deutlich wird, dass die Bedingungen für qualifizierte Vergewisserung und darüber hinaus gehende Entwürfe, dass die großen und auch kleinen Entwürfe, die zudem noch einen genealogischen Zusammenhang mit ersterem haben sollen und mit dem Vergewisserten, eben nicht leicht zu haben sind, sondern auf ein komplexes Bedingungsgefüge zurückgeführt werden müssen. Dazu gehört über Bildung, Charakter, Courage und ähnliches hinaus auch ein materielles Können[59]. Dazu

58 Siehe auch hier umfänglich die Nobelpreisträgerin für Wirtschaftswissenschaften Elinor Ostrom und ihre Arbeiten zur „Allmende": Governing the Commons: The Evolution of Institutions for Collective Action Cambridge University Press, Cambridge 1990, Dt.: Die Verfassung der Allmende: jenseits von Staat und Markt. Mohr, Tübingen 1999; Was mehr wird, wenn wir teilen. Vom gesellschaftlichen Wert der Gemeingüter. Mit Silke Helfrich (Hrsg.), Oekom Verlag, München 2011; Gemeingütermanagement – eine Perspektive für bürgerschaftliches Engagement [Governing a Commons from a Citizen's Perspective]. In: Silke Helfrich/Heinrich-Böll-Stiftung (Hrsg): Wem gehört die Welt? Zur Wiederentdeckung der Gemeingüter, S. 218-228, Oekom Verlag, München 2009.

59 Vgl. auch Kronauer, Martin und Schmid, Günther: Ein selbstbestimmtes Leben für alle. Gesellschaftliche Voraussetzungen von Autonomie, in: WSI Mitteilungen 4/2011.

gehören Zugangsmöglichkeiten zu einer Vielzahl von Ressourcen und Mitteln, oft sogar die Überwindung gleichsam eingefrorener Nutzungsprivilegien bestimmter produktiver Mittel, also letztlich eine je ausgebildete Souveränität, also eine „Freiheit" nicht nur der Phantasie (obgleich selbst diese dann beschränkt ist in der Regel), sondern eine Freiheit für ein Können, wozu auch und wesentlich das entwerfen Können gehört.

Aus dieser Sicht wird schon verständlich, wie effektiv eine künstliche Einschränkung solchen Könnens für die Durchsetzung egoistischer Interessen sein kann. Mit anderen Worten, das knappe „Gut" ist hier der Entwurf bzw. die Kontrolle über die Differenz zwischen dem So-Sein und dem Anders-Sein-Können. Knapp ist hier der Sinn des Jetzt und hier des So-Seins, der sich aus der Referenz zum Anderen, zum anders sein Können ableitet. Wenn dies Andere immer nur so ist, wie das Selbst, so ist dies statisch und Sinn *scheint* sich aus der Bestätigung des Gegebenen gleichsam von allein herzuleiten. Nun ist bekanntermaßen Statisches in noch schlimmerer Weise riskant als der Änderungsentwurf, weil der Verfall des Gegebenen immanent ist, wenn auch nicht gleich evident. Dieser Sinn also des Statischen, nur noch Stabilität Erheischenden, der Bestätigung des Gegebenen, der Hinnahme, verkehrt auf fatale Weise sich in seinen Gegensatz, was nicht zuletzt die angebliche Sinnlosigkeit dieser Welt und unseres Tuns in ihr, unseres Strebens, unserer Langeweile und den Verdruss erklärt.

Insofern scheint es paradox, wenn Sartre uns als Einzelne immer als letztinstanzliche verantwortlich macht für den Sinn des Ganzen und auch dessen kleinstem Baustein, unserer Handlung und Entscheidung, und so dem Sinn zwar nicht abschwört, aber erst einmal von der Sinnlosigkeit ausgeht, gleichsam als Imperativ für die kommende und sich bildende Existenz des Einzelnen, und so jenen sinnentleerten, sinnfreien, absurden Gesamtzustand fast schon beklagt. Hingegen im eigenen praktischen Leben ist er für eine halbe Nation geradezu ein Protagonist des Kampfes gegen die falschen Sinngebungen. Seine Philosophie hat den Zusammenhang und den Sprung der Betrachtung des Existentiellen der Individuen zur Existenz von Gattung, Gesellschaft, Gemeingut, Synergie und Kooperationseffizienz etc. nicht machen können. Es liegt nahe, seinem Erfolg als Schriftsteller den Misserfolg als politisch Handelnder gegenüberzustellen. Sinn ist eine systemische Disposition von Gesellschaften und ihren Geschichten.

So finden wir im Grunde zwei parallel und voneinander abhängige künstliche Verknappungsursachen von Sinn. Die eine kommt aus der Philosophie selbst und wuchert als Weltanschauung und Ideologie in den lebensweltlichen Alltag. Die andere, durch die erste unterstützt, entsteht aus einer politischen Ökonomie der (versuchten und angestrebten) Kontrolle über die Bedingungen, die Institutionen, die Sprachen, Normen und Interpretationen dessen, was von uns als sinnvoll oder Nonsens, als Differenz zwischen dem Minimum an gutem Leben und dem immer besser möglichen erscheint. Die historisch verkehrte Form des Wettbewerbs also – um in der Terminologie der Entfremdungskritik zu sprechen – ist es selbst, die hier ihr Zentrum abschafft. Namentlich den strebenden Charakter des freien Sinns als gleichsam natürliche Knappheit, in der wir uns als gesellschaftliche Persönlichkeiten bilden. Und so ähnlich, wie die Verfasstheit unserer in Verdrängungswettbewerbe verstrickten wachstumsbesessenen schaumgebremsten Gesellschaft bei der Betrachtung von Wert, Kapital und Investition – um hier nur wesentliche ökonomische Kategorien zu bemühen – diese Wettbewerbe in etwas verwandelt, was leer geworden ist, eine absurde Erscheinung, ein leeres Abstraktum, die Selbstreferenzialität des Wachstums, so korrespondiert die „Selbstverwertung des Wertes" mit der künstlichen Verknappung von Sinn als Selbsterhaltungsmotor „verkehrter Wettbewerbe". Sie sind gewissermaßen autopoietisch, eigendynamisch. Was früher einmal falsches Bewusstsein genannt wurde, erscheint hier wieder als „Normalität" „falschen Wettbewerbs". Solche Entwicklungsfiguren haben immer auch ihre Konsequenzen fürs Kommende, immerhin setzen sie Entwicklungspfade, aus denen schlecht zu entkommen ist, aber aus denen bekanntlich immer auch viele Impulse für unerwartete Möglichkeiten erwachsen ….

Eine Exklusivökonomie des Sinns ist deshalb nicht nur hocheffektiv, wenn bestimmte Konsumgegenstände wie Fernseher, Autos, Modeschuhe oder All-Inclusive-Reisen verkauft werden sollen, sondern vor allem, weil sie die Grundlage affirmativer Sinnzuschreibung des So-Seins, also der historisch so und bisher nicht anders verfassten gesellschaftlichen Verhältnisse mit ihren politischen Ökonomien und Sozialtherapien darstellt.

Aber das war ja nur die eine logische Seite künstlicher Knappheiten bzw. dessen, was zwar seiner begrifflichen Bestimmbarkeit nach nicht knapp sein dürfte und müsste, aufgrund aber historischer und sozial konkreter Bedingungen/Verhältnisse gleichsam notgedrungen, d.h. bei Gefahr der Änderung knapp gehalten werden muss. Ein zweiter Aspekt ergibt sich aus der ebenfalls an sich nur natürlich begrenzten Vielfalt und Vielzahl verschiedener Hinsichten und Durchsichten, die wir im Bezug auf uns selbst einnehmen, deren Ergebnisse wir miteinander vergleichen und aus einem ebenso multiperspektivischen Raum kontingenter Zukunft bewerten, d.h. von einem Änderbarkeitsstandpunkt aus, der ebenso vielfach sein kann und der Qualifikationslogik erinnernder, prüfender und mithilfe von Prinzipien und Prozeduren gestützter Urteile folgt. Je größer die Vielfalt, je qualifizierter, ja auch relevanter Verglichenes ist und je effektiver das Verfahren, desto größer ist auch die Wahrscheinlichkeit, dass gefällte Urteile Bestand haben, wenn darin auch keine Garantie liegt. Wenn die Perspektivität verkleinert wird, wenn die Chance geringer wird, prüfungsgesättigte Verfahren anzuwenden, wenn die Quantität qualifizierter Entwürfe und Realitätsbeschreibungen geringer ist, wenn immer weniger unterschiedliche, auch alternative Hinsichten eingenommen und abgeglichen werden können, so liegt nahe, dass entweder dem Wenigen vertraut werden muss, oder demjenigen vertraut und geglaubt werden muss, der vorgibt, Umfangreicheres geleistet zu haben, oder aber schließlich dem hergenommenen und nicht wieder geprüften und mithin nicht erneuerten Verfahren der Erschließung, des Vergleichs und des Perspektivenwechsels zu glauben und zu vertrauen, was auf der einen Seite die Verwandlung des Geglaubten in ein Dogma begünstigt, auf der anderen mit zusätzlichen Risiken ausgestattet ist und die Betroffenen in Anhängigkeiten zusätzlicher Art bringt, eben ihre Souveränität verringert. Hier gilt offenbar auch das Gesetz der „ersten plausiblen Variante", der „ersten guten" und „noch nicht optimalen Lösung", weil letztere gegen die Logik von Zeit, Aufwand und Wettbewerb zu stehen scheint. Also auch hier ist eine Verknappung der Perspektivität, die mit Austausch und Kommunikation im gesellschaftlichen Leben einhergeht, die Reduzierung der Beziehungsvielfalt, ist eine Erinnerungslosigkeit, ein sanktioniertes Vergessen, die Dogmatisierung der Prozeduren, die Eventisierung der Orientierung, die Verabenteuerlichung des zu Glaubenden, ist all dies aus der Perspektive einer Exklusivökonomie – auch der von Sinn – höchst plausibel und effizient und kann als knappes „Gut" gehandhabt und gehandelt werden. Die künstliche Verknappung hier ist also auch in der Logik der Exklusivität[60] begründet. Diese Exklusivität ist die künstlich erzeugte Sonderform von Wettbewerb, die den Anderen nicht als kostbarstes Gut, sondern egoistisch nur das Selbst zu steigern sucht. Allerdings mit den zu besichtigenden Folgen für Gesellschaft, Umwelt und Mensch.

60 Nicht zu verwechseln mit Attraktivität!

Jürgen Aring

Selbstverantwortungsräume – Mehr Handlungsoptionen vor Ort schaffen

Zwischen Metropolisierung und Peripherisierung

Seit einiger Zeit durchläuft Deutschland mit seinen großen und kleinen Städten, seinen teils urban, teils zwischenstädtisch, teils ländlich geprägten Kreisen einen Prozess der räumlichen Restrukturierung. Er verändert die Rolle der Teilräume im Gesamtgefüge, gibt den Entwicklungsperspektiven bestimmte Bahnen vor und beeinflusst damit auch die Lebensbedingungen vor Ort nachhaltig.

Am einen Ende der Skala stehen *Metropolräume*, die die prominenten Netzknoten einer globalisierten Ökonomie darstellen. Sie sind Orte des internationalen Verkehrs und Austausches, wichtige Standorte für Wissenschaft und Forschung und bündeln wichtige Führungsaufgaben von großen Unternehmen und Politik. So gesehen sind sie durchaus ökonomische Motoren. Am anderen Ende der Skala stehen *zentrenferne, dünn besiedelte Räume mit Bevölkerungsrückgang ohne große Städte*, die in der öffentlichen Debatte zumeist vereinfachend als *ländliche Räume* bezeichnet werden, obwohl der Begriff zu weit und zu unscharf ist. Das ökonomische Profil dieser Räume ist trotz mancher Vorzeigefirmen insgesamt wenig differenziert und innovativ. In den 1960er und 1970er Jahren konnte der seinerzeit drohende Niedergang der bis dahin noch stark agrarisch geprägten Räume durch eine nachholende Industrialisierung aufgefangen und zum Teil in ein Prosperieren umgewandelt werden. Auf den jüngeren Strukturwandel mit dem Verlust an Industriearbeitsplätzen stehen die Antworten noch aus. Eine neue Fokussierung auf die agrarische Wertschöpfungskette, regenerative Energien, überregional agierendes Handwerk, bestehende Produktionscluster und den Tourismus als endogene Potenziale bilden einen Ansatz, der jedoch zur Stabilisierung noch nicht ausreicht.

Die wirtschaftliche Entwicklung fällt zusammen mit dem demographischen Wandel. Sterbeüberschüsse, Nettoabwanderung und eine dramatische Verschiebung zwischen den Alterskohorten erschüttern den gewohnten Alltag. *Weniger, schlechter, weiter, teurer* sind die Begriffe, mit denen sich die Entwicklungen im Bereich der Daseinsvorsorge aus Sicht der Bürger beschreiben lassen. Im schlimmsten Fall wirken ökonomische Schwäche, Abwanderung und Verschlechterung des Alltags zusammen und münden in eine regionale Abwärtsspirale. Dies könnte soweit gehen, dass die verbleibende Wohnbevölkerung in ihren Lebensbedingungen systematisch benachteiligt wäre, weil der Zugang zu Bildung, zur Gesundheitsversorgung oder zu Information und Kommunikation erheblich eingeschränkt ist. Stabilisierung der peripherisierten Räume lautet deshalb das vorrangige Ziel der politischen Bemühungen.

Diese Beschreibung von Metropolräumen einerseits und peripherisierten Räumen andererseits ist holzschnittartig und wird nicht allen Facetten regionaler Entwicklung in Deutschland gerecht. Als Beschreibung eines wesentlichen Musters kann sie jedoch dienen. Die Problemskizze der zentrenfernen, dünn besiedelten Räume mit Bevölkerungsrückgang ohne große Städte passt besonders auf große Bereiche im Nordosten Deutschlands. Aber auch in Thüringen, Sachsen, einigen Mittelgebirgslandschaften in Westdeutschland – wie in Nordhessen, im nordrhein-westfälischen Sauerland, in Nord- und Ostbayern oder im Saarland – stehen die gleichen Themen auf der Agenda. Allerdings noch nicht mit der Heftigkeit und Intensität wie im Nordosten.

Neue Handlungsoptionen ausloten

Gesucht sind neue Handlungsoptionen sowohl für die regionale wirtschaftliche Wertschöpfung, wie für die Stabilisierung der Daseinsvorsorge und damit letztlich für den gesellschaftlichen Zusammenhalt. Auch wenn diese Handlungsfelder im Grunde nicht voneinander zu trennen sind, konzentriert sich der vorliegende Beitrag auf die Sicherung der Daseinsvorsorge, oder etwas allgemeiner formuliert: auf die Organisation eines lebenswerten Alltags.

Klar ist, dass die Probleme der betroffenen Räume sich nicht von alleine lösen. Weder ist mit einem massiven Zuzug und damit einer Umkehr des demographisch bedingten Nachfragerückgangs zu rechnen, noch kommt der weiße Ritter in Form des Staates oder der Europäischen Union, der die Probleme wegsubventioniert.

Genauso wenig sind Diskurse hilfreich, die eine Lust am Untergang zelebrieren und das Leerlaufen von Räumen vorhersagen. Es mögen vereinzelt einige kleine Dörfer und Splittersiedlungen wüst fallen, doch es wird keine leeren Regionen geben. Die Siedlungen dünnen aus, doch sie werden nicht leerlaufen, weil dort Menschen immer noch ihre ökonomische Basis haben (z.B. Landwirtschaft, regenerative Energiegewinnung, Tourismus), oder weil sie dort einfach gerne leben möchten. Wüstungen von Dörfern dürften die Ausnahme bleiben.

Ich deute die peripheren, dünnbesiedelten schrumpfenden Räume als *Inverse Frontier*. Der aus dem amerikanischen Kontext bekannte Begriff *frontier* meint einen Grenzraum, in dem das staatlich organisierte Gemeinwesen schwach ist, und stattdessen mehr Selbstverantwortung von Individuen, zivilgesellschaftliche Gruppierungen und lokale Gemeinwesen gefordert ist. Damit einher gehen aber auch Freiräume, die im geordneten Hinterland unvorstellbar und vielleicht auch ungewünscht sind. Die *inverse frontier* steht nun für einen Raum, in dem das staatlich organisierte Gemeinwesen schwächer wird, weil Einrichtungen der Daseinsvorsorge ausgedünnt, abgebaut bzw. konzentriert werden, oder weil Angebote nur noch zu viel höheren Preisen angeboten werden, die kaum jemand bezahlen kann oder will.

Dort werden derzeit die Erwartungen der Bürger an die etablierten Kümmerer oft enttäuscht, denn ihnen fehlen überzeugende und nachhaltige neue Antworten auf die Herausforderungen. So wird gerne am Etablierten festgehalten, ein schrittweises Abschmelzen der Infrastrukturen vollzogen und dann die Botschaft vermittelt, nun sei das Schlimmste überstanden. Traut man den Bevölkerungsprognosen und macht sich gleichzeitig die starke Verschuldung der öffentlichen Haushalte bewusst, so stehen weitere starke Einschnitte an.

Die Herausforderungen sind groß, aber der Korridor, in dem wir uns trauen, Lösungen zu entwickeln, ist eng begrenzt. Manchmal hilft es, über die staatlichen Grenzen hinweg zu den Nachbarn zu schauen, um zu erkennen, dass man den Alltag auch anders organisieren kann. Man muss sich nicht der Illusion hingeben, man könne von dort Lösungen einfach kopieren. Doch man kann lernen, wie Gemeinwohlleistungen bzw. Leistungen der Daseinsvorsorge, wie Bildung, Gesundheit, Zivilschutz, Kommunikation, Kindergärten, öffentliche Mobilität usw. im Zusammenspiel von staatlicher und kommunaler Ebene sowie von Privatwirtschaft und zivilgesellschaftlichen Organisationen und einzelnen Bürgern erbracht werden. Man kann auch lernen, dass Lebensqualität nicht ausschließlich auf einer eindimensionalen Skala des *Habens* bzw. *Nicht-Habens* messbar ist, sondern dass für Lebensqualität ebenso sehr das *Sein* von Bedeutung ist. Dazu zählen beispielsweise Kategorien wie Selbstbestimmung, Identität oder soziale Vernetzung.

Normen und Governance-Mechanismen

Wenn wir bei der Suche nach neuen Antworten zur Organisation des Alltags in dünn besiedelten peripheren Räumen kreativ sein wollen – wozu uns die Blicke über die Grenzen inspirieren – dann müssen wir uns vorher mit unseren Normen zu Ausgleich und gesellschaftlicher Gerechtigkeit sowie mit den Governance-Mechanismen, d.h. dem Zusammenspiel aller Akteure beschäftigen.

Zunächst zu den Normen: In Deutschland gehört neben der Demokratie und dem Föderalismus die Sozialstaatlichkeit zu den zentralen Prinzipien von Gesellschaft und Politik. In GG Art. 20, Abs. 1 heißt es: „Die Bundesrepublik Deutschland ist ein demokratischer und sozialer Bundesstaat“. Mit dem Sozialstaatsprinzip widmet sich der Staat dem Ziel, individuelle Lebensrisiken zu reduzieren, unverschuldete negative Folgewirkungen der Marktwirtschaft abzufedern und so soziale Gerechtigkeit und Sicherheit herzustellen. Natürlich ist dies kein absolutes Ziel, sondern ein Richtungsziel, um dessen konkrete Ausgestaltung politisch heftig gerungen werden kann. Doch dem Grundgedanken eines sozialen Ausgleichs und sozialer Gerechtigkeit entzieht sich kaum jemand, er prägt das politische Denken und Handeln des Landes.

Mit dem Prinzip der „Gleichwertigkeit der Lebensverhältnisse" hat das Sozialstaatsprinzip auch ein räumliches Pendant. Es zielt darauf ab, einen räumlichen Ausgleich zwischen leistungsstarken und -schwachen Räumen herbeizuführen. Umgesetzt wird es durch die Finanzausgleiche auf Länder- und Kommunalebene, durch die regionale Strukturpolitik und Agrarpolitik, über die Fördermittel zur Verbesserung der Wirtschaftsstruktur und des Infrastrukturausbaus in die schwächer entwickelten Räume gelenkt werden sowie über die Raumordnung und Landesplanung, die seit Jahrzehnten eine ihrer zentralen Aufgaben im Abbau räumlicher Disparitäten sehen.

Das etablierte Konzept ist wirkmächtig und bisher politisch unumstritten. Gleichzeitig ist jedoch klar, dass es in der gewohnten Form schwierig einzulösen ist, wenn die Voraussetzungen nicht stimmen oder die Entwicklungen in Richtung Bevölkerungsrückgang, Metropolisierung und öffentliche Armut laufen. Zumindest unter Regional- und Raumplanern hat deshalb längst eine Diskussion über die zukünftige Handhabung des Konzeptes eingesetzt. Vereinfacht gesagt, stehen sich zwei Positionen gegenüber. Einerseits ein *jetzt erst recht*, indem durch ein unbedingtes Festhalten am etablierten Verständnis des Gleichwertigkeitspostulats und der dazugehörigen Instrumente ein Pflock gegen die räumlichen Umwälzungen in Folge des neoliberalen Kapitalismus eingeschlagen werden soll. Dagegen steht eine Position der Öffnung, die über eine *Neuinterpretation* des Gleichwertigkeitspostulats erreicht werden soll. Ob damit eine Standardabsenkung, die Etablierung neuer Instrumente oder veränderte Governance-Formen gemeint sind, bleibt dabei bisher offen. Auf letztere wird in diesem Beitrag der Focus gerichtet.

Governance im weitesten Sinne meint die Mechanismen der Koordinierung zwischen Akteuren, die eine gemeinsame Aufgabenstellung bearbeiten. Dabei kann es sich um hierarchische Strukturen, Netzwerke oder Märkte handeln. Im jüngeren Forschungskontext wird Governance allerdings enger verstanden. So kommt aus den Politikwissenschaften der Ansatz, Governance als netzwerkförmige kooperative Alternative zu hierarchischen Verwaltungen und Planungen zu sehen. In jedem Fall verweisen die Governance-Diskurse darauf, gegebene institutionelle Strukturen nicht als selbstverständlich und unveränderbar hinzunehmen, sondern nach neuen situationsspezifisch angepassten Strukturen zu suchen.

Die Einrichtungen und Leistungen der Daseinsvorsorge werden im Zusammenspiel von Bund, Ländern, Kommunen, Unternehmen, zivilgesellschaftlichen Gruppen und einzelnen Bürgern erbracht. In diesem Zusammenspiel ist die Rolle von Bund und Ländern inzwischen jedoch bedeutend, wenn nicht gar dominant. Zahlreiche Funktionen der Daseinsvorsorge, die einst ganz oder teilweise in zivilgesellschaftlichen Netzwerken und örtlichen Gemeinschaften ausgestaltet und erbracht werden konnten, wurden in der zweiten Hälfte des 20. Jahrhunderts in den Gestaltungsbereich von Bund und Ländern übernommen und dabei normiert und standardisiert. Vielfach hat dies zu größeren Einheiten geführt. Anpassung an allgemein geltende Standards (ganz im Sinne des Gleichwertigkeitspostulats) und effiziente Strukturen hießen die Schlagworte. Selbst wenn dabei die Kommune die Ausführungsebene geblieben ist, so ist doch der selbstverantwortliche Gestaltungsspielraum zurückgegangen. Kommunen wurden in diesem Sinne zu Ausführungsorganen staatlicher Vorgaben. Für diese Entwicklung gab es mindestens zwei Gründe. Zum einen waren die Nachkriegsjahrzehnte durch starke Erwartungen an den Erfolg rationaler Planung und Verwaltung geprägt. Vereinheitlichung, Normierung und Standardveränderung wurden gleichgesetzt mit Fortschritt. Zum anderen ist in Deutschland das Vertrauen in das segensreiche Wirken des Staates trotz manch schlechter historischer Erfahrungen groß. So wurde und wird in Deutschland von *denen da oben* erwartet, dass sie sich um soziale und räumliche Gerechtigkeit kümmern.

In den beiden letzten Jahrzehnten haben sich die Konstellationen zwar weiter entwickelt, doch nicht grundsätzlich verändert. Die Verlagerung Regulierungen aus der nationalen in eine Europäische Verantwortung hat nur den Grad der Normsetzung von oben verschärft. Und auch die Privatisierungsprozesse der jüngeren Vergangenheit, mit denen der Staat vom Erbringer zum Gewährleister von Daseinsvorsorge geworden ist, haben das Gefüge nicht grundsätzlich verändert.

Mehr Selbstverantwortung vor Ort – Sieben Eckpunkte

Dagegen möchte ich den Ansatz *Mehr Selbstverantwortung* stellen, den ich seit meiner Arbeit für die IBA Stadtumbau in Sachsen-Anhalt schrittweise entwickelt und in die Diskussion eingebracht habe (vgl. Liste der bisherigen Veröffentlichungen zum Thema am Ende des Beitrages). Dabei wird ausgelotet, wie das Zusammenspiel von Staat, Kommunen, zivilgesellschaftlichen Gruppen, Unternehmen und einzelnen Bürgern bei der Erbringung und Gewährleistungen von Leistungen der Daseinsvorsorge neu organisiert werden kann, indem die alltägliche, örtliche Handlungsebene gestärkt wird. In sieben Punkten lassen sich die wichtigsten Ideen bündeln.

(1) Die Kommune ist die wichtigste politische Gestaltungsebene vor Ort. Sie muss bei der Ausformung von Daseinsvorsorge mehr eigenständige Gestaltungsspielräume und damit mehr Selbstverantwortung (zurück)erhalten bzw. bestehende Spielräume wirklich nutzen. Selbstredend muss sie dafür angemessen finanziert sein. Mehr Freiräume für selbstverantwortliches Handeln vor Ort müssen *von oben* gewährt werden. D.h. die Kommunen in den von dünner Besiedlung und Bevölkerungsrückgang besonders betroffenen Räumen müssen politische und administrative Entscheidungs- und Gestaltungsspielräume von Bund und insbesondere von den Ländern zurück erhalten. Gleichzeitig müssen die Möglichkeiten für mehr Selbstverantwortung *unten* angenommen werden, indem mit dem dann entstehenden lokalpolitischen Druck sowie Rechts- und Versicherungsfragen auch angemessen umgegangen wird.
(2) Eine größere Vielfalt von nebeneinander existierenden Lösungen bei der Daseinsvorsorge muss wieder selbstverständlicher werden. Wegleitend ist dabei der Gedanke, dass nicht der Input im Sinne standardisierter Normen und Verfahren sondern letztlich der Output die spürbare Seite von Lebensqualität ausmacht. Die Jahrzehnte der Standardisierung und Vereinheitlichung haben zu einer bestimmten Vorstellung qualitativer Mindeststandards geführt. Etwa nach folgendem Denkmuster: „Wird eine Norm erfüllt, so ist eine Qualität gesichert. Wird die Norm nicht erfüllt, so bedeutet dies automatisch eine qualitative Schlechterstellung.“ Von dieser Einstellung soll soweit sinnvoll und erforderlich Abstand genommen werden.
(3) Die Kommunen kooperieren mit zivilgesellschaftlichen Gruppen bei der Sicherstellung der Daseinsvorsorge. Hier geht es nicht um die Auslagerung von Aufgaben zur Kostensenkung sondern um die Gewinnung zusätzlicher Gestaltungspotenziale. Freiwillige Feuerwehren funktionieren seit eh und je nach dieser Logik. Verbände, Kirchen, Vereine, Genossenschaften können Träger von Einrichtungen der Daseinsvorsorge sein und zur Sicherung der örtlichen Lebensqualität beitragen. Über echte Zielvereinbarungen im Sinne wechselseitiger Zusagen kann die Kooperation abgesichert werden.
(4) In bestimmten Fällen kann eine (Re-)Kommunalisierung von Aufgaben eine Option darstellen. So kann die Kommune möglicherweise eine neue Rolle als Player übernehmen, indem sie kommunale Infrastrukturen einrichtet, die im Sinne des Zeitgeistes eigentlich privatisiert sein sollten.
(5) Zum Konzept gehört auch eine Offenheit gegenüber Raumpionieren, die den neuen Möglichkeiten kreativ und positiv gegenüberstehen. Es können Zuwanderer sein, die Freiräume für besondere Lebensentwürfe suchen. Es können aber auch Menschen sein, die schon in den betroffenen Räumen leben und sich lieber an die veränderten Konstellationen anpassen als dort wegzuziehen. Im Idealfall kommt es zwischen Raumpionieren und Übriggebliebenen nicht zu Konflikten sondern zu einer gelungenen Ergänzung.

(6) Mehr Selbstverantwortung vor Ort kann durch neue und flexible Lösungen möglicherweise Infrastrukturen in der Fläche halten, die ansonsten abgebaut würden. Aber im Kontext schrumpfender Bevölkerung und knapper Budgets müssen auch Konzentrationsprozesse bei Infrastrukturen eine Option sein. So werden die kleinräumlichen Differenzierungen bei der Versorgung mit Punkt- und Leitungsinfrastrukturen zunehmen. Auf der mittelzentralen Ebene wird eine immer stärkere Differenzierung zwischen *innen* und *außen* entstehen, d.h. zwischen Orten mit gut zugänglicher Infrastrukturausstattung und Außenräumen mit weiten wegen und höheren Preisen. (Unter den Begriffen Garantiezone – Selbstverantwortungszone gibt es dazu später weitere Ausführungen.)

(7) Letztlich wird auch mehr Selbstverantwortung vom Einzelnen gefordert sein, zumindest in den neuen Außenräumen, der wirklichen inversen frontier. Wie weit die Veränderungen im Einzelnen gegen werden, lässt sich abstrakt nicht sagen. Es hängt ab vom Grad der Bevölkerungsausdünnung, dem Siedlungsmuster und der Radikalität zukünftiger Anpassungen von Infrastrukturen. Klar ist aber auch: Wenn *mehr individuelle Selbstverantwortung* in den Außenräumen durch Umstrukturierung erzwungen wird, bedarf es einer Anpassungsunterstützung und der gezielten Schaffung neuer Freiräume.

Das Konzept *mehr Selbstverantwortung vor Ort* hat eine Nähe zum Prinzip der *Subsidiarität*, bei dem es darum geht, politische und administrative Aufgaben auf einer möglichst tiefen Ebene eigenverantwortlich zu bearbeiten, ohne diese Ebene damit jedoch systematisch zu überfordern. Der Ansatz *mehr Selbstverantwortung* geht allerdings noch über das Subsidiaritätsprinzip hinaus. Zum einen stellt er die Notwendigkeit der Einheitlichkeit existierender Standards teilweise in Frage und macht sich für die Akzeptanz einer größeren Vielfalt an Lösungen als Alternative zu einheitlichen Normen stark. Zum anderen bindet der Ansatz *mehr Selbstverantwortung* auch zivilgesellschaftliche Gruppen, Unternehmen und individuelle Akteure in den Prozess der Sicherung der Daseinsvorsorge ein. Hier zeigt sich eine Brücke zu den Begriffen bzw. Konzepten *Sozialkapital* und *Empowerment.*

Mit diesen Ausführungen zeigt sich auch, dass der Ansatz *mehr Selbstverantwortung* keine Spielart neoliberalen Denkens darstellt. Im Gegenteil gilt auch hier das vom Subsidiaritätsgedanken bekannte Prinzip, die eingebundene unterste Ebene nicht zu überfordern sondern zu unterstützen.

Die Forderung nach *mehr Selbstverantwortung* ist so ein Suchprozess nach besseren Möglichkeiten für kommunale Selbstverantwortung und zivilgesellschaftliches Engagement. *Mehr Selbstverantwortung* ist ein Richtungsziel. Es geht um einen Aushandlungsprozess zwischen staatlichen und kommunalen Zuständigkeiten sowie zwischen öffentlichem und bürgerschaftlichem Handeln.

Zur Operationalisierung von mehr Selbstverantwortung – verflochtene Reformbereiche

Konkret werden die Möglichkeiten und Grenzen von *mehr Selbstverantwortung* am Einzelfall, d.h. am Umgang mit Schulen, Kindergärten, Ver- und Entsorgungsnetzen, Feuerwehrstandorten usw. unter den jeweils örtlichen Bedingungen. Dabei muss in mehreren miteinander verflochtenen Reformbereichen gedacht werden.

(1) Am Anfang steht ein materieller Vorschlag für einen einzelnen Infrastrukturbereich, der durch eine Umorganisation an die örtlichen Möglichkeiten angepasst würde und damit erhalten, stabilisiert oder finanzierbar bliebe. Der Vorschlag kann sich z.B. auf Technik, Organisationsformen, Trägerschaften, Finanzierung usw. beziehen.

(2) Sehr schnell wird man bei kreativen Lösungen zu dem Einwand kommen, dass Gesetze oder Verordnungen dagegen stehen. In Abstimmung mit den Ländern oder dem Bund muss deshalb für Öffnungs- oder Eperimentierklauseln, Abweichungsrechte oder Ausnahmegenehmigungen geworben werden, die für den Einzelfall den Spielraum der Kommune erweitern. Das Normengefüge wird nicht allgemein in Frage gestellt, sondern seine Anwendung wird räumlich differenziert gehandhabt. Dabei muss immer deutlich werden, dass es nicht um eine von oben erzwungene Standardabsenkung sondern um eine Flexibilisierung örtlicher Handlungsmöglichkeiten geht.

(3) Über die Zwänge von Normen und Hierarchien kann man sich herrlich beschweren. Man würde gerne etwas anders und besser machen, wenn man nur gewähren könnte. Entstehen dann solche Freiräume, so geht damit auch eine neue Verantwortung einher, Entscheidungen im politischen Raum zu vertreten und auch rechtlich dafür in der Verantwortung zu stehen. Die Legitimation für politische Entscheidungen kann durch mehr direkte Demokratie geschaffen werden. Entstehen aus neuen Lösungen rechtliche Streitfragen, so dürfen die Verantwortlichen damit nicht allein gelassen werden. Sie müssen rechtlich unterstützt werden, z.B. durch die staatlichen Mittelbehörden, die sich weniger als Aufpasser und mehr als Beistand verstehen könnten.

(4) Zumeist wirken verschiedene Ebenen bzw. institutionelle Akteure an der Erbringung von Leistungen mit, die aus ihren Aktivitäten auch Macht, Prestige oder Existenzlegitimation ziehen. Jegliche Änderung von Kompetenzen rührt an diesem Gefüge und kann deshalb aus sachfremden Gründen torpediert werden. Deswegen muss neben der Prüfung der sachlichen Gründe für eine Veränderung auch die institutionelle Verankerung mit berücksichtigt werden, um entsprechende Sperren zu überwinden.

(5) Selbstverständlich müssen auch die finanziellen Effekte von Lösungen berücksichtigt werden, die mit mehr Selbstverantwortung vor Ort einhergehen, zumal Kommunen schon jetzt überwiegend als finanziell klamm bzw. unterfinanziert gelten. Neue langfristig tragfähige Lösungen für Infrastrukturen können Remanenzkosten alter Lösungen zurücklassen bzw. neue Investitionen oder Übergangsfinanzierungen erfordern. Hier muss in den Ländern überlegt werden, mit welchen Mitteln demographisch bedingte Strukturumstellungen in Kommunen finanziert werden können.

Die Auflistung dieser miteinander verwobenen Reformbereiche ist sicherlich nicht abschließend. Sie zeigt jedoch die Komplexität des Reformprozesses. Klar wird, dass für jedes einzelne Handlungsfeld eine örtliche Lösung und ihre Einbindung diskutiert werden muss. Hier reichen zur Vorbereitung Studien zur Ideenentwicklung nicht aus, sondern es bedarf integrierter Planspiele oder ähnlicher Ansätze, um einzelne neue Lösungen zu entwickeln.

Die räumliche Dimension – Ein Plädoyer für Großkommunen mit innerer Differenzierung

Der kommunale Handlungsraum muss territorial gefasst sein. Dabei konkurrieren zwei Modelle: Zum einen gibt es das an den Einzelort gebundene Konzept der Kleinkommune, die die offensichtlichen funktional weiträumigeren Bezüge über Kooperationen mit Nachbarkommunen im Sinne von Ämtern, Zweckverbänden und fallbezogenen Kooperationen löst. Dagegen steht das Konzept der Großkommune, die einen mittelzentralen Hauptort und viele kleinere Ortsteile im Verflechtungsbereich umfasst. Eine solche Kommune hätte in Deutschland 25.000 bis 40.000 Einwohner. Für das erste Modell der Kleinkommunen bedarf es in jedem Fall noch einer zweiten sekundärkommunalen Ebene, d.h. eines Landkreises, der kommunale Aufgaben übernimmt, die von den kleinen Gemeinden und Ämtern aufgrund ihrer schwachen Politik- und Verwaltungskraft nicht geleistet werden können. Beide Konzepte haben ihre Vor- und Nachteile auf den Feldern *Identität*, *Bürgernähe*, *Leistungsfähigkeit*, die im Zusammenhang mit Territorialreformen schon oft diskutiert worden sind.

Möglicherweise lässt sich mit beiden Ansätzen das Konzept *mehr Selbstverantwortung* realisieren. Ich sehe allerdings bisher die größeren Chancen im Kontext der Großkommune, die sich räumlich an mittelzentralen Verflechtungsbereichen orientiert. Warum?

Das unglücklichste räumliche Zukunftsszenario scheint mir, würde aus einer *fairen* räumlichen Verteilung der verbleibenden Infrastruktur in der Fläche und einer gleichzeitigen Dispersion der Bevölkerung in der Fläche entstehen. Das ist teuer, erzeugt weite Wege, erfordert eine hohe Autoabhängigkeit und wird viele überfordern. Deswegen erscheint die Stabilisierung der Mittelstädte eine wichtige Aufgabe. Sie müssen nicht nur als zentrale Orte sondern auch als demographisch stabile Zonen mit einem vielseitigen, attraktiven Wohnungsangebot und hoher Lebensqualität überzeugen. Das ist nicht einfach, denn ihnen fehlen einerseits die Überschaubarkeit des Dorfes sowie der Charme des echten Landlebens und gleichzeitig stehen sie als Landstädte im Wettbewerb mit größeren und zentraleren Städten. Möglicherweise klafft eine Lücke zwischen den raumordnerischen Erwartungen und der Realität hinsichtlich der Rolle der Mittelstädte auf dem Land.

Gelingt jedoch die Stärkung, so ist eine starke innere Differenzierung der mittelzentralen Verflechtungsräume absehbar. Schon jetzt treffen die Folgen der schrumpfungsbedingten Anpassungen die Menschen je nach Wohnstandort unterschiedlich. Für die infrastrukturelle Versorgung macht es einen großen Unterschied, ob man in den wenigen größeren Städten, in ihrer Nähe oder in kleinen abgelegenen Dörfern wohnt, ob man zentral oder peripher lebt. Die geringsten individuellen Anpassungslasten an die infrastrukturellen Folgen des demographischen Wandels wird man in den Mittelstädten zu tragen haben, obwohl gerade diese so massiv geschrumpft sind und man dort die Veränderungen des demographischen Wandel bisher am deutlichsten sehen kann. Für die Mittelstädte, ihr engeres Umland und gut angebundene Dörfer kann man trotz aller Veränderungen versprechen, dass sich dort weiterhin leben lässt wie auch im Rest des Landes. Deswegen spreche ich hier mit einem Arbeitsbegriff von *Garantiezonen.*

In den Zwischenräumen, wo die wirklichen *inversen frontiers* als verinselte Zonen entstehen, kann man das Versprechen nicht geben. Diese Räume werden zudem von den Mittelstädten, wenn dort das Konzept *stabiler Anker* erfolgreich sein sollte, ausgesogen. Die Stabilisierung der Zentren kann demographisch nur zulasten der Dörfer, Weiler und Splittersiedlungen erfolgen. Dort sind harte Anpassungen absehbar, die auch individuell mehr Selbstverantwortung abverlangen. Deswegen nutze ich für diese Räume den Arbeitsbegriff *Selbstverantwortungszonen.*

Schon jetzt wird den Menschen auf dem Dorf latent mehr Selbstverantwortung abverlangt als in den Städten. So ist das Leben in kleinen Ortschaften durch spezifische Lebensweisen, Sozialstrukturen mit einem Mix aus stärkerer gegenseitiger Kontrolle und Hilfe sowie einer besonderen Rolle von Vereinen und Nachbarschaften geprägt. In den Selbstverantwortungszonen wird dies in Zukunft noch mehr als bisher der Fall sein, und es ist eine große politische Herausforderung, dies zu vermitteln. Wer in der *inversen frontier* leben wird, wird sich auf die Bedingungen einlassen müssen und persönliche Selbstverantwortung und nachbarschaftliche Solidarität für selbstverständliche Facetten des Alltags halten.

Trotz allem lebt man in der inversen frontier in Deutschland natürlich nicht wie im wilden Westen des 19. Jahrhunderts. Auch die Selbstverantwortungszonen bleiben eingebunden in den Staat mit Recht und Ordnung, in Kommunen mit ihren Verwaltungen, aber eben mit gewissen Einschränkungen. Erleichtert werden kann das Leben in den Selbstverantwortungszonen, indem dort nicht nur Dinge weggenommen sondern auch bewusst Freiräume geschaffen werden, z.B. durch die Aufgabe von Regularien, die in dichter besiedelten Gebieten unverzichtbar sind.

Garantiezone und *Selbstverantwortungszone* klingen nach einer klaren räumlichen Trennung, die man im Raum durch ein Schild markieren kann. Das ist jedoch überzogen, denn im Alltag werden die Übergänge zwischen diesen Zonen weich sein, da *innen und außen* je nach Anpassungsdruck unterschiedlich zu definieren ist.

Die hier skizzierte Entwicklung kann man nicht von oben verordnen. Sie muss sich vor Ort von allein einstellen: als kommunalpolitische Entscheidung zugunsten der Stärkung von Infrastrukturen in der Stadt und gut vernetzten Ortsteile und als Abstimmung mit den Füßen in diese Orte. Eine Voraussetzung dafür scheinen mir Großkommunen zu sein, die räumlich so weit gefasst sind, dass die infrastrukturellen Verteilungskonflikte verhandlungs- und gestaltungsfähig werden. Deshalb sollen Sie an den mittelzentralen Verflechtungsbereichen ausgerichtet werden und sowohl Ankerstädte wie die innere Peripherie der Dörfer, Weiler und Splittersiedlungen umfassen. Das Zusammenbringen von Funktionalraum und kommunaler Selbstverwaltung würde Räume schaffen, in denen die Gewählten die räumliche Seite des demografisch bedingten Umlaufs entscheidend prägen können und in denen sie politisch für Lösungen sorgen. Es würde ein Raum des politischen Interessensausgleichs entstehen bzw. erzwungen.

Für diese Kommunen habe ich die Hoffnung, dass dort die lokale Demokratie die Kraft hat, die Entscheidungen zur Zukunftssicherung zu treffen. Möglicherweise reicht dazu die bisher dominierende repräsentative Demokratie nicht aus, sondern es bedarf ergänzender Strukturen direkter Demokratie, um themenbezogen die Legitimierungen für weitreichende Veränderungen zu erzeugen. Die Erfahrungen aus der Schweiz zeigen, dass direkte Demokratie auf der örtlichen und regionalen Ebene sehr verantwortungsvoll gehandhabt wird, wenn die Entscheidungen unmittelbar auf die Entwicklung lokaler Steuern und Gebühren durchschlagen. Ein solches System wird keinesfalls unsolidarisch, doch die gewährte Solidarität kommt immer wieder auf den Prüfstand.

Territorialreformen sind immer ein schwieriger Prozess. Vielerorts hat es Jahrzehnte gedauert, bis die kommunalpolitischen Schmerzen von Gemeindezusammenlegungen überwunden waren. Deswegen ist die Skepsis gegenüber Kommunalreformen groß. Vor diesem Hintergrund kann man nicht ausschließlich darauf setzen, die Großkommunen zur essentiellen Voraussetzung des Konzeptes *mehr kommunale Selbstverantwortung* zu erklären, auch wenn wichtige

Argumente sowie die Praxiserfahrungen aus Schweden und Dänemark durchaus dafür sprechen. Vielmehr muss auch ausgelotet werden, wie die Idee im System von Kleinkommunen umgesetzt werden kann. Möglicherweise bilden auch Kommunalnetzwerke und kommunale Zweckverbände Ansatzpunkte, über die sich mehr Selbstverantwortung realisieren lässt. Die starke demokratische Legitimation bliebe dabei jedoch auf der Strecke.

Bisherige Veröffentlichungen zum Thema

Aring, Jürgen (2010): Gleichwertige Lebensverhältnisse – Inverse frontiers – Selbstverantwortungsräume. In: IBA Stadtumbau Sachsen-Anhalt 2010 Hg.: Weniger ist Zukunft. 19 Städte – 19 Themen. Berlin 2010 (Jovis Verlag), S. 764-777.

Aring, Jürgen: Das Ende der Gleichwertigkeit? Regionalentwicklung in dünn besiedelten Räumen. In: Ministerium für Landesentwicklung und Verkehr des Landes Sachsen-Anhalt Hg.: Internationale Bauausstellung 2010 Finissage. o.O. 2011, S. 40-45.

Aring, Jürgen: Inverse Frontiers – Selbstverantwortungsräume. In: Faber, Kerstin u. Philip Oswalt Hg.: Raumpioniere in ländlichen Regionen. Daseinsvorsorge selbst gemacht. Basel – Barcelona – New York 2011, S. 34-48 (Verlag actar-birkhäuser, im Druck, erscheint Spätsommer 2011).

Montag Stiftung Urbane Räume und Denkwerkstatt der Montag-Stiftungen: Mehr Selbstverantwortung – Eine Chance für dünn besiedelte Räume. Ergebnisse eines Workshops in Günne/Möhnesee im Oktober 2010, Bonn 2011.

Günther Schmid

Befähigungsgerechtigkeit als Voraussetzung autonomer Regionalentwicklung[1]

Der Titel dieses Beitrags könnte die Erwartungen wecken, aus dem Konzept der Befähigungsgerechtigkeit ließen sich Lösungen für regionale Entwicklungsprobleme ableiten. Da dies nicht möglich ist, soll der Titel gleich in eine Frage umformuliert werden: Was könnte denn die normative Begründung für eine autonome Regionalentwicklung sein?

Auf den ersten Blick erscheint auch diese Frage abwegig. In der Gerechtigkeitstheorie wird Autonomie immer auf Individuen bezogen. Hier geht es aber um Regionen. Auf den zweiten Blick ist diese Frage jedoch mehr als plausibel: Regionale Infrastrukturen sind zentrale Voraussetzung für individuelle Autonomie, und das gilt auch umgekehrt: Ohne autonome Menschen ist eine autonome Regionalentwicklung nicht denkbar.

Dieses Argument der Wechselwirkung zwischen individueller und regionaler Autonomie möchte ich in drei Schritten ausführen: Erstens gebe ich einen kurzen Umriss über die normativen Grundlagen der Gerechtigkeit; zweitens wende ich das theoretische Kategoriengerüst auf die Region an; drittens leite ich aus dem Konzept der Befähigungsgerechtigkeit die Forderung nach der Gewährleistung zeitgemäßer regionaler Mindeststandards und autonomer regionaler Entwicklungspotentiale ab.

Welches sind nun die normativen Grundlagen der Gerechtigkeit?

Theoretisch lassen sich drei normative Stränge der Gerechtigkeit unterscheiden: Chancengleichheit, Ressourcengleichheit und Autonomie.

Chancengleichheit als Norm der Gerechtigkeit beruft sich vor allem auf den amerikanischen Philosophen John Rawls. Nach seiner „*Theorie der Gerechtigkeit*" ist Ungleichheit nur unter zwei Voraussetzungen gerecht:

1 Beitrag zur Novembertagung 2011 „Regionalentwicklung unter Zugzwang: Regionale Rahmenbedingungen für Innovationen unter den Schwerpunkten Ressourcenverfügbarkeit, Ressourcensouveränität und Innovationskonstellationen" an der Hochschule Zittau/Görlitz unter Leitung von Prof. Dr. Eckehard Binas in Zusammenarbeit mit dem Institut für Transformation, Wohnen und soziale Raumentwicklung (TRAWOS) am 10.11.2011 in Görlitz.

- Erstens sollen alle Menschen mit Primärgütern gleich ausgestattet sein; dazu gehören das Recht auf körperliche Unverletzlichkeit, Nahrung, Wasser und Wohnung; Meinungsfreiheit und freie Berufswahl.
- Zweitens soll sich Politik vorrangig um eine Besserstellung der benachteiligten Gruppen bemühen. Das heißt, nicht das größte Glück der größten Zahl steht im Vordergrund wie bei den Utilitaristen. Stattdessen soll das Maximum der minimalen Ausstattung aller das Ziel sein.

Nach diesem Maximin-Prinzip wäre eine Gesellschaft trotz eines hohen Durchschnittseinkommens nicht gerecht, wenn die Einkommen extrem ungleich verteilt sind *und* große Unsicherheit besteht, ob morgen die Mieten oder die Raten für die Hypothek bezahlt werden können. Dieses Prinzip wird in der neueren Forschung auch empirisch bestätigt. Eine gewisse Gleichheit der Einkommen und der soziale Sicherheit fördern auch Entwicklung und Prosperität. Warum? Weil Gleichheit und Sicherheit nicht nur sozialen Zusammenhalt und Kooperationsbereitschaft fördern, sondern auch die Bereitschaft erhöhen, die Risiken von Innovationen und Strukturwandel mitzutragen. In dem Buch „*Gleichheit ist Glück*" der beiden britischen Forscher Richard Wilkinson und Kate Pickett finden Sie glänzende Belege für diese These.

Im Großen und Ganzen ist gegen diese Theorie nichts einzuwenden. Sie reicht jedoch nicht aus. Die Bevorzugung der Benachteiligten zugunsten einer annähernden Gleichverteilung berücksichtigt nicht die Ursachen der Ungleichheit. Sie fragt nicht, ob die Ungleichheit das Ergebnis eigener Wahl oder fremdbestimmt ist.

Der amerikanische Rechtsphilosoph Richard Dworkin fügt deshalb dem egalitären Maximin-Prinzip das ethische Prinzip der *bedingten Ressourcengleichheit* hinzu: Ungleichheit ist nur gerechtfertigt, wenn sie

– erstens das Ergebnis eigener Entscheidungen oder Anstrengungen ist; also nicht von Faktoren abhängig ist, die individuell nicht beeinflussbar sind;
– zweitens, wenn die Menschen mit gleichen Ressourcen ausgestattet sind. Erst diese Voraussetzung ermöglicht es ihnen, Entscheidungen zu treffen, für die sie verantwortlich sind und deshalb auch zu Rechenschaft gezogen werden können.

Da aber die Zufälle des Marktes und andere Zufallsfaktoren wie angeborenes Talent, Krankheit oder Naturkatastrophen die Gleichheit der Ressourcenverteilung immer wieder über den Haufen werfen, ergibt sich die Notwendigkeit periodischer Umverteilung, beispielsweise durch progressive Steuern oder Sozialversicherung.

Dieses Prinzip der bedingten Ressourcengleichheit, d.h. gleiche Ausstattung mit Ressourcen und die individuelle Verantwortung für eigene Entscheidungen ist unter ethischen und rechtlichen Gesichtspunkten eine bedeutende Vertiefung der Gerechtigkeitstheorie. Individuelle Verantwortung ist dabei im doppelten Sinne zu verstehen: Zum einen das Geradestehen für die Konsequenzen der eigenen Entscheidungen, zum anderen die Pflicht zur Solidarität, wenn einem das Glück zur Seite stand. Wer sich z.B. für den Beruf des Lehrers entscheidet und damit auch für eine relativ starke Sicherheit des Arbeitsplatzes, der kann sich nicht beklagen, wenn er oder sie keine Chance hat, in die Liga der Top-Reichen aufzusteigen. Umgekehrt ist es schreiend ungerecht, wenn Bankmanager, die viele Kleinanleger durch Spekulationen in den Ruin treiben, nicht mit ihren Vermögen zur Rechenschaft gezogen werden oder gar noch Boni erhalten.

Aber auch gegen diese Theorie gibt es noch einen gewichtigen Einwand: Um welche Ressourcen geht es eigentlich und wann sind sie „gleich" verteilt?

Die Antwort hierauf versucht ein dritter Strang normativer Gerechtigkeitstheorie. Er stützt sich vor allem auf den *Befähigungsansatz* von Amartya Sen, einem aus Indien stammender und in Oxford wie Harvard lehrender Ökonom. Für seine Wohlfahrtstheorie und Armutsforschung erhielt er 1998 den Nobelpreis. Nach ihm bedeutet Gerechtigkeit das Recht, „ein mit Gründen schätzenswertes Leben zu wählen". Chancen- und Ressourcengleichheit sind nicht Endziel, sondern Mittel zu diesem Zweck, also zur autonomen Lebensführung. Als Voraussetzungen nennt er:

- Erstens die Fähigkeit („capability"), die zur Verfügung stehenden Ressourcen *autonom* zur Verwirklichung selbst gewählter Ziele einsetzen zu können;
- zweitens die Teilhabe an der öffentlichen Auseinandersetzung und Entscheidung darüber, was gute Gründe für ein schätzenswertes Leben sind, also substantielle Demokratie.

Wir können das erste Zwischenfazit ziehen: *Autonomie* setzt Sicherheiten voraus, die es erlauben, im eigenen Lebensverlauf erstrebenswerte Ziele zu verfolgen. Deshalb muss *Chancengleichheit* durch *bedingte Ressourcengleichheit* ergänzt werden. Bedingt heißt: regelmäßiger Ausgleich unverschuldeter Benachteiligungen infolge von Zufällen des Marktes oder anderer Lebensumstände wie Krankheit, Unfälle oder Behinderung; aber auch individuelle Verantwortung für den Umgang mit diesen Ressourcen. Chancengleichheit und Ressourcengleichheit müssen aber um die *Befähigung* erweitert werden, die Ressourcen zu Verwirklichung selbstbestimmter Ziele auch effektiv nutzen zu können. Das bedeutet zum einen die Anerkennung von Unterschieden zwischen erstrebenswerten Zielen und unterschiedlicher Fähigkeiten zu ihrer Verwirklichung, zum anderen die individuelle Verantwortung für die Wahl selbst gesetzter Ziele und darauf gerichteter Handlungen.

Wie kann dieses Kategoriengerüst nun auf autonome Regionalentwicklung projiziert werden?

Gerechtigkeit oder Ungerechtigkeit widerfährt uns als Individuen und nicht abstrakten Größen wie einer Region oder gar einer Nation. Nur die Gewährleistung von Autonomie, also Befähigungsgerechtigkeit, kann eine vernünftige Verbindung zwischen Individuum und Region herstellen. Ohne regionale Infrastrukturen sind die individuellen Handlungsspielräume eingeschränkt und verletzen möglicherweise selbst die minimale Voraussetzung von Chancengleichheit: nämlich den Zugang zu allgemein anerkannten Primärgütern wie Wohnung, Wasser, Verkehr, Gesundheit und – last but not least – Bildung.

Gewiss, und da liegt der wunde Punkt: Es gibt kein Recht auf diese Primärgüter an einem bestimmten Ort um jeden Preis. Ich kann nicht sagen: da ich nun mal im schönen Görlitz geboren bin, habe ich ein Recht auf das und jenes. Allenfalls vielleicht – und da liegt ja auch der verführerische Charme dieser Idee – das Recht auf ein bedingungsloses Grundeinkommen. Das würde mir zumindest ein Existenzminimum erlauben, wenn ich partout an diesem Ort leben will, auch wenn es da weder ausreichende Arbeitsgelegenheiten noch luxuriöse Konsumpaläste gibt.

Aber warum sollen andere für meine regionale Vorliebe bezahlen? Das entscheidende Kriterium kann nur die Teilhabegerechtigkeit durch Staatsbürgerschaft sein. Also das Recht, als ein in der Nation geborener Mensch automatisch Mitglied der Solidargemeinschaft zu sein, die mir ein würdiges Existenzminimum garantiert.

Nach dem zweiten Kriterium der Gerechtigkeit, der bedingten Ressourcengleichheit, gibt es aber – zumindest für mündige Staatsbürger – keine Rechte ohne Pflichten. Dieses Kriterium fordert uns zu fragen: Was sind wir bereit, für unsere regionale Vorliebe der Solidargemeinschaft zu geben? Wenigstens nicht doch die Bereitschaft, bis zu drei Stunden am Tag zu pendeln, um eine Arbeitsgelegenheit etwa in Berlin oder in Dresden oder (warum auch nicht) in Breslau wahrzunehmen? Schon diese Überlegung zeigt, wie wacklig die Forderung nach einem *bedingungslosen* Grundeinkommen ist.

Das andere Extrem wären die gnadenlosen Gesetze des Marktes, die uns zwingen, an jeden Ort zu wandern, wo es Arbeitsgelegenheiten gibt, notfalls auch zu Hungerlöhnen. Dass dieses Extrem brutale Wirklichkeit ist, wissen wir. Denken wir nur an die Bootsflüchtlinge aus Afrika, oder an Tausende junger Frauen aus den Philippinen, die sich z.B. reichen arabischen Scheichen verkaufen müssen und durch Rücksendung des kargen Lohns ihre Familien ernähren.

Um solchen Extremen Einhalt zu gebieten, hat das Grundgesetz – im Sinne der übergeordneten sozialen Teilhabegerechtigkeit – den Staat in zweifacher Weise zur ausgleichenden regionalen Strukturpolitik verpflichtet:

- Erstens zur Gewährleistung sozialer Mindeststandards in den Regionen nach Sozialstaatsartikel 20 GG, das lautet: *„Die Bundesrepublik Deutschland ist ein demokratischer und sozialer Bundesstaat.“*
- Zweitens die Verpflichtung zur *„Herstellung gleichwertiger Lebensverhältnisse“* nach Artikel 72 GG, der die konkurrierende Gesetzgebung zwischen Bund und Ländern regelt.

Über beide Seiten staatlich verpflichtender Strukturpolitik – also über Mindeststandards regionaler Ausstattung und gleichwertige Lebensverhältnisse – gibt es eine jahrzehntelange Debatte. Diese Diskussion ist offener denn je. Deshalb stellt sich die dritte Frage:

Was kann das Konzept der Befähigungsgerechtigkeit zur regionalen Mindestausstattung und gleichwertigen Lebensverhältnissen klärend beitragen?

Zunächst geht es bei der Theorie der Befähigungsgerechtigkeit nicht nur um die Sicherheit der Ausstattung gleicher Mindestressourcen, sondern auch um die Entwicklung der Fähigkeit, diese Ressourcen autonom im Sinne der Verwirklichung selbstbestimmter Ziele zu nutzen. Auf die Region bezogen hieße das: Befähigung zur Verwirklichung demokratisch bestimmter regionaler Entwicklungsziele.

Beginnen wir mit den *Mindeststandards*. Das ist ein weites Feld: vom Kindergarten bis zur Altenpflege, von der Verkehrs- bis zur Behördeninfrastruktur, von der Ausstattung mit Schulen und Weiterbildungsstätten, einschließlich ihrer technologischen Ausrüstung. Unter dem Gesichtspunkt Befähigungsgerechtigkeit versteht es sich von selbst, dass sich diese Mindeststandards auch den sozialen und technologischen Entwicklungen anpassen müssen. Unter *sozialen Gesichtspunkten* sind z.B. öffentliche Kinderbetreuung, insbesondere kostenfreie Vorschulen von zentraler Bedeutung geworden. Ohne diese Voraussetzungen werden qualifizierte Frauen weiter abwandern und Kinder sozial benachteiligter Familien werden voraussichtlich in ihrem ganzen Leben bildungsarm bleiben.

Unter *technologischen Gesichtspunkten* ist der Zugang zur Informations- und Kommunikationstechnologie entscheidend. Ein funktionstüchtiges Breitbandnetz könnte die Nachteile einer räumlich peripheren Region durch den damit erschlossenen Zugang zum Internet wenigstens teilweise mildern. Und die entsprechende Ausstattung der Schulen mit Computern und elektronischen Tafeln müsste eine Selbstverständlichkeit sein.

Eine solche Mindestausstattung ist auch für die Ansiedlung von entwicklungsstarken Unternehmen zentral. Laut einer OECD-Studie liegt die durchschnittliche maximale Bandbreite von Internetanschlüssen in Deutschland bei 17 Megabits. Der OECD-Durchschnitt beträgt 37 Megabits. Deutschland belegt damit einen Platz im hinteren Mittelfeld. Viele ländliche oder periphere Regionen sind krass unterversorgt. Darüber hinaus sind die derzeit gültigen Mindestübertragungsraten von einem Megabit pro Sekunde nicht mehr zeitgemäß. Nach dem Prinzip der bedingten Ressourcengleichheit wäre es aber z.B. nur gerecht, wenn Telekommunikationsunternehmen, die mit ihren DSL-Netzen in Ballungsgebieten große Gewinne machen, auch zur Mitfinanzierung einer Mindestausstattung von Internetanschlüssen in ländlichen oder peripheren Regionen angehalten würden.

Als Arbeitsmarktexperte möchte ich noch auf eine andere zeitgemäße Mindestausstattung hinweisen. Grundlage dafür wäre das gemeinsame Verständnis, dass es zeitgemäß wäre, die Arbeitslosenversicherung zu einer Arbeitsversicherung weiterzuentwickeln. Nicht nur das Risiko der Arbeitslosigkeit, sondern auch die Risiken flexibler Beschäftigungsverhältnisse sollten versichert werden. Befristete Beschäftigung, Leiharbeit, Teilzeitarbeit oder Solo-Selbständigkeit nehmen zu, aber deren Risiken sind nicht ausreichend oder gar nicht versichert. Neue Technologien, Globalisierung und demografischer Wandel erhöhen ebenfalls die Berufsrisiken. Das bedeutet zum einen, den derzeit 5,3 Millionen Erwerbstätigen ohne berufliche Qualifikation eine zweite Qualifizierungschance zu geben; zum anderen, für die schon qualifizierten Erwerbstätigen bessere rechtliche und finanziellen Voraussetzungen der Weiterbildung zu schaffen.

In diesem Zusammenhang könnte die individuelle Autonomie z.B. durch die Einrichtung eines bundesweiten Weiterbildungsfonds gefördert werden. Dieser würde jeder Person, unabhängig von ihrem Wohnort, ein Ziehungsrecht zur Weiterbildung gewährleisten. Aus individuellen und betrieblichen Beiträgen gespeist und aus Steuermitteln aufgestockt, hätten alle – unabhängig von der Höhe ihres Eigenbeitrags – das gleiche Recht, diese Ressource während ihres Erwerbslebens selbstbestimmt für Weiterbildungszwecke zu nutzen. Ein solches Ziehungsrecht wäre also auch nicht vom Betrieb, der Branche oder dem Beruf abhängig, wo man arbeitet. Regional betrachtet wäre es ein individuell frei verfügbares Entwicklungspotential. Es würde nicht nur der individuellen Autonomie, sondern auch der Autonomie für die Region dienen, in der sie leben.

Aus der Sicht der Befähigungsgerechtigkeit kann das Ziel ‚*gleichwertiger* Lebensverhältnisse‘ nicht sein, regional *gleiche* Lebensbedingungen herzustellen. (Früher forderte das Grundgesetz sogar „*Einheitlichkeit* der Lebensverhältnisse“.)

Deshalb rücken auch weitere Dimensionen individueller Autonomie stärker in den Vordergrund, beispielsweise die Befähigung zur regionalen Mobilität. Diese ist in Deutschland – auch nach neueren Forschungen – vergleichsweise gering. Wenn aber statt einer bloß *ausgleichsorientierten* eine *entwicklungsorientierte* Regionalpolitik zum allgemein anerkannten Paradigma wird, und wenn es aus Gründen der Ressourcenknappheit wichtiger ist, wenige effektive *regionale Entwicklungszentren* zu unterstützen statt Ausbildungs- und Arbeitsplätze an jeden Ort zu bringen, dann wird die Stärkung der individuellen Mobilitätsfähigkeit ein weiteres wichtiges Element der Befähigungsgerechtigkeit.

Das bedeutet, neben dem Ausbau des öffentlichen Nah- und mittleren Fernverkehrs wären dann auch die Pflege des Wohnungsmarkts und gegebenenfalls auch großzügige Umzugshilfen wichtiger Bestandteil einer autonomiefördernden Regionalpolitik. Die Forschung zeigt, dass es für den Zusammenhalt von Familien sinnvoller sein kann, umzuziehen anstatt täglich weite Strecken zu pendeln oder gar eine Wochenendehe zu führen.

Gleiche Teilhabechancen an moderner Infrastrukturausstattung gelten auch für die soziale Sicherheit, im regionalpolitischen Zusammenhang vor allem für die Arbeitslosenversicherung, aber auch für öffentlich geförderte Beschäftigung oder Sozialbetriebe, um der wachsenden Anzahl von Menschen mit eingeschränkten Arbeitsfähigkeiten eine Erwerbschance zu geben. So sollten beispielsweise die Umverteilungseffekte der Arbeitslosenversicherung und aktiven Arbeitsmarktpolitik zugunsten von benachteiligten Regionen nicht unterschätzt werden. Nach einer Studie des IAB betrug im Jahr 2006 der durchschnittliche Beitrag pro Einwohner zur Arbeitslosenversicherung in der Region Zittau/Görlitz 470 Euro, die durchschnittliche Arbeitslosengeldleistung betrug jedoch 593 Euro, also ein Plus von immerhin 123 Euro pro Einwohner. Die glückliche Bodenseeregion, in der ich aufgewachsen bin, war dagegen Nettozahler von 242 Euro pro Einwohner. In anderen Worten: Unsere Arbeitslosenversicherung ist eine Institution, die einen nicht unerheblichen Beitrag zum regionalen Ressourcenausgleich leistet. Deshalb sollten wir an der bundesweiten Arbeitslosenversicherung festhalten und sie nicht regionalisieren, wie es immer wieder von den ressourcenstarken Bundesländern gefordert wird.

Aus der Sicht der Befähigungsgerechtigkeit sind aber auch gleiche Teilhabechancen an *immateriellen Infrastrukturen* von großer Bedeutung. Wir kennen das Konzept unter verschiedenen Namen, beispielsweise „lernende Region“ oder „Bündnisse für Arbeit“; in den Niederlanden sind es die so genannten „Kovenants“; in Großbritannien die lokalen strategischen Partnerschaften. In meinem letzten Buch habe ich versucht, aus verschiedenen Theorieansätzen die Erfolgsbedingungen solcher *„lernender Gemeinschaften“* herauszudestillieren. Kurz zusammengefasst handelt es sich um folgende Elemente:

- Lernen setzt erstens eine *klare Zielsetzung* voraus: *individuell* beispielsweise das Ziel, eine Fremdsprache, neueste Techniken des Schweißens oder des Webdesigns zu lernen. *Regional* könnte das Ziel die Unabhängigkeit in der nachhaltigen Energiegewinnung oder effiziente Energiewirtschaft sein; die führende Region im Wagon- und Containerbau; das Bildungsmodell einer internationalen Dreiländerregion; die Region für vorbildliche Seniorenbetreuung.
- Zweitens sollte die Zielsetzung an *vorhandenen Stärken* anknüpfen, regional beispielsweise an vorhandenen Ressourcen als Voraussetzung für *Clusterbildung*. Diese regionalen Stärken kennen Sie besser als ich. Aus der Forschung ist nur hinzuzufügen: Der Vorteil von Clustern ist die wechselseitige Verstärkung von Lernprozessen, u.a. auch durch gemeinsame Nutzung von Ressourcen.
- Drittens setzt Lernen *unmittelbare Rückkopplung* voraus, regional insbesondere eine klare Zurechenbarkeit der Einzelbeiträge zur Zielsetzung und ein entsprechend transparentes Informationssystem. Deshalb spricht man auch vom *Lernen durch Überwachung*. Eine autonome Region braucht ein eigenständiges und von allen zentralen Akteuren akzeptiertes und benutztes Informationssystem, mit dem sich die Entwicklung messen und bewerten lässt.
- Viertens ist – bei mehreren zu koordinierenden Akteuren – *faire Verantwortungsteilung* notwendig. Das heißt fair ausgehandelte Vereinbarungen, um nachhaltige Kooperation zu gewährleisten. In der Regel ist dabei auch eine führende Instanz erforderlich, die u.U. die Vertragsvereinbarungen erzwingen oder Verletzungen wenigstens sanktionieren kann. Aus der Forschung wissen wir, dass Bürgermeister großer Städte hierbei eine große Rolle spielen.
- Fünftens setzt Lernen einen starken *Anreiz* voraus, Fehler oder Zielabweichungen zu korrigieren. Dieser Anreiz kann intrinsisch bestimmt sein, also der Wille ein selbstbestimmtes Ziel mit hoher Priorität hartnäckig zu verfolgen; dieser Anreiz kann aber auch extrinsisch bestimmt sein, etwa eine versprochene Partnerschaft oder die drohende Sanktion einer dritten Partei. Um Interessenkonflikte von vorneherein zu vermeiden, ist dabei das Prinzip der *souveränen Verantwortungsdelegation* zu beachten: Die Ausführenden (z.B. private Träger) dürfen nicht gleichzeitig die Qualitätskriterien und die Qualitätskontrolle bestimmen. Diese müssen in der Hand des Souveräns liegen, der demokratisch legitimiert ist und für die gemeinsam zu tragenden finanziellen Kosten verantwortlich ist. Bei der derzeit praktizierten Familien- und Jugendhilfe beispielsweise in Berlin ist diese Souveränität unzureichend gewährleistet.
- Sechstens auch die Fähigkeit, den Fehler auszugleichen oder zu korrigieren. Das setzt neben den erwähnten Überwachungssystemen auch eigenständige Ressourcen voraus. Die Notwendigkeit einer Stärkung der kommunalen und

regionalen Finanzen liegt auf der Hand; bei peripheren Regionen auch die Notwendigkeit externer Hilfe zur Selbsthilfe, etwa aus den Europäischen Struktur- und Sozialfonds.

- Siebtens, schließlich, die Fähigkeit zur vertraglichen Revision der Vereinbarungen. Wenn sich herausstellt, dass die Verteilung der Gewinne und Verluste anders ausfällt als vereinbart, müssen Verlierer die Chance haben, durch Neuverhandlungen wieder zu Gewinnern zu werden.

Ein gelungenes Beispiel für autonome Regionalentwicklung scheint die *Gemeinde Güssing* im österreichischen Burgenland zu sein. In den 90er Jahren entschied sich die Stadt, durch eigene Ökoenergie von Energieimporten unabhängig zu werden. Damals war Güssing eine der ärmsten Gemeinden in Österreich. Als Maßnahme zur wirtschaftlichen Entwicklung wurde mit Fördergeldern der EU das *Europäische Zentrum für erneuerbare Energie* (EEE) gegründet. Damit wurden ca 1.500 Arbeitsplätze in der Region geschaffen und der Kaufkraftabfluss durch Energieimporte gebremst. Mittels Holzvergasung konnte in den vergangenen Jahren Strom und Wärme im Wert von 20 Mio. Euro selbst hergestellt werden. 2005 erzeugte die Stadt bereits bedeutend mehr Wärme und Strom aus nachwachsenden Rohstoffen als sie selbst benötigt.

Ein weiteres Beispiel ist die Region „*Brainport*" im Südosten der Niederlande: Dort haben sich die Städte Eindhoven und Tilburg mit der belgischen Stadt Löwen und der deutschen Stadt Aachen zusammengeschlossen, um durch Bündelung aller Kräfte eine der weltweit führenden Regionen im Bereich der Informations- und Kommunikationstechnologien zu werden.

Aus der Sicht der Befähigungsgerechtigkeit wäre es von besonderem Interesse, die Entscheidungsprozesse wie auch die finanzielle Verantwortungsteilung zu untersuchen, die zum Erfolg dieser positiven Beispiele beigetragen haben.

Ich fasse meine Überlegungen in drei Thesen zusammen:

- Erstens bekennt sich der föderale deutsche Bundesstaat zu einer Solidargemeinschaft und damit auch zu einer Gerechtigkeitsgemeinschaft. Das *erste Prinzip der Solidarität ist die Chancengleichheit* für die Mitglieder. In der Version der Gerechtigkeitstheorie als Fairness bedeutet das in erster Linie, die Entwicklungsfähigkeit der benachteiligten Regionen durch einen Ressourcenausgleich im Sinne zeitgemäßer Mindestausstattung zu gewährleisten.
- Zweitens legt das *Prinzip der bedingten Ressourcengleichheit* nahe, immer wiederkehrende unverschuldete Benachteiligungen auszugleichen. Solche Benachteiligungen ergeben sich beispielsweise, weil die technologischen Mindeststandards sich verändern oder weil die Märkte manchmal ein Glück-

spiel sind oder gar verrückt spielen; auch übergeordnete politische Entscheidungen können unverschuldete Ungleichheiten erzeugen. Zum anderen ist die Region aber auch selbst verantwortlich, ihre eigenen Ziele zu setzen und mit ihrer Ressourcenausstattung effektiv und effizient umzugehen.

- Drittens legt das *Prinzip der Befähigungsgerechtigkeit* nahe, Ressourcengleichheit weniger in der gleichen Ausstattung mit Gütern und Dienstleistungen zu sehen, sondern eher in der Fähigkeit zu einer selbstbestimmten Entwicklung. Dazu gehört zunächst eine zeitgemäße Mindestausstattung regionaler Infrastruktur und eine vom Wohnort unabhängige soziale Sicherheit. Aus der modernen Entwicklungsperspektive wäre diese darüber hinaus durch neue aktive soziale Sicherheiten zu ergänzen, wie Ziehungsrechte aus einem Weiterbildungsfonds oder Mobilitätshilfen. Diese stärken zunächst zwar primär die individuelle Autonomie, kommen sekundär aber auch der Autonomie regionaler Entwicklung zugute; beispielsweise dadurch, dass qualifizierte Menschen in der Region bleiben.

Darüber hinaus ist die Region selbst eine zentrale Voraussetzung individueller Autonomie, indem sie durch eine visionäre Zielsetzung ihren Bürgern auch eine Möglichkeit der regionalen Identifikation bietet. Dieses Ziel muss im Sinne der *lernenden Region* durch verbindliche, jedoch flexible Vereinbarungen zwischen den regionalen Akteuren ergänzt und durch ein wechselseitig akzeptiertes Informationssystem gemeinsam überwacht werden.

Literaturhinweise

Dieser Beitrag stützt sich vor allem auf die folgenden Publikationen mit weiteren Literaturverweisen:

Kronauer, Martin und Schmid, Günther (2011), Ein selbstbestimmtes Leben für alle. Gesellschaftliche Voraussetzungen von Autonomie, in: WSI-Mitteilungen, 64 (4), 155-162.

Schmid, Günther (2011), Stärkung der Autonomie durch verhaltenssensible Arbeitsmarktpolitik, in: WSI-Mitteilungen, 64 (4), 188-194.

Schmid, Günther (2011), Übergänge am Arbeitsmarkt – Arbeit, nicht nur Arbeitslosigkeit versichern, Berlin, edition sigma.

Helmut Hiess

Szenarien der Raumentwicklung – Grundlage für die Entwicklung von langfristigen strategischen Perspektiven der Regionalentwicklung in Österreich

1. Warum Szenarien der Raumentwicklung?

Die durch die technischen Revolutionen der letzten 20 Jahre ausgelöste Beschleunigung des Transports, der Kommunikation und der Produktion haben zu einem Bedeutungsverlust von Raum geführt (ROSA 2005). Produktionsstandorte beginnen sich von Rohstoff- und Absatzmärkten zu entkoppeln, Informations- und Datenaustausch erfolgt global. Der Ort des Einspeisens von Daten wird gar nicht mehr angegeben, ausschließlich die Zeit und die Synchronisation der Abläufe spielen eine Rolle. Während Zeit immer mehr zur zentralen Orientierungsdimension wird, wird den Regionen bewusst, dass sie angesichts ihrer Austauschbarkeit bei ökonomischen und sozialen Investitions- und Standortentscheidungen spezifische, eigenständige Profile entwickeln müssen, die sie im beliebigen globalen Raum unterscheidbar und attraktiv machen. Attraktivität richtet sich sowohl an die eigenen BewohnerInnen und Betriebe, die an die Region gebunden werden sollen und hier ihre Arbeitskraft, ihre Kaufkraft, ihr unternehmerisches Engagement entfalten sollen, als auch an externe Personen und Unternehmen, die angezogen werden sollen, sofern sie einen Mehrwert für die Region bereitstellen können. Die wachsende Erkenntnis, dass Regionen die globalen Kräfte und Entwicklungen kaum beeinflussen, geschweige denn steuern können, hat darüber hinaus dazu geführt, dass Resilienz als Thema ins Blickfeld rückt, als die Fähigkeit, interne und externe Störungen durch Wandlungsprozesse zu absorbieren, sodass für das Gedeihen und die nachhaltige Entwicklungsfähigkeit der Region wesentliche Funktionen, Strukturen und Beziehungen aufrecht bleiben (Lukesch et al. 2011).

Vor diesem Hintergrund bekommt Raum eine neue Bedeutung: Raum, im konkreten Fall Region, wird zu einem Produkt eines gesellschaftlichen, sozialen Prozesses, ist Gegenstand von Planungs- und Steuerungsbemühungen und den Dynamisierungs- und Beschleunigungsprozessen des gesellschaftlichen und technischen Wandels ausgesetzt. Der gefühlte Bedarf an vermehrter und besserer Planung und Steuerung ist aber gepaart mit einem realen Macht- und damit Steuerungsverlust. Im Unterschied zum mittlerweile historischen „Containerraum“, in dem der Fürst oder der Staat, das auf das Innenleben ausgerichtete Geschehen beherrschte, ist die durchlässige und mit weitgehend mobilen Inventar ausgestattete globale Region als eine unter vielen, dem Kräftespiel unzähliger Entscheidungen von Einzelindividuen und Unternehmen ausgesetzt. Große und wirkungsmächtige politische Entscheidungen entstehen in komplexen, im Ergebnis und im zeitlichen Verlauf schwer vorhersehbaren Aushandlungsprozessen auf übergeordneten Handlungs- und Entscheidungsebenen (EU, G20, WTO, Weltbank, etc.). Beide Impulse, die Sicherung und die Erhöhung der Standortattraktivität als auch die Steigerung der Resilienz, lassen es zweckmäßig erscheinen, sich mit den zukünftigen Entwicklungen, die die Region betreffen und beeinflussen könnten, auseinanderzusetzen. Auch wenn das „Inventar" des Raumes mobiler wird, so sind doch wesentliche Elemente der Raumsysteme im Vergleich zu technischen und Produktionssystemen wesentlicher träger. Die Veränderung gebauter Strukturen, aber auch von ökologischen Systemen erfolgt nur langsam und wird nicht von heute auf morgen sichtbar. Allerdings sind diese langsamen Veränderungen oftmals irreversibel oder sie führen zu Kippeffekten, die mit einer abrupten Beschleunigung der Veränderung verbunden sind. Gleichzeitig müssen Investitionsentscheidungen für mehrere Generationen getroffen werden (große Infrastrukturen). Es macht daher Sinn, Zukunft im Kontext mit Regionalentwicklung langfristig und mehrdimensional zu denken. Das erfordert eine geänderte Denklogik bei der Entwicklung von zukunftsfähigen Handlungsprogrammen.

2. Denklogiken für die Erstellung von regionalen Handlungsprogrammen

Die klassische Form komplexere Handlungsprogramme zu erstellen kann überschrieben werden mit „Von der Gegenwart her in die Zukunft denken".

Ausgehend von einer Analyse der Lage und eines Abgleichs der Lage mit den Zielvorstellungen, auf die man sich verständigen kann, lassen sich Probleme identifizieren, die den Abstand zwischen Wunschbild (Ziele) und Ausgangslage beschreiben. Das Handlungsprogramm dient nun dazu die Probleme zu bearbeiten und die Ausgangslage an die Wunschlage anzunähern. Oftmals sind die Probleme so evident, dass die Ziele und Wertungen zur Problemdefinition gar nicht explizit gemacht werden müssen. Das ist dann der Fall, wenn es ein hohes Maß an gesellschaftlichen Konsens, zumindest über nicht erwünschte Zustände oder Entwicklungen gibt.

Diese Vorgangsweise ist nahe liegend, sie entspricht weitgehend unseren persönlichen Alltagserfahrungen und Routinen. Diese Vorgangsweise ist umso erfolgsversprechender, je größer der Einfluss des eigenen Handelns auf die Steuerung des Systems ist und desto klarer und beherrschbarer die Wirkungen sind. Dazu müssen aber die Problemlagen begrenzt, die zeitlichen Wirkungsverläufe überschaubar und die Wirkungen der Handlungsprogramme anderer Akteure großteils ausgeschaltet werden können. Der Vorteil dieser Methode liegt darin, dass man sich mit den Unwägbarkeiten der Zukunft nicht beschäftigen muss.

Für komplexe Systeme, wie es Regionen sind, die selbst nur beschränkte Handlungsspielräume aufweisen und die von Entscheidungen einer Vielzahl von AkteurInnen innerhalb und außerhalb der Region bestimmt werden, ist diese Denklogik nicht ausreichend.

Eine weiter reichende Herangehensweise lässt sich mit „Von der Zukunft her in die Gegenwart denken" beschreiben. Hier können wiederum zwei Denklogiken unterschieden werden:

1. Entwicklung von Leitbildern / Zielszenarien / Roll-back Szenarien

In diesem Fall wird erst einmal ein Wunschbild oder Idealbild der Zukunft entworfen. Die Problemlage leitet sich wiederum aus der Differenz zwischen Leitbild und Ausgangslage ab. Das Handlungsprogramm hat den Anspruch, die Maßnahmen und Aktivitäten zu benennen, mit denen der Weg von der Ausgangslage zum Leitbild bestritten werden kann. Leitbilder sollen möglichst konsistent und widerspruchsfrei sein und sie sollen von einem breiten Konsens getragen werden, denn nur so ist zu erwarten, dass die notwendigerweise anspruchsvollen Handlungsprogramme tatsächlich umgesetzt werden können. Doch dieser Anspruch ist in demokratisch-pluralistischen Gesellschaften nicht einhaltbar. Leitbilder tendieren daher zu einem Abstraktionsgrad, der an Beliebigkeit grenzt und als Anleitung zum Handeln nichts hergibt.

2. Entwicklung von alternativen Zukunftsszenarien

Eine Alternative dazu stellt die Entwicklung von alternativen Zukunftsszenarien dar, mit der die Entwicklung der Systemumwelt mit ihren Einflussfaktoren auf die Region beschrieben wird. Ausgehend vom eigenen Zielsystem gilt es die Konsequenzen der Szenarien auf die eigene Region zu prüfen, Chancen und Risken zu identifizieren und daraus strategische Handlungsprogramme abzuleiten. Dabei ist zu unterscheiden zwischen Veränderungs- und Anpassungsstrategien. Veränderungsstrategien zielen auf jene Einflussfaktoren ab, die durch die Region direkt oder indirekt beeinflusst werden können. Anpassungsstrategien dienen dazu, die Chancen nur gering beeinflussbarer Entwicklungen bestmöglich zu nutzen und Risken möglichst gut gerüstet zu begegnen. Insgesamt sollte die Region für unterschiedliche künftige Entwicklungsszenarien gewappnet sein. Ergebnis dieser Vorgangsweise ist eher ein „Fitnessprogramm" für die Zukunft und weniger ein fertig gemaltes Wunschbild der Zukunft.

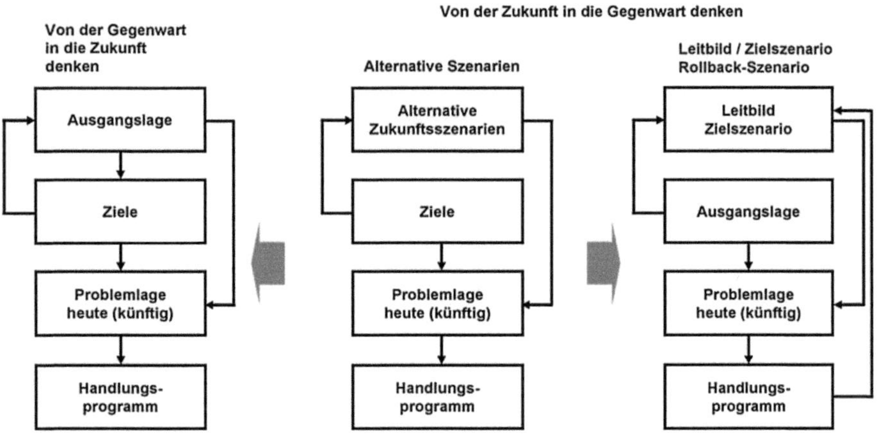

3. Szenarien der regionalen Entwicklung Österreichs

In Österreich fehlt eine Bundeskompetenz für Raumordnung. Raumordnung und Raumentwicklung sind eine föderale Aufgabe, die von den Bundesländern betrieben wird. Auf der sektoralen Ebene entsteht die funktionelle Raumentwicklung quasi als Nebenprodukt der sektoralen Politiken in den Ministerien und sektoralen Abteilungen der Bundesländer. Angesichts dieser Verfassungslage wurde die Österreichische Raumordnungskonferenz (ÖROK) als informelles Koordinations- und Kooperationsorgan eingerichtet. Die ÖROK dient auch dazu, gemeinsame Raumforschung zu betreiben, gesamtösterreichische Raumordnungskonzepte als unverbindliche Leitlinie zu entwerfen und die gemeinsamen Interessen auf der europäischen Ebene zu bündeln. Zur Vorbereitung eines neuen Österreichischen Raumentwicklungskonzeptes wurde beschlossen, Szenarien der regionalen Raumentwicklung Österreichs 2030 im europäischen Kontext auszuarbeiten und die Konsequenzen für die Raumentwicklung österreichischer Regionen zu untersuchen. Erstmals wurde damit versucht, generelle langfristige Entwicklungen systematisch aufzuarbeiten und in die Entwicklung von Handlungsprogrammen einzubinden. Die Ausgangsfrage dabei lautete: „Wie kann sich das Umfeld der Regionen und Standorte in Österreich bis 2030 verändern, wie ist diese Veränderung aus der Sicht räumlicher Zielvorstellungen zu beurteilen und wie kann und wie soll die räumliche Politik darauf reagieren?

In Form von Szenarien, Megatrends und Wild Cards wurden mögliche Bandbreiten der Entwicklung der relevanten Einflussfaktoren („Driving Forces“) der Raumentwicklung aufbereitet. Bei den Szenarien handelt es sich nicht um Wert aufgeladene „gute“ oder „schlechte“ Szenarien, nicht um Trendfortschreibungen oder Leitbilder, sondern um möglichst konsistente, aber gleichzeitig auch möglichst verschiedene unterschiedliche Zukünfte. Diese Szenarien sollen als Grundlage für die Entwicklung mittel- bis langfristiger robuster Handlungsstrategien dienen.

Ergänzt wurden die Szenarien um Megatrends und Wild Cards. Megatrends sind Entwicklungen einzelner Einflussfaktoren, die mit hoher Wahrscheinlichkeit eintreten werden. Dazu zählen zum Beispiel die weiter steigende Lebenserwartung und damit eine durchschnittlich ältere Gesellschaft, der soziale Wandel in Richtung einer größeren Vielfalt an Lebensstilen, Karriereverläufen und Lebensmustern, der steigende globale Energieverbrauch, die Globalisierung der Arbeits-, Waren- und Dienstleistungsmärkte, das Voranschreiten der digitalen technischen Entwicklung und der Klimawandel. Wild Cards dienen dazu, außergewöhnliche und extreme Entwicklungen zu benennen, die eine besonders starke Wirkung auf das betrachtete Raumsystem ausüben können.

Wild Cards werden auch verwendet, um die entwickelten Szenarien auf ihre Stabilität zu prüfen, als zu fragen, entstehen durch die Wild Cards Effekte, die in keinem der Szenarien abgedeckt werden. Als solche Wild Card wurden geprüft: Lösung des Energieproblems durch technische Durchbrüche (z.B. Solartechnologie, Kernfusion, etc.), Produktivitätssprung in der Landwirtschaft („doppelter Output auf halber Fläche“), globale Wirtschaftskrise, Auflösung der EU oder ein abrupter Klimawandel (Zusammenbruch des Golfstroms).

Bei der Entwicklung der Szenarien wurde folgendermaßen vorgegangen:

- Für neun als besonders raumrelevant angesehene Themen wurde in „Future Briefings“ die Entwicklung der letzten 25 Jahre aufbereitet und Megatrends sowie Szenarien bis 2030 entworfen. Folgende Themen wurden bearbeitet: Gesellschaft, Bevölkerung, Wirtschaft, Energie, Verkehr, Land- und Forstwirtschaft, Tourismus, Umwelt und Institutionelle Rahmenbedingungen.
- Für jedes der Themen wurden vier Szenarien entworfen, die in einem nächsten Schritt zu vier konsistenten themenübergreifenden Szenarien zusammengefasst wurden.
- Anschließend wurden die Konsequenzen für die Regionen in räumlichen Szenarien dargestellt.
- Die räumlichen Szenarien wurden anhand der Ziele des Österreichischen Raumentwicklungskonzeptes und des Nationalen strategischen Rahmenplanes für die Programme der Kohäsionspolitik (STRAT.AT) bewertet.
- Daraus wurden Chancen und Risken für die Regionalentwicklung abgeleitet und Ansatzpunkte für Veränderungs- und Anpassungsstrategien skizziert.

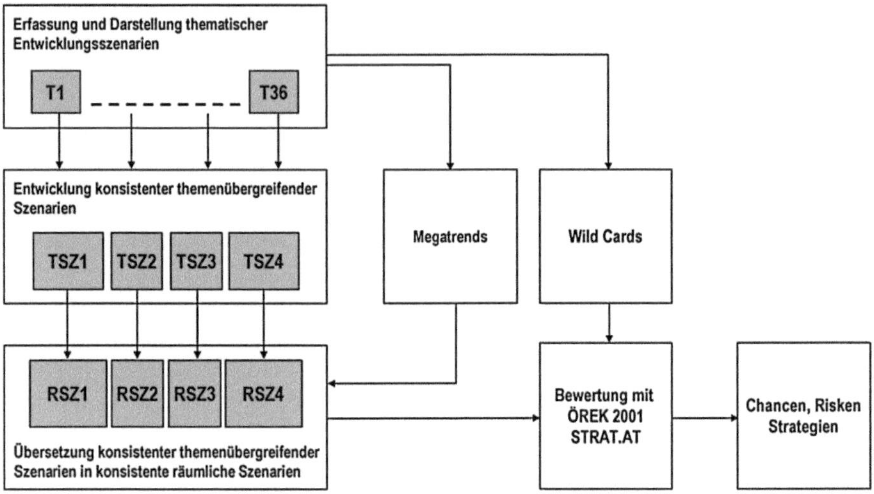

Folgende Szenarien wurden in einem kommunikativen Expertenprozess entwickelt:

(1) Szenario „Alles Wachstum"

Wesentliche Driving Forces der Raumentwicklung (Wirtschaft, Bevölkerung, Tourismus, Mobilität und Transport) wachsen stark. Der Mehrbedarf an Energie kann durch verbesserte Energieeffizienz und Alternativen zum fossilen Energieeinsatz bewältigt werden. Dadurch wird auch der Eintrag von klimawirksamen Gasen in die Atmosphäre stark reduziert. Ein gutes Zusammenspiel zwischen Staat, Markt und Zivilgesellschaft verhindert die Zunahme von Disparitäten. Der Druck auf den Raum steigt dennoch stark.

(2) Szenario „Alles Wettbewerb"

Auch in diesem Szenario wachsen die wesentlichen Driving Forces der Raumentwicklung (Wirtschaft, Bevölkerung, Tourismus und Transport) stark. Dabei wird angenommen, dass der Markt rechtzeitig auf Knappheiten reagiert und dadurch tief greifende Energie- und Umweltkrisen vermieden werden. Im Gegensatz zum Szenario „Alles Wachstum" verschärfen sich die gesellschaftlichen und damit auch die räumlichen Disparitäten stark. Der Druck auf den Raum nimmt in den Wachstumszonen sehr stark zu, während andere Regionen mit Abwanderung und Schrumpfungsphänomenen konfrontiert sind.

(3) Szenario „Alles Sicherheit"

Das Szenario „Alles Sicherheit" ist durch ein moderates Wachstum der meisten Driving Forces der Raumentwicklung gekennzeichnet (Wirtschaft, Bevölkerung, Tourismus). In den land- und forstwirtschaftlichen Gunstlagen erhöht sich der Druck durch verstärkte Nachfrage nach Biomasse für energetische Nutzung. Starke staatliche Regulierung, gut ausgebaute soziale Sicherungssysteme, restriktive Zuwanderung verhindern das Wachstum gesellschaftlicher Disparitäten. Energie-, Klima- und Umweltpolitik werden auf europäischer und nationaler Ebene durch Steuer- und Technologiepolitik reguliert. Energie- und Treibstoffpreise sind hoch, werden aber durch verbesserte Energieeffizienz teilweise kompensiert. Dennoch wirken die Mobilitätskosten zu Gunsten der Agglomerationen und Zentren.

(4) Szenario „Alles Risiko"

In diesem Szenario wird davon ausgegangen, dass die Entwicklung strukturell dem Szenario „Alles Wettbewerb" folgt, dass der Markt aber keine vorsorgenden Maßnahmen gegen eine plötzliche Energieverknappung umsetzt. Es kommt daher zu einem starken Energiepreisanstieg, ohne dass rasch wirksame gegensteuernde Maßnahmen bereitstehen. Die wesentlichen Driving Forces der Raumentwicklung sind die hohen Energie- und Mobilitätskosten. Bauliche Verdichtung und Intensivierung der Ausbeutung natürlicher Ressourcen für energetische Nutzung (Biomasse, Wasser, Wind, Sonne) bestimmen die räumliche Entwicklung.

Aus diesen Szenarien wurden besonders relevante und wahrscheinliche räumliche Entwicklungen und räumliche Entwicklungen, die mit großen Unsicherheiten verbunden sind, abgeleitet. Als besonders relevant und wahrscheinlich wurden jene räumlichen Entwicklungen angesehen, die in zumindest drei der vier Szenarien zu erwarten sind. Ähnliche räumliche Entwicklungen können dabei je nach Szenario durchaus unterschiedliche Ursachen haben. Als besonders relevant und wahrscheinlich wurden folgende räumliche Entwicklungen eingeschätzt:

- *Boden wird knapp in Agglomerationsräumen und regionalen Zentren*
  durch steigende Siedlungsflächennachfrage. Ursache: Bevölkerungswachstum / Zuwanderung / ökonomischer Strukturwandel / hohe Energie- und Mobilitätskosten / hohe Boden- und Immobilienpreise
- *Boden wird knapp im ländlichen Raum*
  durch steigenden Bedarf nach natürlichen Ressourcen: Lebensmittel, Energiepflanzen, Holz, mineralische Rohstoffe. Ursachen: Bevölkerungs- und Wirtschaftswachstum, Energiepreise, Konsumverhalten

- *Intensiver überregionaler und regionaler Standortwettbewerb*
  um Know how, Head Quarters, Wertschöpfung, Kaufkraft, EinwohnerInnen, Arbeitsplätze, TouristInnen, Daseinsvorsorge.
  Ursachen: Steuersystem, Finanzausgleich, Einwohner-, Arbeitsplatz-, Tourismusentwicklung
- *Expansion des Tourismus in schneesichere Hochlagen im Winter und in alpine Hochlagen im Sommer*
  Ursachen: Klimawandel und Standortwettbewerb um TouristInnen
- *Starke Abwanderung, Bevölkerungsrückgang und Überalterung abseits der Agglomerationen, Zentralräume und Zentren*
  Ursachen: Bevölkerungsentwicklung, Wirtschaftsstruktur, Mobilitätskosten, Lebensstile
- *Die meisten der Ortschaften im ländlichen Raum sind suburbane und periurbane Wohn- und Auspendlerorte. Die Fläche wird von wenigen Betrieben bewirtschaftet.*
  Ursachen: geringe Beschäftigungsquote in Land- und Forstwirtschaft, Industrie und Gewerbe
- *Neue staatsgrenzenüberschreitende Funktionsräume – Zentralräume erweitern ihre Einzugsgebiete – Peripherien werden in Zentralräume integriert*

Als besonders relevant aber unsicher, mit konträren räumlichen Konsequenzen oder zumindest großen quantitativen Unterschieden, sind u.a. folgende Entwicklungen zu beurteilen:

- *Mehr Kfz-Verkehr und längere Wege oder kürzere Wege mit ÖV und Rad*
  2005 – 2030: + 50% bis – 25% Pkw-km/Jahr; Ursachen: Mobilitätskosten durch Energiepreise und Motortechnik
- *Flächendeckender oder selektiver Ausbau von Wasserkraft, Windenergie und Solarenergie*
  Ursachen: Energiekosten, Klimawandel
- *Wie viel Junge und wie viel Zuwanderer wird es wo geben?*
  2005 – 2030: + 8% bis – 33%; Rückgang besonders stark außerhalb der Agglomerationen und Zentralräume
  Ursachen: Geburtenrate, Wanderung, Wirtschaftsentwicklung
- *Wie viel Siedlungsfläche wird wo benötigt?*
  2005 – 2030: + 5% bis + 28% Siedlungsfläche, + 25.000 bis + 75.000 Wohnungen / Jahr (2005: 50.000 Wohnungen/Jahr); Bedarf besonders stark in Agglomerationen und Zentralräumen sowie deren Einzugsbereich: 10 – 30 km je nach Mobilitätskosten
  Ursachen: Bevölkerungsentwicklung, Mobilitätskosten, Wirtschaftsentwicklung, Bodenpreise

- *Grünland oder Wald?*
  2005 – 2030: – 20% bis – 6% Grünland, + 2% bis + 9% Wald
  Ursachen: Liberalisierung Agrarhandel, Technologieentwicklung bei Biomassenutzung

In einem weiteren Schritt wurden Chancen und Risken für die räumliche und regionale Entwicklung identifiziert.

Folgende Risken wurden als besonders relevant erachtet:

- Zersiedelung, Kfz-orientierte Siedlungsstrukturen, hohe Infrastrukturkosten, Stau- und Umweltkosten
- Zunahme der räumlichen Disparitäten zwischen Stadt und Land, starken und schwachen Standorten
- Übernutzung natürlicher Ressourcen, Zurückdrängung Naturschutz, Verlust an Biodiversität, Nutzungskonflikte
- Ethnisch-religiöse und soziale Segregation, No go Areas, Gated Communities
- Abbau der Daseinsvorsorge, Verlust an Versorgungsqualität besonders in kleinen Ortschaften und im fußläufigen Einzugsbereich

Folgende Chancen wurden u.a. identifiziert:

- *Drehscheibe Österreich als Logistikstandort*
  Erweiterung des europäischen Kernwirtschaftsraumes (das so genannte PENTAGON: Berlin, Hamburg, London, Paris, Mailand) in Richtung Ost- und Südosteuropa.
- *Aufbau biomassebasierter Qualitätswertschöpfungsketten:*
  Lebensmittel, Energie, Holz
- *Energieautarke Regionen:*
  Wasser, Wind, Biomasse, Solar
- *Regionen als Produktionsstandorte für energieeffiziente Produkte und Umwelttechnologie:*
  Schienenverkehr, Wasser, Luftreinhaltung, Energieeffizienz
- *Tourismusstandort Österreich als Klimawandelgewinner:*
  Sommerfrische und Regen

Die Szenarien mit dem Spektrum der räumliche / regionalen Konsequenzen und den damit verbundenen Chancen und Risken stehen nun den österreichischen Regionen für die Entwicklung von Strategien und Handlungsprogrammen zur Verfügung. Die Szenarien haben auch eine wesentliche Grundlage für die Erstellung des neuen Österreichischen Raumentwicklungskonzeptes dargestellt.

Auch wenn es nicht die Aufgabe des Szenarioprojektes war, konkrete Strategien, Maßnahmen oder Instrumente als Antworten auf die zukünftigen Herausforderungen zu entwickeln, hat doch eine zentrale Erkenntnis einhelligen Konsens gefunden: ohne horizontale Kooperation zwischen den Gemeinden, zwischen Regionen, ohne vertikale Kooperation zwischen den räumlichen Ebenen und ohne Kooperation zwischen räumlichen und sektoralen Institutionen wird es nicht gelingen, die Chancen optimal zu nutzen und die Risken bestmöglich zu bewältigen. Neben dem eigentlichen „Geschäft“ der Raum- und Regionalentwicklung, wird die „Organisation der Kooperation“ zu einem zentralen Erfolgsfaktor künftiger Raum- und Regionalentwicklung.

Literaturverzeichnis

Hiess, Helmut et al. (2009): Szenarien der Raumentwicklung Österreichs 2030. Regionale Herausforderungen & Handlungsstrategien. In: ÖROK-Schriftenreihe Nr. 176 / II. Wien.

Hiess, Helmut et al. (2009): Szenarien der Raumentwicklung Österreichs 2030 – Materialienband. In: ÖROK-Schriftenreihe Nr. 176 / I. Wien.

Lukesch R., Payer H., Winkler-Rieder W. (2010): Wie gehen Regionen mit Krisen um? Eine explorative Studie über Resilienz von Regionen. I. A. d. Österreichischen Bundeskanzleramtes. Wien.

Rosa, Helmut (2005): Beschleunigung. Die Veränderung der Zeitstrukturen in der Moderne.

Görlitzer Forschungsbeiträge

Maik Hosang

Kritik der Demografie – Warum verliert die Oberlausitz ihre Kinder? Was tun?

Inhaltsverzeichnis

Vorwort

Es gibt Regionen – wie die Oberlausitz –, wo der sogenannte „demografische Wandel“ bereits jetzt Probleme zeitigt, die auf viele andere Regionen Deutschlands erst in den kommenden Jahrzehnten zukommen. Dies liegt letztlich daran, dass diese Regionen in doppelter Hinsicht davon betroffen sind, dass in Deutschland generell zu wenige Kinder geboren werden. Zum einen ist die Geburtenrate dieser Regionen selbst zu niedrig, zum anderen leiden sie daran, dass günstiger ausgestattete Regionen ihren eigenen Nachwuchsmangel ausgleichen, indem sie junge Menschen aus jenen anderen Regionen anziehen.

Regionen wie die Oberlausitz sind daher stärker als andere daran interessiert, die Ursachen dieser für ihre Zukunft unerfreulichen Entwicklung zu erforschen und wenn möglich auch zu verändern. Dazu ist es erforderlich, möglichst tabufrei und ganzheitlich an die Sache heranzugehen. Diese Analyse ist jedoch in mehrfacher Hinsicht nicht einfach.

Zum einen haben sich die Wissenschaften bisher eher darauf spezialisiert, bestimmte Details zu erforschen. Darin waren sie sehr erfolgreich: zum Beispiel bei der Analyse physischer Kräfte, des menschlichen Genoms oder logischer Gesetze der Sprache. Dabei geriet jedoch der Blick auf fachübergreifende Zusammenhänge, Entwicklungsursachen und -perspektiven zunehmend in den Hintergrund.

„Die Geisteswissenschaften haben durch die immer stärkere Aufteilung in Einzelgebiete die Fähigkeit verloren, die Entwicklung und das Wirken menschlicher Gesellschaft in ihrer Ganzheitlichkeit zu begreifen ... Ihnen fehlt auch der Dialog mit den Naturwissenschaften über das Ganze. Nur das gemeinsame Bemühen um die Wiederentdeckung der Zusammenhänge, um eine ganzheitliche Betrachtungsweise in allen Bereichen der Wissenschaft kann uns jedoch den Zugang zu den Ordnungsgesetzen erschließen, denen die Organisation menschlicher Gesellschaft entsprechen muss, wenn sie zugleich lebensfähig und menschgerecht sein soll.“ (Kurt Biedenkopf[1]).

Zum zweiten sind demografische Forschung wie auch interdisziplinäre und Zukunftsforschung generell in Deutschland wenig etabliert. In anderen Ländern wie Frankreich oder USA gibt es zahlreiche Institute und Lehrstühle für Demografie und ganze Studiengänge für Interdisziplinarität und Zukunftsforschung; in Deutschland fast keine.

Der in dieser Studie oft verwendete Begriff der „Demografie“ ist ein Ausdruck dieses bisher zu wenig reintegrierten modernen Dilemmas: „Demografie“ bedeutet eigentlich „Bevölkerungswissenschaft“. Die demografische Forschung versteht sich daher meist nur als reine Theoriedienstleistung für Statistik und Politik, indem sie die reale Bevölkerungsentwicklung erfasst und in Datensätzen fassbar aufbereitet. In Politik und Medien wird der Begriff „Demografie“ jedoch selten in diesem rein theoretischen Sinn verwendet, sondern es wird damit ganz intuitiv auch die wirkliche Entwicklung der Bevölkerung bezeichnet.

Die hier vorliegende Studie nutzt durchaus theoretische Methoden, sie hat jedoch vor allem den Sinn, durch neue Sicht- und damit auch Handlungsmöglichkeiten einen Beitrag für die zukunftsfähige Entwicklung ländlicher Regionen zu leisten. Daher verwenden wir das Wort „Demografie“ vorwiegend im praktisch-geistigen Sinn und nur an einigen Stellen, wo wir uns explizit mit der demografischen Forschung auseinandersetzen, seine rein theoriebezogene Bedeutung.

Weil die bisherige Wissenschaft aus den gerade aufgezählten Gründen kaum Empfehlungen zu wirklichen Auswegen aus der demografischen Krise ländlicher Regionen, speziell der Oberlausitz, bietet, wagt diese Studie bewusst einige Schritte darüber hinaus. Sowohl bei der Analyse der Ursachen, als auch bei der Suche nach Handlungsmöglichkeiten werden einige ungewöhnliche Sichtweisen und experimentelle gedankliche Brücken eingebracht.[2]

Aus freiem Blick zeigt sich Wissenschaft hinsichtlich der grundlegenden Zusammenhänge so als etwas, was Hermann Hesses berühmtem „Glasperlenspiel“

---

1 Kurt Biedenkopf: Die neue Sicht der Dinge, Piper Verlag München 1985, S. 36.

2 Für Kritiker dieses Herangehens sei bemerkt, dass auch auf den ersten Blick sehr etablierte Wissenschaften wie Physik oder Soziologie letztlich auf Hypothesen beruhen, die sich wissenschaftlicher Analyse und Kritik entziehen. Nach wie vor wissen wir weder, was die in der Physik der letzten Jahre als „dunkle Energie“ bezeichnete Realität ist, welche ca. 90 % unseres Universums ausmacht; noch hat uns die Soziologie befriedigende Antworten darauf gegeben, warum Menschen, wenn sie die freie Chance dazu haben, letztlich oft Gutes tun und Böses vermeiden wollen.

ähnlicher ist, als man innerhalb des Wissenschaftssystems gern zugeben mag. Und da es hier um forschende Antworten auf Fragen geht, die man aus noch zu diskutierenden Gründen bisher eher zu stellen vermied, scheint ein spielerisch offenes Herangehen als das einzig sinnvolle. Dies auch deshalb, weil nur solcherart „fröhliche Wissenschaft" (Friedrich Nietzsche) es ermöglichen könnte, durch humorvolle Denkanstöße gewisse Tabus aufzulösen, die der demografischen Krise des modernen Deutschland letztlich zugrunde liegen.

I. Demografischer Wandel und/oder demografische Krise?

Wenn scheinbare Selbstverständlichkeiten infrage gestellt werden, lassen sich neue Erkenntnisse und vielleicht auch Handlungsmöglichkeiten gewinnen. Das betrifft auch den in den letzten Jahren zunehmend thematisierten sogenannten „demografischen Wandel". Denn dieser Begriff subsumiert zwei Entwicklungen, die zwar in statistisch-demografischer Hinsicht ähnliche Folgen zeitigen –, doch bei näherer Betrachtung völlig verschiedene Ursachen und daher im Grunde nichts miteinander zu tun haben. Im Gegenteil: durch die Vermischung beider Entwicklungen entsteht eine Unklarheit und Verwirrung, welche weder das Positive der einen noch die Tragik der anderen zur Geltung kommen lässt.

Der Begriff des „demografischen Wandels" bezeichnet zum einen die erfreuliche Entwicklung eines längeren Lebens der Menschen, welche durch moderne Wissenschaft und Technik möglich wird. Zum anderen bezeichnet der Begriff auch die tragische Entwicklung, dass einige moderne Gesellschaften, wie insbesondere Deutschland, trotz aller materiell-technischen Reichtümer ihre letztliche Lebens-, Wirtschafts- und Zukunftsbasis, ihre Kinder, vernachlässigen. Mit „Vernachlässigung der Kinder" werden hier alle Bedingungen zusammengefasst, welche dazu führen, dass das Zeugen und Großziehen von Kindern im alltäglichen Denken, Fühlen und Handeln von Menschen und Institutionen nicht den Raum einnimmt, der nötig wäre, um den menschlichen Fortbestand der gegenwärtigen deutschen Gesellschaft aus sich selbst heraus zu gewährleisten. Die Ambivalenz des Begriffs „Vernachlässigung" wird hier bewusst verwendet, ohne damit eine moralische Verurteilung von einzelnen Eltern, Wissenschaftlern oder Politikern zu meinen. Vielmehr geht es darum, möglichst tabufrei zu analysieren und zu diskutieren, welche Einflussfaktoren dazu führen, dass sich relativ viele Frauen und Männer dafür entscheiden, auf Kinder zu verzichten und andere Lebensinhalte zu bevorzugen.

Praktische Strategien für wünschenswerte Änderungen sind meist umso erfolgreicher, je deutlicher die Ursachen von Problemen erkannt sind. Dazu braucht es auch möglichst eindeutige Begriffe. Der Begriff des „demografischen Wandels" verbindet wie oben gezeigt sehr verschiedene Facetten. „Wandel" an sich ist eine normale Erscheinung; denn alle Existenzweisen in Natur wie Gesellschaft sind nur dann langfristig lebensfähig, wenn sie sich den Veränderungen ihrer Umwelten anpassen oder auch die Umwelt ihren eigenen Veränderungen. Die Veränderung von Bevölkerungszahlen, Bevölkerungsdichte und altersmäßigen sowie ethnischen Bevölkerungszusammensetzungen lässt sich in allen menschlichen Gesellschaften der Vergangenheit wie Gegenwart beobachten. Geschichtlich gesehen dominierte in den vergangenen Jahrtausenden in fast allen Gesellschaften ein tendenzielles Bevölkerungswachstum, was nur phasenweise durch Bevölkerungsverluste durchbrochen war, welche durch Kriege, Seuchen, Missernten oder Wirtschaftskrisen ausgelöst wurden.

„Demografie" ist eine vor ca. 150 Jahren entstandene wissenschaftliche Disziplin, die sich „mit der Entwicklung von Bevölkerungen und deren Strukturen" befasst. Sie untersucht ihre alters- und zahlenmäßige Gliederung, ihre geografische Verteilung sowie die Umwelt- und sozialen Faktoren, die für Veränderungen verantwortlich sind. Die Erforschung der Regelmäßigkeiten und Gesetzmäßigkeiten in Zustand und Entwicklung der Bevölkerung wird vor allem mit Hilfe der Statistik erfasst und gemessen, wofür Beschreibungs- und Erklärungsmodelle entwickelt werden.

„Die Demografie besteht aus vier großen Fachgebieten, nämlich

- der Theorie der Fertilität (Geburtenrate),
- der Theorie der Mortalität (Sterblichkeitsrate),
- der Theorie der Migration (Aus- und Einwanderung)
- sowie aus Theorien, die die Struktur des Bevölkerungsbestandes zum Gegenstand haben."[3]

Das gerade zitierte Selbstverständnis der Demografie zeigt, dass sie zwar verschiedene Facetten bzw. Fachgebiete unterscheidet, jedoch in einer Art und Weise, die aus wissenschaftstheoretischer Perspektive als unkritisch bzw. vormodern zu bezeichnen ist. Ihr Zustand lässt sich in gewisser Weise vergleichen mit der Biologie um 1800, als man sich mit dem Sammeln und Auflisten verschiedenster Pflanzen- und Tierarten beschäftigte, ohne eine Idee oder Theorie vom für den sammelnden und ordnenden Blick nicht sichtbaren genetischen Hintergrund dieser Arten und ihrer Evolution zu haben.

Aufgrund der Entstehungsgeschichte von Demografie in einer Zeit, in der in all diesen Facetten lange Zeit positive Entwicklungen dominierten – es gab mehr Geburten als Sterbefälle –, genügte ein statistisches Herangehen und Beobachten.

Da es geschichtlich auch immer wieder Phasen gab, in denen aufgrund von Kriegen oder Missernten die Geburtenrate kurzzeitig einbrach, bemerkte man auch lange Zeit kaum, dass seit ca. 40 Jahren eine völlig neue Tendenz entstand:

---

3 Die verschiedenen Facetten der Demografie siehe sehr gut dokumentiert in: Thusnelda Tiving und Pascal Hetze: Deutschland im demografischen Wandel, Rostock 2007; ein guter Überblick findet sich auch bei Wikipedia: http://de.wikipedia.org/wiki/Demografie.

Nicht durch Not, sondern durch letztlich unter bestimmten kulturellen und sozialökonomischen Umständen getroffene Entscheidungen vieler Frauen und Männer sank die Geburtenrate Deutschlands weit unter das zur Erhaltung der Bevölkerung nötige Niveau von durchschnittlich 2,1 Kindern je Frau.

Das Eintreten einer solchen grundlegend neuen Situation macht auch eine grundlegend neue Sicht auf die Dinge erforderlich. Die statistische Erfassung genügt nicht mehr, sondern es bedarf einer darüber hinaus gehen Erforschung von Ursachen und Folgen dieser Entwicklung. Auch die bisherigen Begriffe genügen dafür nicht mehr. Der Begriff des „demografischen Wandels" erzeugt leicht den Anschein, man hätte nach wie vor alles wissenschaftlich gut im Griff. Das stimmt jedoch nicht. Um diese Selbsttäuschung aufzulösen, bezeichnen wir im Folgenden die durch die zweite oben genannte Entwicklung – den Rückgang der Geburtenrate weit unterhalb des Reproduktionsniveaus ohne Not und durch freiwillige Entscheidungen moderner Menschen – entstandene Situation als „demografische Krise".

Die folgenden Kapitel der Studie widmen sich ausschließlich dieser Problematik, untersuchen ihre Ursachen und entwerfen von diesen Ursachen ausgehend mögliche Lösungsmodelle. Die andere, erfreuliche Entwicklung des sogenannten „demografischen Wandels", die längere Lebensspanne und damit auch längere Produktivität der Menschen wird nicht weiter thematisiert. In gewisser Weise erläutert Kapitel IV nur noch einmal begründeter, dass die Ursachen dieser beiden Entwicklungen – längeres Leben und sinkende Geburtenrate –, nicht nur verschiedene, sondern geradezu gegenteilige Ursachen haben. Während das Älterwerden das Ergebnis einer erfolgreichen Modernisierung bestimmter Lebensbereiche ist, lässt sich die sinkende Geburtenrate letztlich vor allem auf die unzureichende Modernisierung (mehr dazu siehe im Kapitel IV) anderer Lebensbereiche zurückführen.

II. Phänomene der demografischen Krise

Für die zwei großen Knicks der Geburtenrate – der erste um 1900 und der zweite um 1970 – sind die Ursachen bekannt. Der erste Geburtenknick in Deutschland um 1900 wurde durch die Einführung der Rentenversicherung ausgelöst, welche Kinder als bis dahin oft einzigen Garant für Altersversorgung ablöste. Der Auslöser des zweiten Geburtenknicks um 1970 war die Erfindung und allgemeine Verbreitung von wirksamen und einfach anwendbaren Verhütungsmitteln, besonders der sogenannten Pille. Während der erste Knick die Geburtenrate von zuvor ca. 5 auf ca. 2,3 Kinder pro Frau verringerte, führte der zweite Knick zur Senkung auf nur noch 1,35 Kinder pro Frau.[4]

4 Konkrete statistische Analysen der deutschen und internationalen Geburtenentwicklung, mit Berücksichtigung der hier vernachlässigten feinen Unterschiede zwischen Geburtenrate und (etwas

Da zur einfachen Erhaltung des Bevölkerungsniveaus 2,1 Geburten je Frau erforderlich sind, entstand so erstmals ohne äußere Not die seitdem anhaltende Tendenz eines deutlichen Bevölkerungsrückgangs[5]. Dieser Fakt der allgemeinen Möglichkeit dazu, seine Fruchtbarkeit bewusst zu regeln, erklärt das Problem letztlich unzureichend. Denn er verrät uns nichts darüber, was Familien bzw. letztlich Frauen in Deutschland dazu veranlasst, ihre Geburtenrate soweit zu senken, dass die Zukunft ihrer Ethnie und Gesellschaft damit gefährdet ist. Denn in allen anderen westeuropäischen Ländern ist die Geburtenrate trotz Pille nach wie vor deutlich höher. Einige Länder, wie insbesondere in Schweden oder Frankreich, erreichen sogar fast das Reproduktionsniveau von 2,1.

Der Fakt der Pille verrät uns auch nichts darüber, warum einige Regionen Deutschlands – wie die hier als Bezugsraum gewählte Oberlausitz – starke Bevölkerungsverluste in doppelter Hinsicht erleiden: zur geringen Geburtenrate kommt hier eine Abwanderung vor allem junger Menschen dazu. Deren quantitative Wirkung ungefähr genauso stark ist wie die geringe Geburtenrate: Es wird ca. ein Drittel zu wenig Kinder geboren und von diesen wandert noch einmal ein Drittel im Alter zwischen 16 und 25 Jahren in andere Regionen ab. Da sich unter den Abwandernden verstärkt gut ausgebildete junge Menschen, und unter diesen noch einmal verstärkt Frauen[6] befinden, ergibt das insgesamt eine dreifache Verstärkung der demografischen Problematik der Oberlausitz und anderer ländlicher Regionen:

a) ca. ein Drittel zu wenig geborene Kinder plus b) ca. ein Drittel abwandernde junge Menschen plus c) davon zu zwei Dritteln gut ausgebildete junge Frauen das ergibt: nur ca. 30% in der Region bleibende gut gebildete junge Frauen.

Bereits aus a) +b) folgt, dass im Jahr 2030 nur noch ca. die Hälfte an arbeitsfähiger Bevölkerung zwischen 16 und 45 Jahren in der Region sein wird.

---

höherer) Kohortenfertilität, siehe sehr übersichtlich aufbereitet bei: Thusnelda Tiving und Pascal Hetze: Deutschland im demografischen Wandel, Rostock 2007.

5 Frühgeschichtliche Forschungen deuten zwar darauf hin, dass es vor Beginn der sogenannten patriarchalen Geschichte Gesellschaften gab, in denen Frauen ihre Fruchtbarkeit sehr bewusst regelten, doch dieser Fakt wird hier vorerst vernachlässigt und erst später noch einmal aufgegriffen.

6 Warum vor allem junge gut gebildete Frauen aus ostdeutschen Regionen abwandern, wird auf den Bildungsvorsprung dieser Frauen zurückgeführt, die hoffen, anderswo Männer mit gleichem Niveau zu finden. Siehe: http://www.berlin-institut.org/fileadmin/user_upload/Studien/Not_am_Mann_Webversion.pdf.

Um dies auch bildlich zu verdeutlichen, zuerst ein Blick auf die absolute Bevölkerungsentwicklung der Oberlausitz in den kommenden 20 Jahren:

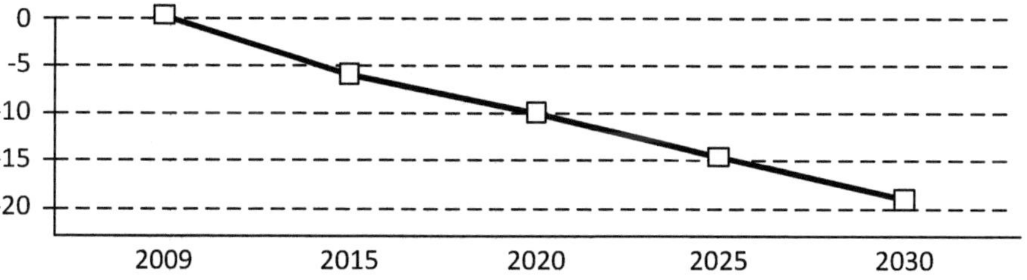

Quelle dieser Abbildung: Bertelsmann-Stiftung, www.wegweiser-kommune.de

Der absolute Bevölkerungsrückgang von 20% scheint auf den ersten Blick verkraftbar. Ein anderes Bild ergibt sich jedoch, wenn man nicht die absolute, sondern die altersbezogene Bevölkerungsentwicklung betrachtet:

Die Zahl der über 80-jährigen Menschen in der Oberlausitz wird bis 2030 um fast 70% zunehmen, die Zahl der 20-65-jährigen Menschen jedoch um fast 50% abnehmen.

Dieses Bild des Verlustes müsste noch einmal verstärkt werden, wenn man auch den Verlustfaktor c) berücksichtigt: Er hat zur Folge, dass im Jahr 2030 im Vergleich zu 2006 nur noch ein Drittel hoch qualifizierte Arbeitskräfte (d.h. junge Menschen mit Hochschulabschluss) aus der Region generiert werden können. Durch die überdurchschnittlich abgewanderten intelligenten Frauen wird außerdem nicht nur die Geburtenzahl der kommenden Generationen weiter sinken, sondern auch ihr Bildungsniveau wird sich wahrscheinlich verschlechtern. In einigen Regionen Mecklenburg-Vorpommerns ist bereits jetzt eine starke Zunahme von Sonderschülern zu verzeichnen.[7]

Man könnte einwenden, dass gute Unternehmen der Region ihre qualifizierten Fachkräfte dann deutschland- und weltweit suchen werden. Doch da zu diesem Zeitpunkt in ganz Deutschland und weiten Teilen Europas die junge Bevölkerung bereits sehr reduziert ist, wird dieser Wettbewerb um Humankapital[8] mehr erfordern als gut bezahlte Arbeitsplätze. Bereits jetzt lassen sich manche Fach-

7 Aussage einer brandenburgischen Landespolitikerin auf einem Demografiekongress 2009 in Dresden.

8 Der Begriff „Humankapital“ wird in der Wirtschaftswissenschaft erst seit einigen Jahren und mit verschiedenen Bedeutungen verwendet. Es gibt bisher noch keine allgemeingültige Definition dafür. Im Rahmen dieser Studie wird er dafür verwendet, um die Rolle des gebildeten Menschen als entscheidende Produktivkraft in allen modernen Wirtschaftsprozessen deutlicher darstellen zu können.

kräfte nicht für die Oberlausitz werben, weil ihre Familien nicht in einer Region mit schwachem kreativem Milieu[9] leben wollen.

In Regionen wie der Oberlausitz, wo die demografische Krise durch die Abwanderung junger Menschen verstärkt wird, lässt sich das Problem in vieler – nicht aller – Hinsicht auf die geringe Geburtenrate ganz Deutschlands zurückführen: Die in dieser Intensität selten zuvor beobachtete Abwanderung junger Menschen aus Regionen in andere desselben Landes wurde vor allem dadurch möglich, weil in den anderen, wirtschaftlich stärkeren Regionen der eigene Nachwuchs wegbrach. Deshalb sind dort gut dotierte Arbeitsangebote in großem Ausmaß vorhanden, die mit den Abwandernden der anderen Regionen gefüllt werden.

Die lukrativeren Arbeits- und Wohnangebote in anderen Regionen reichen jedoch noch nicht zur Erklärung dafür, warum junge Menschen aus ländlichen Regionen wie der Oberlausitz vor allem in Städte wie München, Berlin, Leipzig oder Dresden abwandern. Denn auch Regionen wie beispielsweise Oberfranken bieten lukrative Arbeits- und Wohnplätze, leiden jedoch selbst unter der Abwanderung ihrer Jugend[10] .

Um das Phänomen der Abwanderung junger gebildeter Menschen aus ländlich-traditionellen in (groß-)städtische Gebiete zu verstehen, braucht es einen Blick über den Tellerrand der Gegenwart und der traditionell solche Phänomene erklärenden Disziplinen wie Kulturwissenschaften und Wirtschaftsgeografie hinaus. Jeremy Rifkin, Leiter der Foundation on Economic Trends in Washington, beschreibt in seinem jüngsten Buch zu folgenden, für unser Problem relevanten generellen Entwicklungstrend in Wirtschaft, Gesellschaft und Kultur: Beginnend durch das Fernsehen und verstärkt durch das Internet verbreitet sich mehr und mehr eine neue, vorhergehenden Generationen kaum mögliche Bewusstseinsqualität: Werte, Ansichten und Lebensvorstellungen, die sich primär in Kindheit und Jugendjahren ausbilden, wurden früher vor allem durch Eltern und lokale Milieus geprägt. Zuerst das Fernsehen und mehr noch das Internet bewirken jedoch, das junge Menschen in ihren sensiblen Phasen eine Vielzahl von Werten und Lebensmöglichkeiten kennenlernen. Damit verbunden ist die wachsende Fähigkeit einer einerseits relativ selbständigen und andererseits flexiblen Wahl der eigenen Lebens- und Arbeitsperspektiven. Rifkin spricht von der Ablösung des zuvor „ideologischen“ durch ein „dramaturgisches“ Bewusstsein:

„Die dramaturgische Perspektive macht die Kommunikation zum Inbegriff aller menschlichen Tätigkeit. Sie definiert das Selbst als aus Beziehungen bestehend, macht die Erfahrung zum Theater und verwandelt das Eigentum in Symbole, die dem Menschen helfen sollen, seine vielen Rollen zu spielen,

---

9 Mehr dazu siehe in Kapitel VII. Die Aussage beruht auf einer internen Studie der Wirtschaftsförderung Bautzen.

10 Siehe: www.regierung.oberfranken.bayern.de/bauen/staedtebau/demographie.php.

während er sich in einem Netzwerk gelebter Erfahrungen bewegt, von denen jede einen anderen Aspekt seiner Lebensgeschichte darstellt.“[11]

Diese neue Welt, die mehr denn je von Kommunikationen, Beziehungen, kreativen Netzwerken und symbolischen Erfahrungen verschiedener Aspekte des eigenen Lebens abhängt, lässt sich in ländlich-traditionellen Milieus nur beschränkt realisieren. Gerade junge Menschen, deren Sozialisation stark durch die neuen Medien geprägt wurde, spüren jedoch den Drang nach entsprechend multioptionalen Lebenswelten – und wandern folgerichtig dahin, wo diese stärker als anderswo zu finden sind: in Städten wie München, Berlin, Leipzig oder Dresden.

Das bisher beschriebene Bild einer demografischen Krise ganz Deutschlands und verstärkt von Regionen wie der Oberlausitz wird in den folgenden Kapiteln durch konkretere Ausführungen zu ihren allgemeinen und besonderen Ursachen, zu wirtschaftlichen Folgen und zu möglichen Schlussfolgerungen ergänzt.

Insbesondere die Schlussfolgerungen können je nach Standpunkt des Urteilenden sehr verschieden sein: Für einen Beobachter von außerhalb einer betroffenen Region ergibt sich aus bestimmter Perspektive leicht das Fazit, dass alle Fördermittel, welche diese Region noch von außerhalb bekommt, besser gleich eingestellt werden sollten, da sie in diesem „Fass ohne Boden“ früher oder später verloren sind.[12]

Aus anderer Perspektive kann sich, besonders für Akteure in der Region, jedoch eine ganz andere Schlussfolgerung ergeben: Wenn ein bloßes „weiter wie bisher“ mit gewisser Wahrscheinlichkeit in den Ruin vieler Dörfer und Städte einer Region wie der Oberlausitz führt, dann ist es Zeit, andere, neue, gezielt auf die Ursachen der demografischen Krise abzielende Handlungsweisen und Koalitionen dafür zu initiieren. Dies lässt sich auch damit begründen, dass ganz Deutschland früher oder später vor dem Problem dieser demografischen Krise stehen wird und es daher auch aus Sicht des ganzen Landes sinnvoll ist, mit einem gewissen Mitteleinsatz modellhaft nach Wegen zu suchen, welche die ansonsten auf das ganze Land zukommenden enormen Verluste an Humankapital aufhalten könnten.

III. Volkswirtschaftliche Verluste durch fehlende Kinder

Im nächsten Kapitel wird konkreter erläutert, warum die demografische Krise ihre Ursachen letztlich darin hat, dass in Deutschland ebenso wie Italien oder

---

11 Jeremy Rifkin: Die empathische Zivilisation. Wege zu einem globalen Bewusstsein; Campus-Verlag 2009, S. 430 ff.

12 Siehe diese Sichtweise beispielsweise bei: Berlin-Institut für Bevölkerung und Entwicklung: Gutachten zum demografischen Wandel im Land Brandenburg, siehe: http://www.berlin-institut.org/studien/gutachten-zum-demografischen-wandel-im-land-brandenburg.html.

Russland bestimmte Modernisierungsprozesse bisher nur unzureichend stattfanden. Dies drückt sich unter anderem darin aus, dass der Wert von Humankapital – und das heißt auch: der Wert seiner vor allem von Müttern geleisteten Produktion – nach wie vor nicht in volkswirtschaftliche Bilanzen einfließt. In die gegenwärtigen Berechnungen des volkswirtschaftlichen Bruttosozialproduktes wird sehr vieles einbezogen – nicht nur unmittelbar wirtschaftliche Tätigkeiten, sondern auch Unfälle, Verwaltungstätigkeiten, Bildung, Waffenproduktionen, Aktienspekulationen etc. –, doch die Arbeit der „Erzeugung" der menschlichen Grundlagen jeglicher Wirtschaft und Gesellschaft wird nach wie vor als naturgegeben betrachtet und weitgehend ausgeblendet.

Die Ursachen dafür sind geschichtlich zu verstehen: Bei der Herausbildung der heutigen Wirtschaftswissenschaften gegen Ende des 19. Jahrhunderts schien menschliche Arbeitskraft etwas zu sein, was sich ähnlich wie die natürliche Umwelt von selbst regeneriert und daher immer im Überfluss vorhanden ist. Weil der tendenzielle Mangel an Humankapital hierzulande erst jetzt allmählich deutlich wird, und weil wissenschaftliche Paradigmen sich nur langsam verändern, hat sich bisher noch keine grundlegende wissenschaftliche Integration des volkswirtschaftlichen Werts von „Humankapital" vollzogen. Für demografische Ursachenanalysen und Handlungsempfehlungen ist es aus unserer Sicht jedoch erforderlich, den volkswirtschaftlichen Wert von Humankapital wenigstens in seiner ungefähren Größenordnung zu verstehen.

Es gibt bereits Versuche, das Humankapital finanziell zu quantifizieren. Dabei werden allerdings nur die Aufwendungen berechnet, die notwendig sind, um einen Menschen von der Zeugung bis zur Berufsreife zu entwickeln.[13] Die familialen Kosten für das Großziehen eines Menschen liegen demnach bei rund 150 000 €. Hinzu kommen die Ausgaben des Staates, die sich in erster Linie auf die Ausbildung beziehen. Insgesamt errechnet sich so ein Wert der Bevölkerung im arbeitsfähigen Alter von ca. 11 Billionen € (1991). Dies ist deutlich mehr als das Bruttoanlagevermögen der deutschen Volkswirtschaft von rund 7 Billionen €. Bereits in dieser Perspektive ist der Geburtenmangel Deutschlands eine unterlassene Investition. Von 1970 bis 2000 fehlten 9,6 Millionen Geburten im Vergleich zu dem Niveau, das für den Bevölkerungserhalt notwendig wäre. Dies entspricht in dieser Humankapitalberechnung umgerechnet 1,5 Billionen €, deren Verlust allerdings nicht sofort spürbar wird, sondern erst in Jahrzehnten in Form fehlender (Fach-)Arbeitskräfte.

13 In Deutschland wurden solche Berechnungen z.B. durch Georg Ewerhart durchgeführt, siehe: G. Ewerhart: Ausreichende Bildungsinvestitionen in Deutschland?: Bildungsinvestitionen und Bildungsvermögen in Deutschland 1992-1999, Bertelsmann-Verlag, Gütersloh 2003.

Aus unserer Sicht ist die soeben vorgestellte Humankapitalberechnung jedoch unzureichend, da sie nur die Kosten der Erziehung und Bildung, nicht jedoch die lebenslangen volkswirtschaftlichen Tätigkeiten eines Menschen einbezieht. Die im Folgenden als Denkmodell entworfene Überschlagsrechnung des Humankapitalwerts bezieht diese Tätigkeiten mit ein.

Zugrunde gelegt wird zum einen die für 2050 prognostizierte durchschnittliche deutsche Lebenserwartung von 85 Jahren und ein bis dahin zu erwartendes durchschnittliches Renteneintrittsalter von 65 Jahren.[14] Davon wird eine durchschnittliche Kindheits- und Ausbildungszeit von 25 Jahren abgezogen. Somit ist jeder deutsche Erwachsene ca. 40 Jahre lang Produzent von volkswirtschaftlichen Werten. Außerdem ist jeder ca. 60 Jahre lang Konsument und auch dadurch für den volkswirtschaftlichen Gesamtumsatz „tätig".

Des Weiteren wird das Durchschnittseinkommen von 30.000 € Brutto pro erwachsener deutscher Person zu Grunde gelegt.[15] Dieses Durchschnittsbruttoeinkommen ist zum einen Ausdruck der privaten und staatlichen Konsumtionsmittel, die jede Person pro Jahr durch Kauf von lebensnotwendigen und Luxus-Gütern sowie durch seine Einkommenssteuern mitfinanzierte Schulen, Straßen etc. umsetzt. Zum anderen ist es aber gleichzeitig Ausdruck der Werte (in Form von Broten, Autos, Dienstleistungen etc.), die jede erwachsene Person durchschnittlich durch Arbeit produziert.

Fasst man beide Voraussetzungen zusammen, so ergibt sich folgender durchschnittlicher volkswirtschaftlicher Gesamtwert pro Mensch in Deutschland:

40 Jahre x 30.000 € Produktionswert	= 1,2 Millionen €
60 Jahre x 30.000 € Konsumwert	= 1,8 Millionen €
Volkswirtschaftlicher Gesamtwert	**= 3,0 Millionen €**

Bezogen auf ganz Deutschland werden pro Jahr derzeit ca. 650.000 Menschen geboren und ca. 850.000 sterben.[16] Der Verlust beträgt daher pro Jahr ca. 200.000 Personen.

Jedes dieser 200.000 zu wenig geborenen Kinder bedeutet wie oben berechnet ca. 3 Mio. € Verlust. Somit erleidet die deutsche Volkswirtschaft durch fehlende Kinder pro Jahr einen Verlust von ca. 600 Milliarden €. Da ein Teil dieses Verlustes durch wachsende Produktivität wieder ausgeglichen wird, wird der Verlust

14 Quelle: www.bpb.de/wissen/YDGMRC,0,0,Entwicklung_der_Lebenserwartung.html.

15 Quelle: www.forwarddarlehen-vergleich.de/blog/durchschnittseinkommen-in-deutschland-2009-2010.

16 Quellen: www.destatis.de/jetspeed/portal/cms/Sites/destatis/Internet/DE/Content/ Statistiken/Bevoelkerung/GeburtenSterbefaelle/Tabellen/Content75/GeboreneGestorbene,templateId=render Print.psml.

auf den ersten Blick nicht unmittelbar sichtbar. Doch Wirtschaftsexperten erwarteten auch in dieser Hinsicht deutliche Negativfolgen: die Wachstumsraten der deutschen Wirtschaft werden nur noch minimal sein bzw. stagnieren; im internationalen Wettbewerb drohen dadurch tendenziell deutliche Rückfälle.[17]

Schaut man näher hin, dann zeigen sich die Folgen der fehlenden Kinder in vielen Regionen jedoch bereits jetzt: in Form von schließenden und verfallenden Schulen, in Form von ausbleibenden Lohn-, Gewerbe- und Körperschaftssteuern und damit auch von zunehmend verschuldeten Haushalten der Städte und Gemeinden. Die in den 80-iger und 90-iger Jahren auf Basis hoher Bevölkerungszahlen stark ausgeweiteten kommunalen Infrastrukturen und Dienstleistungen (Verwaltungseinheiten, Nahverkehr, Abwasseranlagen, Schwimmbäder, Jugendclubs) sind zunehmend nicht mehr oder nur noch durch wachsende Schuldenberge finanzierbar.

Besonders eklatant zeigt sich dieses Problem in von der demografischen Krise doppelt (mangelnde Geburtenrate + Abwanderung) betroffenen Regionen wie der Oberlausitz. Seit 1990 wanderten pro Jahr durchschnittlich 3.000 hier aufgewachsene gut ausgebildete junge Menschen mehr ab, als zuwanderten.[18] Somit verliert die Oberlausitz neben der auch hier zu geringen Geburtenrate seit 1990 pro Jahr zusätzlich noch ca. 9 Mrd. € an volkswirtschaftlichem Vermögen.[19] Die im Rahmen des Programms „Aufbau Ost" in die Oberlausitz fließenden Mittel verdecken zwar einen Großteil der ansonsten vermutlich bereits jetzt für die Region katastrophalen Folgen. Doch wer wachen Auges die Vorgänge in der Region beobachtet, erkennt durchaus deutliche Folgen bereits jetzt:

- Schulschließungen und immer mehr Orte mit nur noch wenigen jungen Menschen;
- Fachkräfte, die sich und ihre Familien nicht dort ansiedeln mögen, wo Bevölkerungsvielfalt abnimmt und damit auch eine der wichtigsten Bedingungen moderner menschlicher Lebensqualität, ein reiches kulturell-kreatives Milieu;
- Unternehmen, die sich wegen fehlender Fachkräfte nicht hier ansiedeln oder keine Nachfolger finden.

Durch den mit der Abwanderung junger Menschen verbundenen Verlust auch ihrer Kinder und Kindeskinder setzt sich die doppelte Wirkung der demografischen Krise in diesen Regionen langfristig fort, selbst wenn die Abwanderung tenden-

---

17 Alternde Gesellschaft. Wirtschaft droht Dauer-Durststrecke, Spiegel-online, 2.7.2010, siehe: http://www.spiegel.de/wirtschaft/unternehmen/0,1518,704242,00.html.

18 Siehe näher dazu: Sächsische Wanderungsanalyse. Statistisches Landesamt Sachsen, Kamenz 2006.

19 Der hier verwendete Begriff einer volkswirtschaftlichen „Substanz" ist problembezogen und symbolisch zu verstehen, denn volkswirtschaftliche Quantifizierungen und Bilanzen können ansonsten immer Prozesse und Entwicklungen abbilden.

ziell wieder geringer werden würde. Weitere Begleiterscheinungen sind aufgrund der prozentualen Zunahme älterer und damit auch kränkerer Menschen zu erwarten.

Aus der theoretischen Monetarisierung der Verluste durch Abwanderung junger Menschen aus ost- in westdeutsche Regionen ergibt sich auch eine ungewöhnliche Sicht auf das von einigen westdeutschen Politikern immer wieder in Frage gestellte Transferprogramm „Aufbau Ost“:

Seit 1990 fließen pro Jahr ca. 100 Milliarden € aus westdeutschen in ostdeutsche Regionen.[20] Stellen wir nun die Abwanderung von ausgebildeten Menschen aus Ost nach West gegenüber: Dieser betrug Anfang der 90-iger Jahre ca. 300.000 pro Jahr, erreichte nach zwischenzeitlichen Sinken einen zweiten Höhepunkt von 100.000 um die Jahrtausendwende, und pegelte sich in den letzten Jahren auf ca. 50.000 Abwanderungen pro Jahr ein. Davon sind überdurchschnittlich junge Menschen (Alter 18-25) und davon wieder überdurchschnittlich (ca. 60%) Frauen, insbesondere gut gebildete.[21] Das ergibt nach der volkswirtschaftlichen Wertanalyse pro Person von ca. 3 Mio. € (siehe oben, dieser Wert wird hier jedoch nur für die jungen Menschen angesetzt, für ältere wird mit der Hälfte kalkuliert) einen derzeitigen jährlichen Humankapitaltransfer aus Ost nach West in Höhe von ebenfalls ca. 100 Milliarden €. Die derzeit noch im Rahmen des Programms „Aufbau Ost“ von West- nach Ostdeutschland fließenden Mittel sind also ein durchaus angemessener Ausgleich für die von Ost- nach Westdeutschland abfließenden Humankapitalwerte.

Vergleicht man jedoch die Gesamtbilanz zwischen 1990 und 2006, so ergibt sich, dass die in dieser Zeit von West nach Ost geflossenen Mittel die von Ost nach West abgewanderten Humankapitale nur ca. zur Hälfte ausglichen:

Gesamttransferhöhe für Aufbau Ost 1990-2006:	Gesamtabwanderungssaldo von Ost nach West 1990-2006:
ca. 1,3 Billionen Euro	ca. 2 Millionen Menschen = ca. 4 Billionen €

Die oben berechnete volkswirtschaftliche Wertigkeit jedes Menschen ermöglicht das Sichtbarwerden eines aus anderer Perspektive durchaus bedenklichen Fakts, der sich aus der ungenügenden Modernisierung (mehr dazu siehe im folgenden Kapitel) der Bevölkerungsproblematik in Deutschland ergibt:

Vom oben berechneten volkswirtschaftlichen „Humankapitalwert“ eines Menschen in Höhe von ca. 3 Mio. € ziehen wir die Bildungsausgaben ab, die der

20 Analyse des Deutschen Instituts für Wirtschaftsforschung Halle, siehe konkret: www.spiegel.de/wirtschaft/soziales/0,1518,659990,00.html.

21 Quelle: www.foerderland.de/fachbeitraege/beitrag/Wanderungen-Von-Ost-nach-Westdeutschland/4471cb99a9/.

deutsche Staat pro Kind, Schüler und Student durchschnittlich erbringt: Pro Jahr und Person ca. 5.000 €[22], das heißt in 25 Kindheits- und Ausbildungsjahren insgesamt ca. 100.000 € pro Person. Ebenso davon abgezogen wird die Summe, welcher der Staat an Kindergeld beisteuert: pro Kind und Monat ca. 200 €, das ergibt in 25 Jahren ca. 55.000 €. Beides zusammen ergibt knapp 200.000 €. Die „restlichen" 2,8 Mio. € Humankapitalwert pro Mensch sind das Ergebnis der „Arbeit" in Form von ca. 20 Jahre langer alltäglicher Pflege, Ernährung und Erziehung, welche die Eltern leisten. Väter gleichen ihren oft geringen zeitlichen Einsatz dabei in gewisser Weise dadurch aus, dass sie mehr berufstätig sind und so das für die Gesamtfamilie nötige Einkommen generieren und einbringen. Mütter sind zumindest in den ersten Jahren und oft auch später durch Teilzeit weniger berufstätig. Unabhängig von ihrer Berufstätigkeit ist der von ihnen aufgewandte direkte Zeiteinsatz für Haushalt, Pflege, Ernährung und Erziehung eines Kindes jedoch ca. 2,5mal so hoch wie der der Väter. Addiert man diese Tätigkeiten, so leisten beide, sowohl Väter als auch Mütter pro Woche ca. 86 Stunden Arbeit die letztlich dem Aufwachsen der Kinder zugute kommt.[23]

Bei ca. 20 Jahren, die Kinder von Müttern und Vätern umsorgt werden, ergibt das zusammen ca. 2200 Wochen und damit insgesamt ca. 180.000 Stunden Arbeit der Mütter und Väter. Das volkswirtschaftliche Ergebnis dieser Arbeit beträgt wie oben gezeigt ca. 2,8 Mio. €, bei durchschnittlich 1,4 Kindern also ca. 4 Mio. €.

4 Mio. € geteilt durch 180.000 Familienarbeitsstunden ergibt einen Stundenarbeitswert von ca. 22 €; eine durchaus akzeptable Größe angesichts des deutschen Durchschnittsstundenlohns von ca. 26 €.[24] Väter leisten ihre Arbeit zum Unterhalt der Familie großteils in der offiziell anerkannten Wirtschaft und erhalten für alle diese Stunden Rentenansprüche. Mütter jedoch leisten ihre Familienarbeit in den volkswirtschaftlich nicht offiziell anerkannten Haushaltsbereichen. Sie erhalten hundertprozentige Rentenansprüche für die Erziehungstätigkeit der ersten drei Jahre und bei Teilzeitarbeit wegen Kindererziehung für weitere sieben Jahre Rentenzuschläge, das ergibt einen Gesamtrentenwert von ca. 40.000 €.

Gegenübergestellt bedeutet das:

Volkswirtschaftlicher Wert der Mutterarbeit pro Kind: 1.400.000 €	Gegenleistungen der Gesellschaft dafür: 40.000 €

22 www.iwkoeln.de/Publikationen/iwd/Archiv/tabid/122/articleid/23964/Default.aspx.

23 Näher siehe bei: Rüdiger Peuckert: Familienformen im sozialen Wandel, Vs Verlag 2008.

24 Quelle: www.statistik-mv.de/cms2/STAM_prod/STAM/_downloads/Industrie/V-Loehne-2009.pdf.

Abschließend für dieses Kapitel soll noch einmal betont werden, dass die hier überschlagsmäßig entwickelte Bilanzierung des volkswirtschaftlichen Werts von Kindern und Erwachsenen keine in jeder Hinsicht vollständige Feststellung darstellt. Die hier entwickelte vereinfachte Überschlagsbetrachtung ermöglicht jedoch erste Einschätzungen der Größenordung des volkswirtschaftlichen Problems, welches die demografische Krise für Deutschlang insgesamt und für Regionen wie die Oberlausitz insbesondere bedeutet. Das folgende Kapitel wird davon ausgehend eine konkretere Analyse der Ursachen dafür versuchen, warum es der deutschen Gesellschaft vergleichsweise schwer fällt, auf die demografische Herausforderung angemessen zu reagieren.

IV. Fehlende Modernisierung als Ursache

Die Moderne zeichnet sich dadurch aus, dass sie nicht wie vormoderne Gesellschaften bestimmte Zustände, Werte und Normen einfach deshalb vollzieht, weil dies wie naturgegeben scheinbar immer so war, sondern diese hinterfragt und rational neu organisiert. Eine der treffendsten Bestimmungsversuche der Moderne stammt von Alfred Weber:

> *„Wenn später einmal eine Soziologie sich fragen wird, was wohl die ungeheuerste geschichtliche Veränderung der äußeren Einfügung des Menschen in das Leben gewesen ist, diejenige, die alle seine Lebensinhalte am tiefsten umgewälzt hat, so wird sie sicher stets von neuem den Vorgang zeichnen, der von diesem Zustand hinübergeführt hat zum heutigen, von dem ‚gewachsenen' Zustand aller Lebensformen in den rationaler Organisiertheit – den Vorgang, der die eigentliche gesellschaftliche Revolution des neunzehnten Jahrhunderts darstellt.“*[25]

Diese rationale Organisation zuvor traditionell gewachsener Lebensformen entsteht vor allem durch folgende vier Entwicklungen:

Ein Mittel ist die *Monetarisierung:* die zuvor weitgehend nach ihrem Eigensinn im Rahmen lokaler Strukturen ablaufenden Prozesse oder Tätigkeiten werden entlokalisiert und monetarisiert. Sie werden in überregionale Wirtschafts- und Geldkreisläufe einbezogen. Dabei erhalten sie einen abstrakten Tausch- und Geldwert, der ausdrückt, welchen Wert diese Prozesse, Dinge oder Tätigkeiten für die Realisierung vieler anderer Prozesse, Dinge oder Tätigkeiten haben.

Als Folge dieser Einbeziehung in überregionale Tausch- und Bewertungsprozesse wird neben dem materiellen Wert meist auch die konkrete Existenz, Bedeutung und Wichtigkeit der Dinge, Prozesse oder Tätigkeiten bewusst. Sie werden so Gegenstand wissenschaftlicher Analysen, Reflexionen und Kritiken. Dieses zweite Mittel, die *Verwissenschaftlichung*, ist eine wesentliche Voraus-

---

25 Alfred Weber 1979/1910: Der Beamte, in: ders.: Haben wir Deutschen nach 1945 versagt? Zitiert nach: http://de.wikipedia.org/wiki/Moderne, abgerufen am 15.7.2010.

setzung dafür, um sie aus ihren gewachsenen Traditionen mehr und mehr herauslösen und auf neue, rationale Weise organisieren zu können.

Der praktisch-vollendete Vollzug dieser rationalen Organisierung wird durch das dritte Mittel, die *Bürokratisierung*, erreicht. Dabei entstehen entsprechende Gesetze, Ministerien, mittlere und untere Verwaltungsbehörden, welche dafür sorgen, dass die Ablösung der traditionalen Gefühls- und Handlungsgewohnheiten durch moderne Denk- und Handlungsmuster alltäglich reproduziert wird.

Das vierte Kennzeichen moderner Gesellschaften ist die *Individualisierung*, die Entbindung des Einzelnen aus ständischen und religiösen, aber auch ökonomisch/politischen Abhängigkeiten. Individualität war bis dato ein Privileg der Aristokratie und im eingeschränkten Sinne auch des Klerus. Nun wurde sie allgemein. Allerdings zum einen aufgeladen mit Sehnsüchten und Ansprüchen, die nur die Gemeinschaft erfüllen kann; zum anderen verbundenen mit der Gefahr für den Einzelnen, ins Bodenlose völliger Isolation zu fallen. Vor allem aus der Angst vor dieser Bodenlosigkeit erwachsen diverse Hypostasierungen der Individualität in Egozentrik. Das Vorziehen der persönlichen Karriere und des Einkommens gegenüber einem Leben mit Kindern ist nur eines der Auswüchse einer solchen, oft als Selbstverwirklichung getarnten Kultur der Egozentrik.

Der Beginn von gesellschaftlichen Modernisierungsprozessen reicht zurück bis zu den ersten Gesetzgebungen, Stadtgründungen und Geldsystemen. Doch umfassende Modernisierungsschübe, welche verfassungsmäßig verbriefte freie Persönlichkeitsrechte für die Mehrzahl der jeweiligen Gesellschaftsmitglieder durchsetzten, sind erst seit dem 18. Jahrhundert zu verzeichnen. Sie erfassten zuerst die USA und Frankreich, später übernahmen andere Nationen die offensichtlichen Vorteile dieser Entwicklung, die anfangs vor allem durch die Industrialisierung der Wirtschaft, die Demokratisierung der Politik und die Systematisierung der Bildung gekennzeichnet war. Um die durch zunehmende Individualisierung entstehenden Verluste an vorher unmittelbarer sozialer Solidarität zu kompensieren, kamen ab 1900 auch rational organisierte Systeme der Gesundheits- und Rentenfürsorge hinzu.

Was zu diesen Bereichen gehörte, wurde sowohl in die monetären Bewertungsmaßstäbe wirtschaftlichen Denkens, als auch in die kritischen Analysemaßstäbe wissenschaftlichen Forschens und in die Verwaltungsstrukturen moderner Staaten einbezogen. Alles anderes, was nicht zu diesen Bereichen gehörte, wurde weder monetär bewertet noch wissenschaftlich erforscht oder sachgemäß verwaltet. Zwei andere für die Existenz aller Wirtschaft und Gesellschaft eigentlich grundlegende Bereiche blieben so lange Zeit gesellschaftlich unsichtbar: Zum einen die natürliche Umwelt. Zum anderen das Pflegen, Behüten und primäre Erziehen von Menschen, bevor diese dann sekundär den Bildungssystemen zur weiteren gesellschaftlichen „Veredlung“ zur Verfügung gestellt werden können.

Die Problematik der unzureichenden Modernisierung des erstgenannten Bereichs, der natürlichen Umwelt, beginnt sich seit ca. 50 Jahren zunehmend bemerkbar zu machen und wird oft als „ökologische Krise“ bezeichnet. Es zeigt sich jedoch, dass die bloße Wahrnehmung der Probleme zerstörter Lebensgrundlagen wenig Änderung bewirkt, solange sie nicht den zentralen Kriterien rationaler Organisation – der Monetarisierung, der Bürokratisierung, der Verwissenschaftlichung und der Individualisierung bzw. individuellen Verinnerlichung – unterzogen werden. Obwohl die Bürokratisierung der Umweltprobleme in Form von Umweltministerien und Umweltverwaltungen bereits vor 30 Jahren einsetzte, und auch die Wissenschaft sich seit ca. 20 Jahren zunehmend diesem Thema widmet, wurde erst vor wenigen Jahren mit dem sogenannten Stern-Report auch eine Monetarisierung der Umweltprobleme auf einen gesellschaftlich wirksamen Stand gebracht. Erst seitdem fängt auch die moderne Wirtschaft zunehmend an, Umweltverantwortung nicht mehr nur als moralisches Feigenblatt, sondern als wesentliche Grundlage ihrer zukünftigen Entwicklungen, Umsätze und Renditen zu begreifen.

Die Soziologie führt seit ca. 20 Jahren eine Diskussion darüber, dass die bisherige Moderne unvollendet ist und durch weitere Modernisierungsschritte ergänzt werden müsste.[26] Man diskutiert dies durch Begriffe wie „zweite Moderne“, „Postmoderne“ oder „reflexive Modernisierung“[27]. Aufgrund der den modernen Wissenschaftsbetrieb nach wie vor dominierenden Spezialisierung nach den Bereichen und Erfordernissen der ersten und zweiten Modernisierungswelle[28], kam es jedoch bisher zu keiner Zusammenarbeit dieser soziologischen Debatte mit den Diskussionen zum „demografischen Wandel“. Unter anderem deshalb wird die Ursache der demografischen Krise der deutschen Gesellschaft bisher kaum in ihrer unzureichenden Modernisierung erkannt.

Interessant und hier nur thesenartig zu beantworten ist die Frage, warum einigen modernen Gesellschaften wie Frankreich oder Schweden die Modernisierung und Lösung des Bevölkerungsproblems bereits weitgehend gelang und anderen, wie insbesondere Deutschland, Italien und Spanien, bisher nicht. Aus der Tatsache, dass auch alle osteuropäischen Länder seit dem Niedergang ihrer „realsozialistischen“ Regime einen starken Rückgang ihrer Geburtenraten weit unter das Reproduktionsniveau verzeichnen, lässt sich folgende Vermutung ableiten:

---

26 Siehe dazu z.B. das Buch von Jürgen Habermas: Die Moderne – Ein unvollendetes Projekt. Philosophisch-politische Aufsätze, Leipzig 1990.

27 Ulrich Beck; Anthony Giddens; Scott Lash: Reflexive Modernisierung. Eine Kontroverse; Frankfurt a.M. 1996; siehe eine gute Zusammenfassung dieser Diskussion auch in: http://www.eheundjanneck.de/texte/infges/reflmod.html.

28 Siehe dazu den im Vorwort zitierten Gedanken von Kurt Biedenkopf zum Erfordernis fachübergreifenden Denkens für die Zukunft von Mensch und Umwelt.

Sowohl Deutschland, Italien und Spanien, als auch alle osteuropäischen Länder durchlitten im 20.Jahrhundert mehr oder weniger einschneidende diktatorische Phasen. Auch wenn die Strukturen und Ideologien dieser diktatorischen Gesellschaften vor und nach 1945 in vieler Hinsicht sehr verschieden waren, finden sich einige allen gemeinsame Charakteristika: sie alle waren Reaktionen auf sozial und geistig unbewältigte rasche wirtschaftliche Modernisierungsprozesse zu Beginn des 20. Jahrhunderts. Die mit der Industrialisierung und ersten Globalisierung um 1900 verbundenen Wandlungsprozesse vollzogen sich relativ rasch und bedeuteten enorme Veränderungen von Klassen, Schichten, Lebensgewohnheiten, Denk- und Gefühlsweisen. Daher waren die politischen und kulturellen Strukturen besonders anfangs oft instabil und tendierten in Krisenzeiten zum Rückfall in vormoderne Herrschaftsformen.

Diese diktatorischen Phasen und Systeme waren jedoch zugleich Ausdruck der Ambivalenz des Übergangs von vormodernen zu modernen Gesellschaften. Während in den Bereichen Politik und Kultur oft gravierende Rückfälle in vormoderne Strukturen erfolgten, wurden in demografischer Hinsicht erfolgreiche gesellschaftliche Interventionen realisiert. So erlebten die italienischen und deutschen Geburtenraten zwischen 1935 und 1945 einen starken Aufschwung. Auch den osteuropäischen Systemen gelang es noch in den 80-iger Jahren, durch sogenannte „familienpolitische" Maßnahmen die zuvor bereits auf historische Niederungen gesunkenen Geburtenraten wieder auf 1,9 Kinder je Frau zu erhöhen.

Aus diesem geschichtlichen Blick ergibt sich folgende These: Diejenigen Staaten, welche im 20. Jahrhundert im Rahmen ihrer Rückfälle in vordemokratische Systeme gewisse demografische Modernisierungen realisierten, übernahmen aus diesen Phasen nicht nur eine berechtigte Vorsicht gegen diktatorische Tendenzen, sondern damit verbunden auch gegen Familienpolitik. Letztere scheint im „kollektiven Unbewussten"[29] dieser Gesellschaften noch immer einen persönlichkeits- und freiheitsbeschränkenden Klang zu haben. Vermutlich deshalb scheuen sich sowohl Wissenschaft als auch Politik dieser Länder, die demografische Krise mit der nötigen Konsequenz anzugehen. Offenbar gibt es einen Zu-

29 Die moderne Soziologie scheut sich bisher, die auch in der Sozialphilosophie erst ansatzweise diskutierte Problematik anzuerkennen und zu erforschen, dass nicht nur Individuen, sondern mit und in ihren Individuen auch Gesellschaften neben ihrem in Wissenschaft, Kultur und Medien vertretenen Bewusstsein eine Art gesellschaftliches oder „kollektives Unbewusstes" aufweisen. Ähnlich wie das individuelle Unbewusste für das persönliche Handeln letztlich oft entscheidender ist als das individuelle Bewusstsein, so ist auch das gesellschaftliche Unbewusste oft entscheidend dafür, welche politischen Prozesse sich ereignen und welche nicht. Ansätze einer sozialphilosophischen Annäherung an diese Problematik siehe z.B. bei Johan Galtung (1983 und 1997) und Rudolf Bahro (1987 und 1994). Einen transdisziplinären Theorieentwurf dazu siehe bei Hosang et al. 2005.

sammenhang zwischen Demografie und sozioökonomischer Balance in modernen Gesellschaften. Wo diese Balance fehlt, geraten die Bevölkerungsstrukturen in die Schieflage, entweder durch unverhältnismäßige Schrumpfungen, oder durch Bevölkerungsexplosionen.

V. Strategien zur demografischen Modernisierung

Wenn wir erkennen, dass eine wesentliche Ursache der demografischen Krise Deutschlands in ungenügender Modernisierung liegt, dann lassen sich daraus Gegenstrategien ableiten, die wiederum den Ausgangspunkt für konkrete Handlungsmaßnahmen bilden können. Bevor im folgenden Kapitel einige solche konkreten Maßnahmen entworfen werden, sind in diesem Kapitel grundlegende Strategien dafür aufzuzeigen, wie die „Reproduktion" von Humankapital als menschliche Basis aller Wirtschaft und Gesellschaft modernisiert werden könnte. Diese Textabschnitte sind teilweise sehr sozialtheoretisch; wem dies nicht liegt, oder wer mehr an konkreten Handlungsvorschlägen interessiert ist, der kann dieses Kapitel überblättern.

1. Monetarisierung

Im Kapitel III. wurde anhand relativ einfacher Überschlagsrechnungen gezeigt, dass geringe Geburtenraten eines Landes wie Deutschland nicht nur menschlich-traurig sind, sondern auch riesige volkswirtschaftliche Verluste bedeuten.

Neben der im letzten Kapitel skizzierten Begründung, warum gerade Länder wie Deutschland, Italien oder Russland sich scheuen, die demografische Problematik mit der nötigen wissenschaftlichen und politischen Konsequenz anzugehen, dürfte noch ein anderer Grund dafür verantwortlich sein, dass solche volkswirtschaftlich-monetarisierenden Argumentationen der demografischen Krise bisher nicht existieren: volkswirtschaftliche Bilanzierungen werden üblicherweise für Zeiträume von einem Jahr gemacht, nur ausnahmsweise auch für ganze Dekaden. Die „Erzeugung" und „Produktivität" eines Menschen vollzieht sich jedoch in Zeiträumen von 20 bzw. 80 Jahren. Das heißt, für die Internalisierung der demografischen Gewinne bzw. Verluste in volkswirtschaftliche Bilanzen und damit auch ins wirtschaftspolitische Bewusstsein bräuchte es anderer Denkweisen und Instrumente, als sie in der bisherigen Wirtschaftswissenschaft gepflegt werden.

Wie praktisch wirksam solche Erweiterungen des wirtschaftswissenschaftlichen Horizonts sein können, zeigt sich anhand der neueren Bewusstseinsentwicklung zur ökologischen Problemlage, die der demografischen hinsichtlich ihrer langzeitigen Ausklammerung aus Modernisierungsprozessen durchaus verwandt ist. Die natürliche Umwelt als eine primäre Ressource aller Wirtschaft war für volkswirtschaftliche Bilanzierungen lange Zeit ebenso unrelevant wie die „Erzeugung" des Humankapitals; denn beides schien unendlich verfügbar. Mit dem sogenannten „Stern-Report" wurde erst 2006 eine Veränderung der wissenschaftlichen und auch politischen Sicht auf die wirtschaftliche Relevanz der natürlichen Umwelt eingeleitet. Der ehemalige Weltbank-Chefökonomen und jetzige Leiter des volkswirtschaftlichen Dienstes der britischen Regierung Nicholas Stern erstellte im Auftrag der britischen Regierung einen detaillierten Bericht über die wirtschaftlichen Folgen der globalen Erwärmung.[30] Seitdem so die Folgekosten eines unzureichenden Klimaschutzes deutlich benannt sind, sind politische wie auch wirtschaftliche Akteure eher bereit, Umwelt- und Klimaschutz als Teil ihrer Verantwortung anzuerkennen und umzusetzen.

2. *Verwissenschaftlichung*

Ein wesentlicher Unterschied von modernen gegenüber vormodernen Gesellschaften besteht darin, dass sie ihre wirtschaftlichen, politischen und kulturellen Strukturen und Entscheidungsprozesse nicht nach religiösen oder ideologischen Annahmen und auch nicht nach persönlichen Ambitionen von Machthabern ausrichten, sondern versuchen, für all diese Strukturen und Entscheidungen wissenschaftlich gesicherte Kriterien zu entwickeln. Dieses wissenschaftlich basierte Organisations- und Entwicklungsmodell ermöglichte die offensichtlichen Fortschritte moderner Gesellschaften in vielen Bereichen: ausreichende und gesicherte Nahrungsmittel und Wohnungen für alle, geringe Mütter- und Babysterblichkeit, freie Bildungs- und Entwicklungsspielräume für alle etc.

Wie Vorteile meist auch Nachteile haben, so auch die sich auf Wissenschafts- statt Glaubenssysteme gründende Moderne: Was nicht wissenschaftlich legitimiert ist, wird von modernen Medien nicht ernst genommen und von politischen Institutionen nicht behandelt. Deshalb ist es zur für die Zukunft Deutschlands wünschenswerten Lösung der demografischen Krise notwendig, dass die demografische Wissenschaft ihre bisher vorwiegend statistischen Betrachtungen durch theoretisch-grundlegende und möglichst interdisziplinäre Forschungen ergänzt. Ähnlich wie in Frankreich oder den USA, die auch in ihrer Bevölkerungspolitik erfolgreicher sind, müssten dazu hierzulande sowohl die Demografie als auch die Zukunftsforschung generell in Forschung und Lehre ausgebaut werden. Sicher erfordert dies wissenschaftspolitische Entscheidungen und erweiterte Ausstattungen für diese Bereiche. Doch wie im Kapitel III. in den demografisch-monetaristischen Überschlagsrechnungen gezeigt, dürften die dabei mit vergleichsweise geringem Mittelaufwand erzielbaren großen Verlustvermeidungen sich mittel- bis langfristig mehrfach rentieren.

---

30 Mehr dazu siehe bei: http://de.wikipedia.org/wiki/Stern-Report.

3. *Institutionalisierung und Bürokratisierung*

Damit die für menschliches Leben notwendigen Bereiche – Wirtschaft, Wissenschaft, Bildung, Verkehr, Umwelt etc. – im Alltag auf modern rationale Weise funktionieren, werden sie in Verfassungen und Rechtsformen verankert und in Form von Ministerien und regionalen sowie lokalen Verwaltungsbehörden institutionalisiert und bürokratisiert. Diese Institutionalisierung bestimmter gesellschaftlicher Funktionen gewährleistet, dass bei der Lösung sich wiederholender Aufgaben oder neuer Problemstellungen eine gewisse Routine wirken und so die Effizienz und Komplexität gesellschaftlicher Organisation insgesamt zunehmen kann. Eine Nebenfolge davon ist jedoch, dass Problemfelder, welche nicht entsprechend bürokratisiert sind, in den institutionellen Routinen nicht nur nicht gleichwertig beachtet werden, sondern oft sogar von den institutionalisierten Funktionen verdrängt werden,

Während Wirtschaft, Verkehr und Justiz bereits in den ersten Modernisierungswellen Rechts- und Verwaltungsstrukturen erhielten, wurden Gesetze und Bürokratien für den Bereich Umwelt erst seit den 80-iger Jahren geschaffen und sind auch gegenwärtig noch nicht ausgereift. Ähnlich geht es der Demografie bzw. dem Humankapital. Zwar gibt es in Deutschland schon seit Jahrzehnten Ministerien, sowie regionale und lokale Behörden für Jugend und Familie. Unter anderem aufgrund der ungenügenden wissenschaftlichen Thematisierung dieses Bereichs erfüllen diese Bürokratien zwar durchaus wichtige Aufgaben, sind jedoch fast blind und damit handlungsunfähig in Bezug auf die demografische Problematik.

Eine insgesamt nachhaltig funktionsfähige moderne Gesellschaft müsste nicht nur wie bisher dafür sorgen, dass die geborenen Kinder gesund aufwachsen, sondern auch dafür, dass durch entsprechende sozialökonomische und öffentlich-mediale Maßnahmen überhaupt ausreichend Kinder auf die Welt kommen. Die in den letzten Jahren beobachtbaren Bemühungen der entsprechenden Ministerinnen scheinen auf den ersten Blick das Problem zu erkennen und um Lösungen bemüht zu sein. Doch die Ergebnisse dieser Lösungsversuche sprechen für sich. So bewirkt das 2008 in Deutschland institutionalisierte Elterngeld einerseits durchaus eine gewisse volkswirtschaftliche Anerkennung der Mütter- und auch Väterarbeit; andererseits führt es jedoch zur Gefahr einer noch stärkeren Entwertung der eigentlichen Mütterarbeit: Es unterstützt nur die Mütter, welche sich zuvor ausreichend in traditionell bewerteten Wirtschaftsbereichen betätigten. Eine grundsätzliche volkswirtschaftliche Anerkennung und Bewertung der „Erzeugung" von Humankapital als sowohl wirtschaftlicher wie auch gesellschaftlicher und humanistischer Eigenwert wird damit nicht erreicht. Somit bleibt abzuwarten, ob das Elterngeld den gewünschten Effekt einer Erhöhung der Geburtenrate hat. Im Jahr 2009 erreichte die deutsche Geburtenzahl erst einmal ihren Niedrigststand seit 1945.

Zum Thema „Institutionalisierung und Bürokratisierung" ist noch eine Ergänzung erforderlich: das Modernisierungserfordernis, möglichst alle menschlichen Lebensbereiche einer strukturierten rationalen Organisiertheit zugänglich zu machen, ist nicht mit unflexibler Reglementierung gleichzusetzen. Bürokratisierung wird aus historischen Gründen gerade in Deutschland noch oft als die Unterordnung lokaler Kompetenzen unter die von Bundesländern oder des Staates insgesamt verstanden. Bürokratisierung ist jedoch nur dann erfolgreich, wenn sie sich konsequent am Subsidiaritätsprinzip orientiert: das heißt Entscheidungen werden möglichst immer auf der dem menschlichen Leben nahesten unmittelbaren Ebene getroffen. Dementsprechend sollen bei staatlichen Aufgaben zuerst und im Zweifel untergeordnete, lokale Glieder wie Stadt, Gemeinde oder Kommune für die Lösung und Umsetzung zuständig sein, während übergeordnete Glieder zurückzutreten haben. Dieser Subsidiaritätsgedanke tritt unter der Bedingung ein, dass das untergeordnete Glied in der Lage ist, die Probleme und Aufgaben eigenständig zu lösen. Gleichwohl darf das kleinste Glied nicht überfordert werden und die übergeordnete Ebene soll ggf. unterstützend tätig werden.[31]

Wie bedeutsam die Berücksichtigung dieses Prinzips gerade bei der demografischen Problematik ist, zeigt sich anhand des erfolgreichen schwedischen Modells: dort können die Bewohner der Dörfer und Städte selbst entscheiden, wofür sie ihre Mittel verwenden wollen – für eine leicht erreichbare kleine Dorfschule etwa oder für ein ausgefeiltes Beförderungssystem zur nächsten Knotenschule.

Eine Studie des Berlin-Instituts für Bevölkerung und Entwicklung kommt daher hinsichtlich der demografischen Problematik in Deutschland generell und in den bereits jetzt besonders betroffenen ostdeutschen Regionen insbesondere zum Schluss:

„Dringend notwendig dabei sind so genannte Systemsprünge – also Sprünge zu Systemen, die ganz anders aussehen als bisher, aber die gleiche, womöglich sogar eine bessere Leistung liefern: Eine Schule ist dann kein Gebäude mehr mit einer definierten Klassenfrequenz oder einer Schüler-Lehrer-Relation, sondern eine Dienstleistung für die Bildung junger Menschen. So können hervorragende Zwergschulen entstehen, in denen fünf Kinder die einzige Klasse einer Grundschule besuchen, voneinander lernen, Verantwortung für Kleinere übernehmen – vor allem in der Nähe ihres Wohnortes zur Schule gehen können. (...) Die Verantwortlichen sollten dabei grundsätzlich nicht in Einrichtungen denken, sondern in Dienstleistungen. Eine Kindertagesstätte ist eine definierte Einrichtung mit einer Mindestzahl an Plätzen. Aber in der Prignitz gibt es nicht genug Kinder, die diese Quote erfüllen könnten. Dennoch müssen die Kinder betreut, versorgt und gebildet werden. Also braucht es eine Dienstleitung für Betreuung, Versorgung und Bildung. Wie die aussieht ist, sollte den Bürgern und Initiativen vor Ort überlassen werden."[32]

---

31 Mehr dazu siehe beispielsweise in: Kurt Biedenkopf; Hans Bertram; Elisabeth Niejahr: Stake Familie – Solidarität, Subsidiarität und kleine Lebenskreise. Bericht der Kommission „Familie und demografischer Wandel"; Robert Bosch Stiftung Stuttgart 2009.

32 Berlin-Institut für Bevölkerung und Entwicklung: Gutachten zum demografischen Wandel im Land Brandenburg, siehe: http://www.berlin-institut.org/studien/gutachten-zum-demografischen-wandel-im-land-brandenburg.html.

Zum Abschluss dieses Kapitels noch eine kurze Diskussion dazu, ob es überhaupt wünschenswert ist, so sensible und in gewisser Weise intime Lebensbereiche wie die Zeugung und familiäre Erziehung von Kindern nach den Kriterien von Monetarisierung, Verwissenschaftlichung und Bürokratisierung rational zu organisieren. Kritik daran könnte damit begründet werden, dass – nachdem in den vergangenen Jahrhunderten bereits fast alle Lebensbereiche (Wirtschaft, Kultur, Soziales, Normen und Werte) modernisiert wurden – nun auch noch die letzen, bisher davon relativ verschonten Bereiche des menschlichen Lebens diesen unpersönlichen und „kalten" Prinzipien moderner Systeme unterworfen werden.

Diese Kritik lässt sich jedoch sowohl durch allgemeine als auch durch konkret-demografische Argumente entkräften: allgemein gesehen scheinen die praktischen Errungenschaften der Modernisierung in Wirtschaft, Politik und Kultur – wie beispielsweise gesicherte Ernährung, Energie- und Wasservorsorgung oder politische und kulturelle Freiheit und Vielfalt – die Nachteile überwiegen; sonst hätten sie sich auch nicht dauerhaft durchgesetzt.

In allgemeiner Hinsicht lässt sich außerdem argumentieren, dass die unerwünschten Nebenfolgen bisheriger Modernisierungen keine unvermeidlichen Folgen, sondern eher Ausdruck noch unzureichender Modernisierungsprozesse sind. Indem es mittels kostengünstiger und allgemein verfügbarer Kommunikationsmittel, wie vor allem das Internet, immer mehr gelingt, zu einseitig oder auch zu unvollkommen monetaristische Kriterien ins öffentliche Licht zu bringen und damit demokratischen Entscheidungsprozessen zugänglich zu machen, können beispielsweise negative ökologische wie auch gesundheitliche Nebenfolgen moderner Industrien zunehmend verschwinden. Vollendete Modernisierungsprozesse zielen also nicht darauf ab, ursprüngliche natürliche Gleichgewichte in der Umwelt wie in der menschlichen Körperlichkeit zu zerstören, sondern vielmehr darauf, diese natürlichen Gleichgewichte auf bewusster und für menschliche Zwecke günstigere Weise zu reaktivieren.

Dieselbe Argumentation lässt sich auch konkret auf die demografische Problematik anwenden: die ein tendenzielles Aussterben der deutschen Kultur bedeutende geringe Geburtenrate ist kein natürliches Phänomen, sondern Ergebnis einer unzureichenden Modernisierung. Die rationale Organisation fast aller wirtschaftlich relevanten Tatsachen außer der primären „Erzeugung" von Humankapital führt dazu, dass moderne Menschen relativ genau kalkulieren können, welche Tätigkeiten ihnen welche monetären und/oder auch emotionalen Vorteile, Gegenleistungen und Befriedigungen bringen können. Infolgedessen entscheiden sich immer mehr gerade gut gebildete Frauen bzw. Paare dafür, auf Kinder zu verzichten.[33]

33 Siehe die Quellen dazu in Fußnote 8.

Dieser Verzicht auf Kinder ist also kein Naturphänomen, sondern Ergebnis zu einseitiger volkswirtschaftlichen Bewertungs- und Verteilungsformen, welche die bei Frauen eigentlich vorhandenen natürlichen Sehnsüchte danach, Mutter zu sein, auf subtile Weise verdrängen. Die US-Psychologin Daphne de Marneffe führt in ihrem Buch „Die Lust, Mutter zu sein" zahlreiche Forschungsergebnisse dazu zusammen, dass Mutterschaft ein starkes seelisches Bedürfnis der menschlichen Natur ist, jedoch oft mit anderen Funktionserfordernissen moderner Gesellschaften kollidiert:

„Ein Kind zu bekommen schafft nicht nur ein physisches Wesen, sondern auch eine Beziehung zwischen zwei Menschen. Das Verlangen, Mutter zu sein, ist unter anderem das Verlangen, teilzuhaben an dieser Beziehung und an der Schaffung einer anderen menschlichen Persönlichkeit durch unsere einzigartigen Fähigkeiten, durch unsere eigene Persönlichkeit." Mutterschaft ermöglicht Frauen die Erfahrung von Freude, Selbstausdruck und gegenseitiger Wertschätzung. Sie beschränkt nicht, sondern erweitert persönliche Entwicklungen. Dennoch wird Mutterschaft heute oft als tiefer Konflikt erlebt – sowohl bei den Vollzeit-Müttern als auch bei den Müttern, die auf die Erwerbsarbeit nicht verzichten wollen oder es aus wirtschaftlichen Gründen nicht können. Die Lösung dieser Konflikte besteht nicht darin, immer erweiterte Fremdbetreuung einzuführen und das Bedürfnis von Müttern nach Nähe zu ihren Kindern klein zu reden. Vielmehr sollten grundlegendere Fragen gestellt werden: zum Beispiel nach der Stichhaltigkeit der vermeintlichen Sachzwänge unseres marktzentrierten Wirtschaftssystems, die einem erfüllten Zusammenleben von Müttern und Vätern oder anderen Familienformen mit ihren Kindern im Wege stehen. Es bedarf daher ganz grundsätzlicher Diskussionen über: „die Notwendigkeit 'emotionaler Investitionen' ins Familienleben in einer Zeit der Entwertung und Aufhebung familiärer Strukturen. (...) Wir brauchen (...) eine öffentliche Diskussion darüber, wie wir Beziehungen zu geliebten Menschen und Bindungen an Gemeinschaften, die sich den Gesetzen des Marktes entziehen, richtig bewerten können."[34]

Wenn früher oder später auch in Deutschland solche grundsätzlichen wissenschaftlichen und öffentlichen Diskussionen über den vielfältigen emotionalen, volkswirtschaftlichen und ethischen Wert der Mütterarbeit entstehen, und diese auch dazu führen, dass Mütter, Väter und Familien einen angemessen Gegenwert für ihre volkswirtschaftlich enorm wichtige „Erzeugung" von Humankapital erhalten, dann ist damit zu rechnen, dass auch das natürliche menschliche Lebensbedürfnis danach, Mutter bzw. Vater zu sein, auf selbstbewusstere und intensivere Weise wieder zur Geltung kommt.

VI. Handlungsvorschläge für mehr Kinder in ganz Deutschland

In diesem Kapitel geht es um konkrete Handlungsansätze. Diese umfassen Vorschläge einer adäquateren Anerkennung von „Mütter- und Väterarbeit" ebenso

34 Daphne de Marneffe: Die Lust, Mutter zu sein, Piper Verlag, München 2005.

wie solche zur zeitlichen Entlastung von Kleinfamilien und Müttern durch mehr und flexiblere Kinderbetreuung und -erziehung.

Letztlich ist Geld nicht alles. Befragungen von Frauen zeigen, dass auch ein Zugewinn an Zeit und an Freiraum durch flexiblere Arbeitsverträge und Kinderbetreuungsformen wichtig sind, damit sie ihrer „Lust, Mutter zu sein“[35] mehr als heute möglich nachgeben können.[36] Doch sowohl diese als auch andere Befragungen[37] und modellhafte Experimente[38] zeigen, wie sehr rational moderne Frauen und Familien auch in Deutschland inzwischen erkennen und entscheiden, dass die Erziehung von Kindern, besonders bei mehr als einem Kind, ihnen im Vergleich zu Kinderlosen deutliche finanzielle Nachteile bringt.

Auch das erfolgreiche Beispiel Frankreich deutet darauf hin: Wissenschaft und Politik erkannten dort bereits vergleichsweise zeitig die drohende demografische Krise. Sie leiteten daraufhin konsequent entsprechende Schritte ein, wodurch jetzt wieder eine fast reproduktive Geburtenrate von 2 Kindern je Frau erreicht wird. Ein wesentlicher Schritt dabei war es, Kinder in der Steuerbilanz der Eltern nicht mehr – wie noch heute in Deutschland – als deren privates Anhängsel, sondern als reale Personen und damit auch als potenzielles „Humankapital“ zu bewerten. Familien mit mehr als einem Kind bezahlen seitdem in Frankreich nur bei hohen Einkommen eine Einkommenssteuer.

In Deutschland verlieren sich die politischen Ideen und Debatten einer Umwandlung des Kinderlosigkeit begünstigenden Ehegattensplittings in ein Familiensplitting nun schon seit Jahren in ideologisierenden Debatten der „Familienpolitik“, die offenbar alles Mögliche bewirken, nur keine Stärkung von Familien mit Kindern. Im Gegenteil: erst vor wenigen Jahren wurde in Deutschland der Spitzensatz der Einkommenssteuer gesenkt und damit letztlich eine weitere Begünstigung kinderarmer gegenüber kinderreichen Familien bewirkt. In Frankreich oder Schweden, wo statt des Ehegattensplittings ein steuerliches Familiensplitting gilt, hat dies nicht zufällig deutliche Effekte auf die Geburtenraten. Indem so

---

35 Siehe Anmerkung 22.

36 Näher dazu siehe die Studie von Charlotte Höhn, Andreas Ette und Kerstin Ruckdeschel: Kinderwünsche in Deutschland. Robert Bosch Stiftung, Stuttgart 2006.

37 Im Rahmen des im Vorwort genannten Forschungsprojekts „ADO“ wurden ca. 100 gut gebildete junge Frauen nach ihrem Kinderwunsch und den Bedingungen dafür befragt. Neben der Bedingung verlässlicher Unterstützung bei der Kindererziehung (die Frauen wünschten sich im Durchschnitt 2,5 Kinder) zeigte sich auch hier eine starke Sorge der Frauen, durch Kinder ins finanzielle und damit auch gesellschaftliche Abseits zu geraten.

38 Im Rahmen eines von der sächsischen Landesregierung und der Humboldt-Universität Berlin initiierten sozialökologischen Langzeitexperiments zeigte sich, dass gut gebildete Frauen unter Bedingungen, die ihnen sowohl flexible und anspruchsvolle Tätigkeiten als auch eine gewisse Grundsicherung ihrer Erziehungstätigkeit gewährleisten, auch in Deutschland mehr als 2 Kinder pro Frau zur Welt bringen und erziehen. Mehr dazu siehe in: Miteinander Leben Lernen. Berichte von einem kinderreichen Projekt. Hrsg. von Maik Hosang, Hochkirch 2006.

Kinder dort auch monetär als potenzielles Humankapital anerkannt sind, drückt sich darin auch eine vollständigere Wirtschaftstheorie aus. Aber nicht nur das haben diese Länder Deutschland in Hinsicht demografischer Weisheit voraus.

Ihre im Unterschied zu Deutschland auch bereits seit Jahren ausreichend erweiterten, flexibilisierten und fast zu 100% öffentlich finanzierten Kinderbetreuungsformen vom Babyalter bis zum Schulabschluss sind alles andere als rein monetär gedachte Aufbewahrungsinstitutionen. Dahinter steckt auch ein moderneres Bild der Kinderbetreuung: die Moderne zeichnet sich (wie in den vorigen Kapiteln ausgeführt) dadurch aus, dass immer mehr Lebensbereiche aus den zuvor naturwüchsigen und kleinteilig-lokalen Zusammenhängen und Größenordnungen herausgelöst und auf rationale Weise neu organisiert werden. So ist es auch in Deutschland selbstverständlich, seine Nahrungsmittel, Wohnungen und anderen Güter nicht allein oder in der Familie herzustellen, sondern weitgehend aus überregionaler Arbeitsteilung zu beziehen. Auch die Organisation weiter Reisen oder die Regelung starker menschlicher Konflikte würde kein Mensch hierzulande nur als seine Privatlösung betrachten.

Kinderbetreuung und -erziehung kann sicher nicht unbegrenzt aus dem familiär-persönlichen Raum in öffentliche Funktionen übergeben werden. Persönlichkeits- und Entwicklungspsychologie haben ausreichend nachgewiesen, wie wichtig liebevoll-persönliche Bezugspersonen für die seelisch-geistige Entwicklung von Kindern insbesondere im Kleinkindalter, jedoch auch in der Pubertät sind. Die Erhaltung von ausreichend familiären Zeiträumen muss jedoch nicht im Widerspruch zur Modernisierung von Kinderbetreuung und -erziehung im Sinne gesamtgesellschaftlicher Verantwortung stehen. Zumal moderne Mütter und Väter, und erst recht Alleinstehende, nicht mehr wie in früheren Großfamilienverbänden eine alltägliche verwandtschaftliche Unterstützung bei der Kinderbetreuung haben; die alleinige Verantwortung für alle mit Kindern verbundenen Aufgaben ist daher eine durchaus moderne Überlastungserscheinung.

Das Beispiel Frankreich zeigt auch hier die Möglichkeit einer gelungenen Integration beider Seiten: einerseits das deutliche finanzielle und strukturelle Engagement der Gesamtgesellschaft für alle Kinder und andererseits die öffentlich unterstützte Sicherung von familiärer Zeit und Zuwendung. Kinder werden dort nicht vorwiegend als Privatsache, sondern als Teil des öffentlichen Lebens gesehen, und Familienförderung gilt als Gemeinschaftsaufgabe. Vermutlich nicht zufällig hat Frankreich auch die familienfreundlichen Space Cars und die Schwangerschaftsmode erfunden. Französische Kinder sind selbstverständlicher Bestandteil des Alltags nicht nur in den Familien, sondern auch in der Gesamtgesellschaft. Letzteres erleben die Mütter, Väter und Kinder in den seit vielen Jahren ausreichend für alle vorhandenen und 100-ig öffentlich finanzierten vielfältigen und flexiblen Kinderbetreuungsangeboten vom Kleinkind bis zum älteren Schüler. Für das Familienleben gibt es dennoch ausreichend Frei- und Zeiträume: der schulfreie Mittwoch, einst der Tag des Kirchenunterrichts, ist heute der Tag der

Kinder. Straßen und Verkehrsmittel sind mittwochs voller Kinder, die mit ihren Eltern, Großeltern oder Betreuern Ausflüge machen.

Eine für Deutschland angesichts der unvermeidlich erst einmal weiter abnehmenden Arbeitskräfte interessante Folge des französischen Modells ist sowohl die europäische Spitzenquote von ca. 2 Kindern pro Frau, als auch der Fakt, dass 80 Prozent der Französinnen mit zwei Kindern berufstätig sind (in Deutschland sind es nur knapp 60 Prozent[39]). Ein weiteres interessantes Ergebnis ist, dass dort der Kinderwunsch mit zunehmender Bildung und gehobener Berufsposition nicht wie hierzulande sinkt, sondern steigt.[40]

Deutschland wird seine hausgemachte demografische Krise und menschliche Zukunftsnot nur dann lösen können, wenn die für die Zukunft dieses Landes heute verantwortlichen Politiker möglichst bald sowohl ihre Vorurteile gegen moderne Familienförderung als auch das Primat parteilicher Profilierungen zu ungunsten rascher parteiübergreifender Entschlüsse dafür aufgeben. Die zwei wichtigsten und nur zusammen wirksamen Handlungsempfehlungen dafür wurden am Beispiel Frankreichs skizziert: Erstens eine deutlichere monetäre Anerkennung und Gegenleistung für die „Erzeugung“ von Humankapital durch Familien- statt Ehegattensplitting der Einkommenssteuer. Und zweitens die möglichst rasche Einführung von einerseits 100%-ig öffentlich getragenen und andererseits sehr flexiblen, an den Zeitbedürfnissen von Familien orientierten Kinderbetreuungsmöglichkeiten für alle Kinder.

VII. Handlungsvorschläge gegen regionale Entvölkerung

Im Juni 2009 provozierte eine Studie des Berlin-Instituts für Bevölkerung und Entwicklung die Politik und Öffentlichkeit damit, dass es sinnvoller sei, in einigen demografisch sehr betroffenen Regionen Ostdeutschlands besser gleich das „Licht ausgehen“ zu lassen, als weiterhin den Anschein von Normalität zu erzeugen.[41]

Ist es tatsächlich volkswirtschaftlich sinnvoller, Regionen wie die Oberlausitz, die in den kommenden Jahren einen weiteren enormen Rückgang an vor allem jungen Menschen erleiden wird, besser gleich abzuschreiben als noch

39 Warum das so ist, siehe praxisnah erläutert bei: www.harvardbusinessmanager.de/heft/artikel/a-691444-druck.html.

40 Weiteres zum Unterschied der deutschen und der französischen Demografiepolitik siehe bei: Michael Mönninger: Wo sind die Kinder? Demografie als Volkssport; in: DIE ZEIT 26.2.2004 Nr.10; bei: Manfred Weber: 2045 mehr Franzosen als Deutsche; in: Focus, 2.10.2007; oder bei Stephan Sievert und Rainer Klingholz: Ungleiche Nachbarn; siehe: Rener: www.berlin-institut.org/weitere-veroeffentlichungen/ungleiche-nachbarn.html.

41 Andreas Weber und Reiner Klingholz: Demografischer Wandel. Ein Politikvorschlag unter besonderer Berücksichtigung der Neuen Länder. Berlin-Institut für Bevölkerung und Entwicklung, 2009: http://www.berlin-institut.org/weitere-veroeffentlichungen/demografischer-wandel.html.

einige Jahre mit nicht unwesentlichen externen Mitteln über Wasser zu halten? Eine erste sehr einfache Antwort ergibt sich aus der in Kapitel III. vollzogenen Überschlagsrechnung: Mit jedem jungen Menschen der in eine westdeutsche Region abwandert, weil auch dort viel zu wenig Nachwuchs geboren wird, „fördert“ die Abwanderungsregion die Zuwanderungsregion mit ca. 3 Millionen €. Denn den Aufwand zur „Erzeugung“ dieses „Humankapitals“ hat die Abwanderungsregion erbracht. Es ist daher auch wirtschaftlich gesehen durchaus fair, den diese „Erzeugung“ vollbringenden Eltern, die weiterhin in der Abwanderungsregion bleiben, einen gewissen Ausgleich dafür zu gewähren. Im Sinne volkswirtschaftlicher Arbeitsteilung könnten sich diese Regionen dann vielleicht sogar darauf spezialisieren, weiterhin ausreichend menschlichen Nachwuchs auch für andere Regionen zu „erzeugen“.

Aber auch aus einer anderen, nicht nur die vergangene Erzeugung des Humankapitals, sondern auch dessen Zukunft betrachtenden Sicht könnte es sinnvoll sein, ostdeutsche Regionen wie die Oberlausitz nicht volkswirtschaftlich abzuschreiben. In ganz Deutschland werden zu wenige Kinder geboren und ohne grundsätzliche Änderung potenzieren sich diese Verluste von Generation zu Generation. Daher ändert die gegenwärtige, doch aufgrund sinkender Geburten tendenziell abnehmende Ost-West-Wanderung letztlich wenig daran, dass früher oder später fast alle deutschen Regionen vor den gleichen Problemlagen stehen werden.

Aus übergreifender volkswirtschaftlicher Sicht wäre es daher zweckmäßig, einige der bereits jetzt sehr stark betroffenen Regionen als demografische „Zukunftslabore“ für ganz Deutschland zu betrachten und dort ganz praktisch zu erforschen, wie die in Ländern wie Frankreich oder Schweden gelungene demografische Modernisierung auch hierzulande gelingen könnte.

Dazu wäre jedoch eine Korrektur der bisherigen Förderpolitik erforderlich. In einer Region mit sinkenden Bevölkerungszahlen brauchen nicht Milliardensummen in die Aufrechterhaltung von technischen und bürokratischen Infrastrukturen gesteckt werden, von denen absehbar ist, dass sie nach auch absehbarer Einschränkung der Fördermittel wieder stark reduziert werden müssen. Stattdessen könnte ein Teil dieser Mittel dazu verwandt werden, gezielt und durchaus teilweise experimentell die Familien- und Kinderfreundlichkeit zu fördern. Wenn es mittels entsprechender „Forschungs- und Entwicklungsfonds für Humankapital“ gelänge, die Geburtenrate in relevanten Kohorten auf 2 Kinder je Frau zu erhöhen und die dabei herausgefundenen effektivsten Entwicklungsbedingungen wissenschaftlich zu dokumentieren, dass auch andere Regionen ohne entsprechende Fördermittel diese realisieren können, dann dürfte der gesamtvolkswirtschaftliche Nutzen den Mitteleinsatz weit übersteigen.

Dazu bräuchte es jedoch eine „neue Sicht der Dinge"[42] darauf, was Wirtschaft insgesamt überhaupt ist und auch darauf, welche Produktivkräfte die entscheidenden Wirtschaftsfaktoren der Zukunft sind. Auch wenn Menschen bzw. „Humankapital" schon immer die letztendlich entscheidende Basis aller Wirtschaft waren, so erleben wir derzeit einen Konjunkturwandel, in dem Humankapital auch unmittelbar der wichtigste Wirtschaftsfaktor wird. Während die vergangenen Konjunkturzyklen vor allem durch technische Erfindungen und Mittel forciert wurden, sind die neuen und bereits jetzt weltweit am stärksten wachsenden Wirtschaftsfelder der Gesundheits-, Informations- und Freizeitdienstleistungen wesentlich von entsprechend ausbildbaren Menschen abhängig. Dass der gegenwärtige deutsche Konjunkturaufschwung noch einmal von der technisch-industriellen Kompetenz deutscher Ingenieure zehrt, das beruht vor allem auf entsprechenden Nachholbedürfnissen von Schwellenländern wie China, Brasilien etc. Diese werden jedoch zunehmend selbst Entwickler und Exporteur wissenschaftlich-technischer Güter. Daher sollten europäische Wirtschaften bereits jetzt verstärkt auf die Märkte der Zukunft setzten.[43]

Wie sehr diese neuen Märkte sich um Dienstleistungen für „Humankapital" drehen werden, verdeutlichen folgende Ausführungen von Bernhard von Mutius:

„Wir sprechen allenthalben über einen grundlegenden, epochalen Wandel, den unsere Gesellschaft durchläuft – von der Industriegesellschaft zur Wissensgesellschaft. Es ist das Spezifikum dieses Epochenwechsels, die intellektuellen, schöpferischen, kreativen Fähigkeiten des Menschen in neuer Weise zu fordern. Der Mensch selbst mit seinen geistigen Kräften ist die eigentliche Triebkraft dieser Umwälzung. Der Mensch selbst rückt ins Zentrum der informations- und wissensbasierten Ökonomie des 21. Jahrhunderts. Denn die Ressourcen Information und Wissen sind ausschließlich menschliche Erzeugnisse. Der Mensch greift also, wie es Meinhard Miegel formulierte, »nicht in seine Umwelt ein, sondern in sich selbst. In gewisser Weise wird er damit zur Ackerscholle, zum Kohleflöz oder zur Ölquelle. Er ist selbst der Rohstoff, der wertschöpfend verarbeitet wird." Das ist der eigentliche Paradigmenwechsel der angebrochenen Epoche. Es ist die Schöpferkraft des homo sapiens, die jetzt in besonderer Weise gefragt ist."[44]

Neben den gerade genannten Aspekten müsste die demografische Reaktivierung einer Region auch die im Kapitel II beschriebene Herausbildung einer neuen,

42 Siehe: Kurt Biedenkopf: Die neue Sicht der Dinge. Plädoyer für eine freiheitliche Wirtschafts- und Sozialordnung, München 1985.

43 Näher dazu siehe: Nefiodow, Leo: Der sechste Kondratieff: Wege zur Produktivität und Vollbeschäftigung im Zeitalter der Information. Die langen Wellen der Konjunktur und ihre Basisinnovation, Rhein-Sieg Verlag, St. Augustin 2007; und: Rifkin, Jeremy: Der europäische Traum: Die Vision einer leisen Supermacht, Fischer Verlag, FfM 2006; sowie: Opaschowski, Horst W.: Deutschland 2030: Wie wir in Zukunft leben, Gütersloher Verlagshaus, 2008

44 v. Mutius, Bernhard: „Die Verwandlung der Welt. Ein Dialog mit der Zukunft" beim Symposium „Spüre die Welt"; Wien 2002, Quelle: http://www.iwp.jku.at/born/mpwfst/02/20011 124mutius.pdf

„dramaturgischen“ Lebensperspektive beachten. Denn dieser sich insbesondere bei jungen Menschen vollziehende Shift vom „ideologischen“ zum „dramaturgischen“ Bewusstsein ist letztlich der Grund dafür, dass junge Menschen aus ländlich-traditionellen Regionen in Städte wie München, Berlin oder Dresden abwandern – denn diese bieten bisher besseren Entfaltungsbedingungen dafür.

Im Folgenden werden einige konkrete Möglichkeiten, Modelle und Vorschläge dafür skizziert, wie sich eine Region wie die Oberlausitz unter Beachtung dieser allgemeinen Entwicklungstrends als ein demografisches Zukunftslabor profilieren könnte:

1. Familiensplitting regional testen

In den vorigen Kapiteln wurde dargestellt, inwiefern Mütter und Väter bzw. Familien durch ihre primäre „Erzeugung“ von Humankapital enorme volkswirtschaftliche Werte „produzieren“, dafür in Deutschland aber kaum deutlich erkennbare monetäre Gegenleistungen erhalten. Anhand des Beispiels Frankreich, welches wie auch Schweden bereits vor Jahren ein Familien- statt des hiesigen Ehegattensplittung bei der Einkommenssteuer einführte, wurde gezeigt, wie wirksam eine solche deutliche steuerliche Anerkennung für die Geburtenrate ist.

Was spricht dagegen, ein solches Modell, das in Deutschland insgesamt aufgrund bestimmter politischer Traditionen nach wie vor umstritten ist, im Maßstab von einer Region, die sich dafür politisch entscheidet, zu testen? Der finanzielle Aufwand einer steuerrechtlichen Sonderstellung und entsprechender Weiterbildungen für regionale Finanzbeamte dürfte überschaubar sein und den möglichen Effekt einer erkennbar verbesserten Geburtenzahl in dieser Region – auch als Modell für ganz Deutschland – allemal lohnen.

2. „Easy Good Economy“: Kreative und flexible Bildungs-, Arbeits- und Kinderbetreuungsmodelle für junge Frauen

Wie in den Ausführungen zur demografisch erfolgreichen Politik Frankreichs gezeigt wurde, ist ausreichende monetäre Anerkennung der Mütter- und Familienarbeit dann am wirksamsten, wenn sie durch moderne Modelle flexibler Arbeits- und Kinderbetreuungsmöglichkeiten für Eltern begleitet wird.

Daher wäre es sinnvoll und erfolgsversprechend, im Rahmen regional-demografischer Zukunftslabore zum einen anderswo erfolgreiche Modelle dafür zu testen, und zum anderen vielleicht noch weitergehende Innovationen in dieser Richtung zu entwickeln. Eine solche sozialökonomisch-demografische Innovation könnte vor dem oben skizzierten Trendhintergrund wie folgt aussehen:

- „Easy Ökonomie“[45] bzw. „Freitätigkeit“: Große Unternehmen, die für ihr Bestehen im globalen Wettbewerb auf permanente Innovation angewiesen sind, erkennen zunehmend, dass die dafür notwendige Kreativität nicht im Rahmen traditioneller Büroarbeit entsteht. Sie bezahlen Mitarbeiter ihrer Entwicklungsabteilungen daher zum Teil dafür, nicht im Büro zu sitzen, sondern sich dort aufzuhalten und zu arbeiten, wo ihre Kreativität am besten blühen kann.
- „Kreative Milieus“: Weil die bereits gegenwärtig stark wachsenden neuen Dienstleistungsbranchen[46] vor allem kreative Menschen brauchen und für diese interessante Arbeitsplätze bieten, siedeln sich gut ausgebildete junge Menschen bevorzugt dort an, wo sie auch im alltäglichen Lebensumfeld ihre kreativen Kompetenzen entfalten können. Bisher sind das vor allem Großstädte wie München, Hamburg, Berlin, Dresden oder Leipzig; aber dank moderner Kommunikationstechnologien gibt es auch einen Trend dazu, sich solche kreativen Milieus im ländlichen Raum zu organisieren.[47]
- Weil Regionen wie die Oberlausitz sich aufgrund traditionellen Wirtschafts- und Verwaltungsdenkens schwer tun, statt nur bisheriger Wirtschaftsschwerpunkte auch diese neuen Wirtschaftstrends – und das heißt vor allem deren Humankapital – zu fördern, wird dafür ein „Entwicklungslabor Easy Good Economy“ eingerichtet.
- Dazu wird in der Region lebenden arbeitslosen oder ihr Studium hier abschließenden jungen Frauen (und auch einigen entsprechenden Männern) vorgeschlagen, statt in andere Regionen abzuwandern, für einen erst einmal begrenzten Zeitraum von 2-3 Jahren in der und für die Oberlausitz kreativ zu werden.
- Mit Hilfe den neuen Bundesländern zur Verfügung stehender Mittel zur Beschäftigungsförderung im Rahmen der Arbeitsagentur und des Europäischen Sozialfonds wird diesen Frauen für diesen Zeitraum ein sicheres und ausreichendes Einkommen garantiert.
- Mit Hilfe entsprechender Coachings werden ihnen fachliche und motivationale Anregungen dafür geboten, sich im Laufe dieses Laborzeitraums mit kreativen Dienstleistungen in der Region selbständig zu machen oder dafür hier Arbeitsgeber zu finden.
- Dabei wird angeregt, im Rahmen dieser von den Frauen entwickelten neuen Dienstleistungen gezielt auch innovative und flexible Kinderbetreuungsdienstleistungen in der Region aufzubauen und zu betreiben.

---

45 Siehe unter diesem Stichwort bei google diverse Hinweise und Erläuterungen.

46 Siehe dazu die vorige Fußnote.

47 Mehr dazu siehe: http://www.begeisterungsmomente.de/life-2-0.htm.

3. *Transdisziplinäres Institut für Demografie und Zukunftsforschung*

Damit die demografische Problematik der Oberlausitz nicht im komplexen Spiel der alltäglichen anderen Verwaltungsbelange und Strukturinteressen untergeht, bedarf es einer nachhaltigen Strukturierung und Verantwortung dafür. Weil zugleich die theoretischen und praktisch-konzeptuellen Wissensbestände für solches Handeln bisher nur ungenügend vorhanden sind, böte es sich an, ein regionales Institut für Demografie und Zukunftsforschung zu etablieren, welches vor allem folgende Aufgaben wahrnimmt:

- Zur Kenntnisnahme und regionale Aufbereitung, sowie Beteiligung am weltweiten demografischen Forschungsprozess;
- Entwicklung von weiteren konkreten Modell- und Handlungskonzepten im Sinne des demografischen Zukunftslabors Region;
- Durch noch zu klärende Kompetenzvollmachten die Organisation und Sicherung einer nachhaltigen Berücksichtigung der demografischen Problematik in allen anderen Verwaltungsbereichen.

4. *Regionale Zukunftsforen*

Den von der demografischen Krise Deutschlands doppelt betroffenen Regionen – wie der Oberlausitz – droht eine weitere Selbstverstärkung der Problematik durch Folgendes: Aufgrund bereits zunehmend spürbarer Folgewirkungen (Schulen schließen, mehr Ältere versorgen, Infrastruktur ausdünnen, Kosten sparen etc.) sind die Verwaltungen dieser Regionen zunehmend damit beschäftigt, die entstehenden „Löcher zu stopfen". Dadurch kommen sie weniger denn je dazu, strategische Lösungen für die Problematik anzudenken und zu realisieren. Auch staatliche Sonderprogramme[48], die darauf zielen, für die in bisheriger lokaler und regionaler Bürokratie kaum verankerte demografische Krise (siehe dazu Kapitel IV) überhaupt gewisse Handlungsspielräume zu eröffnen, leiden letztlich unter demselben Problem.

Einer Region wie die Oberlausitz wird es daher nur dann gelingen, die aus der demografischen Krise erwachsenen Chancen zu ergreifen, wenn sie hier auf grundlegender Ebene gegensteuert. Ein mögliche Strategie dazu lässt sich aus der einst sehr erfolgreichen wirtschaftlichen und kulturellen Entwicklung der Oberlausitz ableiten: Aufgrund ihrer handelstechnisch günstigen geografischen Lage zwischen den Zentren Ost- und Westeuropas und aufgrund relativ oft wechselnder politischer Zugehörigkeiten etablierte sich hier bereits im 15. Jahrhundert eine erstaunlich

48 Siehe beispielsweise die sächsische Förderrichtlinie Demografie: http://www.demografie.sachsen.de.

moderne regionale Selbstverwaltung, die Oberlausitzer Landstände. Die darin wirkenden Vertreter der freien Städte, der Landgüter und der Klöster der Region verstanden sich nicht nur als Verwalter der Alltagsinteressen, sondern auch als die Einzelinteressen integrierendes und übergreifendes Entwicklungsgremium.

Ein solcherart regionales Zukunftsentwicklungsgremium könnte sich heute aus weiterdenkenden und mutigen Unternehmern, Politikern und Wissenschaftlern der Region etablieren, welche ausreichend persönlichen Mut, weiterdenkende Vernunft und interessenübergreifendes Verantwortungsgefühl für die zur regionalen Eindämmung der demografischen Krise nötigen „neuen Sicht der Dinge"[49] haben.

5. Dramaturgische Bildungs- und Lebenswelten

Anknüpfend an die im Kapitel II ausgeführten Erläuterungen wurde bereits auf den die Abwanderung junger Menschen aus ländlich-traditionellen Regionen forcierenden Trend vom ideologischen zum dramaturgischen Bewusstsein verwiesen. Daraus lässt sich die Frage ableiten, ob ländliche Regionen diesbezüglich gegenüber (Groß-)Städten überhaupt eine Chance haben. Beziehungsweise, wenn ländliche Regionen diese Frage für sich positiv beantworten wollen, wie praktische Antworten darauf aussehen könnten. Es ist zwar in ländlichen Regionen wie der Oberlausitz nicht machbar, die Komplexität und Dichte kreativer und dramaturgischer Milieus der Großstädte nachzubilden, doch es ist möglich, gezielte und attraktive Bildungsformen dieser Milieus anzusiedeln, deren Intensität die allgemeinen Milieus der Städte zumindest inselartig sogar übertrifft.

Dafür konkret vorgeschlagen und vorentwickelt wurde ein Masterstudiengang für Integratives Regional- und Transformationsmanagement mit dem innovativen Arbeitstitel „Transformationspiloten", der an der regionalen Hochschule Zittau/Görlitz etabliert werden könnte. Des Weiteren könnte in der Oberlausitz ein Zweig der „Multiversity", einer in der Schweiz entstandenen universitären Innovation angesiedelt werden, welche den besonderen Qualitäten des „dramaturgischen" Bewusstseins mehr als bisherigen akademische Strukturen gerecht wird. Der Neurobiologe Prof. Gerald Hüther sagt dazu: „Es ist die Entlassung des Menschen in die Freiheit, nämlich sich Qualifikationen anzueignen, so wie er es braucht, und nicht, wie eine Behörde es ihm vorschreibt."[50]

Danksagung

Dank gilt dem Freistaat Sachsen, der mit seiner „Förderrichtlinie Demografie" diese Arbeit ermöglichte und insbesondere Heike Zettwitz, die für dieses Prog-

49 Siehe: Kurt Biedenkopf: Die neue Sicht der Dinge, Piper Verlag München 1985.

50 Siehe: www.youtube.com/watch?v=5PSpssJKrN4&feature=related.

ramm mitverantwortlich ist und ein wissenschaftlich-tabufreies Herangehen an die Problematik immer wieder ermutigte. Die Hochschule Zittau/Görlitz gab dem konkreten Projekt „ADO – Akteursnetzwerk für demografische Perspektiven der Oberlausitz“ den nötigen institutionellen Rückhalt. Insbesondere danke ich dabei Eckehard Binas, der nicht nur als Dekan und Forschungsgruppenleiter die Sache unterstützte, sondern auch persönlich durch freundlich-kritische Lektüre und Hinweise viel dazu beitrug, dass der Text seine jetzige Reife gewann. Auch die anderen Mitglieder unserer Forschungsgruppe „Hypertransformation“ – insbesondere Susanne Schwarzbach als Projektmitarbeiterin, aber auch Katrin Treffkorn, Alexander Hennig und Tobias Schlüter – gaben der Sache einen kritischen und menschlichen Background, der vieles zum Gelingen beitrug. Anregend und unterstützend für den Text waren auch die Gespräche im Rahmen des Oberlausitzer Denksalons mit Beate Brezan, Wolfgang Zettwitz, Eckehard Oßwald, Arno Glauch, Lutz Hillmann und anderen. Frau Thusnelda Tiving vom Rostocker Zentrum für Demografischen Wandel danken wir für ihre Hinweise zum Begriff und Inhalt der Demografie. Dank gilt auch Ralph Wilhelm, sowie Ines Thielscher und Andrea Rachui dafür, dass sie Entwürfe des Textes lasen und aus Sicht ihrer Erfahrungen und Professionen verbesserten.

Literatur

Adrian, Hermann: Die demographische Entwicklung in Deutschland und Europa mit ihren katastrophalen Auswirkungen auf Wirtschaft und Gesellschaft. Universität Bremen 2006, bei: www.naila.de/demo.pdf.

Bahro, Rudolf: Logik der Rettung. Über Grundlagen ökologischer Politik, Edition Weitbrecht, Stuttgart 1987.

Bahro, Rudolf: Avoiding social & ecological Disaster. The politics of World Transformation. Gateway books Bath UK 1994.

Berlin-Institut für Bevölkerung und Entwicklung: Gutachten zum demografischen Wandel im Land Brandenburg, siehe: www.berlin-institut.org/studien/gutachten-zum-demografischen-wandel-im-land-brandenburg.html.

Binas, Eckehard (Hg.): Hypertransformation, Peter Lang Verlag, Ffm 2008.

Binas, Eckehard (Hg.): Wozu Region? Chancen und Probleme im Transformationsprozess strukturschwacher Regionen, Peter Lang Verlag, Ffm 2009.

Beck, Ulrich/Anthony Giddens/Scott Lash: Reflexive Modernisierung. Eine Kontroverse, Suhrkamp Verlag, Frankfurt a.M. 1996

Bertelsmann-Stiftung, www.wegweiser-kommune.de.

Biedenkopf, Kurt: Die neue Sicht der Dinge. Plädoyer für eine freiheitliche Wirtschafts- und Sozialordnung, München 1985.

Biedenkopf, Kurt: Die Ausbeutung der Enkel. Plädoyer für die Rückkehr zur Vernunft, Propyläen 2006.

Biedenkopf, Kurt; Hans Bertram; Elisabeth Niejahr: Starke Familie – Solidarität, Subsidiarität und kleine Lebenskreise. Bericht der Kommission „Familie und demografischer Wandel"; Robert Bosch Stiftung Stuttgart 2009.

Ricardo Coler: Das Paradies ist weiblich: Eine faszinierende Reise ins Matriarchat, Kiepenheuer 2009).

Dienel, Christiane, 1993: Familien vor Armut bewahren. Politik zur Existenzsicherung von Familien in Europa. In: Bundesministerium für Familien und Senioren, Zwölf Wege der Familienpolitik in der Europäischen Gemeinschaft, Stuttgart 1993.

Feletto, Marta, 1999: Which Policy to Which Family? The Answers to New Social Risks in Three Welfare Systems. Luxembourg Income Study, Working Papers No. 200, New York.

Flato, Ehrhard/Reinbold-Scheible, Silke: Zukunftsweisendes Personalmanagement: Herausforderung demografischer Wandel: Fachkräfte gewinnen, Talente halten und Erfahrung nutzen. Verlag Moderne Industrie 2008.

Galtung, Johan: Struktur, Kultur und intellektueller Stil. Ein vergleichender Essay über sachsonische, teutonische, gallische und nipponische Wissenschaft. In: Leviathan. 2. Freie Universität Berlin, Berlin 1983, S. 303-338.

Galtung, Johan: Preis der Modernisierung. Struktur und Kultur im Weltsystem. Promedia Verlag, Wien 1997, ISBN 3-85371-123-5.

Haderthauer, Christine: „Ohne Kinder keine Zukunft", München 2006, siehe: www.csu-landtag.de/abg/haderthauer/Dateien/Ohne_Kinder_keine_Zukunft.pdf.

Haub, Carl: www.knowledge.allianz.at/deutsch/content/demografie/bevoelke rungswachstum/demografie_usa_deutschland.html.

Hoem, Jan: Warum bekommen die Schweden mehr Kinder als die Deutschen?, Rostocker Zentrum für demografischen Wandel, siehe: www.zdwa.de/zdwa/meinungen/20060127_23051974_meinung.php.

Hofmann, Michael: Demografischer Wandel und Wirtschaftswachstum: Zusammenhänge und Auswirkungen, Verlag Dr. Müller 2007.

Höhn, Charlotte/Andreas Ette/Kerstin Ruckdeschel: Kinderwünsche in Deutschland, Robert Bosch Stiftung, Stuttgart 2006.

Hosang, Maik/Bernd Markert/Stefan Fränzle: Die emotionale Matrix. Grundlagen für gesellschaftlichen Wandel und nachhaltige Innovation. Ökom-Verlag München 2005.

Köppen, Katja: Second births in western Germany and France, in: Demographic Research 14:14, page 295-330, April 2006.

Kröhnert, Steffen/Rainer Klingholz: Not am Mann. Studie des Berlin Instituts für Bevölkerung und Entwicklung zur Anwanderung ostdeutscher Frauen, Berlin 2007: www.berlin-insttut.org/fileadmin/user_upload/Studien/Not_am_Mann_Webversion.pdf.

Markert, Bernd/Stefan Fränzle/Maik Hosang: Vorzeichenwechsel. Wie Gesellschaft sich verändern kann, Peter Lang Verlag, Berlin und Wien 2005.

Mönninger, Michael: Wo sind die Kinder? Demografie als Volkssport: DIE ZEIT 26.02.2004 Nr.10, www.zeit.de/2004/10/Familien_Frankr_.

Mutius v., Bernhard: „Die Verwandlung der Welt. Ein Dialog mit der Zukunft", Symposium „Spüre die Welt"; Wien 2002, www.iwp.jku.at/born/mpwfst/02/20011124mutius.pdf.

Nefiodow, Leo: Der sechste Kondratieff: Wege zur Produktivität und Vollbeschäftigung im Zeitalter der Information. Die langen Wellen der Konjunktur und ihre Basisinnovation, Rhein-Sieg Verlag, St. Augustin 2007.

Niejahr, Elisabeth: Alt sind nur die anderen: So werden wir leben, lieben und arbeiten. Fischer (Tb.)-Verlag Frankfurt Februar 2007.

Opaschowski, Horst W.: Deutschland 2030: Wie wir in Zukunft leben, Gütersloher Verlagshaus, 2008.

Peuckert, Rüdiger: Familienformen im sozialen Wandel, Vs Verlag für Sozialwissenschaften, Wiesbaden 2008.

Rifkin, Jeremy: Der europäische Traum: Die Vision einer leisen Supermacht, Fischer Verlag, Frankfurt 2006.

Rifkin, Jeremy: Die empathische Zivilisation. Wege zu einem globalen Bewusstsein, Campus-Verlag, Frankfurt / New York 2009.

Schinkel, Philipp: Demografischer Wandel in Deutschland: Herausforderungen unserer Gesellschaft, Verlag Dr. Müller, Saarbrücken 2007.

Schrape, Stefanie: Demografischer Wandel und Innovationsfähgigkeit von Unternehmen: Auswirkung der Altersstruktur der Belegschaft und des demografischen Wandels auf die Innovationsfähigkeit von Unternehmen. Verlag Dr. Müller, Saarbrücken 2007.

Sievert, Stephan und Klingholz, Reiner: Ungleiche Nachbarn. Die demografische Entwicklung in Deutschland und Frankreich verläuft gegensätzlich – mit enormen Langzeitfolgen. Berlin-Institut für Bevölkerung und Entwicklung 2009: www.berlin-institut.org/weitere-veroeffentlichungen/ungleiche-nachbarn.html.

Tiving, Thusnelda/Pascal Hetze: Deutschland im demografischen Wandel, Rostocker Zentrum zur Erforschung des demografischen Wandels, 2007.

Weber, Alfred: Der Beamte, in: ders.: Haben wir Deutschen nach 1945 versagt?, 1979, Zitiert nach: http://de.wikipedia.org/wiki/Moderne.

Weber, Andreas und Klingholz, Reiner: Demografischer Wandel. Ein Politikvorschlag unter besonderer Berücksichtigung der Neuen Länder. Berlin-Institut für Bevölkerung und Entwicklung, 2009: http://www.berlin-institut.org/weitere-veroeffentlichungen/demografischer-wandel.html.

Weber, Manfred: 2045 mehr Franzosen als Deutsche: Focus 2007: www.focus.de/politik/ausland/demografie_aid_134546.html.

Susanne Schwarzbach / Katrin Treffkorn

Herausforderungen für die strategische Planung in strukturschwachen Räumen am Beispiel des Landkreises Görlitz

Einleitung

Der Entwicklung von Regionen, dabei insbesondere von strukturschwachen ländlichen Regionen, kommt mit den aktuellen Herausforderungen des strukturellen Wandels eine immer größere Bedeutung zu. Schon immer sind Regionen den Einflüssen von Wachstum und Schrumpfung unterlegen. Mit den gesellschaftlichen Veränderungen der letzten zwei Jahrzehnte ist jedoch eine Zuspitzung des strukturellen Wandels zu verzeichnen, die, um wirksame Entwicklungsstrategien greifen lassen zu können, von den politischen Akteuren sowohl auf überregionaler als auch auf regionaler Ebene auf die Situation abgestimmte Handlungsansätze erfordert.

Der hier vorliegende Beitrag stellt am Beispiel des Landkreises Görlitz einen solchen regionalen Ansatz dar, der auf die Auswirkungen des gesellschaftlichen Wandels reagiert und die besonderen Handlungserfordernisse strukturschwacher Regionen berücksichtigt. Neben der Erläuterung dieses konkreten Ansatzes zur strategischen Ausrichtung eines strukturschwachen Raumes, wird insbesondere hinterfragt, welches die konkreten Herausforderungen einer an den Transformationsprozess angepassten Strategieentwicklung sind.

Der Begriff der strukturschwachen Region

Wie jedoch lässt sich die Strukturschwäche einer Region bestimmen bzw. durch welche Indikatoren werden strukturschwache Regionen definiert? In Deutschland gelten die Regionen als strukturschwach, deren Wirtschaftskraft erheblich unter dem Bundesdurchschnitt liegt[1]. Das sind zum einen periphere ländliche Regionen und zum anderen Regionen, die mit gravierenden Strukturumbrüchen

---

1 Vgl. Bruch-Krumbein, Waltraud: „Cluster versus Ausgleich. Die Vereinnahmung regionalpolitischer Ausgleichsinstrumente durch die Clusterpolitik.“, in: Krumbein, Wolfgang; Frieling, Hans-Dieter; Kröcher, Uwe; Sträter, Detlev (Hrsg.): Kritische Regionalwissenschaft. Gesellschaft, Politik, Raum – Theorien und Konzepte im Überblick, Verlag Westfälisches Dampfboot 2008, S. 281 ff.

zu kämpfen haben. Das bereits 1969 verabschiedete „Gesetz über die Gemeinschaftsaufgabe zur Förderung der regionalen Wirtschaftsstruktur“ (GRW) ist in Deutschland das wichtigste Instrument für den Ausgleich von Standortnachteilen strukturschwacher Regionen. Auch in der EU-Förderperiode von 2007-2013 zählt Ostdeutschland weiterhin in seiner Gesamtheit zum A-Fördergebiet, also dem Fördergebiet mit den höchsten Zuwendungen. Um seitens des Bundes gezielte Fördermaßnahmen strukturschwacher Regionen rechtfertigen zu können, wurde zur Beurteilung einzelner Regionen ein komplexer Indikator entwickelt, der sich seit der Neuabgrenzung der Strukturindikatoren ab dem Jahr 2007 aus folgenden vier unterschiedlich gewichteten Regionalindikatoren zusammensetzt[2]:

- durchschnittliche Arbeitslosenquote der Jahre 2002 bis 2005 (50%)
- Bruttojahreslohn der sozialversicherungspflichtig Beschäftigten im Jahr 2003 (40%)
- Erwerbstätigenprognose (5%)
- Infrastrukturindikator (5%)

Doch diese vier Indikatoren sind nicht aussagekräftig genug, um die wirkliche Strukturschwäche einer Region beurteilen zu können. Anhand von Strukturindikatoren der EU können weitaus genauere Aussagen getroffen werden. Im Jahr 2010 löste die Strategie „Europa 2020“ die bis dahin geltende „Lissabon-Strategie“ ab[3]. Um den Fortschritt hinsichtlich der Erreichung der Ziele der „Lissabon-Strategie“ beurteilen zu können, wurde in den letzten Jahren ein Set von Strukturindikatoren entwickelt, das es ermöglicht, den Entwicklungsfortschritt der einzelnen EU-Mitgliedsstaaten objektiv zu bewerten. Diese Strukturindikatoren sind unterteilt in folgende sechs Bereiche:

- Allgemeiner wirtschaftlicher Hintergrund (bspw. Wachstumsrate des BIP, Öffentlicher Schuldenstand)
- Beschäftigung (bspw. Beschäftigungsquote nach Geschlecht, durchschnittliches Erwerbsaustrittsalter)

---

2 http://www.bbsr.bund.de/nn_495082/BBSR/DE/Raumentwicklung/StrukturAusgleichspolitik/RegionaleStrukturpolitik/Projekte/FoerdergebieteMittelaufteilung/FoerdergebieteMittelaufteilung.html / Stand 20.12.2011.

3 Die im Jahr 2000 in Lissabon verabschiedete Strategie verfolgte das Ziel, die Union zum wettbewerbsfähigsten und dynamischsten wissensbasierten Wirtschaftsraum der Welt zu machen – einem Wirtschaftsraum, der fähig ist, ein dauerhaftes Wirtschaftswachstum mit mehr und besseren Arbeitsplätzen und einem größeren sozialen Zusammenhalt zu erzielen. Da diese Strategie in einzelnen EU-Mitgliedsstaaten nicht in dem erhofften Maße umgesetzt wurde, wurden mit der Strategie „Europa 2020“ klarere und realistischere Ziele formuliert sowie die Kontrollmaßnahmen verbessert. Informationen zur Lissabon-Strategie unter: http://epp.eurostat.ec.europa.eu/portal/page/portal/structural_indicators/introduction, Stand 20.12.2011.

- Wirtschaftliche Reform (bspw. Strompreise, Unternehmensinvestitionen)
- Innovation und Forschung (Ausgaben für Forschung und Entwicklung, Internetzugangsdichte)
- Sozialer Zusammenhalt (Ungleichheit der Einkommensverteilung, Langzeitarbeitslosenquote)
- Umwelt (Emmissionen von Treibhausgasen, Nutzung erneuerbarer Energiequellen)

Wendet man diese Indikatoren auf einzelne Regionen an, so erhält man weitaus detailliertere Aussagen zur Charakterisierung von Regionen. Auch außerhalb der Lissabon-Strategie sieht Eurostat vor, die meisten Datentabellen weiterzuführen, teilweise auch im Rahmen der neuen Strategie „Europa 2020“, die die wirtschaftlichen und sozialen Ziele der EU für die nächsten zehn Jahre vorgibt und eine Strategie für Beschäftigung und intelligentes, nachhaltiges und integratives Wachstum ist. „Europa 2020“ basiert auf 5 EU-Kernzielen, die zurzeit durch 8 Leitindikatoren gemessen werden.[4]

Für den Begriff der strukturschwachen Region gibt es bisher keine einheitliche Definition. Trotz europaweit unterschiedlich verwendeter Indikatorensets lassen sich aber allgemein doch Merkmale bestimmen, die die Strukturschwäche einer Region kennzeichnen. Nach Mose und Nischwitz ist eine strukturschwache Region gekennzeichnet durch[5]:

- Wirtschaftliche Strukturschwäche: d.h. geringe regionalwirtschaftliche Leistungsfähigkeit und unterdurchschnittliches BIP/Kopf
- Monostrukturierte Wirtschaft und Unternehmenslandschaft: u.a. Konzentration auf die Bereiche Tourismus, Land- und Ernährungswirtschaft; hinzu kommen in einigen Regionen Probleme einer alt- oder deindustrialisierten Wirtschaft
- Angespannter Arbeitsmarkt (hohe Arbeitslosigkeit) und geringer Qualifizierungsgrad der Beschäftigten
- Geringe Innovationsfähigkeit: geringe FuE-Intensität und Anzahl an FuE-Beschäftigten
- Vergleichsweise geringes Sozialkapital
- Geringer Mobilisierungsgrad relevanter Akteure, eingeschränkte Bereitschaft und Fähigkeit zu kooperativem Handeln im regionalen Kontext
- Unterdurchschnittlicher Wohlstand, geringe Kaufkraft und geringes privates Haushaltseinkommen

4 Weiterführende Informationen unter: http://ec.europa.eu/europe2020/index_de.htm bzw. http://epp.eurostat.ec.europa.eu/portal/page/portal/europe_2020_indicators/headline_indicatorsStand 20.12.2011

5 Mose, Ingo; Nischwitz, Guido: „Anforderungen an eine regionale Entwicklungspolitik für strukturschwache ländliche Räume“, E-Paper Nr. 7 der ARL – Akademie für Raumforschung und Landesplanung, Hannover 2009, S. 3 ff.

- Ausgeprägte Finanzkapitalschwäche der Kommunen und Unternehmen
- Ökonomische und politische Abhängigkeit: u.a. geringe Ausstattung mit Entscheidungs- und Kontrollfunktionen in Verwaltung und Wirtschaft.

Strategische Regionalplanung in strukturschwachen Regionen

In Zeiten von Ratingagenturen und Rankings werden auch Regionen immer wieder auf den Prüfstand gestellt. Ob gemessen nach Wirtschaftsstärke, nach Kaufkraft, Familienfreundlichkeit oder nach Übernachtungszahlen im Tourismusbetrieb – der Wettbewerb der Regionen erfordert mehr denn je die Besinnung auf die eigenen regionalen Stärken und Besonderheiten.

Für die sogenannten strukturschwachen Regionen ist dies eine ganz besondere Herausforderung. Sie stehen vor einem mehrdimensionalen Schwächungs- und Schrumpfungsprozess[6], der auf diese Verhältnisse angepasste strategische Handlungsansätze erfordert. Hier setzt die strategische Regionalplanung an. Die „*Strategische Regionalplanung* umfasst im Sinne eines gesamtheitlichen Planungsprozesses neben der Formulierung der Ziele die zielbezogene und konzeptgestützte Steuerung sowie deren Umsetzung.“[7] Der strategische Planungsprozess ist demnach dreistufig und setzt sich aus der Formulierung von Leitbildern bzw. Zielen, der Erstellung von Konzepten und Handlungsplänen sowie deren Umsetzung zusammen. Die Umsetzung ist dabei dauerhafter und prozessorientierter angelegt als in der Vergangenheit. In dem Positionspapier „Strategische Regionalplanung“ der ARL – Akademie für Raumforschung und Landesplanung Hannover, wird die enge Verzahnung dieser drei Stufen für den Erfolg des regionalen Planungsprozesses nochmals besonders betont.[8] Die strategische Regionalplanung ist insofern als eine Weiterentwicklung der bisherigen klassischen Regionalplanung zu verstehen, als dass sie den langfristigen und planvollen Prozess unter Berücksichtigung der verfügbaren Instrumente und Ressourcen in den Mittelpunkt stellt. Es gilt aus diesem Prozess heraus ein Umsetzungskonzept zu entwerfen, konkrete Maßnahmen und Leitprojekte anzustoßen sowie wichtige regionale Akteure einzubinden.[9]

Voraussetzung für die Gestaltung des strategischen Planungsprozesses innerhalb der Region ist die Analyse der Gegebenheiten. Eine herkömmliche SWOT-Analyse scheint dabei unter den gegebenen Bedingungen und Auswirkungen der

---

6 Vgl. Mose, Ingo; Nischwitz, Guido: „Anforderungen an eine regionale Entwicklungspolitik für strukturschwache ländliche Räume“, E-Paper Nr. 7 der ARL – Akademie für Raumforschung und Landesplanung, Hannover 2009, S. 4.

7 Akademie für Raumforschung und Landesplanung / Arbeitskreis ‚Aufgaben einer strategischen Regionalplanung für eine nachhaltige regionale Entwicklung‘: „Strategische Regionalplanung“, Positionspapier Nr. 84, Hannover 2011, S. 2.

8 Ebd. S. 2 ff.

9 Vgl. ebd. S. 4.

gesellschaftlichen Transformation nicht ausreichend zu sein. Binas geht in seinem Faktorenmodell der Regionalentwicklung von einer Metakonstellation aus, die die wesentlichen regionalen Zusammenhänge sichtbar machen soll. Neun relevante Faktoren gilt es neben dem demografischen Faktor regionenspezifisch anzuwenden. Dabei berücksichtigt das Modell nicht nur direkte Einflussfaktoren und deren Beziehungen untereinander, sondern versucht zugleich die Zusammenhänge von Beziehungen und Sachverhalten zu erfassen, um entwicklungshemmende oder -fördernde Abhängigkeiten in Konstellationen sichtbar zu machen, selbst wenn diese nicht ohne weiteres in einfachen Kennziffern darstellbar sind. So stellt jeder dieser Faktoren selbst bereits eine Aggregation unterschiedlichster Indikatoren und Korrelationen dar, die es anhand von konkreten Handlungsfeldern zu analysieren auf ihre Wechselbeziehungen mit jedem anderen Faktor des Modells zu untersuchen gilt. Gerade die strukturschwachen Regionen sind nicht zuletzt auch aufgrund der Folgen des demografischen Wandels einem mehrdimensionalen Schwächungs- und Schrumpfungsprozess unterworfen, der alle Wirtschafts- und Lebensbereiche umfasst.[10] Um diesen besonderen Herausforderungen in der Planung und Umsetzung von Regionalplanungsprozessen gerecht werden zu können, gilt es einen weiterreichenden Ansatz zu wählen, als die bisherigen Instrumente regionaler Vorausschauprozesse vorsehen. Über die qualitative und quantitative Beschreibung von Faktoren der Regionalentwicklung, ihrer Zusammenhänge und den möglichen künftigen Ausprägungen und Einflüssen hinausgehend, integriert das Faktorenmodell von Binas verschiedene Fachdisziplinen in einer Konstellation, die als übergeordnete Struktur, Stärken und Schwächen, aber auch Abhängigkeiten, Disproportionen und prekäre Lagen relevanter Funktionssysteme sichtbar macht. Es fragt nicht nur nach politisch-rechtlichen Rahmenbedingungen oder kritischen Massen, Wettbewerbsbedingungen und spezifischen Potenzialen der Region als Handlungseinheit, sondern darüber hinaus nach Akteurskonstellationen (Clusterung) und Netzwerkstrukturen, Konstellationen für Innovationen, nach der Beteiligungsqualitäten der Bürger an gesellschaftlichen Prozessen sowie den Grundlagen für deren Interpretationsmuster und Identitätsstrukturen als „Sinn- und Glückshaushalt“ des untersuchten Raumes.[11]

In der Untersuchung der Faktorenkorrelationen anhand konkreter Untersuchungsgegenstände, lassen sich regionalspezifische und damit für die Entwick-

---

10 Vgl. Mose, Ingo; Nischwitz, Guido: „Anforderungen an eine regionale Entwicklungspolitik für strukturschwache ländliche Räume“, E-Paper Nr. 7 der ARL – Akademie für Raumforschung und Landesplanung, Hannover 2009, S. 4.

11 Vgl. Binas, Eckehard: „Aspekte der regionalen Vorausschau unter Berücksichtigung der kritischen Masse“, in: Binas E.; Kofner St.; Schulze J.; Steinert E.; Thiele G.; Zillich N. (Hrsg.): „Wozu Region? Chancen und Probleme im Transformationsprozess strukturschwacher Regionen“, Frankfurt am Main, Berlin, Bern, Bruxelles, New York, Oxford, Wien 2010, S. 107 ff.

lungsperspektiven von Regionen entscheidende Muster und Strukturen erkennen. Eine solche Metakonstellation braucht es, um sowohl Chancen als auch Probleme einer strukturschwachen Region verdeutlichen zu können und sollte daher als Grundlage für erfolgreiche strategische Regionalplanungen unter Transformationsbedingungen angesehen werden.

Relevanz der strategischen Ausrichtung des Landkreises Görlitz

Der Landkreis Görlitz ist im bundesdeutschen Vergleich als eine strukturschwache Region einzuordnen. Verschiedenste Studien und Rankings, die auf unterschiedlichen Indikatoren basieren, schreiben dem Landkreis Görlitz Entwicklungshemmnisse zu. Zu nennen ist bspw. der Prognos Zukunftsatlas 2010: hier belegt der Landkreis Görlitz unter den insgesamt 412 Landkreisen bzw. kreisfreien Städten Rang 387 und ist eingeordnet als eine Region mit hohen Zukunftsrisiken.[12] Ein weiteres Beispiel ist die vom Bundesamt für Bauwesen und Raumordnung im Rahmen des Forschungsprogramms MORO beauftragte Studie *Stabilisierungsstrategien in strukturschwachen Räumen*, die als eine Untersuchungsregion den Landkreis Görlitz (Altkreis vor Gebietsreform) betrachtet und ihm Strukturschwäche zuschreibt.[13] Auch die oben von Mose und Nischwitz zitierten Merkmale einer strukturschwachen Region lassen sich auf den Landkreis Görlitz anwenden.

Mit der Kreisgebietsreform zum 01. August 2008 sind der Altkreis Löbau-Zittau, der Altkreis Niederschlesischer-Oberlausitzkreis sowie die kreisfreie Stadt Görlitz zum Landkreis Görlitz fusioniert. Mit der gewachsenen Größe des Landkreises geht eine deutlich erhöhte Komplexität der zu bewältigenden Aufgaben einher. Ziel des Kreisentwicklungsamtes ist die Entwicklung einer an die Herausforderungen des gesellschaftlichen Wandels angepassten Strategie für den neuen Landkreis – beruhend sowohl auf den alten Leitbildern bzw. Kreisentwicklungskonzeptionen der einzelnen Altkreise als auch auf der Analyse der Entwicklungschancen sowie der zentralen Entwicklungsprobleme des neuen Landkreises. Die strategische Regionalplanung fordert einen entwicklungsorientierten Ansatz, der langfristig und nachhaltig wirkt.

---

12 Vgl. http://www.prognos.com/Kernergebnisse.760+M579b4702802.0.html / Stand 20.12.2011.

13 http://www.bbsr.bund.de/nn_21918/BBSR/DE/FP/MORO/Studien/Stabilisierungsstrategien/03_ergebnisse.html, Stand 20.12.2011 sowie der nachzulesende Endbericht unter: http://www.zalf.de/home_zalf/download/soz/Endbericht_Stabil_ZALF_final.pdf, Stand 20.11.2011.

„*Strategische Regionalplanung* soll auf regionalspezifische Herausforderungen Antworten geben, die dazu erforderlichen Leitplanken formulieren, Entwicklungsperspektiven und Handlungsoptionen aufzeigen und nach Möglichkeit die daraus folgenden Entwicklungsschritte initiieren bzw. ermöglichen."[14]

Aus den aktuellen Erfordernissen heraus bestreitet das Kreisentwicklungsamt des Landkreises Görlitz unter Leitung von Holger Freymann seit 2008 einen dynamischen Strategieentwicklungsprozess, der die relevanten regionalen Akteure mit einbezieht. Strategieentwicklung ist in diesem konkreten Fall zu verstehen als[15]:

- Eine langfristige Rahmenplanung.
- Ein Konzept, um auf der Grundlage einer Projektdatenbank, eines Redaktionsplans und eines Prognosetools sich ändernde Rahmenbedingungen frühzeitig zu erkennen und auf diese zielgerichtet zu reagieren.
- Ein fortlaufender Prozess mit einem laufenden Monitoring.

Mit der wissenschaftlichen Begleitung dieses Strategieentwicklungskonzeptes ist das Projektteam des an der Hochschule Zittau/Görlitz angesiedelten Forschungsprojektes „Chancen und Probleme im Transformationsprozess strukturschwacher Regionen"[16] unter Leitung von Prof. Binas beauftragt. Die wissenschaftliche Vorausschau auf regionaler Ebene kann bei der Entwicklung regionaler Innovationssysteme und den Rahmenbedingungen, die für technologische und gesellschaftliche Innovationen förderlich sind, eine katalytische Rolle spielen.[17]

Die Entwicklung eines zukünftigen Strategiekonzeptes mit abgeleitetem Handlungsplan für den Landkreis Görlitz ist als partizipativer und integrativer Prozess zwischen Verwaltung und regionalen Akteuren, Kommunalvertretern und Bürgern angelegt. Als Findungsprozess zukünftiger Entwicklungsoptionen, der die regionalen Kompetenzen aller gesellschaftsrelevanten Bereiche und das Wissen über die Region mobilisiert und zusammenführt, bietet er die Möglichkeit gegenwärtiges Handeln abzuwägen. Die intensive Einbindung von Personen aus den vier Aktionsfeldern: Wirtschaft, Politik, Umwelt und Gesellschaft, ermöglicht den Zugriff auf diese ansonsten schwierig zugänglichen strategischen Informationen und zahlt sich zugleich bei der gemeinsamen Umsetzung der Erkenntnisse aus. Diese Zusammenführung von gewöhnlicherweise in verschiedenen

14 Akademie für Raumforschung und Landesplanung / Arbeitskreis ‚Aufgaben einer strategischen Regionalplanung für eine nachhaltige regionale Entwicklung': „Strategische Regionalplanung", Positionspapier Nr. 84, Hannover 2011, S. 3.

15 http://www.strategie-lkgr.de/ / Stand 20.12.2011.

16 Siehe www.hypertransformation.eu.

17 Vgl. ausführliche Studie „Regionale Vorausschau in ostdeutschen Grenzregionen" im Auftrag des Bundesministeriums für Bildung und Forschung (BMBF), Referat 15, Hrsg. Dr. Dr. Axel Zweck, Dr. Anette Braun, Christoph Glauner, Zukünftige Technologien Consulting der VDI Technologiezentrum GmbH, Düsseldorf, 2006.

gesellschaftlichen Gruppen stattfindenden Entscheidungsprozessen stellt einen Mehrwert der regionalen Vorausschau als disziplinübergreifenden Partizipationsprozess dar. Obwohl diese Vorgehensweise langwierig und komplex ist, hat sie sich als politisches Instrument bewährt, um das Bewusstsein der Entscheidungsträger zu schärfen und einen Konsens bezüglich erfolgversprechender Strategien zu schaffen. Erst auf Grundlage des Wissens über perspektivische Entwicklungsoptionen und ihre identifizierten „Stellschrauben“ können Entscheidungen getroffen werden, um die Chancen zu nutzen und die Risiken zu verringern, die mit neuen technologisch-wissenschaftlichen, gesellschaftlichen Innovationen verbunden sind. Dies ermöglicht bei den regionalen Akteuren ein Lernen, dass dazu auffordert, auch neuen, anderen als den bisher gewohnten Entwicklungspfaden zu folgen. Der Vermittlung einer Kultur des Lernens und des Wandels im Rahmen der Regionalen Vorausschau fällt mit der Auswahl der Methoden eine entscheidende Prämisse für den Erfolg des gesamten Entwicklungsprozesses zu.[18]

Der Strategieentwicklungsprozess des Landkreises Görlitz ist räumlich klar auf die Region bezogen. Er dient der systematischen und partizipativen Beschaffung von Informationen und der Entwicklung von Zukunftsbildern für die mittel- bis langfristige Planung sachgerechter Entscheidungen und gemeinsamen Handelns. Als solches erfüllt er die fünf wesentlichen Elemente eines Vorausschauprozesses nach dem Leitfaden der Europäischen Kommission: Vorwegnahme, Beteiligung, Vernetzung, Vision und Aktion.[19] Nach dem hierarchischen Top-Down-Ansatz angelegt, beruht er im Rahmen der Impulsgabe-Interviews auf der Delfi-Methode, um auf in der Gesellschaft weit verstreute Informationen zurückgreifen zu können. Mit der Mischung aus Produkt- und Prozessorientierung verfolgt der Strategieentwicklungsprozess zum einem das Ziel, Entscheidungsprioritäten und Maßnahmepläne für politische und administrative Ebenen zu entwickeln. Zum anderen soll er die Vernetzung der Akteure in der Region und das Zusammenwachsen des neuen Landkreises befördern. Mit der Entwicklung des Strategiekonzeptes für den Landkreis Görlitz als technische Plattform statt eines Papiers und deren dynamischer Fortschreibung wird die Langzeitorientierung eines interaktiven Vorausschauprozesses sicher gestellt. Der normative Ansatz („inward bount“) der dabei verfolgt wird, begann mit der Vorstellung von möglichen Zukunftsszenarien, um der Frage nachzugehen, welche Entwicklungstrends

18 Vgl. hierzu u.a. Leitfaden zur „Übertragbarkeit des Modellvorhabens Regionale Foresight in andere strukturschwache Regionen“, ein Projekt des Forschungsprogramms „Aufbau Ost“ und des Bundesamtes für Bauwesen und Raumordnung, Bonn 2004.

19 Vgl. Praktischer Leitfaden für die regionale Vorausschau in Deutschland, Hrsg.: Dr. Günther Clar, Dr. Christian Svanfeld, Europäische Kommission, Direktion K, Abteilung „Wissenschaftliche und Technologische Zukunftsforschung“, Brüssel, 2002.

und Maßnahmen dorthin führen. Dafür wurde eine Mischung aus quantitativen und qualitativen Methoden herangezogen.

Die Untersuchung bestimmter Annahmen sowie der Meinungen von Experten (Experteninterviews), Kommunalvertretern (Fragebogen) und Bürgern (Online-Befragung)[20] zu den Entwicklungsperspektiven im neuen Landkreis Görlitz, erfolgte dabei unter der Maßgabe, diese zu prüfen und so zu formulieren, dass wesentliche Merkmale des regionalen Umfeldes zueinander in Bezug gesetzt werden können. Diese Kombination ermöglicht es, Prozesse des gesellschaftlichen Wandels in Anschauungen ebenso wie technologische Entwicklungsrichtungen einzubeziehen, die mit einer reinen Datenanalyse nur schwer zu erfassen wären. Die Auswertung und Weiterentwicklung zu strategischen Kernaussagen einer zukünftigen Landkreisstrategie geschieht in Kooperation zwischen dem Landkreis Görlitz und der Hochschule Zittau/Görlitz.

Die Notwendigkeit eines systematischen Einsatzes strategischer Ansätze auf regionaler Ebene gewinnt zudem vor dem Hintergrund einer europaweiten Zusammenarbeit von Regionen die vor ähnlichen Herausforderungen stehen und einer besseren Potentialausschöpfung durch Kooperationen innerhalb sogenannter „Makroregionen“ (bspw. „Dreiländereck“ zwischen den Metropolregionen Dresden, Breslau, Prag) an Bedeutung. Dafür bedarf es der systematischen Einbeziehung der Entwicklungen in den Nachbarregionen ebenso wie der politischen Entwicklung auf europäischer Ebene, da diese bereits jetzt und zukünftig weiter zunehmenden Einfluss auch auf hiesige regionale Entscheidungen haben werden.

Wie erfolgreich solche strategisch ausgerichteten Entwicklungsprozesse sein können, zeigen ehemals strukturschwache Regionen wie das Emsland oder die Bodenseeregion, deren Entwicklungen in den letzten Jahren sie zu ländlichen Wachstumskernen fern von Metropolen mit ganz eigenen Charakteristiken werden lies.[21] Solche dynamisierenden Erfolgsgeschichten dauern Jahrzehnte und machen deutlich, dass zukunftsfähige Entwicklungen nicht innerhalb einer oder zweier Legislaturperioden zu realisieren sind. Der Grundstein für einen langfristigen Erfolg liegt in der Antwort auf die Frage: Wie wollen wir und unsere Kinder in Zukunft im Landkreis Görlitz leben und was können, was müssen wir heute dafür tun?

---

20 Der Auswertungsbericht der einzelnen Befragungsstufen erscheint voraussichtlich im Februar 2012. Abrufbar wird er sein unter: http://www.strategie-lkgr.de.

21 Vgl. Studie „Erfolgsbedingungen von Wachstumsmotoren außerhalb der Metropolen“, Arbeitspapiere zur Regionalentwicklung des Lehrstuhls Regionalentwicklung und Raumordnung an der Technischen Universität Kaiserslautern, Hrsg.: Prof. Dr. Gabi Troeger-Weiß, Dr. Hans-Jörg Domhardt, 2009; Vgl. Studie „Wachstumsregionen fernab der Metropolen – Chancen, Potenziale und Strategien“, Arbeitsmaterial der Akademie für Raumforschung und Landesplanung, Hrsg.: Dr. Stefan Köhler, Hannover, 2007.

Konzept des Strategieentwicklungsprozesses des Landkreises Görlitz

Die Gestaltung eines dynamischen und nachhaltigen Strategieprozesses erfordert eine neue und komplexe Herangehensweise an diese Aufgabe. Will man dem entwicklungsorientierten Ansatz der strategischen Regionalplanung gerecht werden, so sind die dauernde Fortschreibung des Prozesses sowie die stetige Anpassung der Konzepte und Maßnahmen an die jeweils aktuellen Entwicklungen und die sich verändernden Rahmenbedingungen notwendig. Diesen Anforderungen will die entwicklungspolitische Strategie des Landkreises Görlitz gerecht werden. Mit der Kreisgebietsreform hat seit dem Jahr 2008 ein kontinuierlicher Prozess begonnen, der auf verschiedenen Bausteinen beruht und den es aktiv zu gestalten und fortzuschreiben gilt.

Ein wesentlicher Schritt bei der Entwicklung des Strategiekonzeptes für den Landkreis Görlitz, ist die Einbeziehung von relevanten Akteuren aber auch den Bürgern der Region. Die Grundlage hierfür bildeten einerseits die insgesamt 82 durchgeführten Experteninterviews sowie die Bürgerbefragung und die Befragung kommunaler Vertreter. Auf diesem Wege konnte die Fach- und Sachkompetenz der Region in Form von leitfadengestützten Interviews zur möglichen Entwicklung des Landkreises bzw. der gesamten Region erfragt werden. Die Interviews sollten dazu dienen, globale Entwicklungen und Trends aufzuzeigen, Hemmnisse, Erwartungshaltungen, Verantwortlichkeiten (Akteurskonstellationen) und Good-Practice Beispiele herauszufiltern und zu analysieren. Wie schätzen die Befragten die Entwicklungschancen des Landkreises Görlitz zukünftig ein? In welchen Bereichen sehen sie den größten Handlungsbedarf und wo liegen die Entwicklungs- und Innovationskerne? Mit den Ergebnissen der Befragungen ist ein Grundstein für die Erstellung des Strategiekonzeptes gelegt. Wesentliche Handlungserfordernisse lassen sich ablesen und müssen anschließend in konkrete Handlungskonzepte und -maßnahmen umgewandelt werden. Die Ergebnisse dieser Befragungen fließen in die Benennung von strategischen Zielen sowie in die Entwicklung von Handlungsempfehlungen maßgeblich mit ein. Dieser Beteiligungsprozess wird mit der Einführung regelmäßiger themenspezifischer Expertengruppen aufrecht erhalten.

Die technisch-basierte Projekt- und Maßnahmedatenbank ist eines der wichtigsten Werkzeuge des dynamischen Strategieentwicklungsprozesses. Hier lassen sich die Ergebnisse der einzelnen Befragungen aufnehmen und in konkreten Maßnahmen bündeln. Die Verknüpfung mit relevanten Datenbanken, Statistiken und der offiziellen Landkreis-Website, erlauben nicht nur die Filterung von Informationen, sondern auch die stetige Anpassung an aktuelle Geschehnisse und sich verändernde Rahmenbedingungen. Die aufgebaute Struktur kann als Monitoring-

Instrument (Überwachung der Entwicklung und Vergleich mit der gewünschten Entwicklung) für die Darstellung von Projektverläufen und statistischen Angaben zur Entwicklung des Landkreises und zur Visualisierung dienen. Mit dem geplanten Prognosemodell können unterschiedliche Szenarien durchgespielt werden, was die Möglichkeit einer frühzeitigen Reaktion auf unerwünschte und erwünschte Entwicklungen bietet. Ebenfalls können nur sehr langsam sich ändernde Bedingungen mit Hilfe eines Monitorings aufgedeckt werden, was eine Reaktion vor dem Eintritt von großen Veränderungen ermöglichen soll.[22]

Abschließende Worte

Ein an die Herausforderungen des Transformationsprozesses angepasstes Strategiekonzept ist gerade für solch strukturschwache Regionen wie den Landkreis Görlitz von großer Bedeutung. Die herkömmlichen Instrumente der Regionalplanung wissenschaftlich dafür auszubauen und an die praktischen Erfordernisse anzupassen, ist eine Anforderung von besonderer Qualität. Die Auswirkungen des Strukturwandels in ihrer Gänze und Komplexität zu erkennen und mit darauf abgestimmten Handlungskonzepten und Maßnahmen Entwicklungsprozesse zu steuern, ist Aufgabe der strategischen Regionalplanung und ihrer Akteure. Dafür bedarf es mehr als jemals zuvor den Mut, neue Denkrichtungen einzuschlagen und andere Entwicklungspfade zu beschreiten.

22 Nachzulesen im voraussichtlich im Februar 2012 erscheinenden Auswertungsbericht der drei Befragungsstufen unter: http://www.strategie-lkgr.de/

Susanne Schwarzbach / Katrin Treffkorn / Maik Hosang / Eckehard Binas

„ADO – Akteursnetzwerk für demografische Perspektiven der Oberlausitz“ Ziele, Probleme und Ergebnisse eines transdisziplinären Forschungsprojekts

Das Projekt „ADO – Akteurnetzwerk für demografische Perspektiven der Oberlausitz“ wurde im Rahmen der Demografierichtlinie der sächsischen Staatskanzlei von Juli 2008 bis Juni 2011 gefördert. Hintergrund des Projekts war der im Vergleich zu anderen Regionen besonders starke demografische Wandel in der Oberlausitz im Kontrast zu den bis dahin vergleichsweise wenigen demografisch wirksamen innovativen und transdisziplinären Herangehensweisen und strukturell wirksamen Handlungsansätzen in Politik, Wirtschaft und Zivilgesellschaft in Reaktion auf die „demografische Krise“ der Region.

Ziel des Projekts war zum einen die wissenschaftliche Analyse der Ursachen des demografischen Wandels in der Region und zum anderen die Entwicklung erster Handlungsansätze sowie die Vermittlung dieser an regionale Akteure aus Politik, Wirtschaft und Zivilgesellschaft.

Dieses Ziel verfolgte das Projekt auf vier sich ergänzenden Arbeitsebenen:

a) die Erforschung der allgemeinen und besonderen Ursachen und darauf aufbauend möglicher Handlungsansätze für die demografischen Probleme der Oberlausitz;
b) die wissenschaftliche Beratung und Begleitung von anderen regionalen Demografieprojekten;
c) die Etablierung eines regionalen Netzwerks mit Akteuren aus Politik, Zivilgesellschaft, Wirtschaft, Kultur und Wissenschaft;
d) die Entwicklung und möglichst auch praktische Initiierung von demografisch wirksamen innovativen Handlungsansätzen in der Region.

Im Folgenden werden die Ergebnisse der verschiedenen Arbeitsebenen kurz skizziert und wo vorhanden auf ausführlichere und weitergehende Ergebnistexte verwiesen.

a) Erforschung von Ursachen und Handlungsansätzen

Der demografische Wandel ist in der Region Oberlausitz nicht nur durch die deutschlandweit zu geringe Geburtenrate, sondern auch durch die hohe Abwanderung vor allem junger Menschen aus der Region geprägt. Durch Befragungen junger Menschen und ausgewählter regionaler Akteure, sowie durch vergleichende Analysen der internationalen Demografieforschung, konnten allgemeine und besondere Ursachen dieser Problematik erkannt werden.

Als allgemeine Ursache des Geburtendefizits moderner Länder und insbesondere Deutschlands kann ein Komplex sich gegenseitig verstärkender Transformationsprozesse im Zusammenhang mit einem grundlegenden Mangel volkswirtschaftlicher wie politischer Wahrnehmungen und Bewertungen dieser umfassenden gesellschaftlichen Veränderungsprozesse gesehen werden, vor allem hinsichtlich der Lebensführung, den kulturellen Konzepten der Selbstverwirklichung und von „gelingendem Leben", die politischen und finanziellen Schwächen in der konservativen Familien- und Kinderförderung sowie eine drastische Liberalisierung der Wirtschaft mit Folgen für die Schwächung der Handlungsmöglichkeiten der Bundes- und Länderpolitiken und deren Fokussierung auf die Verbesserung der internationalen Wettbewerbsposition branchenbestimmender Unternehmen. Obwohl der zahlenmäßige Mangel des „Faktors Mensch" zunehmend als Problem für weitere Wirtschaftsentwicklung gesehen wird, wird dieser Faktor in volkswirtschaftlichen Bilanzen nach wie vor weder hinsichtlich seiner Verluste noch seiner Gewinne erfasst. Das hat unter anderem zur Folge, dass insbesondere gut gebildete Frauen ihre wirtschaftliche Karriere ihrem Mutterdasein vorziehen.

Anhand vergleichender Analysen von Regionen konnte herausgearbeitetet werden, dass ein besonderer Nachteil der Oberlausitz gegenüber Städten wie München, Berlin, Leipzig oder Dresden (wohin insbesondere viele junge Menschen abwandern) darin besteht, dass diese Städte bereits über eine ausgeprägtere „Kultur- und Kreativwirtschaft" und entsprechend stärkere „kreative Milieus" verfügen. Deren hohe Kontakt- und Kommunikationsdichte und mentale Vielfalt und Offenheit sind ausschlaggebend für die von jungen Menschen gesuchten Räume mit Platz für eigene Lebensentwürfe begünstigende flexible Arbeitsformen bspw. für die Vereinbarkeit von Arbeit und Familie. Solche vielfältigen unmittelbaren Netzwerke könnten dank moderner Kommunikationsformen (Internet, web 2.0, social media, etc.) aber auch in ländlichen Regionen entwickelt werden. Dass dies in der Oberlausitz bisher nicht in ausreichendem Maße geschieht, liegt nicht nur an den vergleichsweise wenigen akademischen Einrichtungen und der bereits sehr ausgedünnten Menge von in der Kreativwirtschaft tätigen Personen, sondern auch an den gelegentlich noch zu traditionellen Denk- und Handlungsformen der regionalen Verwaltungen. So wird zwar versucht, das als wichtig erkannte demografische Problem in vielen Ressorts mit zu integrieren, doch dies geht selten über formale Entscheidungskriterien und statistische Analysen hinaus. Dabei prägen die Folgen der Abwanderung insbesondere junger Menschen die Region zunehmend. Die vorhandenen strukturellen Schwächen verfestigen sich mit der langfristigen Unterschreitung kritischer Massen in der Region und der damit verbundenen Verknappung von Selbstentwicklungspotenzialen. Dazu gehören zu wenige Arbeitsplätze für hochqualifizierte junge Frauen bei gleichzeitigem Mangel an gut ausgebildeten Facharbeitern ebenso wie eine zu geringe Vielfalt der regionalen Wirtschaftsunternehmen und deren Finanzkapitalschwäche im globalen Wettbewerb, als auch eine zu schwach ausgeprägte zivilgesellschaftliche Vernetzung. Zwar werden diese eingeschränkten Möglichkeiten der Potenzialentfaltung in der Region von einzelnen Akteuren wahrgenommen, aber bisher gibt es keinen qualifizierten öffentlichen Diskus über gemeinsame Handlungsstrategien gegen diesen enormen Verlust an „Humankapital“.

Aus dieser Ursachenanalyse wurde abgeleitet, dass die Region grundlegend neue Strukturen und Handlungsansätze braucht, um der sich weiter verschärfenden demografischen Entwicklung nicht nur zuzuschauen. Einige der diesbezüglich im Projektverlauf entwickelten Handlungsvorschläge und -ansätze siehe im Einzelnen unter d).

Weitere und konkrete Ausführungen zu den Forschungsergebnisse siehe in der ebenfalls in diesem Buch veröffentlichten Studie: „Kritik der Demografie. Warum verliert die Oberlausitz ihre Kinder. Was tun?".

b) Beratung und Begleitung anderer Demografieprojekte

Die ursprünglich mitverfolgte Intention, eine besonders für andere sächsische Demografieprojekte wirksame Netzwerkberatung aufzubauen und dafür spezifische Kriterien aufzustellen, konnte so nicht umgesetzt werden. Dies lag zum einen daran, dass die übergreifende Betreuung und Begleitung der sächsischen Demografieprojekte durch das zuständige Demografie-Referat der Sächsischen Staatskanzlei selbst realisiert wurde und eine parallele Struktur dazu gewisse Konkurrenzprobleme erzeugt hätte. Des Weiteren zeigte sich recht schnell das Problem, dass eine zusätzliche Begleitung der einzelnen Projekte nicht nur unsere, sondern auch deren Zeit- und Personalressourcen überfordert hätte. Die Umsetzung des Ziels b) beschränkte sich daher darauf, dass eine wissenschaftliche Begleitung und Beratung für ein anderes Demografieprojekt der Region, für das „Bürgernetzwerk Bad Muskau“ des VSBI e.V. – Verein zur beruflichen und sozialen Integration realisiert wurde.

c) Regionales Akteursnetzwerk

Da sich in der Region ein Defizit an demografisch wirksamen innovativen und transdisziplinären Denkweisen, Handlungsansätzen und Strukturen verzeichnen ließ, ging es während des Projektes „ADO“ auch darum, diesem Unvermögen durch Etablierung und Stärkung dafür geeigneter regionaler Netzwerke zu begegnen. Teilaspekte dieses Ziels waren zum einen der Transfer von Wissen (über Demografie, über Regionalentwicklung, über Zukunfts- und Trendforschung etc.) in die Region; und zum anderen der Aufbau von weiterdenkenden Netzwerken in der Region.

Unter dem Aspekt des „*Wissenstransfer*“ sahen wir zum einen den interregionalen Austausch mit Wissenschaftlern verschiedenster Disziplinen unter anderem während unserer jährlichen Novembertagungen als wichtig an, um das Expertenwissen und die Erfahrungen anderer Regionen in unsere Überlegungen zu Entwicklungsperspektiven für die Oberlausitz einbeziehen zu können.[1]

Innerhalb der Region konnte sich im Verlauf des ADO-Projektes das regionale Diskussionsforum „Runder Tisch“[2] zwischen Wissenschaftlern und regionalen Akteuren aus Wirtschaft, Politik und Gesellschaft als stabile Arbeitsform an der Hochschule Zittau/Görlitz etablieren. Als ein offenes Diskussionsforum zwischen Wissenschaftlern und Akteuren in der Region Oberlausitz fördert es mit seinen zwei- bis dreimal im Jahr stattfinden Treffen den Erfahrungs- und Wissensgewinn sowie den gemeinsamen Gedankenaustausch zum Thema der Transformation in strukturschwachen Regionen. Aus den unterschiedlichsten Perspektiven der Beteiligten wurden jedes Mal themenspezifische Fragen und Belange des komplexen Vorgangs gesamtgesellschaftlicher Veränderungen diskutiert, die die alltägliche Arbeitspraxis beeinflussen und Antworten bzw. Handeln erfordern. Ziel war es, im Austausch zwischen Akteuren aus Politik und Gesellschaft, Unternehmern und Wissenschaftlern neue Erkenntnisse über sich vollziehende Entwicklungsverläufe und ihre Bedingungen in der Region zu gewinnen, die über den eigenen „Tellerrand hinausgehen“. Hierbei galt es vor allem mögliche Synergien zu erkennen und Initiativen und Potenziale für kooperative Vorhaben in unserer Region auszuloten, als Grundlage für Regionalentwicklungsprozesse hin zu einer möglichen selbsttragenden Entwicklung.

Das „Forum Runder Tisch“ bot damit kontinuierlich Raum für einen vielschichtigen, interdisziplinären Diskurs zwischen Wissenschaftlern und Praxisak-

1 Details zu den Tagungen 2009 bis 2011, sowie die Dokumentation der einzelnen Beiträge können unter www.hypertransformation.eu/page.php?p=148 nachgelesen werden.

2 Nähere Informationen zu den bisherigen Foren Runder Tisch finden Sie unter: www.hyper transformation.eu/de/FORT.

teuren an der Schnittstelle zwischen Transformationsforschung und Regionalentwicklung. Vor dem Hintergrund von Globalisierungs- und Regionalisierungsprozessen konnten so aus kreativen Ideen gemeinsam neue, alternative Konzepte für das Format der Region entwickelt und zum Teil auch umgesetzt werden, um mit den Problemen aber auch den Chancen der Oberlausitz als periphere, strukturschwache Region besser umgehen zu lernen.

Um die entstandenen überregionalen Austauschbeziehungen und regionalen Zusammenarbeiten mit dem Auslaufen der Projektförderung nicht abbrechen zu lassen, werden diese beiden erfolgreichen Formate im Rahmen des Forschungsschwerpunktes zu „Hypertransformation – Chancen und Probleme im Transformationsprozess strukturschwacher Regionen" an der Hochschule Zittau/Görlitz weitergeführt.

Ausgehend davon, dass Regionalentwicklung durch eine unvermeidbare Bedingung bestimmt wird: durch die Art und Weise bzw. die Qualität, wie Menschen miteinander kommunizieren, wie sie ihre Ideen und Projekte entwickeln, sozusagen, wie sie miteinander Netzwerke bilden, konzentrierte sich der Aspekt *„Netzwerkaufbau"* des ADO-Projektes auf die Initiierung von Kommunikationsplattformen zu den Themen Regionalentwicklung und Zukunft als Grundlage für den Aufbau neuer regionaler Netzwerke. Gemeint sind hierbei Netzwerke, in denen Akteure zueinander finden, die eigentlich eine unterschiedliche Sprache sprechen, die bspw. ganz verschiedene Handlungsmöglichkeiten haben und deren Risikobereitschaft auch unterschiedlich groß ist. Genau diese Akteure aber müssen zusammen kommen, wenn sich eine Region entwickeln will, wenn im regionalen Handlungszusammenhang Chancen genutzt und mit Problemen im Transformationsprozess umgegangen werden soll, im Sinne eines gelingenden Lebens. Ziel war es also, sowohl institutionelle Akteure, Vereine, Einzelunternehmer aber auch charismatische Einzelpersonen zusammenzubringen, um an dieser Idee der Steigerung der regionalen Attraktivität gemeinsam zu arbeiten. Und genau hierin bestand die Grundidee des Projektes „ADO" – eine multidimensionale Struktur von Akteuren zu schaffen, die nicht dem Zwang von Definitionen oder Ergebniszwängen unterliegt. „ADO" war demnach ein Gebilde mit verschiedenen Entwicklungs- bzw. Ideenkernen, welches das Format Region als Labor für strukturell neue und andere Organisationsformen ansah. So wurden unter anderem der *„Oberlausitzer Denksalon"*, der *„Oberlausitzer Zukunftskonvent"* und der *„Extend2011: Zukunftskongress Oberlausitz-Oberfranken"* als neuartige Kommunikationsformate in der Region entwickelt, initiiert und etabliert. Zu den beiden letzteren an dieser Stelle noch einige inhaltliche Ausführungen:

Der *Oberlausitzer Zukunftskonvent* entsteht als ein informelles, aktionsorientiertes, ideologiefreies und überparteiliches Bündnis von engagierten Personen (Unternehmer, Wissenschaftler, Künstler, Politiker, etc.), welche die demografische Krise als Herausforderung begreifen, diese Region stärker als bisher in Richtung zukünftiger Trends (Creativ Economy, Wissensgesellschaft, 6. Kondratieff-Zyklus etc.) zu entwickeln und zu positionieren. Dazu gehören nach bisheriger Diskussion folgende Handlungsebenen:

- Freie Vernetzung der Menschen, die Freude daran haben, einen Bruchteil ihres Potenzials für den oben genannten Sinn einzubringen
- Sammlung, Bewertung und Unterstützung (durch Know-how, Ermutigung, eventuell auch Mittel) von regionalen Projekten in genannter Richtung
- Gestaltung eines Internet-Kommunikations-Portals der Region, welches ein modernes und ganzheitliches (d.h. Arbeit, Freizeit, Wohnen, Kreativität, Gesundheit, Liebe und Glück) Willkommensgefühl vermittelt.

Nach Begriffen des integrativen Managements agiert der Zukunftskonvent auf der „normativen“ oder Sinnebene und ist daher keine Konkurrenz, sondern eine Ergänzung zu den bisherigen strategischen und operationalen Rats- und Verwaltungsstrukturen der Region, ihrer Landkreise, Städte und Gemeinden.[3]

Während der Zukunftskonvent eine überschaubare Zahl besonders engagierter regionaler Akteure einbezieht, zielte der *Zukunftskongress EXTEND 2011* auf die Aktivierung und Vernetzung breiterer Kreise. Dazu konnten mit Kurt Biedenkopf und Gerald Hüther international bekannte Impulsgeber gewonnen werden. Deren Gedanken zum Thema in diesem Sammelband nachzulesen sind. An der Veranstaltung nahmen insgesamt ca. 250 Menschen teil.[4]

d) Regionale Handlungsansätze

Weil, wie oben skizziert, eine Ursache unter vielen der vergleichsweise starken Abwanderung junger Menschen aus der Oberlausitz in andere Regionen Deutschlands auf einen Mangel typischer Weise „kreativen Milieus“ zugeschriebenen regionalen Merkmalen zurückgeführt werden konnte, war das Projekt „ADO“ auch bestrebt, einige weiterwirkende Impulse in dieser Hinsicht zu initiieren. Dabei konnten konkrete Projekte und Strukturen entwickelt werden, welche für die demografische Perspektive der Oberlausitz wirksam werden konnten:

- Entwicklung und Durchführung des Teilprojekts „Easy Good Economy: innovative und attraktive Arbeits- und Lebensperspektiven besonders für junge Frauen und Mütter“. Details zum Ablauf des Pilotprojektes können im

3 Mehr dazu siehe unter: http://zukunft-oberlausitz.jimdo.com.

4 Ergebnisse aus den thematischen Workshops können unter: www.extend2011.de nachgelesen werden.

Text von Alexander Hennig an anderer Stelle in diesem Band nachgelesen werden.

- Konzipierung eines Masterstudiengangs „Transformationspiloten – integratives Regional- und Transformationsmanagement". Dieser wird seit September 2011 im Rahmen eines Folgeprojekts konkret vorbereitet. Mehr dazu siehe unter www.hypertransformation.eu.
- Wissenschaftliche Begleitung der Strategieentwicklung im Landkreis Görlitz in Kooperation mit dem Kreisentwicklungsamt des Landkreises Görlitz. Zum Arbeitsprozess und seinen Ergebnissen siehe im Beitrag von Susanne Schwarzbach und Katrin Treffkorn in diesem Band.
- In Zusammenarbeit mit regionalen Unternehmen der Tourismus- und Gesundheitsbranche, sowie mit den an der Hochschule Zittau/Görlitz bereits etablierten Studiengängen „Kultur und Management", „Management im Gesundheitswesen" und „Tourismus" wurde ein weitergehendes Projekt „Sinnreich – Forschungsnetzwerk für innovative Dienstleistungen im Kultur- und Gesundheitstourismus" entwickelt. Der Projektantrag wird derzeit im Sächsischen Ministerium für Wissenschaft und Kunst geprüft.
- In Zusammenarbeit mit und Trägerschaft der Stadt Ebersbach-Neugersdorf entstand ein Folgeprojekt zur Etablierung und verbesserten Wirkung des im Aufbau befindlichen *Oberlausitzer Zukunftskonvents*.

Fazit

Der Transfer von Wissen und Erfahrungen und die Erprobung der Wirksamkeit neuer Ansätze im Umgang mit den sich vollziehenden Transformationsprozessen zum Nutzen für die Region in für Wirtschaft und Administration relevanten Anwendungsfeldern war Ziel des ADO-Projektes. Die verschiedenen Praxisprojekte und Kooperationen, wie mit dem Landkreis Görlitz oder der regelmäßige Austausch im „Forum Runder Tisch", sowie die jährlichen Fachtagungen zu Themen an der Schnittstelle von Transformationsforschung und Regionalentwicklung und die neuen Kommunikationsplattformen ermöglichten eine Win-Win-Situation für alle Beteiligten des ADO-Akteursnetzwerkes.

Im Rahmen des Projektes konnten Eckpunkte möglicher Handlungsstrategien entworfen und diese mit zentralen Akteuren der Region kommuniziert werden. Dabei wurde aber auch deutlich, dass der Umsetzung neuer Ansätze in der Oberlausitz ganz unterschiedliche systemische wie mentale Blockaden sowie überregionale Hemmnisse durch übergeordnete Administrationen und Regelungsdichten entgegenstehen. Von deren Überwindung wird die zukünftige Entwicklung der Region maßgeblich abhängen, wenn den Risiken des demografischen Wandels begegnet und zugleich dessen Chancen für eine eigenständige Entwicklung der Oberlausitz genutzt werden sollen. Mit dem Ende der Förderlaufzeit werden deshalb wesentliche Bestandteile und Ergebnisse des Projekts – vor allem die Netzwerkarbeit mit regionalen Akteuren und die Kooperationen mit Entscheidungsträgern in Wirtschaft, Politik und Wissenschaft – im Rahmen des Forschungsschwerpunkts Transformationsforschung an der Hochschule Zittau/Görlitz weitergeführt.

Darüber hinaus wird aufbauend auf den Ergebnissen und Erfahrungen des „ADO"-Projektes im Rahmen eines Forschungsprojektes zu „Faktoren der Regionalentwicklung" an den Grundlagen einer modellhaften Simulation von maßgeblich für die Bestimmung von Chancen und Problemen im Transformationsprozess strukturschwacher Regionen verantwortlichen Faktoren gearbeitet. Dabei wird von einem Modell ausgegangen, das Einflüsse in insgesamt 10 Faktorenbereichen und deren Wirkzusammenhängen im „Instrumentkoffer der Regionalen Vorausschau" zusammenfasst (neben dem demografischen Wandel sind dieses bspw. Wettbewerbsbedingungen, Transferabhängigkeiten, kritische Massen, administrative Rahmenbedingungen, Akteurskonstellationen, Qualität der Mitwirkung an regionalen Entscheidungsprozessen, Interpretation von Problemlösungsangeboten, von bestimmten Handlungsmustern und -modellen usw.)[5]. Auf dieser Grundlage soll folgend eine fallbezogene Darstellung von Prozessabläufen im Rahmen einer modellhaften Szenariensimulation möglich gemacht werden. Die mit der Modellierung und Aggregation gewonnenen empirischen Daten sollen zukünftig als Entscheidungshilfen für Regionalentwicklungsprozesse in Administration und Wirtschaftsunternehmen dienen können.

5 Siehe hierzu verschiedene Beträge von Prof. Dr. Eckehard Binas in „Wozu Region? Chancen und Probleme im Transformationsprozess strukturschwacher Regionen", Band 5 der Reihe „Görlitzer Beiträge zu regionalen Transformationsprozessen", Peter Lang Verlag 2010.

Tobias Schlüter/ Antje Meyer

Regionales Innovationspotential und ökonomische Relevanz der Kultur- und Kreativwirtschaft im Raum Oberlausitz/ Niederschlesien – Anforderungen an ein interdisziplinäres Forschungsdesign

Forschungsgegenstand und Verwertungszusammenhang

Gegenstand dieser Untersuchung ist die Kultur- und Kreativwirtschaft (KKW) im Kulturraum Oberlausitz-Niederschlesien. Insbesondere ihre ökonomische Bedeutung in einer strukturschwachen Region und ihr regionales Innovationspotential stehen im Zentrum des Interesses. Der besagte Untersuchungsraum wird u.a. als strukturschwach definiert, weil eine geringe F&E-Intensität von Unternehmen festzustellen ist, größere und strukturbestimmende Betriebe extern, d.h. außerhalb der Region gesteuert werden und Export- und Neuansiedlungsraten niedrig sind.[1] Auch das Institut für Arbeitsmarkt- und Berufsforschung der Bundesagentur für Arbeit stellte im Jahre 2006 eine Strukturschwäche fest. Hierbei wurden Arbeitsmarktregionen mittels Indikatoren verglichen, die vor allem Einkommens- und Beschäftigungsdefizite darstellen. Die Oberlausitz befand sich mit einer über 20%igen Arbeitslosigkeit am Ende des Rankings, welches als Grundlage für die EU-Fördergebiete der BRD im Zeitraum zwischen 2007-13 verwandt wurde.[2]

Das hier vorgestellte Forschungskonzept basiert einerseits auf einer Bestandsanalyse zur Situation einer Akteurskonstellation in der KKW. Anderseits geht es um die Arbeitsbedingungen und sozio-ökonomische Lage der Akteure, die vor allem im wirtschaftspolitischen Diskurs bisher kaum bzw. nur in geringem Maße eine Rolle spielen. Diese Analyse wird als Voraussetzung gesehen, um zu einem späteren Zeitpunkt das Innovationspotential ermitteln und beschreiben zu können.

Nach Kromrey ist es wichtig, den forschungspraktischen Verwertungszusammenhang zu benennen, da ein solcher unmittelbaren Einfluss auf den Forschungsprozess ausübt und eine transparente Darstellung der Sachverhalte erlaubt[3] – dies gilt explizit für Auftragsforschungen. Auch ist davon auszugehen,

1 Vgl. Vgl. InnoDreiländereck, 2004: 31-37.
2 Vgl. Schwengler, 2006: 1-6.
3 Vgl. Kromrey, 2006: 77-83.

dass empirische Methoden zur Ermittlung von Kultur zumeist nicht transparent dargestellt werden.[4] Eine ähnliche Kritik am wissenschaftlichen Standard innerhalb der Soziologie erhob Merton, dessen Konzept von Theorien Mittlerer Reichweite deshalb ebenfalls berücksichtigt wird.[5]

Das praxisgeleitete Verwertungsinteresse steht im Kontext von *enterprise europe network („een")*.[6] Dieses Netzwerk der Europäischen Kommission dient der Unterstützung von kleinsten, kleinen und mittelständischen Unternehmen in Europa. Durch ein Konsortium, welches aus zehn Partnern besteht und unter der Bezeichnung *CIP SAXONY*[7] firmiert, bietet es auch im Freistaat Sachsen Serviceleistungen an, die sich am spezifischen Bedarf an besagten Unternehmen orientieren. Darüber hinaus werden diese Dienstleistungen auch anderen Unternehmen, Forschungseinrichtungen und Netzwerken zur Verfügung gestellt. Hauptaufgaben sind die Unterstützung von regionalen Unternehmen bei der Suche von Partnerunternehmen im Ausland und damit eine Verbesserung der internationalen Tätigkeit. Zudem werden Unternehmen bei der Entwicklung neuer, innovativer und marktfähiger Produkte bzw. Servicedienstleistungen mit nachhaltigem Charakter unterstützt. Weiterhin gehören Dienstleistungen im Feld der Finanz- und Projektmittelakquise zum Repertoire von *„een"*, die es den Firmen erleichtern sollen, auf internationaler Ebene zu agieren. Diesen Unternehmen bietet die Hochschule Zittau/Görlitz über *„een"* einerseits die Möglichkeit, Kontakte in über 50 Staaten bzw. zu über 600 Netzwerkpartnern herzustellen. Anderseits nutzt die Hochschule das Projektbüro u.a. als Schnittstelle, um den regionalen Technologietransfer zu befördern. Ein Augenmerk gilt dem Wirtschaftsraum des Dreiländerecks Deutschland, Polen und Tschechien sowie seit April 2010 speziell auch der KKW. Hierzu wird in einer Arbeitsgruppe mitgewirkt, die sich auf europäische Ebene mit der Internationalisierung im Feld der Creative Industries befasst.[8]

---

4 Vgl.Herrmann-Pillath, 1999.

5 Bzgl. der Methodologie innerhalb der Soziologie betont Merton, dass neben den Fähigkeiten, Hypothesen zu überprüfen gleichzeitig auch die Notwendigkeit besteht, zu überprüfende Hypothesen theoretisch auch herleiten zu können. Hieraus leitet Merton auch den kumulativen Charakter von Wissenschaft ab. Vgl. Merton: 1995: 84 ff.

6 Weiterführende Details zu den Zielen des Netzwerkes in Sachsen unter www.een-sachsen.eu (12.12.2011) bzw. zur Webpräsenz des Netzwerkes als Ganzes unter http://www.enterprise-europe-network.ec.europa.eu/index_en.htm (12.12.2011).

7 Das Projekt CIP SAXONY im „enterprise europe network", welches im Rahmenprogramm für Wettbewerbsfähigkeit und Innovation (CIP) 2007 – 2013 der Europäischen Kommission, Generaldirektion Unternehmen und Industrie angesiedelt ist, wird im Namen des Freistaates Sachsen vom Sächsischen Staatsministerium für Wissenschaft und Kunst kofinanziert.

8 An dieser Stelle ist zu betonen, dass je nach Kontext eine andere Definition herangeführt wird. In diesem Sinne unterscheiden sich die sächsischen Definitionen von der Enquete-Kommission ebenso voneinander wie die von der EU bzw. von den Vereinten Nationen.

Bestandsanalyse

Um ein nachhaltiges Agieren innerhalb einer Region zu ermöglichen, muss Klarheit über den status quo, sprich eine Bestandsanalyse als Grundlage für zukünftige Entscheidungen vorhanden sein. Hierzu bedarf es Kenntnisse über die Zusammensetzung des Sektors bzw. seiner Einzelbranchen.[9]

Des Weiteren sind Kenntnisse von Nöten, woher, von wem und welche Informationen relevante Akteure beziehen. Erfolgt dies über traditionelle Medien wie etwa Zeitung, Radio und TV oder über neue Dienstleistungsangebote wie etwa virtuelle Netzwerkdienste, Online-Plattformen? Ebenso relevant ist die Frage, welche Rolle hierbei persönliche Kontakte spielen. Herrscht Klarheit darüber, so können in Absprache mit anderen regionalen Akteuren und im Sinne einer Zuarbeit von Dienstleistungen, gezielt relevante Informationen ermittelt und platziert werden. Im Umkehrschluss erlaubt eine Kenntnis darüber natürlich auch, aktuelle Geschehnisse und Entwicklungen innerhalb der Region in das eigene Handlungsfeld zu integrieren. Hierzu gehört auf europäischer Ebene der Erfahrungsaustausch mit Akteuren anderer Regionen bzw. ein Feedback an politische Entscheidungsträger.

Der dritte Aspekt der Bedarfsanalyse überlappt den zweiten und bezieht sich auf die Akteurskonstellation. Der Begriff Akteur umfasst handelnde Individuen, Organisationen sowie Staaten oder deren subsidiären Einrichtungen. In der Politikwissenschaft geht es dabei vor allem um politisches Handeln von Subjekten mit natürlichen bzw. juristischen Rechtsstatus.[10] Wird dieses Konzept verallgemeinert und auf den Punkt gebracht, so handeln Akteure oder Akteursgruppen im Rahmen einer gegebenen Akteurskonstellation. Relevant für Untersuchungen sind sodann Interaktionsmuster zwischen den beteiligten Akteuren, die gleichzeitig einen unmittelbaren Einfluss auf die Kooperationsqualität ausüben. Darüber hinaus wirkt sich die Zusammensetzung der beteiligten Akteure auf die Handlungsfähigkeit derselben aus – zu berücksichtigen sind hierbei die Handlungslogiken bzw. Handlungsspielräume der einzelnen Akteure.[11]

Heise betont neben den Handlungslogiken auch die Verfügungsrechte und Leistungsbeiträge als Spezifika einer Akteurskonstellation.[12] Im Zuge einer Interpretation des erhobenen Datenmaterials können institutionelle Gegebenheiten als Ursache von realisierten oder nicht realisierten Interaktionen und wirken-

9 Aus Platzgründen wird auf die Auflistung der Einzelbranchen hier verzichtet. Siehe hierzu: http://www.kultur-kreativ-wirtschaft.de/ (14.12.2011).

10 Vgl. Kohler-Koch et. al, 2004: 32.

11 Vgl. Chinalski, 2010: 39.

12 Vgl. Heise, 2010: 76.

den oder nicht wirkenden Interdependenzen innerhalb einer Akteurskonstellation interpretiert werden.[13] Eine nachhaltige Regionalentwicklung hängt dabei vor allem auch von entsprechenden Lernprozessen (KnowledgeScapes) ab, bei denen zwischen Markt und Staat agierende Intermediäre als Mittler eine immer wichtigere Rolle einnehmen.

Gleichwohl geben Dörre/Röttger zu bedenken, das regionale Entwicklungskoalitionen und deren Verankerungen aus Sicht der Regionalforschung zwar essentiell seien, eine fortschreitende internationalisierte Arbeitsteilung jedoch Entscheidungen herbeiführe, die zumeist außerhalb einer Region getroffen werden. „Standortentscheidungen, die in den Konzernzentralen gefällt werden, lassen sich in der Region nicht grundlegend verändern. Die Verhandlungsmacht der regionalen Akteure reicht nicht aus, um hier entscheidend Einfluss nehmen zu können."[14]

Hoffmann, der die Oberlausitz im Jahre 2003 hinsichtlich kreativer Milieus und deren Regionalentwicklungspotential untersuchte, ging davon aus, dass einerseits ein Regionalgefühl mit einer kollektiven Problemwahrnehmung sowie „einem gemeinsamen Traditionsbezug und ähnlichen Erwartungs- und Zukunftshorizont" vorherrschen müsse.[15] Anderseits setzte er eine Akteurskonstellation mit vielfältigen, auch informellen Kontakten und räumliche Möglichkeiten für den direkten Austausch voraus. Wichtig sei hierbei, dass die Region nicht abgeschottet, sondern auch mit Kontakten über die Region hinaus und mit einer gewissen Offenheit für Neues versehen ist. Hoffmann hebt wandelnde Rollen- und Hierarchiemuster hervor, die sich aus der Interaktion unterschiedlicher Handlungsfelder ergeben und eine notwendige Voraussetzung für ein kreatives Milieu darstellen. Für die Analyse der Akteurskonstellation beruft sich Hoffmann auf drei an ihrem Verhalten unterschiedene Netzwerktypen: Eingleisige Basis-Akteure als engagierte Spezialisten, zweigleisige Akteure als Mittler zwischen zwei Handlungsfeldern und mehrgleisige Akteure, die eine Scharnier-Funktion einnehmen und Verbindungen zwischen mehreren Handlungsfeldern herstellen und unterhalten.[16] Es bleibt festzuhalten, dass Hoffmann in seiner Untersuchung keine netzwerkanalytischen Verfahren anwandte und die Zahl der Interviews im Verhältnis zu ihrem kleinräumigeren regionalen Identitätsgefühl sich als zu gering erwies, um eine umfassende Netzwerkbeschreibung vornehmen zu können.[17]

Für das Forschungsdesgin ergeben sich hinsichtlich der Akteurskonstellation folgende Anforderungen bzw. Hypothese. Zu berücksichtigen sind Fragen nach

13 Matthiesen, 2007: 97 f.

14 Dörre/Röttger, 2006: 152 f.

15 Hoffmann et. al, 2003: 184.

16 Ebd. 185 f.

17 Ebd. 205 f.

Interaktionen mit anderen Akteuren, daran geknüpfte Erwartungen und ein dafür zu erbringender Leistungsbeitrag bzw. die Fragen: a) ob die Akteure überhaupt über die notwendige Fähigkeit verfügen, entsprechend handeln zu können; b) ob die Akteure in der Lage sind, ggf. erforderliche Beiträge oder Zuarbeiten von Produkten selber zu erbringen; c) welcher Handlungsspielraum für die Erbringung der notwendigen Eigenleistung besteht und auf welchen Handlungslogiken ein solcher beruht? Darüber hinaus wäre zu eruieren, inwiefern Erfahrungen reflektiert und in proaktive Lernprozesse übersetzt werden. Schließlich muss über ein Forschungsdesign zu ermitteln sein, welchen konkreten Bedarf an Unterstützungsleistungen die betroffenen Akteure haben. Für die Formulierung einer komplementären Hypothese sei der Gedanke von Dörre/Röttger aufgegriffen, der nach der Verhandlungsmacht von Akteuren in einer Region fragt. Zwar gehen Dörre/Röttger von internationalen Entscheidungsregimen aus, doch ist es vor allem die eingeschränkte Handlungsmacht, die das Agieren auf regionaler Ebene erschwert. Da das Feld der KKW in dieser Hinsicht und soweit bekannt, im Raum Oberlausitz-Niederschlesien auf diese Weise noch nicht untersucht wurde, die praktischen Erfahrungswerte der Akteure aber zum Teil von Frustration, Unsicherheit, Unwissenheit und dem Gefühl des Alleingelassen-Seins geprägt sind, wird die folgende Hypothese als Grundlage der Untersuchung gesetzt:

Die Akteure in der KKW verfügen auf regionaler Ebene (im Raum Oberlausitz-Niederschlesien) gegenüber anderen relevanten regionalen Akteuren über eine eingeschränkte Verhandlungsmacht und können deshalb ihre Interessen nicht durchsetzen bzw. ihren Handlungsrahmen erweitern und ihre Handlungslogik bleibt damit unberücksichtigt. Inwiefern dies für alle oder nur für die Akteurskonstellation in einzelnen Teilbranchen der KKW zutrifft, gilt es jeweils gesondert zu überprüfen.

Arbeitsbedingungen und sozio-ökonomische Lage der Akteure

Das hier ausgearbeitete Forschungsdesign bezieht sich u.a. auf die wirtschaftspolitischen Darstellungen, Berichte und Studien zur KKW sowie deren Konzeptionalisierungen. Kritisiert werden vor allem deren oftmals scheinbare Annahmen und das zu kurz gekommene Hinterfragen von Arbeitsbedingungen. Angesichts vielzähliger Berichte über die KKW von Seiten der Länder, des Bundes, der EU und den Vereinten Nationen kann von einem allgemeinen Konsens ausgegangen werden, der darin besteht, dass es sich bei der KKW um einen ernstzunehmenden Sektor handelt, dessen ökonomische Leistungsfähigkeit einen höheren Stellenwert in wirtschaftspolitischen Diskursen legitimiert.

Zu den Berichten, die das ökonomische Potential der Kultur- und Kreativwirtschaft thematisieren gehört u.a. der Schlussbericht der Enquete-Kommission

„Kultur in Deutschland“ des Deutschen Bundestags aus dem Jahre 2007. Dem Bericht ist neben einer Branchensegmentierung auch das wirtschaftliche Potential zu entnehmen, welches in der BRD seit den 1980er Jahren unter dem Begriff der sog. Umwegrentabilität ermittelt wurde. Das Potential dieses Wirtschaftssektors wird als groß bezeichnet, wenngleich kritisch festgehalten wird, dass die entsprechenden Akteure „vergleichsweise wenig Umsatz erwirtschaften und sozialpolitisch bisher kaum Beachtung finden“.[18] Anders als in der Enquete-Expertise wird im sächsischen Kulturwirtschaftsbericht zwar ebenfalls auf die Sektorengliederungen bzw. das wirtschaftliche Potential des Gesamtsegments und im Vergleich zu anderen Branchen, jedoch nicht vertiefend auf sozialpolitische Sachverhalte eingegangen. Es wird lediglich auf die Schwierigkeit der Erhebungsmöglichkeiten sowie auf den Strukturwandel der Beschäftigungsverhältnisse hingewiesen, innerhalb dessen die Arbeitsverhältnisse mit abhängig Beschäftigten durch Selbstständigkeit verdrängt werden. Generell geht der Bericht davon aus, dass je sozialversicherungspflichtigen Arbeitsverhältnisses, 1,5 Arbeitsplätze im Niedriglohnsektor entstehen.[19] Dieser Fakt wird als „das große Potenzial an geringfügig tätigen oder mehrfach beschäftigten Personen“ bezeichnet.[20]

Im UN „Creative Economy Report 2010“ werden unterschiedliche Konzeptionen sowie die UNCTAD-Interpretation des Begriffs Kultur- und Kreativwirtschaft[21] näher beleuchtet. Der UNCTAD-Ansatz geht davon aus, dass besagter Sektor „any economic activity producing symbolic products with a heavy reliance on intellectual property and for as wide a market as possible” umfasst.[22] Auch dieser Bericht beruft sich auf das ökonomische Potential und die Tendenz, einen neuen dynamischen Sektor innerhalb des Welthandels neu zu erschaffen.[23] Ebenso werden die arbeitsmarktpolitischen Potentiale hervorgehoben sowie die bedeutungsvollen Zusammenhänge zwischen Bildungssystem und der Kultur- und Kreativwirtschaft unterstrichen, die darin bestehen, dass durch entsprechende Bildung ein kreativer Arbeitskräftepool sowie eine für kulturelle Belange sensibilisierte Gesellschaft generiert werde.[24]

Einen ähnlichen Zugang zur Korrelation von kultureller Sensibilität und positiven Arbeitsmarkteffekten stellt auch Florida her, dessen Begriff *Creative Class* das Zusammenspiel von Technologie, Talent und Toleranz voraussetzt – ebenso

---

18 Deutscher Bundestag, 2007: 340 bzw. zur beschäftigungspolitischen Bedeutung S. 338.
19 SMWA, 2008: 14 f.
20 Ebd. 15.
21 Im int. Kontext auch als Creative Industries bezeichnet.
22 UNCTAD, 2010: 7.
23 Ebd. 8.
24 Vgl. ebd. 24.

wie eine hochqualifizierte Bevölkerung.[25] Wichtig ist zudem die von Florida herausgearbeitete Feststellung, dass im Zuge des gesellschaftlichen Wandels vermehrt von einem horizontalen Arbeitsmarkt auszugehen ist. Anders als im Zeitalter der Industrialisierung verlaufen Erwerbsbiografien nicht mehr horizontal, d.h. im Sinne eines Aufstiegs innerhalb einer Firma oder Organisation, sondern als Wechsel zwischen unterschiedlichen Arbeitgebern und mit unterschiedlichem Aufgabenzuschnitt, der auch fernab von dem ursprünglichen Ausbildungshintergrund liegen kann. Florida, der diesen sog. *New Labor Market* mit Hilfe von Fallbeispielen herausarbeitet, schreibt diesem horizontalen Arbeitsmarktregime zwei weitere besondere Eigenschaften zu. Zum einen, dass sich die betroffenen Akteure mehr mit ihrem Beruf und Tätigkeitsfeld identifizieren, als mit einer Firma. Zum anderen, dass sich gleichzeitig gegenüber der eigenen Erwerbsbiografie eine stark erhöhte Selbstverantwortung abzeichnet.[26]

Die oben von der Enquete-Kommission angedeuteten niedrigen Umsätze bzw. tendenziell zunehmenden Arbeitsverhältnisse auf Niedriglohnniveau sowie die Selbstverantwortung innerhalb des Arbeitsmarktes, veranlassen Thierse zu der Forderung, einen Fokus auf ordnungspolitische Fragestellungen zur Gestaltung von Kulturwirtschaft zu legen. Hierzu Thierse:

Es ist für den einzelnen Künstler und Kulturschaffenden von existenzieller Bedeutung, wie er seine Arbeitsverhältnisse gestalten kann, wie es um seine soziale Absicherung steht, welches kulturelle Bildungsniveau er in seinem Umfeld vorfindet, was die Bedingungen für künstlerischen Erfolg sind, wie sich künstlerische und finanzielle Anerkennung zueinander verhalten, wie er Zugang zu Kulturinstitutionen und Kunstmärkten erhält, wieweit kreatives Schaffen, kreative Anwendung bzw. Dienstleistung – angestellt oder selbstständig – Jobperspektiven bietet.[27]

Darüber hinaus fordert Thierse eine Berücksichtigung des Konzepts der *aktivierenden Kulturpolitik* nach Scheytt, um die „existentielle[n] Voraussetzungen einer blühenden Kulturwirtschaft“ in die jeweiligen Betrachtungen aufnehmen zu können.[28] Thierse plädiert für dieses Konzept, da es einen integrativen Ansatz beinhaltet und die Interaktion zwischen Akteure verschiedenster Couleur propagiert. Für Scheytt beinhaltet das Konstrukt Kulturstaat ein *politisches, institutionelles* und *infrastrukturelles* Feld mit jeweils eigenen kulturpolitischen Dilemmata. Das politische Feld trage die Verantwortung, kulturpolitische Aspekte in allgemeine politische Diskurse zu überführen und Position zu derselben zu be-

25 Vgl. Florida, 2004: 249-266.
26 Ebd. 102-115.
27 Vgl. Thierse, 2009: 8 f.
28 Ebd. 9.

ziehen. Trotz der essentiellen Relevanz kultureller Fragen und positiven Beispielen geht Scheytt von einem *Bedeutungsdilemma* aus, welches sich in einer Unterrepräsentanz von Sinnfragen als das eigentliche originäre Ziel eines Kulturstaates äußert. Dem institutionellen Feld bescheinigt Scheytt ein *Kompetenzdilemma* bestehend aus föderalen Bestimmungsansprüchen der Länder, einer in der BRD historisch verankerten Einbettung von Kulturaufgaben auf kommunale Ebene als auch verstärkt auftretenden europäischen und internationalen Belangen. Hierzu gehören ebenso die Verlagerung von kulturellen Aufgaben in Marktverhältnisse als auch in den Dritten Sektor. Diese Kompetenzverteilung führt dazu, dass über die Bundesebene vor allem eine rechtliche Kulturgestaltungskraft ausgeht, währenddessen das Finanzierungaufkommen für kulturelle Belange vor allem über andere Akteure beigesteuert wird. Das infrastrukturelle Feld basiert Scheytt zufolge auf der Allokation von Ressourcen sowie die Gestaltung von Recht. Scheytt beruft sich hierbei auf das Governance-Konzept von Schuppert, nach dem „Recht ‚als kooperationsfördernde Infrastruktur'" interpretiert werden kann. Während die öffentliche Finanznot die Allokation erschwert, verhindert die Befürchtung eines sich verselbstständigen und ausufernden Kulturrechts eine nachhaltige Verankerung von kultureller Infrastrukturen. Das Feld der kulturellen Infrastruktur leide deshalb unter einem *Gestaltungsdilemma*.[29]

Im Rahmen einer aktivierenden Kulturpolitik sind diese Dilemmata zu relativieren, indem ein Blick auf die jeweiligen Relationen zu den anderen gelegt werde; d.h. „wenn sie die anderen Ebenen aktiv anerkennen und anspielen".[30] Hieraus erfolgen ein Zusammenspiel und eine Neubestimmung des Verhältnisses zwischen staatlichem Handeln, Märkten, zivilgesellschaftlichen Entwicklungen und dem Selbstverständnis von Kulturbürgern und deren individuellen Ausprägungen. Staatliches Handeln beinhaltet für Scheytt vor allem ordnungspolitisches Handeln sowie die Bereitstellung von kultureller Infrastruktur – deren Finanzierung könne durch dritte Akteure ergänzt, jedoch nicht an diese überantwortet werden. Die Vielzahl von Akteuren und der hohe Grad an gesellschaftlicher Komplexität innerhalb dieser besagten Relationsverhältnisse verlagert die Interaktion der beteiligten Akteure in Netzwerke. Hierzu setzt Scheytt ein neues Verständnis für eine entsprechende kulturpolitische Steuerung und Diskursgestaltung voraus:

> Netzwerke sind daher beteiligungsfreundlich zu gestalten, um Partner als Kooperations- und Verhandlungspartner zu akzeptieren und einzubinden. Und in diesen Netzwerken geht es nicht nur um Mit*bestimmung*, sondern vor allem um die Dimension der Mit*verantwortung*.[31]

29 Vgl. Scheytt, 2008: 36 f.

30 Ebd.

31 Ebd. 39.

Von einer Mitverantwortung der Kulturpolitik für die Kulturwirtschaft geht auch Heller aus. Heller hinterfragt, wem die Kulturwirtschaft nütze und inwiefern kulturpolitische Ziele durch die Kulturwirtschaft zu erreichen sind. Nutznießende der Kulturwirtschaft sind einerseits Künstler und Akteure in Kulturberufen, die durch die Kulturwirtschaft Einkommen erzielen. Auf der anderen Seite sind als Nutznießende diejenigen zu benennen, die Kulturprodukte in Anspruch nehmen oder rezipieren. Gleichzeitig profitiert auch die Gesellschaft als Ganzes von der Kulturwirtschaft, da von ihr in der Vergangenheit – auch als dieses Segment noch gar nicht so bezeichnet wurde – wesentliche Impulse ausgingen. Heller stellt hierbei das kulturpolitische Ziel einer auskömmlichen Lebensgrundlage für „Künstler und in Kulturberufen Tätige" in Zusammenhang mit dem in der Kulturwirtschaft erzielbaren potentiellen Einkommen. Wie aber oben gezeigt werden konnte, scheint diese Korrelation in Anbetracht der oftmals prekären Lebensbedingungen für Akteure in der Kultur- und Kreativwirtschaft nicht unbedingt zuzutreffen.[32] Diese gilt es deshalb zu überprüfen.

Konkret bedarf es einer Analyse der Arbeitsbedingungen von Akteuren in der Kultur- und Kreativwirtschaft. Über welche Vertragstypen generieren Akteure ihre Einkommen? Welche zeitlichen Planungshorizonte sind dabei vorauszusetzen? Wie hoch ist das tatsächliche Niveau der Einkommen oder Vertragsvergütungen? Welche sozialen Absicherungsmechanismen und in welchem Maße sind die Absicherungsmechanismen berücksichtigt? Wie werden Phasen, in denen keine Vertragsverhältnisse im Bereich der KKW bestehen, überbrückt?

Fazit

Die Anforderungen an das hier erarbeitete Forschungsdesign zeigen, dass nicht nur die Ausarbeitung sehr anspruchsvoll und komplex ist, sondern dass auch die Auswertung einen großen inhaltlichen und fachlichen Aufwand erfordert. Hierzu bedarf es weiterer finanzieller Mittel. Um den gesellschaftlichen Transformationsprozess in der strukturschwachen Region Oberlausitz-Niederschlesien dennoch parallel mitgestalten zu können, bedarf es eines klaren Bekenntnisses zum Konzept „Netzwerk Kulturpolitik". Ohne das Zusammenwirken von Politik, Kultur- und Kreativschaffenden als wirtschaftliche Akteure sowie Intermediären wie bspw. „een" ist eine Verbesserung für die in der Kulturbranche Tätigen nicht zu erwarten. In diesem Sinne führt die hier vorgenommene theoretische Auseinandersetzung zu der Initiierung der Veranstaltungsreihe „Netzwerk regionale Kulturpolitik im Kulturraum Oberlausitz-Niederschlesien". In 2012 geht es los.

32 Heller, 2008: 46 f.

Nicht zuletzt, um den Zynismus zu hinterfragen, ob das Potential der KKW tatsächlich darin bestehe, hochgradig Qualifizierte in den Niedriglohnsektor und in Mehrfach-Beschäftigungsverhältnisse mit diskontinuierlichen Absicherungsgrundlagen zu entlassen. Aus Sicht des kapitalistischen Systems wäre dies tatsächlich eine Innovation.

Literaturverzeichnis

Albert, Gert: Soziologie mittlerer Reichweite. Die methodologischen Konzeptionen Robert K. Mertons und Max Webers im Vergleich, in: Soziale Konstellation und historische Perspektive. Festschrift für M. Rainer Lepsius, VS Verlag, Wiesbaden, 2008, (S. 446-453).

Chinalski, Maciej: Regional-Governance in der Oder-Partnerschaft, WeltTrends-Thesis Bd. 8, WeltTrends e.V., Potsdam, 2010.

Deutscher Bundestag: Schlussbericht der Enquete-Kommission „Kultur in Deutschland", Drucksache 16/7000, 16. Wahlperiode, 11.12.2007, (S. 333-376), abgerufen via http://dipbt.bundestag.de/dip21/btd/16/070/1607000.pdf (1.12.2011).

Dörre, Klaus; Röttger Bernd: Exkurs: Globalisierungsprofile und die Bindekräfte der Regionen, in: Im Schatten der Globalisierung, VS Verlag, Wiesbaden, 2006 (S. 141-171).

InnoDreiländereck: Technologie- und Innovationswerkstatt im Dreiländereck, Endbericht, Bautzen, 2004, abgerufen via http://www.innodreilaender eck.de/images/Material/Endbericht_190105.pdf (14.12.2011).

Staatsministerium für Wirtschaft, Arbeit und Verkehr: Erster Kulturwirtschaftsbericht für den Freistaat Sachsen 2008, abgerufen via https://publika tionen.sachsen.de/bdb/artikel/11541 (1.12.2011).

Heller, Volker: Kulturwirtschaft und die Aufgaben der Kulturpolitik, in: Kulturpolitische Mitteilungen, Nr. 122, III/2008, Kulturpolitische Gesellschaft e.V., Bonn, 2008, (S. 46-50).

Heise, Hannes: Chancengleichheit durch neue Steuerung? Konzepte, Wirkungsprozesse und Erfahrungen am Beispiel des englischen Schulsystems, Utz Verlag, München, 2010.

Herrmann-Pillath, Carsten: Was ist und wie betreibt man wirtschaftskulturelle Transformationsforschung?, in: Kulturelle Ökonomik, Edition Tennen, Bremen, 1999.

Hoffmann, Michael et. al: Kulturelle Potenzen regionaler Entwicklung: das Beispiel Kulturraum Oberlausitz-Niederschlesien, Dresdner Studien zur Kultur Bd. 1, Leipziger Universitätsverlag, Leipzig, 2003 (S. 183-208).

Kohler-Koch, Beate et al.: Europäische Integration – Europäisches Regieren, VS Verlag, Wiesbaden, 2004.

Kromrey, Helmut: Empirische Sozialforschung (11. Auflage), Lucius & Lucius, Stuttgart, 2006.

Matthiesen, Ulf: Wissensmilieus in heterogenen stadtregionalen Räumen Ostdeutschlands – zwischen Innovationsressourcen und kulturellen Abschottungen, in: Region–Innovation –Kultur: Wege in die Wissensgesellschaft, VS Verlag, Wiesbaden, 2007, (S. 83-122).

Merton, Robert: Soziologische Theorie und soziale Struktur, de Gruyter, Berlin/New York, 1995, (S. 83-114).

Scheytt, Oliver: Aktivierender Kulturstaat, in: Kulturpolitische Mitteilungen, Nr. 122, III/2008, Kulturpolitische Gesellschaft e.V., Bonn, 2008, (S. 36-39).

Schwengler, Barbara: IAB Kurzbeicht 17/16.10.2006, Institut für Arbeitsmarkt- und Berufsforschung der Bundesagentur für Arbeit, Nürnberg, 2006, abgerufen via http://doku.iab.de/kurzber/2006/kb1706.pdf (14.12.2011).

Thierse, Wolfgang: Vorwort, in: Zukunft Kulturwirtschaft. Zwischen Künstlertum und Kreativwirtschaft, Klartext Verlag, Essen 2009, abgerufen via http://www.kulturrat.de/dokumente/zukunft-kulturwirtschaft.pdf (1.12.2011).

Alexander Hennig

Das Modellprojekt „EasyGoodEconomy" – Eigenmotivierte Tätigkeitsperspektiven in der Oberlausitz

Hintergrund und Intention

Seit dem 1.8.2008 ist der Osten Sachsens in die zwei Landkreise Bautzen und Görlitz gegliedert. Beide Landkreise sind durch die Elemente des ländlichen Raumes geprägt und besitzen mit den Städten Bautzen-Görlitz-Hoyerswerda einen oberzentralen Städteverbund. Dieser oberzentrale Städteverbund wurde nötig, da in beiden Landkreisen, die ungefähr der Dimension der Oberlausitz entsprechen, keine Stadt die Kriterien eines Oberzentrums erfüllt, jedoch in dem großflächigen Raum ein solches benötigt wird. Mit der Autobahn 4 (E40), die die Landkreise von Ost nach West durchquert (Trasse Dresden-Wroclaw (PL), ist die Anbindung der Region an die nächstgelegenen Oberzentren gewährleistet. Weitere wichtige Verkehrsinfrastruktur sind die Bundesstraßen 6, 96, 115 und 178 sowie die Bahnstrecken Dresden-Görlitz-Wroclaw (PL) bzw. Dresden-Zittau-Liberec (CZ). In den beiden Landkreisen leben ca. 600.000 Menschen auf einer Gesamtfläche von ca. 4.500 km^2 bei einer Einwohnerdichte von ca. 134 Einwohnern je km^2 (Stand 09/2010)[1]. Hierbei muss auf eine unausgewogene Verteilung der Einwohnerdichte hingewiesen werden, deren Ursprung in der unterschiedlichen naturräumliche Ausstattung des Raumes zu finden ist. Die südlich der Linie Bautzen-Görlitz liegenden Gebiete sind wesentlich dichter besiedelt als die nördlicheren. Diese sind durch eine forst- und landwirtschaftliche Nutzung charakterisiert, während es im südlicheren Teil des Raumes zur Ansiedelung einer Reihe von klein- und mittelständigen Unternehmen gekommen ist, welche z.B. traditionell im Fahrzeug- und Maschinenbau, in der IT-Branche oder in der Medizintechnik aktiv sind.

Die beschriebene Region ist eine der am stärksten vom demographischen Wandel betroffenen Deutschlands. Der starke Bevölkerungsrückgang ist neben dem Geburtensaldo in erster Linie auf die hohen Wanderungsverluste der Bevölkerung zurückzuführen. So gab es in den Jahren von 1990 bis 2003 in allen Altersgruppen mehr Fortzüge aus als Zuzüge in die Region. Besonders hoch war der Anteil der Fortziehenden aber innerhalb der Altersgruppe der 18- bis 30-Jährigen, noch spezifischer betrachtet, die Arbeitsmigration junger Frauen (Braun et al.). Aus den hohen Abwanderungsraten und dem Rückgang der Geburtenrate resultiert ein steigendes Durchschnittsalter der Bevölkerung. Bereits von 1990 bis 2003 wurde ein Anstieg des Durchschnittsalters von 38 auf 44 Jahre verzeichnet – die Prognose für das Jahr 2020 liegt bei knapp 50 Jahren[1].

Damit einher gehen die Reaktionen der Verwaltungsbehörden und Entscheidungsträger. So wurden z.B. die Anzahl der Schulen und anderer öffentlichen Einrichtungen durch Haushaltskürzungen oder Schließungen angepasst, die Verwaltungsstruktur wurde bei den bisherigen Kreisreformen verschlankt und damit u.a. die Distanz zwischen Bürger und Verwaltung erhöht. Dies hat zur Folge, dass die Region im konservativen Sinne sein Attraktoren verliert, dies spürt die Wirtschaft vor Ort schon jetzt. Den fehlenden attraktiven Arbeits- und Entwicklungsmöglichkeiten gerade für junge Menschen steht ein prognostizierter Mangel an hochqualifizierten Fachkräften in der Wirtschaft gegenüber.

Um diesen beschrieben Trend besser fassen und ihn gegebenenfalls entgegentreten zu können, werden seitens des Landes Sachsen diverse Versuche unternommen. So förderte die sächsische Staatskanzlei nach der „Förderrichtlinie Demographie" vom Juli 2008 bis Juni 2011 das Projekt „Akteursnetzwerk für demographische Perspektiven der Oberlausitz" („ADO"), welches an der Hochschule Zittau-Görlitz angesiedelt war. Ziel war und ist es u.a. (die Mitglieder der gegründeten Arbeitsgruppe wirken über den Förderzeitraum hinaus) Strategien gegen die Abwanderung junger Menschen und zu geringe Geburtenraten zu finden und Bedingungen heraus zu arbeiten, mit welchen endogene Potentiale der Oberlausitz in Bezug auf eine Verbesserung der regionalen Attraktivität entdeckt und die Nutzung dieser Potentiale verbessert werden können. Es sollten also neue Ideen, Konzepte und Grundlagen für Strategien erarbeitet und ausprobiert werden, die das Ziel haben, auf die aktuell stattfindenden Transformationsprozesse angemessen reagieren zu können. Eine solche in einen Modellversuch übertragene Idee ist „EasyGoodEconomy" kurz „EGE" genannt.

Um die Projektidee umzusetzen, wurde die Richtlinie des Sächsischen Staatsministeriums für Wirtschaft und Arbeit zur Verbesserung der Beschäftigungschancen von Arbeitslosen und Benachteiligten (ESF-Richtlinie Beschäftigungschancen) vom 18.08.2009 (SächsABl. Nr. 37, veröff. 10.09.2009) genutzt. Präzisiert wurde der Antrag betreffend der Richtlinien Teil II. E „Innovative Projekte, Modell- und Transfervorhaben, Studien" eingerecht. Diese Richtlinie hatte folgendes zum Ziel:

- Anregung von Innovationen in der Beschäftigungsförderung,
- Modellhafte Erprobung neuer Ansätze,
- Unterstützung des Transfers erfolgreicher Projekte nach Sachsen.

---

1 Vgl. http://www.statistik.sachsen.de/download/010_GB-Bev/Bev_Gemeinde.pdf und Braun, A.; Glauner, C.; Zweck A., 2011 „Regionale Vorschau in ostdeutschen Grenzregionen", S.10.

Gegenstände einer möglichen Förderung waren hierbei unter anderem:

- Existenzgründungsförderung von Arbeitslosen,
- Entwicklung und Erprobung von Ansätzen zur Verbesserung des Systems der Arbeitsmarktintegration,
- Erschließung neuer Geschäftsfelder für Existenzgründer aus Arbeitslosigkeit,
- das Gründungsverhalten von Arbeitslosen positiv zu beeinflussen,
- Entwicklung, Erprobung und Transfer neuer Ansätze bei der Förderung der Beschäftigungsfähigkeit von Langzeitarbeitslosen,
- Neue Ansätze zur Verbesserung der Wiedereingliederungschancen von Langzeitarbeitslosen,
- Schaffung und Erschließung von neuartigen Möglichkeiten zur Teilhabe von Langzeitarbeitslosen am Erwerbsleben,
- Neue Formen der Beschäftigung von arbeitslosen Benachteiligten in Unternehmen,
- Neue Formen der Kompetenzfeststellung unter Einbeziehung informell erworbener Kompetenzen,
- Neue Modelle zur individuellen sowie flexiblen Qualifikation und Motivation, aufbauend auf bereits vorhandenen Kompetenzen.

Diverse Zuwendungsvoraussetzungen, z.B. dass das Projekt auf andere Regionen in Sachsen oder auf andere Zielgruppen übertragbar, räumlich und zeitlich überschaubar sein soll, einen gesellschaftlichen Nutzen bringen und nachhaltig wirken soll, wurden bei der Antragstellung berücksichtigt.

Der Ansatz des Pilotprojektes „EGE“ baut zum einen auf den vorhandenen demographischen Prognosen für die Region Oberlausitz auf und bezieht sich dabei insbesondere auf die Analysen des Freistaates Sachsen, des Statistischen Landesamtes Kamenz, des Berlin-Instituts für Bevölkerung und Entwicklung, dem Mikrozensus 2009 sowie auf Analysen der Bertelsmann Stiftung. Zum Anderen bieten Umfrageergebnisse, die im Rahmen des Projektes „ADO“ an der Hochschule Zittau/Görlitz erhoben wurden, eine wesentliche Grundlage für das Projekt. Hierbei wurden junge Frauen mit Hochschulreife danach befragt, welche Bedingungen für sie ausschlaggebend sind, um sich bewusst für ein Leben mit Kindern zu entscheiden. Dabei wurde die Vereinbarkeit von interessanter und zeitlich flexibler Arbeit und dem Muttersein als eines der wichtigsten Entscheidungskriterien für bzw. gegen den Kinderwunsch benannt. Daraus wurde geschlossen, dass die Region Räume schaffen muss, in denen sich junge, gut ausgebildete Frauen wohl fühlen und möglichst sesshaft werden und Kinder zur Welt bringen. Weiter wurde erkannt, dass es einer anderen Form der Aktivierung und der damit verbunden Motivation von Arbeitslosen bedarf, als die bisher in der Region Oberlausitz angewandte.

Die für die Oberlausitz verfolgten strategischen Ziele waren:

1. Junge gebildete Menschen, insbesondere Frauen und Mütter, werden befähigt, ihre kreativen Ideen für eine sinnstiftende Berufstätigkeit als zukünftige Erwerbsgrundlage zu entwickeln und zu realisieren. Sie werden bei der Vereinbarung von beruflicher Arbeit und Familie im Rahmen flexibler Arbeitsformen und effizienter Arbeitsstrukturen beraten und mit auf ihre Bedürfnisse individuell zugeschnitten Weiterbildungs- und Qualifizierungsmaßnahmen unterstützt. Hierbei gilt der Grundsatz: statt sozialer Transferleistungen Starthilfe als Investition zur Selbsthilfe.
2. Die Zielgruppe wird dabei in bestehende Wirtschaftsstrukturen eingebunden und tragfähige Netzwerke eines kreativen Milieus mit Wertschöpfungsketten werden aufgebaut.
3. Die demographische Entwicklung wird mit der Entfaltung individueller Bleibeperspektiven für junge gebildete Frauen und Familien in der Oberlausitz langfristig positiv beeinflusst.
4. Die Zukunftsfähigkeit der Region Oberlausitz wird durch neu entwickelte Ideen und Projekte mit Mehrwert für die Region gestärkt, um auf diese Weise die Attraktivität der Region für andere Menschen als Wohn- oder Arbeitsort zu steigern. Die Teilnehmer dienen hierbei als Positivbeispiele oder „Leuchttürme" mit einem positiven Lebensgefühl mit Ausstrahlung auf das Lebensumfeld.
5. Das Fachkräftepotenzial wird für den Wirtschaftsstandort Oberlausitz zukünftig gesichert.
6. Die wissenschaftlichen Erkenntnisse aus dem Pilotprojekt bieten Erkenntnisse für die Entwicklung und den gezielten Einsatz zukunftsorientierter beschäftigungspolitischer Instrumente und deren effektiven Einsatz in Regionen mit vergleichbaren Problemlagen. Dies kann auf kommunaler Seite zu Einsparungen von Sozialleistungen bei gleichzeitiger aktiver Strukturförderung als aktives Gestaltungsinstrument führen.

In der Oberlausitz fanden sich zahlreich Befürworter und potentielle Unterstützer der Projektidee. So erklärten sich neben dem Leiter des Kreisentwicklungsamtes Görlitz, der Leiter der ARGE Görlitz auch der Generalsekretär der CDU Sachsen oder der 1. Beigeordnete des Landrates Bautzen für Kreisentwicklung neben zahlreichen kleinen und mittelständischen Betrieben bereit, das Projekt nach Bewilligung zu unterstützen. Dabei erkannten sie den Wert des Projektes für die Region Oberlausitz, aber auch die Bedürftigkeit für einen solchen Versuch an.

Der 1. Antrag

24 Teilnehmerinnen, welche eine abgeschlossen Berufsausbildung oder eine Hochschulstudium verfügen, wird die Möglichkeit gegeben, sich ein Jahre lang eine konkret realisierbare Arbeitsidee in einem speziellen, selbst ausgewählten Tätigkeitsfeld, welche sie bisher aus verschiedenen persönlichen und arbeitsmarktbedingten Hinderungsgründen nicht für sich umsetzen konnten, zu erarbeiten und sich für einen eventuellen Gang in die Selbständigkeit vorzubereiten.

Dafür sollten sie bei einem der beiden für die Oberlausitz vorgesehen Projektträger[2] eine Freianstellung[3] auf Niveau der Leistungen nach dem zweiten Sozialgesetzbuch erhalten. Das zweite Sozialgesetzbuch (im Weiteren SGB II) regelt die Förderung von einkommenslosen und erwerbsfähigen Personen, soweit sie für ihren Lebensunterhalt nicht aufkommen können, im Sinne eines Lebens, welches der Würde des Menschen entspricht (Sozialgesetzbuch §1 (1)). Die Träger der Leistungen sind die Kreise bzw. kreisfreien Städte in Zusammenarbeit mit der Bundesagentur für Arbeit. Die Kosten hierfür werden durch Steuereinnahmen bestritten. Koordiniert werden die verwaltungstechnischen Arbeiten in sogenannten „Jobcentern" (früher „Amt für Arbeit und Soziales". Durch eine Freianstellung wären die Projektteilnehmer, wenn sie aus der Arbeitslosigkeit kommen würden, aus der in Wirklichkeit psychologisch beklemmend wirkenden Abhängigkeit von den Jobcenter – welche eigentlich als „Anreize zur Aufnahme und Ausübung einer Erwerbstätigkeit schaffen sollen (Sozialgesetzbuch §1 (6)) – herausgelöst und bei gesicherter Existenz frei für kreative Prozesse. Die Teilnehmerinnen welche vor Eintritt in des Projekt Leistungen nach SGB II empfingen,

---

2 Im Landkreis Bautzen war der gemeinnützige Vereine „Neue Lebensformen gem. e.V." und im Landkreis Görlitz der Verein „Lausitz Matrix e.V." vorgesehen. Beide Vereine haben Erfahrungen als innovative Weiterbildungsträger.

3 Jede Mitarbeiterin von „EasyGoodEconomy" ist eine so genannte Freiangestellte in ihrem Tätigkeitsfeld. D.h. sie ist angestellt und erhält jeden Monat ihr festes Gehalt, kann jedoch Arbeitszeit und -ort frei wählen. Dadurch wird es insbesondere Müttern und Vätern erleichtert, ihr Bedürfnis nach einem Einkommen aus sinnstiftender Arbeit mit ihren Aufgaben als Eltern so zu vereinbaren, dass sie beidem zufriedenstellend gerecht werden können. Dabei fordert die freie Wahl von Arbeitsort und -zeit von den „EGE"-Freiangestellten eine effektives Selbstmanagement und eine effiziente Arbeitseinteilung. Neben den hohen Anforderungen kann diese neu gewonnene Freiheit das für die zunehmend komplexeren Arbeitstätigkeiten notwendige Kreativitätspotenzial derer fördern, die, um Kindererziehung und Beruf täglich vereinbaren zu können, jeden Tag durchorganisieren und mehrmals am Tag zwischen unterschiedlichsten Lebensbereichen und Themen umschalten müssen. Neben den Effizienzbestrebungen im Arbeitsprozess spart die Freianstellung zudem Ressourcen, die für einen zentralen Arbeitsplatz sowie den Arbeitsweg anfallen würden. Von dieser flexibleren Arbeitsform profitieren dementsprechend Arbeitgeber und Freiangestellte gleichermaßen. (weitere Informationen unter http://karriere bibel.de/easyeconomy-karriere-als-freiangestellter).

würde somit der Druck genommen, sich auf eine ihnen ungewollte Art und Weise ihren Lebensunterhalt verdienen zu müssen. Eine Folge daraus könnte sein, dass sie keine Möglichkeit zur Entfaltung ihrer Kreativität finden, was letztendlich wieder in Abwanderungsgedanken dieser jungen und motivierten Menschen münden kann. Es sollte keine Voraussetzung für die Teilnehmer sein, Leistungen nach SGB II zu erhalten um an dem Projekt „EGE" teilzunehmen. Es war geplant, das Frauen mit verschiedensten beruflichen Hintergründen teilnehmen, da sie im Falle der Projektgenehmigung eine Anstellung am Projektträger erhalten würden. Das dabei angestrebte persönliche Ziel einer jeden Teilnehmerin war nicht an bestimmte Vorgaben oder Branchenzugehörigkeiten gebunden, sondern stand völlig frei.

In Vorgesprächen mit etwaigen Praxispartnern wurde oft ein Vergleich zu einem Test des sogenannten Grundeinkommens gezogen. Das Projekt „EGE" stellt hierbei kein Grundeinkommenstest dar, sondern ist der Versuch Menschen eine möglichst breite und nachhaltig wirkende Ausgangsbasis für eine frei gewählte Beschäftigung zu geben, durch welche sie Einkommen erzielen können. Während einer Diskussion über das Projekt wurde darauf hingewiesen, dass es schon eine Vielzahl von Projekten mit diesem Ziel gibt. Der Unterschied zwischen den von den Jobcentern oder privaten Weiterbildungsfirmen angeboten Fortbildungsmaßnahmen ist, dass die Teilnehmer des Modellversuch ein Jahr Zeit haben, sich auf sich zu konzentrieren und es kein Wochenendkurs ist, der die Teilnehmer aufgrund der dort vorherrschenden Informationsdichte überlastet.

Sogenannte Werkstatttreffen, die aller 14 Tage in den Räumen des Projektträgers geplant waren, sollten das Zentrum des gemeinsamen Arbeitens werden. Die Themen der jeweiligen Treffen sollten an die Bedürfnisse der Teilnehmer angepasst werden. Ebenso wurde die Auswahl der externen Redner und Vortragenden an den Wünschen der Teilnehmerinnen ausgerichtet. Ihnen sollte einem in ihrem Fachgebiet bereits versierter Experte als Mentor zur Seite gestellt werden. Dieser hätte der Teilnehmerin auf Grund seiner Erfahrung viele nützliche Hinweise geben können und sie in die bestehenden Netzwerke des Mentors einführen sollen. Mit diesem und mit dem zuführenden Projekttagebuch hätte eine sehr gute Selbstreflexion auch innerhalb des entstehenden Netzwerkes der Arbeitsgruppe stattfinden können.

Die Ablehnung

Nach sieben Monaten Vorbereitungszeit, die von zwei engagierten jungen Menschen durchgeführt wurde, und versicherter Unterstützung wichtiger Akteure der Region Oberlausitz für das Projekt, wurde der Projektantrag durch die Sächsische Aufbau Bank abgelehnt. Offizielle Gründe hierfür sind die Kosten des Projektes. Das Projekt hätte die Sächsische Aufbau Bank ca. 500.000 € gekostet. Dies entspricht ca. 80% der Projektgesamtkosten (ca. 1700 € pro Teilnehmer und Monat). Die übrigen 20% (ca. 430 € pro Teilnehmer und Monat) hätten die zuständigen ARGEn getragen. Der aufgeführte finanzielle Aufwand schließt die Kosten für die zwei benötigten Projektkoordinatoren, 24 Mentoren und die Vortragenden sowie die allgemeine Verwaltungs- und die geplanten Evaluationskosten ein. Die Kosten scheinen somit nicht sehr hoch, wenn dem gegenüber die Kosten aufgelistet werden, die SGB II- und III-Empfänger plus den dahinter stehenden Verwaltungsapparat generieren. Die beantragten zu fördernden Leistungen seien hier noch einmal aufgelistet:

- Aufnahme einer Beschäftigung von bisher arbeitslosen Frauen und Müttern (im Einzelfall auch Männer, die die gestellten Anforderungen erfüllen) im Rahmen einer Freianstellung.
- Weiterbildung und Qualifizierung dieser Frauen spezifiziert auf ihr Tätigkeitsfeld.
- Nutzbarmachen ihres kreativen Potenzials für eine Erwerbstätigkeit als Lebensgrundlage im Rahmen des Modellprojektes „EGE“.
- Einbindung in Netzwerke und die Entwicklung von Wertschöpfungsketten als Mehrwert für die Region Oberlausitz.
- Vereinbarkeit von sinnstiftender Berufstätigkeit mit erfülltem Familienleben als zukunftsfähiges Modell in einer komplexen Wissensgesellschaft.

Zur Erinnerung soll der Auftrag des von der sächsischen Staatskanzlei finanzierten Projekte „ADO“ angeführt werden, welches der Initiator von „EGE“ war. Dieser sieht wie Anfangs beschrieben vor, dass Strategien gegen die Abwanderung junger Menschen und zu geringen Geburtenraten zu finden sind und Bedingungen heraus gearbeitet werden sollen, mit welcher endogener Potentiale der Oberlausitz in Bezug auf eine Verbesserung der regionalen Attraktivität entdeckt und die Nutzung dieser Potentiale verbessert werden können. Es sollten also neue Ideen, Konzepte und Grundlagen für Strategien gefunden und ausprobiert werden, welche das Ziel hatten auf aktuell statt findenden Transformationsprozesse angemessen reagieren zu können. Genau dies ist der Hinterrund der Idee „Easy-GoodEconomy“! Es lässt sich Mutmaßen, dass auch vor dem Hintergrund des Wechsels der sächsischen Regierung Anfangs des Jahres 2010, also in der Zeit der Antragstellung und Antragsbewertung, Ansprechpartner und Entscheidungsträger in für einen erfolgreichen Projektantrag wichtigen Positionen sich auf eine neue Regierung einstellen mussten oder ausgetauscht wurden und es ihnen an nötigen Mut mangelte, ein solches Mut benötigendes Projekt zu finanzieren. Des Weiteren stellte es sich als sehr schwierig heraus, eine Förderung für eine innovative Projektidee zu finden, welche nicht mit einer vorher ausgeschriebene Förderrichtlinie deckungsgleich ist. Hier zeigt es sich, dass der Weg der Anpassung von Projektideen an vorhandene Richtlinien nicht der richtige ist, da dadurch zu viele wichtige Punkte und Details des zu beantragenden Projektes verschwinden und verwaschen werden. Viel mehr sollten sich die Förderung vor allem in dem Bereich der innovativen Projekte an der Idee des Projektes ausrichten und nicht die Idee an der Richtlinie. Ein überbordendes Maß an Regulierung seitens der Landesregierung verhindert jedoch, dass sich ein endogene Potentiale entfalten können, da die lokalen Begebenheiten bei den von einem zentralen Entscheidungsträger erstellten Förderrichtlinien per se keine Beachtung finden können.

Der 2. Versuch

Nach dem ablehnenden Bescheid des ersten Projektantrages wurde ein weiterer Versuch unternommen die Projektidee umzusetzen. Hierfür wurde ein Antrag bei der Sächsischen Aufbau Bank im Bereich „Förderung der Kommunen“ und dessen Sonderbereich „Beschäftigung und Qualifizierung“ gestellt. In dessen Rahmen existiert die Kleinprojektförderung: „Lokales Kapital für soziale Zwecke“ zur Unterstützung der lokalen Beschäftigungsentwicklung mit einem maximalen Förderbetrag von zu diesem Zeitpunkt 10.000 €.

Um diesen Kostenrahmen gerecht zu werden, wurde der Umfang des Projektes sehr stark beschnitten. Der geographische Raum wurde auf den alten Landkreis Bautzen beschränkt. Den Teilnehmerinnen konnte es nicht ermöglich werden, eine Freianstellung an dem Trägerverein des Projektes zu erhalten und damit eine Loslösung von der physischen und vor allem der psychischen Abhängigkeiten von den Arbeitsagenturen und Jobcentern zu erzielen. Damit standen die Teilnehmerinnen weiterhin unter dem Druck bürokratischer Strukturen. Mit diesen wurde in langen Gespräche die Einigung erzielt, dass erstens das Modellprojekt „EGE“ als Maßnahme anerkannt ist und zweitens, dass die Teilnehmerinnen für die Zeit ihrer Projektteilnahme die üblichen Bewerbungspflichten nicht nachkommen müssen und auch nicht in der Behörde vorstellig werden brauchen. Somit sollte erreicht werden, dass die Teilnehmer den so wichtigen Freiraum zur eigenen Entwicklung erhalten, welcher durch die Freianstellung am Projektträger erreicht worden wäre. Leider hielten sich nicht alle in den Behörden arbeiten Angestellten an diese Vereinbarung, so dass es immer wieder zu Behinderung der Entwicklung einzelner Teilnehmerinnen im Projekt gekommen ist.

Weitere Kürzungen beinhalten die Streichung des Mentorenprogramms, welches den einzelnen Teilnehmern sehr zum Nachteil gelangte. Es zeigte sich im Laufe des Projektes, das viele der Teilnehmerinnen sich selbstständig tätige Menschen als Vortragende wünschten, um aus den Erfahrungen gerade aus der Anfangszeit ihrer Selbständigkeit zu lernen. Dies zeigt, dass es für einen angehenden Selbständigen sehr wichtig ist, über die in einem normalen Schulungskurs der Jobcenter vermittelten wirtschaftlichen und rechtlichen Grundlagen hinausgehend Dinge zu erfahren, die nur durch jemanden vermittelt werden können, der selbst diese Erfahrung gemacht hat.

Da nur noch eine geringe Aufwandsentschädigung für einen Projektkoordinator realisiert werden konnte, wurde die Teilnehmerzahl auf 12 reduziert. Der Projektablauf blieb ähnlich wie der für den ersten Antrag beschriebene. Die Teilnehmerinnen entwickelten für sich unter Impulsen externe Dozenten eine sinnstiftende Arbeitsmöglichkeit, welche sie mit ihrer Familie in Einklang bringen können. Hierfür fanden aller zwei Wochen Arbeitstreffen in den Räumen des Projektträgers „Neue Lebensformen e.V." in Hochkirch OT Pommritz statt.

Die für die Oberlausitz verfolgten strategische Ziele blieben die gleichen wie oben beschrieben. Dem Projektantrag wurde im Juni 2010 mit einer Projektlaufzeit von August 2010 bis Juli 2011 stattgegeben.

Die Umsetzung

Der Zugang zur Zielgruppe erfolgte über regionale Medien sowie der Hilfe regionaler Jobcenter bzw. der ARGEn. Dabei gab es weniger Bewerber als ursprünglich angenommen. Grund hierfür kann zu einem der kurzer Zeitraum sein, in welchem die Teilnehmerinnen gefunden werden mussten. Zum Anderen musste den potentiellen Teilnehmerinnen das Projekt erst erklärt werden – die Arbeitsagenturen und Jobcenter waren dazu nicht in der Lage – und diese mussten den Mut finden den Schritt in das Ungewisse zu wagen. Es gab also eine gewisse Hemmschwelle auf Grund des neuen, auszuprobierenden Ansatzes dieses Modellversuchs. So verwundert es nicht, dass die meisten der Teilnehmer durch Mund-zu-Mund-Propaganda auf das Projekt aufmerksam wurden. Durch die Jobcenter und Medien wurden insgesamt vier Teilnehmer für das Projekt gefunden.

Die meisten der Teilnehmerinnen bezogen während der Projektlaufzeit Leistungen nach SGB III. Dies war in der ursprünglichen Projektidee nicht so vorgesehen, doch mussten die Teilnehmer während der Projektteilnahme ihre Existenz sichern und somit ergab es sich, dass die Mehrzahl der Projektteilnehmerinnen Leistungen nach dem zweiten Sozialgesetzbuch bezogen.

Um es noch einmal zu verdeutlichen, Zielgruppen waren Frauen, die schon gut ausgebildet sind, die einen gewissen Grundstock an Bildung und Bildungshorizont mitbringen und die „lediglich" das Bedürfnis nach einer sinnstiftenden Beschäftigung in Vereinbarung mit Familie haben. Jedoch bieten die uns umgebenden gesellschaftlichen Bedingungen Frauen und auch Männern nicht unbedingt die Möglichkeit, auf einem bestimmten Niveau eine existenzsichernde Beschäftigung in Teilzeit zu finden. Es musste sich auch auf die Zielgruppe die Leistungsanspruch nach SGB II haben beschränkt werden, da der erste Projektantrag nicht genehmigt worden ist und somit die Teilnehmerinnen keine Freianstellung erhalten konnten. Die Teilnehmer mussten also eine Grundsicherung jedweder Art mitbringen. Es nahmen auch Menschen an dem Projekt teil, die während der Projektlaufzeit nicht ALG-II Beziehende waren. Sie worden durch ihren Ehemann versorgt.

Die vierzehntägig durchgeführten Treffen fanden ausschließlich in den Räumen des Trägervereins „Neue Lebensformen gem. e.V." in Hochkirch OT Pommritz statt. Diese Zusammenkünfte wiesen zwei Qualitäten auf. Die Erste stellt Treffen dar, bei denen die Teilnehmerin zusammenkommen um über ihr Vorankommen, etwaige Schwierigkeiten und ihre eigene Entwicklung reflektieren können. Dabei führten die Teilnehmerinnen auch Vorträge vor. Die dabei gewählten Themen waren jeweils eine von der Vortragenden angegebene Schwäche. So hatte z.B. eine Teilnehmerin Motivationsprobleme und hat durch die Beschäftigung mit diesem Thema diese Herausforderung für sich gelöst. Sehr hilfreich bei der Selbstreflexion und der Arbeit in der Gruppe waren Projekttagebücher, welche die Teilnehmer führen sollten. Diese als eine Art Tagebuch zu verstehenden aufgeschriebenen Reflexionen waren ein sehr wichtiger Bestandteil des Projektes, denn durch das Aufschreiben des eigenen Standes musste sich jeder Teilnehmer immer wieder hinterfragen und konnte sich dadurch weiterentwickeln. Die Haupthemmnisse der Entwicklung hin zu einer sinnstiftenden Tätigkeit lagen meistens nicht bei den Teilnehmern selbst, sondern bürokratische Hürden behinderten die Teilnehmer. Auch dies spiegelt die vorherrschende Überregelierung der gesetzgebenden Organe und administrativen Einheiten wider, die Entwicklung eher hemmt als fördert.

Die Zweite Qualität der Teilnehmertreffen stellte die Einladung von externen Dozenten dar. Hierbei wurde nach den Befindlichkeiten der Teilnehmer Dozenten eingeladen, welche selbst freiberuflich tätig waren bzw. ihren Weg hin zu einer für sie sinnvollen Tätigkeit gegangen sind. An dieser Stelle kommt das Fehlen der für die Teilnehmerinnen wichtigen Mentoren besonders zum Tragen, welche durch die Ablehnung des ersten Projektantrages gestrichen werden mussten. Durch die Auswahl der Dozenten sollte der Verlust der Mentoren etwas abgefedert werden, was auch teilweise gelang. Folgende Themen wurden von den sieben Dozenten, die in zwei Fällen auf Grund der positiven Überzeugung und des knappen Budget des Projektes auf ihre Gage verzichteten, in ihren Vorträgen bearbeitet:

- kreative Entwicklung von Geschäftsmodellen
- strategischer Blick für Geschäftspotentiale und Partner
- Moderatorenfähigkeit
- Unterstützungsmöglichkeiten in kreativen Dienstleistungen
- Unternehmensformen

- Grundlagen Umsatzsteuerrecht und Wettbewerbsrecht
- Grundlagen BWL und aktuelle Förderbedingungen
- Liquiditätsplanung
- Grundlagen des Marketing und der Außenwirkung
- Kooperationsmanagement
- Gesellschaften und ihre Wirkprinzipien (philosophische Exkursion)
- Grundlagen des Webdesign
- Vorraussetzungen für den eigene Internetauftritt (Rechte u. Pflichten)

Des Weiteren erhielt jeder Teilnehmer die Möglichkeit, sich durch einen Vertreter des „Kompetenzzentrum Kultur- und Kreativwirtschaft“ aus Dresden innerhalb eines einstündigen Einzelgespräch beraten zu lassen. Die durchgeführten Vorträge wurden während der nächsten Treffen ausgewertet und waren Grundlage für den weiteren Ablauf des Projektes. So baute sich das Projekt immer auf sich selbst auf und blieb somit immer bei den Bedürfnissen der Teilnehmer.

Fazit

Nach einem Jahr Projektlaufzeit lässt sich als Fazit fest halten, dass es möglich ist, arbeitslose Menschen auf ihren Weg in eine für sie sinnstiftenden Beschäftigung mit geringen finanziellen Aufwand zu begleiten. Jedoch ist mehr Geld von notwendig, als für das Projekt „EGE“ zur Verfügung stand, um nachhaltiger zu wirken, z.B. für Mentoren. Es braucht nicht einen Verwaltungsapparat der durch Entpersonalisierung und durch eine ausschweifende Bürokratie erzeugte Entfernung zum Versorgenden und hilfsbedürftigen Menschen unnötigen Druck auf diese erzeugt, sondern es braucht Nähe und Flexibilität. Auch die Auswahl der Dozenten sollte nach den Wünschen und Anforderungen der Projektteilnehmer ausgerichtet werden und keinen Standardplänen entsprechen.

Die angestrebten Ziele wurden erreicht. Von den 13 Teilnehmern haben acht eine für sie sinnstiftende Tätigkeit gefunden (in Form von Selbständigkeit), zwei haben eine Ausbildung begonnen. Drei Teilnehmer wurden aus Mangel an Engagement ausgeschlossen. Von den zehn die für sich eine sinnstiftende Tätigkeit gefunden haben, wollen neun in der Region bleiben.

Zum Schluss Stimmen der Teilnehmerinnen zum Projekt „EasyGoodEconmy“:

„Es war gut, keinen Druck von außen zu empfangen, sondern auf Grund des eigenen inneren Druckes, der von selbst entsteht, zu agieren. Für die eigene Entwicklung war es besonders hilfreich, geeignete Werkzeuge in Form von Vorträgen ausgewählter Dozenten an die Hand zu bekommen.“

„Das Nachhaltigkeit vor dem schnellen Geld steht hat das Projekt rübergebracht und anders sollte man gar keine Seminare mehr anbieten.“

„Ich weiß nicht, inwiefern so ein Projekt Menschen davon abhalten kann, wegzuziehen, aber es kann diejenigen, die bleiben wollen, auf jeden Fall ein Stück zufriedener machen. Und wenn wir hier mehr und mehr zufriedene, selbständige, gut vernetzte, wirtschaftlich und kulturell engagierte Menschen werden, dann strahlt das sicherlich auch auf die Region und inspiriert viele andere, die nicht unmittelbar von EGE profitieren und erhöht die Attraktivität des Hierseins."

„Mit Hilfe der anderen Teilnehmerinnen und der Referenten mit durchweg interessanten und hilfreichen Themen und nicht zuletzt dank der Selbstreflexion fördernden Gespräche und Aufgaben habe ich meinen Fokus gefunden"

„EGE ist nützlich, sollte unbedingt weiterhin bestehen – es setzt da an, wo unsere Gesellschaft versagt. Es gibt dem Individuum Zeit und Raum, über die eigentlichen Wünsche und Wege nachzudenken. Einmal nicht ferngesteuert den Zielfahnen hinterher jagen, die Schule, Uni, Eltern hochhalten, sondern die eigene Zielfahne aus der Tasche ziehen und suchen, wohin die gesteckt werden soll."

„Ich schätze die vertraute, kommunikative und kooperative Atmosphäre in der Gruppe und auch die Gelegenheit vor und in so einer Gruppe das Sprechen zu üben, was mir von Natur aus nicht leicht fällt (Referat, Gruppendiskussionen, Präsentationen im Rahmen der Seminare...)."

Um den Erfolg des Modellversuchs zu wiederholen und das Projekt zu multiplizieren wurde auf geeigneten Plattformen das Projekt vorgestellt und Unterstützung in der Region angefragt. Bis jetzt zeigte sich keine Reaktion. Nach Vorstellung der Projektzwischenergebnisse bei dem für die Region zuständigen Jobcenter und Einladung der betreffenden Abteilungsleiter zu Gesprächsrunden warten wir immer noch auf Antwort.

Abschlussbemerkung

Der Anspruch der Bundes- und Landesregierung die gesellschaftlichen Strukturen, gerade im ländlichen Raum, mit zahlreichen Subventions- und Förderprogrammen zu stärken ist gut und notwendig. Es zeigt sich jedoch, dass zwischen den gestellten Zielen bzw. den dafür ausgearbeiteten Vorschriften und Richtlinien und den in der Realität verwirklichten Umsetzungen, den Ansprüchen der Antragsteller und Notwendigkeiten vor Ort zum großen Teil eine erhebliche Lücke klafft.

So verwundert es nicht, dass die Teilnehmerinnen des Projektes „EGE" als größtes Hemmnis auf dem Weg in die Selbständigkeit, den von den verschiedensten Verwaltungseinheiten aufgebauten bürokratischen Dschungel angaben. Bei dem gleichzeitig in der Gesellschaft verankerten speziellen Wunsch nach Förderung von Frauen im ländlichen Raum gibt dies zu denken.

Die bei dem Ablauf von Förderungsmaßnahmen mit einem Effektivitätsverlust einhergehenden Reibungspunkte sollen im Folgenden kurz angesprochen werden. Der eben schon erwähnte, sich in den letzten Jahren verstärkende bürokratische Aufwand nimmt als Ergebnis zahlreicher Unzulänglichkeiten seitens der Verwaltungsorgane eine zentrale Rolle ein. Neben dem enormen Kraft- und

Finanzaufwand, den es für den Antragsteller benötigt, eine Förderung zu erhalten, werden in oder durch die ausschweifende Bürokratie auf Seiten der Entscheidungsträger zahlreiche fähige Arbeitskräfte gebunden, welche somit einer positiven Entwicklung des ländlichen Raumes nicht zur Verfügung stehen, um bei diesem Beispiel zu bleiben.

Entscheidungen zur Bewilligung beantragter Projekte, welche lokal und/oder regional wirken sollen, setzen eine genaue Kenntnis der jeweiligen Situationen und Umstände vor Ort voraus. Durch eine zumeist zu große räumliche Entfernung und den damit einhergehenden fehlenden Überblick bzw. Verständnis der Entscheidungsträger in Bezug auf die Zusammenhänge bei den einzelnen Gegebenheiten und Abläufen, in welche die beantragten Projekte und Maßnahmen eingebunden werden sollen, kommt es durch die Entscheidungsträger oft zu verzerrenden Forderungen bezüglich der beantragten Projekte. Das hat zur Folge, dass zwar unter den dann für den Antragsteller neuen Umständen Projekte und Fördermaßnahmen zum Teil genehmigt werden, aber selbige nicht mehr den eigentlichen Intentionen und Absichten der Antragsteller und damit den Bedürfnissen des Ortes oder der Region entsprechen.

Die genannten Reibungspunkte deuten also einen Raum an, in welchem sich die Riege der Entscheidungsträger bewegt. Dieser als eine Art Parallelwelt zu verstehende Raum existiert neben der gesellschaftlichen Realität und nimmt dabei erheblichen Einfluss auf letztgenannte. An dieser Stelle sei gefordert, dass es zu einer umfangreicheren regionalen Selbstbestimmung kommen muss, ohne dabei eine surreal erscheinende, regionale Autarkie anzustreben oder gar zu fordern.

Beiträge aus dem Oberlausitzer Denksalon

Holm Große

Ganzheitliches und partnerschaftliches Regionalmarketing und -management: ein Aufgabenschwerpunkt der Regionalentwicklung am Beispiel der Oberlausitz

1. Begriff und Inhalt des „Regionalmarketing“

Im globalen Wettbewerb um Investoren und Fachkräfte sowie Urlaubs- und Tagesgäste haben das regionale Image sowie die Zusammenarbeit zwischen Kommunen, Landkreisen und Regionen immens an Bedeutung gewonnen. Marketing ist ein viel verwendetes Zauberwort – aber in der Praxis viel mehr als der Verkauf von Produkten und Dienstleistungen. Als die Entwicklung von zielgruppenorientierten Angeboten integrierendes, auf die Marktbedürfnisse zugeschnittenes Führungskonzept stellt es die Kommunikation nach innen und außen ins Zentrum aller unternehmerischen Aktivitäten. Dem entsprechend wäre es viel zu kurz gegriffen, Regionalmarketing mit der Bewerbung einer Region mit ihren Standorten bzw. touristischen Attraktionen auf Messen und in Informationsmaterialien gleichzusetzen – es geht vielmehr um ein Instrument, welches einerseits der Ausprägung der langfristigen Zusammenarbeit in der Region dient (Innenmarketing), auf der anderen Seite eine strategische Positionierung mit Alleinstellungsmerkmalen im Wettbewerb der Regionen ermöglicht und professionell umsetzt (Außenmarketing).

Da Regionalmarketing gemeinsam mit den regionalen Akteuren initiiert und realisiert wird, dient es gleichzeitig der Mobilisierung und Koordinierung für die Entscheidungsträger in der Region (Verbände und Kommunen). Regionales Marketing ist also immer zuallererst auch kooperative Regionalentwicklung.

2. Die Region: auf dem Weg zur Zukunftsfähigkeit

Wer die Oberlausitz am (östlichen) Anfang Deutschlands noch nicht persönlich kennt, niemals persönlich im Dreiländereck Deutschland – Polen – Tschechien war, könnte (entsprechend des durch deutsche Boulevardzeitungen gepflegten Images über ländlich geprägte Räume außerhalb der großen deutschen Wirtschaftsmetropolen) meinen, es handele sich um einen wirtschafts- und strukturschwache Region. Dass solche Klischees nicht (mehr) der unternehmerischen

Realität entsprechen, dafür sprechen die inzwischen mehr als 2.400 produzierenden Unternehmen in der Region, davon mehr als 150 mit über 100 Beschäftigten. Abwechslungsreich, dynamisch und aufgeschlossen ist sie, die Oberlausitz.

Durch die sorbische Bevölkerung, deren Kultur und die gemeinsame Geschichte und Gegenwart mit den Nachbarn in Nordböhmen und Niederschlesien hat sich hier am geographischen Anfang Deutschlands eine Mehrsprachigkeit herausgebildet, die sowohl im touristischen, als auch im kulturellen und wirtschaftlichen Bereich Vorteile mit sich bringt. Die Region stellt zudem die Brücke für das zusammenwachsende Europa – nicht zuletzt mit der Europastadt Görlitz/Zgorzelec – dar. Die Oberlausitz punktet mit einer hohen Lebens- und Freizeitqualität, von den bezaubernden historischen Städten Görlitz, Bautzen, Kamenz, Löbau und Zittau bis hin zu den sakralen Stätten der VIA SACRA und faszinierenden Parks vom UNESCO-Welterbe Pückler-Park Muskau bis zum Findlingspark in Nochten. Radel-, Wander- und Wassersporterlebnis bieten der Naturpark Zittauer Gebirge, das Oberlausitzer Bergland, das Lausitzer Seenland sowie die Oberlausitzer Heide- und Teichlandschaft mit Sachsens einzigem UNESCO-Biosphärenreservat.

Im Mittelpunkt steht aber das schrittweise Wieder-Erstarken der Wirtschaft mit ihren zahlreichen kleinen Erfolgsgeschichten. Zu den Standortchancen gehört die enge wirtschaftliche Vernetzung und infrastrukturelle Anbindung an die Wirtschaftszentren Dresden-Leipzig-Chemnitz in Deutschland, Liberec– Mladá Boleslav – Prag in Tschechien sowie Wrocław (Breslau) in Polen. Die wirtschaftliche Entwicklung in der Oberlausitz wird durch eine Vielzahl moderner mittelständischer Unternehmen getragen, die am Standort Oberlausitz hochwertige Produkte, z.B. für die Automobilindustrie, die Konsumgüterindustrie und die Elektroindustrie, aber auch bekannte Produktmarken „Made in Oberlausitz“, wie z.B. Bautzener Senf, edding, fit, Komet, möve frottana, Lausitzer Glas, Oppacher, Radeberger, Sachsenmilch und Wilthener, produzieren.

Die Oberlausitz verfügt mit der weltweit erfolgreich am Markt agierenden Bahntechnik, vor allem der Produktion von Doppelstockwagen in Görlitz, Spezialgüterwagen in Niesky und dem Kompetenzzentrum für Stadt- und Straßenbahnen der Firma BOMBARDIER in Bautzen sowie mehr als 120 Automobilzulieferern über besondere Kompetenzen. Weitere „Leuchttürme“ sind der Maschinenbau und die Metallbearbeitung, die Energietechnik, aber auch die prosperierende Kunststofftechnik und eine innovative Textilindustrie. Wichtig ist die Zusammenarbeit der Unternehmen in Netzwerken und Firmenverbünden, welche regionale Kooperation in Beschaffung, Einkauf und Absatz, Auftragsakquisition, Fachkräfteausbildung, Marketing und FuE betreiben. Sie tragen dazu bei, dass Unternehmen und Region gleichermaßen für den nationalen und internationalen Wettbewerb gut organisiert und aufgestellt sind. Beispiele für erfolgreiche Unternehmensnetzwerke sind das TEAM 22 in Maschinenbau und Metallbearbeitung, die IT/SAP-Initiative Oberlausitz sowie die von IHK und MGO getragene Oberlausitzer Kunststofftechnik. Öffentlich private Partnerschaften und Cross-Marketing (etwa in der Zusammenarbeit von Landwirten, Betrieben der Ernährungswirtschaft im Netzwerk „Oberlausitz genießen“) prägen das wirtschaftliche und gesellschaftliche Leben der Region. Sächsische Initiativen, wie „Autoland Sachsen“, die Verbundinitiative Maschinenbau (VEMAS), die Verbundinitiative Bahntechnik beziehen die leistungsfähigen Unternehmen aus den Wachstumsbranchen der Oberlausitz ein.

Zu den wesentlichen Faktoren des Innovationsmanagements in der Oberlausitz gehören die Bereiche Bildung, Wissenschaft und Technologietransfer. Diese Bereiche prägen die Dynamik des Wirtschaftsstandortes Oberlausitz und der zusammenwachsenden deutsch-polnisch-tschechischen Euroregion Neisse-Nisa-Nysa. Die Oberlausitz verfügt mit der Hochschule Zittau-Görlitz, dem Internationalen Hochschulinstitut Zittau, der Staatliche Studienakademie Bautzen – Berufsakademie Sachsen, der Fachhochschule für Polizei Sachsen, Rothenburg/O.L. und dem Kompetenzzentrum „Revitalisierender Städtebau“ der TU Dresden in Görlitz über ein erhebliches Potenzial für Lehre, Forschung und Weiterbildung in Universitäten und Hochschulen. Dieses wird erweitert durch die Universitäten in Liberec, Wrocław und Jelenia Gora. Über 16.000 Studierende und 1.600 Hochschulmitarbeiter bilden eine solide Grundlage. Die grenzüberschreitende Vernetzung der wissenschaftlichen Einrichtungen erfolgt durch die Hochschule Zittau/Görlitz („Internationales Netzwerk Neisse University“), das IHI Zittau und das Akademische Koordinierungszentrum in der Euroregion Neisse. Technologietransfer und Innovationsmanagement werden an den Standorten Bautzen, Görlitz, Zittau, Hoyerswerda, Lauta, Radeberg/Rossendorf, Niesky und Bad Muskau angeboten.

3. Das Modell des Regionalmarketing und Regionalmanagements

Die Organisation und Durchführung des professionellen Standortmarketings für die Wirtschafts-, Ferien- und Kulturregion Oberlausitz erfolgt durch die Marketing-Gesellschaft Oberlausitz-Niederschlesien mbH (MGO).

Die MGO ist seit Januar 2002 als Dienstleister der Region von der deutsch-polnischen Europastadt Görlitz/Zgorzelec bis nach Radeberg vor die Tore Dresdens sowie dem Bergland im Süden und dem jungen Lausitzer Seenland an der Schnittstelle zu Brandenburg im Norden tätig. Ihr Auftrag besteht in der professionellen Vermarktung der Region im nationalen und internationalen Standortwettbewerb. Eine Hauptaufgabe bestand nach der Gründung zunächst darin, Strategien und

Instrumente für ein ganzheitliches professionelles Standortmarketing zu entwickeln und mit einem erkennbaren Marktauftritt umzusetzen. Im Ergebnis eines moderierten Prozesses entstanden das Leitbild mit den Handlungsfeldern „Standort für leistungsfähige Wirtschaft“, „Brücke im zusammenwachsenden Europa“, „Region mit hoher Lebensqualität“ sowie „Platz für erlebnisreiche Touristik“ die Struktur der regionalen Zusammenarbeit und erste Maßnahmen zur Umsetzung. Die einheitlich verwendete Dachmarke steht für die partnerschaftliche Vermarktung der Region. Modellhaft erfolgt dieser Marktauftritt für die Wirtschafts- und Ferienregion „aus einer Hand“, darüber hinaus steuert er aber auch Prozesse der regionalen Entwicklung und umfasst die Vermarktung kultureller Erlebnisse sowie die Fachkräftesicherung. Im Auftrag der kommunalen Gesellschafter und der regionalen Sparkassen entwickelt die MGO mit den einheimischen Unternehmen das, was nach außen eine attraktive, wieder erkennbare und gut vernetzte „Visitenkarte“ der Region ist. In die thematischen Plattformen und Produkte sind neben den Kammern, den Hochschulen, den Städten und lokalen Partnern sowie unternehmerischen Interessengruppen und Verbänden, private Unternehmen und touristische Leistungsanbieter sowie auch kulturelle Einrichtungen eingebunden.

Folgende Initiativen und Marketingmaßnahmen werden unter Federführung der MGO umgesetzt:

- Fortschreibung der ganzheitlichen Regionalmarketingstrategie mit einheitlichem Corporate Identity und Corporate Design der Dachmarke Oberlausitz,
- Erstellung und Pflege von Marketinginstrumenten für Wirtschaft, Tourismus und Kultur,
- Touristische Leitmessen (eigenständige Oberlausitz-Auftritte, unter dem Dach „Sachsen. Land von Welt“ bzw. als Präsentationen der Euroregion Neisse-Nisa-Nysa),
- Übergreifendes Standortmarketing (Präsentationen „Oberlausitz zu Gast“, in Kooperation mit dem Oberzentralen Städteverbund der Oberlausitz),
- Teilnahmen an nationalen sowie internationalen Industrie- und Fachmessen (in den Schlüsselbranchen und in Kooperation mit den Unternehmen und Netzwerken),
- Professionell vorbereitete Unternehmertreffen mit Kooperationsbörsen (in Zusammenarbeit mit der IHK und der Handwerkskammer),
- Vermarktung überregional bedeutsamer Industrie- und Gewerbegebiete (in Kooperation mit der Wirtschaftsförderung Sachsen).

4. Strategien für Wachstum im Tourismus

Die Tourismus- und Freizeitwirtschaft ist in der Oberlausitz ein wichtiger Wirtschaftsfaktor: werden doch durch den Übernachtungs- und Tagestourismus pro Jahr mehr als 500 Mio. Euro Bruttoumsatz und eine Erwerbssicherung für ca. 11.000 Personen generiert. Vom regionalen Tourismus profitieren kleine und mittelständische Unternehmen (Handwerk, Ernährungswirtschaft, Dienstleistungen), z.B. durch die Einbindung in Qualitätsnetzwerke und regionale Wirtschaftskreisläufe. Regionales Tourismusmarketing sichert die Einbindung und ist immer auch Standortwerbung für die Oberlausitz, weil es weiche Standortfaktoren und damit Lebensqualität kommuniziert. Im Tourismusmarketing positioniert die MGO die Region mit den Produktlinien „Oberlausitz.Aktiv", „Oberlausitz.Kulturell", „Oberlausitz.Entdecken" und „Oberlausitz.Genießen". Wesentliche Pfeiler einer nachhaltigen positiven Entwicklung der regionalen Wertschöpfung durch die Tourismus- und Freizeitwirtschaft sind Regionalität, Qualität und Innovation.

Regional bedeutet *„Authentisch"*, d.h. Herkunft und Historie vermittelnd (Beispiele in unserer Region sind die Wiederbelebung des historischen Oberlausitzer Sechsstädtebundes als touristische Marke oder die ein Jahrtausend gemeinsamer Kulturgeschichte von Sachsen, Sorben, Schlesiern und Böhmen verkörpernde „Via Sacra" mit Reisen ohne Grenzen und zur Besinnung). Es kennzeichnet aber auch *„Auf eigenen Potentialen beruhend"*, also von den Bewohnern getragen und für den Gast wieder erkennbar (Land- und Teichwirtschaft mit „Oberlausitz genießen" und „Lausitzer Fischwochen"; Handwerk erleben; Lausitzer Industriekultur). In jedem Fall steht es für etwas *„Besonderes"*, also Profilierungs- und Alleinstellungsmerkmale für den Gast (in unserem Fall sind das die deutsch-sorbische Zweisprachigkeit und Kultur, die Lage im Dreiländereck, die Gartenkultur mit dem UNESCO-Welterbe Fürst-Pückler-Park oder die typischen Umgebindehäuser, vor allem im Zittauer Gebirge, Deutschlands kleinstem Mittelgebirge).

Qualität beinhaltet neben der *Klassifizierung* (Hotels, Gasthöfe, Ferienwohnungen und -häuser sowie Privatzimmer) und der *Zertifizierung* (Servicequalität Deutschland, Wander- und Radwege) auch auf international anerkannten Standards aufbauende *eigene Marken als Mehrwert* (vgl. Abb. 1).

Innovation schließlich steht für Angebote und Produkte, welche zwar auf Regionalität und Qualität fußen, aber für den Kunden einen Mehrwert und einen neuen Reiseanlass bieten – vielfach entstehen diese an den Schnittstellen zwischen verschiedenen Wirtschaftszweigen. Ein erfolgreiches und 2009 mit dem Marketing-Award des Ostdeutschen Sparkassenverbandes ausgezeichnetes Beispiel ist das „Oberlausitzer Genussfestival" mit einem Netzwerk von mehr als 70 regionalen Produzenten, 50 Gastronomen und zahlreichen Handwerksbetrieben. Voraussetzung für Innovation ist Vernetzung der Leistungsanbieter.

Abb. 1: Bestandteile einer Qualitätsoffensive im Tourismus

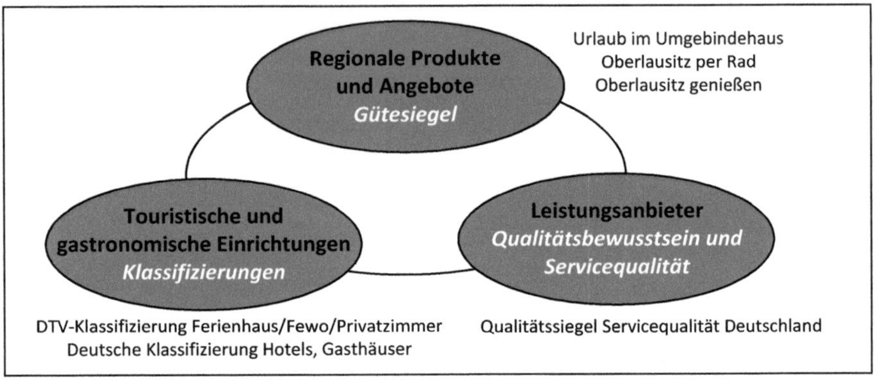

5. Grenzübergreifende Projekte im Rahmen der Euroregion Neisse-Nisa-Nysa

Vor dem Hintergrund der historischen Verwurzelung und mit dem Ziel der Schaffung eines gemeinsamen Wirtschaft- und Lebensraums in der Euroregion Neisse-Nisa-Nysa wird partnerschaftlich und über Grenzen hinweg Regionalentwicklung umgesetzt. Internationalität und euroregionale Zusammenarbeit mit den Partnern aus Wirtschaft, Tourismus und Verwaltung der benachbarten Regionen in Polen und Tschechien sind tagtäglich gelebte Normalität. Davon zeugen gemeinsame Ausbildungsaktivitäten, Joint ventures, regelmäßige Unternehmertreffen und vor allem der Trinationale Preis „INNOVATION – Euroregion Neisse-Nisa-Nysa". Dieser wurde im Jahr 2011 bereits zum neunten Mal verliehen. In der Kategorie „BEST INNOVATION" werden neuartige und wirtschaftlich erfolgreich am Markt platzierte Produkt- und Verfahrensentwicklungen ausgezeichnet. In der Kategorie „BEST PARTNERSHIP" finden grenzübergreifende Kooperationen, die erfolgreich neue Produkte und Verfahren entwickeln und auf dem Markt etablieren, Anerkennung. In der Kategorie BEST STUDENTS INNOVATION werden hervorragende studentische Innovationen für die Wirtschaft der Euroregion ausgezeichnet.

Die Schwerpunkte der gemeinsamen Regionalentwicklung sind der Erhalt des gemeinsamen Kulturgutes, beispielsweise durch die Weiterentwicklung der Via-Sacra, der trinationalen kulturhistorischen Route durch die Oberlausitz, Niederschlesien und Nordböhmen sowie die Schaffung buchbarer Angebote entlang der ViaRegia und im Oberlausitzer Sechs-Städte-Bund in Kooperationen mit polnischen Partnern. Für die gemeinschaftliche touristische Vermarktung der einzigartigen Volksbauweise der Umgebindehäuser soll das in der Oberlausitz bereits eingeführte Qualitätssiegel für Ferienhäuser und Ferienwohnungen „Urlaub im Umgebindehaus“ zu einem gemeinsamen euroregionalen Qualitätssiegel weiterentwickelt werden.

6. Länderübergreifende Kooperation zur Profilierung der Lausitz

Wichtiges Instrument des Regionalmanagements ist die länderübergreifende Zusammenarbeit mit der Region Lausitz-Spreewald. Zu den wichtigsten Produkten zählt der gemeinsame Internetauftritt www.lausitz.de des Fördervereins Lausitz. Viele touristische Produkte, wie die Lausitzer Industriekultur, das Radwandern in der Lausitz und die sorbische Kultur wurden über die sächsisch-brandenburgische Landesgrenze hinweg kreiert. Gemeinsame Auftritte erfolgen im Standortmarketing auf der EXPO REAL in München, im Tourismus insbesondere auf radtouristischen Fachmessen. Der Slogan „Leistung – Leidenschaft – Lausitz“ als Siegerspruch eines Wettbewerbes des Fördervereins, gemeinsame Marketinginstrumente und -auftritte sowie eine Imagekampagne stärken die Lausitzer Identität. Ein Schwerpunkt der länderübergreifenden Regionalentwicklung ist die Entwicklung des Lausitzer Seenlandes durch die Konzipierung und Umsetzung von Maßnahmen zur Schaffung touristischer Angebote und Dienstleistungen im Lausitzer Seenland im Vordergrund.

7. Die Herausforderung: Finanzierung des Regionalmarketing

Öffentliche Mittel werden geringer, kleine- und mittelständische Unternehmen verfügen vielfach über einen relativ geringen Marketingetat. Betroffen sind davon vor allem die ländlichen Räume ohne ein klassisches Zentrum mit Leuchtturmfunktion. Ein Erfolg versprechender Ansatz besteht in öffentlich-privaten Partnerschaften durch Schaffung unternehmerischer Netzwerke unter Federführung der regionalen Gesellschaft bzw. des Regionalverbandes. Dies bedarf des Interesses der Unternehmen, ihre Marketingziele auf einer regionalen Plattform am besten erreichen zu können.

Zur Schaffung der dauerhaften Wettbewerbsfähigkeit der Region ist die größte Herausforderung darin zu sehen, die Trägerstruktur für das Regionalmanagement und Regionalmarketing dauerhaft zu etablieren und zu finanzieren. In der Oberlausitz erfolgt dies partnerschaftlich im Zusammenspiel der kommunalen Gesellschafter, der Sparkassen als Sponsoren sowie den Leistungsträgern aus der Wirtschaft und Tourismus. Nur so kann Jahr für Jahr der Umfang der Maßnahmen und Projekte in einer Größenordnung von ca. 1,2 Mio. EUR realisiert und finanziert werden.

Abb. 2: Finanzierung des Regionalmarketing (Beispiel MGO)

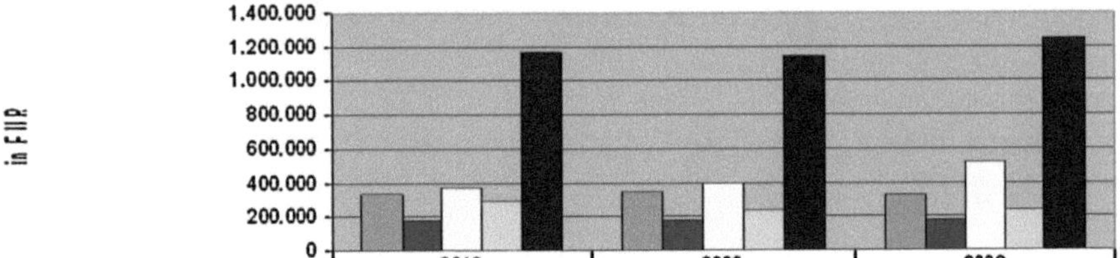

	2010	2009	2008
kommunale Einlagen	336.500	341.200	325.500
Einnahmen aus Sponsoring	172.000	172.000	172.000
Einnahmen aus wirtschaftlicher Tätigkeit	368.500	395.500	517.400
Fördermittel / Zuschüsse	292.000	239.500	234.000
Gesamteinnahmen	1.169.000	1.148.200	1.248.900

Jahr

Ein kontinuierliches Produktcontrolling, die gezielte Weiterentwicklung orientiert an den Bedürfnissen des Marktes und die Sicherung der bereits angesprochenen hohen Qualität der Produkte und Dienstleistungen sichern die Möglichkeit der dauerhaften Marktbearbeitung und sind Grundlage für die Verbesserung von Image und Wettbewerbsfähigkeit der (ost-) deutschen Regionen.

8. Ein (Zwischen-) Fazit: es gibt und bleibt vieles zu tun!

Die Region hat sich mit ihrem Kompetenzprofil zu folgenden Zielstellungen verständigt:

- Verstetigung des regionalen Konsens als Grundlage für ein effizientes Innen- und Außenmarketing und Ableitung regionaler Schlüsselprojekte,
- Unterstützung wachstumsorientierter, strukturbestimmender Branchen sowie der aktiven Unternehmen,
- Erweiterung des Ausbildungs- und Bildungsangebotes sowie der Sprachkompetenz,
- Fortführung der grenzübergreifenden Kooperation mit Nordböhmen und Niederschlesien (Euroregion Neisse-Nisa-Nysa) sowie der projektbezogenen länderübergreifenden Zusammenarbeit mit den Partnern in der brandenburgischen Lausitz,
- Entwicklung der grenz- und länderübergreifenden Infrastruktur,
- Durchführung eines branchenbezogenen Fachkräftemarketings.

Ausgehend davon ergeben sich folgende regional abgestimmten Schwerpunktaufgaben:

- Stärkung und Festigung von branchenorientierten KMU-Netzwerken, Kooperationen und Ausbildungsverbünden in der Region,
- Schaffung regionaler Wertschöpfungsketten unter Einbeziehung der Land-, Forst- und Teichwirtschaft,
- Durchführung eines auf die regionale Wirtschaft ausgerichteten Binnenmarketings mit dem Ziel, insbesondere Jugendliche an die Region zu binden und den Fachkräftebedarf der Unternehmen zu sichern,
- Stärkung der Hochschulstandorte Zittau, Görlitz, Bautzen und Rothenburg/OL sowie Erhöhung der regionalen Ausstrahlung und Wirksamkeit für kleine und mittelständische Unternehmen,
- Schaffung einer flächendeckenden Kommunikationsinfrastruktur (u.a. Breitbandversorgung).

Die Marketing-Gesellschaft Oberlausitz-Niederschlesien (MGO) hat sich in den 10 Jahren ihres Bestehens zu einem erfolgreichen Modell für die regionale Zusammenarbeit über Landkreisgrenzen hinweg entwickelt. Sie ist heute zentraler Partner für das Regionalmarketing und -management in der Oberlausitz, vermarktet diese aus einer Hand und mit einem wieder erkennbarem Gesicht: der Marke OBERLAUSITZ, die sowohl für die Ferien- und Wirtschafts-, als auch für die Kulturregion Oberlausitz steht, vermarktet.

Heute beteiligen sich mehr als 600 Partner aus Wirtschaft, Tourismus und Kultur aktiv an den Netzwerken und Vermarktungsplattformen der MGO. Durch am Markt orientiertes, wirtschaftliches Agieren können wir heute jeden durch die kommunalen Gesellschafter eingezahlte EURO mehr als verdreifachen. Und die Wirtschaft fühlt sich „mitgenommen".

Für die Zukunft gilt es, nicht nachzulassen – denn Standort- und Imagemarketing sind kein Kurzstrecken-, sondern ein „Marathonlauf". Ziel muss es sein, dass wir mit unseren Partner weiterhin die (Service- bzw. Produkt-) Qualität erhöhen. Gelingt uns das auch zukünftig gemeinsam, in öffentlich-privater Partnerschaft, haben unsere Unternehmen und damit auch die jungen Menschen eine Perspektive in der Oberlausitz – am Anfang Deutschlands und im Herzen des wieder zusammenwachsenden Europas.

Arno Glauch

Die Stärkung regionaler Wertschöpfungskreisläufe am Beispiel von Slow Food sowie der Regionalwährung Lausitzer

Wertschöpfung und Regionalentwicklung

Unter Wertschöpfungskreislauf versteht man Produktionsstufen als geordnete Tätigkeiten, die Ressourcen verbrauchen, Werte schaffen und in einem Verfahren miteinander verbunden sind. Dabei soll auf jeder Stufe der Produktion ein Ertrag erfolgen, also ein Wertzuwachs zwischen Ausgangsprodukt (Rohstoff) und End- oder Zwischenprodukt.

Ziel moderner Regionalentwicklungsstrategien sollte dabei sein, möglichst viele und ertragsstarke Stufen der Wertschöpfung in einer Region zu halten oder etablieren. Am Beispiel von 2 aktuellen Bewegungen sollen deren spezifische Wege zur Stärkung regionaler Entwicklungsperspektiven dargestellt werden.

Überlegungen aus der Slow Food – Bewegung

Verantwortung und Solidarität

Wie Lebensmittel hergestellt, verarbeitet, vermarktet und konsumiert werden hat nach Ansicht der internationalen Slow Food – Bewegung nicht nur Auswirkungen auf den Einzelnen, sondern ebenso auf die Umwelt sowie die sozialen und kulturellen Verhältnisse innerhalb und außerhalb der eigenen Region als auch weltweit. Dabei geht es um die Übernahme von Verantwortung und die Bereitschaft an der Verwirklichung solidarischer und lebensfreundlicher Verhältnisse in den Bereichen Landwirtschaft und Ernährung mit zu wirken.

Vernetzung von Erzeugern und Verbrauchern (Koproduzenten)

Die Vernetzung von Verbrauchern mit Erzeugern, Händlern und Gastronomen ist wesentlicher Bestandteil des Geistes und der Tätigkeit von Slow Food, die von regional organisierten Convivien (=Tafelrunden) praktisch umgesetzt werden. Dabei sieht die Slow Food – Bewegung den aufgeklärten und kritischen Verbraucher als „Koproduzenten“ der mit seinen individuellen Kaufentscheidungen die

Tätigkeit der Lebensmittelerzeuger beeinflusst. Die Verbindung von Produzenten und Koproduzenten trägt dazu bei, eine von Natur und Mensch entfremdete Wirtschaft mit Blick auf das Gemeinwohl zu überwinden. Die Erzeuger von Lebensmitteln erfahren auf diese Weise etwas von den Wünschen der Verbraucher, welche wiederum über die Arbeitsbedingungen und Ideen der Erzeuger informiert werden. Diese möglichst unmittelbar zu erlebende wechselseitige Verbundenheit und Abhängigkeit ist eine Grundlage für eine regionale Weiterentwicklung der Wirtschaft. Ziel von Slow Food ist es insbesondere die Ernährungswirtschaft aus einem anonymen Dienstleistungsverhältnis zwischen Erzeugern und Verbrauchern heraus zu lösen. Grundlage dafür ist das Wissen von einander und die Verantwortung für einander. Dazu gehören auch Kenntnisse vom Produkt und seiner Erzeugung beim Koproduzenten (=Verbraucher).

Weltweite Ernährungssouveränität und bäuerliche Landwirtschaft

Anliegen der Slow Food-Bewegung ist, weltweit Ernährungssouveränität zu erhalten oder wieder herzustellen. Priorität kommt dabei der regionalen Vielfalt von Pflanzen und Tieren ebenso zu, wie den damit in engem Zusammenhang stehenden kulturellen Traditionen und Produktionsweisen. Kleine bäuerliche und handwerkliche Produktionsgemeinschaften sind zu fördern und vor negativen Auswirkungen der globalisierten Märkte zu bewahren

Dabei geht es nicht um eine nostalgische Verklärung bäuerlicher Traditionen und Lebensweisen. Vielmehr bedarf es der kritischen Nutzung modernen Wissens der Agrar- und Gartenbauwissenschaft sowie der Lebensmitteltechnologie und deren Einbindung in bäuerlich – handwerkliche Traditionen.

Eigenverantwortlichkeit und Nahversorgung

Auf Grundlage einer regional ausgerichteten Ökonomie und Vernetzung entstehen einzigartige Beziehungen zwischen Produzenten und Koproduzenten (sowie Gastronomen und Händler als deren Vermittler), die die Erzeugnisse wieder zu Kulturschätzen machen, deren Wert sich nach mehr als dem Preis bemisst. Modelle solidarischer Landwirtschaft entstehen und sollen gefördert werden. Gemeint sind damit solche Modelle, die international unter dem Begriff „Community Supported Agriculture“ (CSA) erörtert werden.

Zentrale Ziele sind die Sicherung der Nahversorgung mit Lebensmitteln, die Stärkung der Eigenverantwortlichkeit der Beteiligten in ihrem Lebensraum und die Bereitschaft, das unternehmerische Risiko von Bauern gemeinschaftlich zu tragen. Die Erzeugung und Verarbeitung von Lebensmitteln ist dann nicht mehr bloß eine Dienstleistung für anonyme Kunden, sondern eingebettet in eine solidarische Vernetzung von Produzenten und Verbrauchern.

Auch neue Formen städtischer Landwirtschaft (urban farming) als Weiterentwicklung der seit langem bestehenden Schrebergarten – Bewegung gehören dazu. Insofern geht es darum, traditionellen Verhaltensweisen gegebenenfalls neuen Sinn und – wenn notwendig – ein anderes Image zu geben.

Neue Gemeinschaft von Stadt und Land

In Deutschland hat sich in Folge der Industrialisierung eine urbane Lebensweise durchgesetzt, die an den Bedürfnissen der städtischen Bevölkerung ausgerichtet ist und zu einer weit gehenden Verödung der ländlichen Regionen geführt hat. Dies insbesondere durch Monokulturen, große Mast- und Verarbeitungsanlangen für tierische Erzeugnisse sowie das damit verbundene hohe Transportaufkommen. Auf Grund der extremen Größe der Agrarbetriebe in den neuen Bundesländern sind die damit verbundenen Probleme dort besonders ausgeprägt. Hier bedarf es eines Strukturwandels hin zu einer neuen Gemeinschaft von Stadt und Land. Dabei ist es erforderlich eine möglichst regionale und überschaubare Lebensmittelversorgung zu schaffen, vor allem für die Bevölkerung der Städte. Diese ist auf eine „gute Landwirtschaft“ in ihrem Umland angewiesen, die natürliche Ressourcen schont und Kulturlandschaften im Nahraum erhält. Gleichfalls ist auf dem Lande wieder eine natürliche Vielfalt herzustellen.

Eine nicht zu unterschätzende Kraft des regionalen Wirtschaftens besteht u.a. darin, dass die Beteiligten auf einem gemeinsamen Boden der Tatsachen stehen und darin verwurzelt sind.

Jede Region – wie auch jedes Land – benötigt ihre eigene Landwirtschaft zur Sicherung ihrer Ernährungssouveränität und Erhaltung der Ökosysteme sowie kulturellen Identitäten.

Lebensmittelbündnisse und Erhaltung regionaler Besonderheiten

In regionalen Lebensmittelbündnissen werden Produkte direkt vermarktet, Pflanzensorten und Tierarten aus dem Umfeld kultiviert sowie Spezialitäten gepflegt. Regionen können dadurch wieder nach innen und außen erkennbar besser identifiziert werden. Sie stehen für bestimmte Menschen, Kulturen und Produkte. In der Sprache des Marketings: Ausschließlichkeitsmerkmale werden dargestellt und aktiv angeboten.

Nicht nur die aktuelle „Glücksforschung“ führt zunehmend zur Einsicht, dass eine Steigerung des materiellen Reichtums ab einem bestimmten Niveau nicht zugleich das subjektive Wohlbefinden erhöht. Viele Konsumaktivitäten sind vor allem mit soziologischen und psychologischen Motiven zu erklären, mit Bedürfnissen nach Prestige oder Verbundenheit zu einer bestimmten Gruppe.

Dies führt zur Erkenntnis, dass statt eines quantitativen Wachstums mehr qualitatives Wachstum erforderlich ist. Manche sprechen von einer Postwachstumsökonomie, welche eine neue Balance zwischen Selbst- und Fremdversorgung herbeiführen soll.

Überlegungen aus der Regionalgeldbewegung am Beispiel des Lausitzers

Fremdkapital und Zinsen

Isolierte Fertigungsstufen als Grundlage der industriellen Arbeitsteilung benötigen viel Fremdkapital und kosten damit Zinsen. Auch das jeweils dort investierte Eigenkapital erwartet entsprechende Rendite. Dadurch ist der Zwang zu Gewinn und immer mehr Wachstum immanent.

Kurze Wertschöpfungsketten im Rahmen einer regionalen Wirtschaft haben Nähe und Vertrauen zur Grundlage, die auch eine weniger zinsgebundene Beschaffung von Kapital ermöglicht. Da langfristig das Erdöl knapp wird („Peak oil“) müssen die uneingeschränkt langen Transportwege beendet werden.

Der Gedanke wieder zunehmender Selbstversorgung steht dabei im Vordergrund. Dabei geht es nicht nur um das Individuum oder dessen Familie als viel mehr die Fähigkeiten der jeweiligen Region.

Die Zukunft sollte deshalb von regionaler landwirtschaftlicher Produktion, selbst erzeugter Energie und einem lokalen Wirtschaften geprägt sein. Sowohl dem Ressourcenschwund als auch dem Klimawandel kann damit entgegengetreten werden. Die Artenvielfalt wird damit ebenso gefördert wie regionale Identitäten und Traditionen sich wieder mehr ausprägen können.

Identität einer Region und Erhaltung ihrer Kultur

Die Identität einer Region ist in ihren Lebensmitteln in etwa ebenso tief verwurzelt wie in ihrer Sprache. In einer Region wie der Lausitz, geprägt durch die binationale deutsch – sorbische Kultur und Geschichte, sollte dieser Gesichtspunkt nicht unterschätzt werden. Bestimmte Zubereitungsweisen von Speisen und Lebensmitteln (wie auch diese selbst) werden aussterben, wenn die sorbische Kultur und Sprache nicht mehr existieren. Dies wäre nicht nur ein Verlust für die sorbische Kultur sondern auch ein nachhaltiger Verlust an indigener Kultur der Menschheit. Es ist nicht übertrieben auch hier vom notwendigen Schutz der „Artenvielfalt“ zu sprechen.

Die sorbische Kultur wird sich in der Lausitz dauerhaft nur dann halten können, wenn in der Region weiterhin relevante Wertschöpfungsprozesse stattfinden. Der seine Region aus Mangel an Arbeitsplätzen verlassende Sorbe wird für seine Kultur in der Regel verloren gehen. Zwar bietet auch die Ferne auf Grund der neuen technischen Möglichkeiten einer preiswerten und blitzschnellen E-Mailkorrespondenz wie das Telefonieren über Skype die Möglichkeit der Heimat mehr als früher verbunden zu bleiben. Zugleich fördert die globalisierte Welt mit ihrem Zwang zu einheitlicher meist englischsprachiger Kommunikation und standardisierten Verhaltensweisen (z.B. Mac – Ernährung) jedoch die Zerstörung oder Entfernung von tradierten Gewohnheiten und Ritualen. Selbstverständlich geht es um den Erhalt sämtlicher Kulturen und Traditionen, nicht nur derjenigen sorbischen Ursprungs. Die binationalen Elemente in der Lausitz lassen diesen Gesichtspunkt allerdings besonders ins Auge fallen.

Stabilität durch regionale Selbstversorgungsökonomie

Die Rückbesinnung auf Regionalität soll allerdings nicht als Rückzug aus einer mit vielen Problemen betrachteten Welt in ein kuscheliges Heim verstanden werden. Ein Rückzug in das Lokale ist ebenso gefährlich wie die vor allem in den letzten beiden Jahrzehnten immer weiter voranschreitende Globalisierung.

Die einseitige Orientierung am globalen Markt schafft Abhängigkeiten, die auch die Grundversorgung weiter Bevölkerungsschichten in Gefahr bringt. Dabei ist der Zusammenbruch der Transportlogistik, mangelnde oder zu teure Rohstoffe ebenso ein Risiko wie kollabierende Export- oder Finanzmärkte.

Die Stärkung der regionalen Selbstversorgungsökonomie verringert Versorgungslücken und erhöht dadurch insgesamt die gesellschaftliche Stabilität, wenn es andernorts zu Umbrüchen und Verwerfungen kommt.

„Mehr Regionalität wagen!"

Es geht nicht darum, die Exportfähigkeit der Volkswirtschaft einzuschränken. Vielmehr soll die Stärkung regionaler Wirtschaftskreisläufe als eine notwendige Ergänzung zum ohnehin bestehenden globalen Warenaustausch verstanden werden. Eine bewusste Regionalisierung der Wirtschaft ist wieder zuetablieren. In Abwandlung eines anderen Mottos vielleicht unter dem Titel: „Mehr Regionalität wagen!". Grundsätzlich haben strukturschwache Gebiete – wozu bis auf absehbare Zeit die Lausitz zählt – ein grundsätzliches Problem: Sie können immer nur einen Teil der für die Produktion benötigten Zulieferleistungen selbst erbringen. Unterschiedliche Stufen der Wertschöpfung liegen außerhalb der Region, weshalb entsprechende Produkte und Dienstleistungen von dort bezogen werden müssen.

Zudem liegen die Hauptsitze der großen Unternehmen außerhalb der Lausitz und der übergeordneten Region „Ostdeutschland“, weshalb die Gewinne außerhalb der Region anfallen wie auch maßgebliche unternehmerische Entscheidungen dort getroffen werden. Pessimisten werden die Ansicht vertreten, auf einer solchen Grundlage könnten strukturschwache Gebiete ihre Situation nicht ändern. Ohne massive Veränderungen von Außen verschärfe sich das Problem stattdessen regelmäßig.

Konzept des LAUSITZERS

Jedenfalls hat der Kreislauf aus geringer Kaufkraft und niedrigen Einkommen eine Abwanderung aus der Region zur Folge. Diesen Kreislauf gilt es in einer Weise zu unterbrechen, das die Menschen freiwillig und gerne in ihre Heimat bleiben und dort leben wollen.

Komplementärwährungen wie der *Lausitzer* helfen dabei, die nachhaltige Entwicklung einer Region zu unterstützen. Regionalgeld ist, wie der Name schon sagt, nur innerhalb einer bestimmten Region gültig, wobei die Landkreise Bautzen und Görlitz für den *Lausitzer* das Kerngebiet darstellen. Die Region ist damit hinreichend groß definiert, damit jede in diesem Gebiet wirtschaftende Person die von ihm gewünschten Produkte möglichst dort erwerben kann. Gesetzliche Zahlungsmittel wie derzeit der Euro sollen dadurch nicht abgeschafft, sondern ergänzt werden. Dabei ist für die Stärkung regionaler Wirtschaftskreisläufe maßgeblich, dass die den *Lausitzer* einnehmenden Unternehmen ihre Vorprodukte, Zuliefer- oder Dienstleistungen auch selbst in der Region beziehen. Denn die von ihnen vereinnahmten *Lausitzer* können nur in der definierten Region ausgegeben werden. Deshalb werden sie bestehende Geschäftsverbindungen in der Lausitz stärken und nach neuen Lieferanten und Dienstleistern in der Region suchen. Der mit den *Lausitzer* zahlende Kunde kann sich also sicher sein, dass der von ihm ausgereichte Gegenwert für empfangene Leistungen in der Region verbleibt und nicht daraus abfließt. Die im *Lausitzer* gebundene Kaufkraft bleibt damit weitgehend in den Landkreisen Görlitz und Bautzen gebunden und fließt den dort regional ansässigen Unternehmern zu, die damit selbst ihre regionalen Vorprodukte und Dienstleistungen bezahlen können.

Regionalgelder wie der *Lausitzer* verhindern einen Abfluss der darin gebundenen Kaufkraft außerhalb der Region. Je mehr Bürger und Unternehmen den *Lausitzer* als freiwilliges Instrument der Förderung ihrer Region nutzen, desto erfolgreicher wird es werden. Es handelt sich damit um einen Weg, sich „am eigenen Schopf aus dem Sumpf zu ziehen“. Arbeitslosigkeit und Abwanderung werden sich verringern

Nun ist es in strukturschwachen Regionen nicht unwahrscheinlich, dass bestimmte Vorleistungen dort nicht bezogen werden können. Deshalb bedarf es in jedem Falle auch weiterhin des gesetzlichen Zahlungsmittels. In diesen Branchen macht die Komplementerwährung deutlich, in welchen Bereichen die regionalen Wirtschaftskreisläufe noch nicht hinreichend funktionieren. Dies lässt sich leicht anhand der Lieferantenliste der jeweiligen Unternehmen ermitteln. Eine solche Liste kann als Grundlage für eine regionalwirtschaftlich überzeugende Ansiedlungspolitik genommen werden. Ein ansiedlungswilliges Unternehmen wird die Anzahl potentieller regionaler Nachfrager nicht unbeeindruckt lassen.

Zusammenfassung und Ausblick

Auf Grund der weltweit drängenden ökonomischen und ökologischen Probleme ist eine wieder erstarkende Regionalisierung der Wirtschaft geboten. Dabei sollen Alternativen zur Globalisierung entwickelt werden ohne Wertschöpfungsvorteile arbeitsteiliger Gesellschaft zu beseitigen. Sowohl die Slow Food – Bewegung als auch die Aktivitäten für Regionalgelder zeigen, dass es Alternativen zum Bestehenden gibt. Es bedarf der Engagements aufgeklärter Bürger, die etwas in und für ihr unmittelbares Lebensumfeld erreichen wollen. In der Lausitz sind die Ideen und Voraussetzungen dafür vorhanden.

Literatur und Quellen

Für vorliegenden Aufsatz habe ich unter anderem von folgenden Quellen Gebrauch gemacht, auf die ich gerne auch zur weiteren Lektüre verweise:

www.slowfood.de
www.slowfood.com
www.zeit.de/2011/21: Interview Carlo Petrini: „Wir sind vom Konsumismus infiziert“
www.regionalentwicklung.de
www.lausitzer.net

Beate Brězan

Identität oder Bedürfnisdynamik – Chancen des WITAJ-Projekts

„Ja, wenn die sorbischen Mädchen bei Facebook Fotos posten, und ich einen Kommentar in Sorbisch dazu schreibe, dann kommt das schon gut an. Das heißt, die sagen sich dann nicht nur ‚ah, schön', sondern die finden das cool und schreiben mir das auch."

Sorbisch lernen

So beschreibt ein Schüler der neunten Klasse eine seiner Erfahrungen mit dem Sorbischen. Der Schüler kann als so genanntes echtes WITAJ-Kind bezeichnet werden. Ein „echtes WITAJ- Kind" ist ein Kind aus einem deutschsprachigen Elternhaus, das einen WITAJ-Kindergarten oder eine WITAJ-Gruppe besucht und im gewöhnlichen Kindergartenalltag die sorbische Sprache spielerisch erlernt. WITAJ-Kindergärten und Gruppen gibt es in der Nieder- und Oberlausitz seit 1998.

Das WITAJ-Projekt steht im Zusammenhang mit der politischen Wende in der ehemaligen DDR und der Wiedervereinigung der beiden deutschen Staaten 1989/1990. Die Sorben sahen sich damals im Hinblick auf die Erhaltung und Entwicklung ihrer Sprache und Kultur mit neuen Herausforderungen und Chancen konfrontiert. Die Bildung in Kindergärten und Schulen war schon lange zuvor ein Thema, dem sich die Sorben in politischen, kulturellen und wissenschaftlichen Diskursen immer wieder intensiv widmeten (vgl. Pech 1999, Kunze 2002, Schulz 2010). Nach 1990 war den Sorben aber die Möglichkeit gegeben, auf vielfältige Weise Modelle und Erfahrungen in den Bildungssystemen anderer nationaler Minderheiten zu studieren (vgl. Budar 2009). Für die Entstehung des WITAJ-Projekts war letztlich die Begegnung mit den Bretonen in Frankreich ausschlaggebend. Engagierte Vertreter der bretonischen Minderheit in Frankreich begannen in den 70er Jahren systematisch, ihre Sprache wieder zu beleben. Sie gründeten in ihrem Projekt DIWAN-Kindergärten und -Schulen, in denen die Kinder nach der Immersionsmethode erzogen werden. Vorbild für die Anwendung der Immersionsmethode war den Bretonen wiederum das Einwanderungsland Kanada.

Methodik

Die Immersionsmethode ist eine Sprachlernmethode, die sich an den Prozessen des Muttersprachererwerbs orientiert. Gemeint ist, dass das Kind gewissermaßen in ein Sprachbad eintaucht (lat. immergere = eintauchen). So wie das Kleinkind seine Muttersprache erwirbt, indem Eltern, Erzieher, Freunde und Verwandte mit ihm sprechen, so soll es auch die Zweitsprache oder weitere Sprachen erlernen. Wichtig ist dabei, dass das Prinzip „Eine Person = eine Sprache" eingehalten wird.

In WITAJ-Kindergärten und -Gruppen[1] der Ober- und Niederlausitz, in denen nach der Immersionsmethode gearbeitet wird, sind alle Erzieherinnen und Erzieher angehalten, die Kinder den ganzen Tag über in ober- bzw. niedersorbischer/ wendischer[2] Sprache zu betreuen. „So eignen sich die Kinder Sorbisch mehr oder weniger unbewusst an. Die Sprache wird nicht gesondert in den Mittelpunkt gerückt, sondern die Kinder erhalten Zugang zu ihr schlicht durch die ständige Präsenz ... Beim Spielen und Basteln, Singen und Tanzen, Experimentieren oder Geschichtenhören – Schritt für Schritt erschließen sich die Kinder die Bedeutung der einzelnen Wörter aus dem Zusammenhang. Ein strenges Üben z.B. grammatikalischer Phänomene wird unterlassen." (Kaulfürst 2011, S. 4 f.) Was Erzieherinnen und Erzieher hier methodisch bewusst gestalten, vollzieht sich andernorts ganz selbstverständlich bzw. ist für das pädagogische Personal mitunter schlichte Realität, auf die es sich nach bestem Wissen und Gewissen einstellt. In mehrsprachigen Kulturen, in denen die Amtssprache und die Sprache(n) der Bevölkerung verschieden sind, wachsen Kinder meist von Beginn an zwei- oder mehrsprachig auf. Für etwa zwei Drittel der Weltbevölkerung ist das eher die Regel als die Ausnahme (vgl. Hutterli u.a. 2008, S. 104). In der Bundesrepublik Deutschland ist jedoch – wie in Ländern, in denen Weltsprachen bzw. internationale Verkehrssprachen gesprochen werden – die Erfahrung vorherrschend, dass Kinder einsprachig aufwachsen. Dennoch ist es auch hier für viele Kinder mit Migrationshintergrund eine alltägliche Erfahrung, dass sie in ihren Familien die Herkunftssprache als Muttersprache erlernen und im Kindergarten, in der Schule und in der Öffentlichkeit in deutsche Sprachräume „eintauchen". Deutschsprachige Erzieher und Lehrer, die über keine weiteren Sprachkenntnisse verfügen, stehen hier nicht vor der Wahl, die Immersionsmethode anzuwenden oder nicht, sondern Immersion findet einfach statt. Nicht selten fühlen sich Pädagogen dabei jedoch unwohl oder hilflos, vor allem, wenn sie Wichtiges vermitteln wollen, aber nicht wissen, ob und inwiefern die Kinder und Schüler sie verstehen.

Im Gegensatz dazu beherrschen Pädagogen in Bildungseinrichtungen, in denen Kinder gezielt zweisprachig aufwachsen sollen, sowohl die Muttersprache der Kinder als auch die zu erlernende Zielsprache. So verhält es sich auch in den

---

1 Neben den WITAJ-Kindergärten und -Gruppen gibt es auch Kindertagesstätten mit sorbischsprachigen Angeboten, die bilingual arbeiten.

2 In Publikationen ist es üblich, die umgangssprachliche bzw. deutschsprachige Selbstbezeichnung *wendisch* bzw. *Wendisch* mit anzugeben.

WITAJ-Kindergärten der Ober- und Niederlausitz. Alle Erzieherinnen und Erzieher, die Sorbisch nach der Immersionsmethode vermitteln, beherrschen zugleich die deutsche Sprache und können leicht von einer zur anderen Sprache wechseln. Die Herausforderung besteht für sie darin, konsequent Sorbisch zu sprechen und die Sprache mit Gestik, Mimik und Anschauungsmaterial so zu verbinden, dass sich die Kinder die Bedeutung der sprachlichen Äußerungen selbst erschließen können und Übersetzungen ins Deutsche nicht erwarten.

Spracherwerb

Das Niveau des Erwerbs der sorbischen Sprache nach der Immersionsmethode ist in nicht unbedeutendem Maße von den kognitiven Fähigkeiten des einzelnen Kindes abhängig. Entscheidend scheinen jedoch die exogenen Entwicklungsfaktoren zu sein, unter denen der Spracherwerb erfolgt. Der Erfahrungsaustausch mit Eltern und Erzieherinnen zeigt, dass Kinder am Ende ihres drei- bis fünfjährigen Kindertagesstättenbesuchs Deutsch und Sorbisch nahezu auf gleichem Niveau beherrschen, wenn sie einen WITAJ-Kindergarten besucht haben, in dem alle Erzieherinnen Sorbisch sprechen und der Anteil der sorbisch muttersprachlichen Kinder höher ist als der der deutsch mutter-sprachlichen Kinder. Im Gegensatz dazu beherrschen Vorschulkinder, die eine WITAJ-Gruppe in einem sonst deutschsprachigen Kindergarten besucht haben, die deutsche Sprache in jeder Hinsicht altersgerecht, die sorbische Sprache jedoch eher passiv als aktiv. Das ist vor allem dann der Fall, wenn die Erzieherin der Gruppe nahezu die einzige erwachsene sorbischsprachige Kontaktperson für die Kinder ist und alle Kinder der WITAJ-Gruppe aus deutschsprachigen Elternhäusern kommen. Forschungsergebnisse, die Aufschluss über die unterschiedliche Gewichtung einzelner exogener Faktoren des Zweitspracherwerbs geben können, liegen bezüglich der WITAJ-Kindergärten und -Gruppen erst in Ansätzen vor (vgl. Schulz 2008 u. Budar 2008). Auch die Forschung im deutschsprachigen Raum bietet bislang relativ wenige Resultate zur kindlichen Aneignung der deutschen Sprache von Kindern mit Migrationshintergrund. Umfangreicher sind lediglich die Forschungen zum Erwerb der deutschen Sprache bei türkisch muttersprachlichen Kindern (vgl. Landua 2008; Knopp 2008).

Kindergarten und Schule

Kinder, die einen WITAJ-Kindergarten besucht haben, besuchen anschließend in der Regel eine sorbische Schule, an der bilingual unterrichtet wird[3]. In Sachsen basiert der bilinguale Unterricht auf dem 2plus-Konzept (zwei Sprachen + weitere), das in den vergangen zehn Jahren evaluiert wurde (vgl. Gantefort u.a. 2009 u. 2010). Das Sächsische Bildungsinstitut hat das 2plus-Konzept auf Basis der Forschungsergebnisse fortgeschrieben und legt demnächst eine verbindliche Fassung vor. In Brandenburg steht die Evaluation und konzeptionelle Normung des bilingualen Unterrichts[4] noch aus. Sowohl in Brandenburg als auch in Sachsen gibt es allerdings auch einen erheblichen Anteil an Schülern, die Ober- bzw. Niedersorbisch/Wendisch als Fremdsprache erlernen[5]. Die folgenden Übersichten geben Auskunft über die Anzahl der Kinder in WITAJ-Kindergärten und Kindertagesstätten mit bilingualem Angebot sowie über die Anzahl der Schüler, die Sorbisch intensiv im 2plus bzw. im WITAJ-Unterricht oder Sorbisch als Fremdsprache lernen.[6]

WITAJ-Kindergärten und -gruppen	Kindertagesstätten mit bilingualem Angebot	2plus-Unterricht	Sorbisch im Fremdsprachen-unterricht	Gesamtanzahl
600	200	1.100	1.100	3.000

Anzahl der Sorbisch lernenden Kinder und Schüler in der Oberlausitz

WITAJ-Kindergärten und -gruppen	WITAJ-Unterricht	Sorbisch im Fremdsprachen-unterricht	Gesamtanzahl
200	250	1.500	1.950

Anzahl der Sorbisch lernenden Kinder und Schüler in der Niederlausitz

Sprache und Kultur

Dass der erste WITAJ-Kindergarten 1998 in Sielow in der Niederlausitz eröffnet wurde, war kein Zufall. Der Sprachwechselprozess ist in der Niederlausitz bereits soweit fortgeschritten, dass es kaum noch Familien gibt, in denen Kinder das Niedersorbische/Wendische als Muttersprache erlernen (vgl. Norberg 1996). Deshalb war die Motivation, mit dem WITAJ-Projekt die Revitalisierung der

3 Zusätzlich zum Unterrichtsfach Sorbisch wird in ausgewählten Sachfachfächern, wie z.B. Geschichte, Geographie, Biologie oder Musik sorbisch/deutsch unterrichtet.

4 Der bilinguale Unterricht wird in Brandenburg auch als WITAJ-Unterricht bezeichnet.

5 Diese Schüler lernen nur im Fremdsprachenunterricht Sorbisch.

6 Die Angaben stammen aus der Statistik, die das WITAJ-Sprachzentrum führt.

niedersorbischen/wendischen Sprache zu befördern, in besonderem Maße gegeben. Auch in der Oberlausitz waren und sind die an der sorbischen Sprache und Kultur Interessierten der Auffassung, dass die sorbische Sprache nur durch besondere Neuerungen lebendig bleiben wird.

„Mit WITAJ heißen wir Ihr Kind WILLKOMMEN, Sorbisch zu lernen." (Kaulfürst 2011, S. 1) In diesem Sinne sollen Eltern, egal ob sie deutsch-, sorbisch oder anderssprachig sind, ermutigt werden, ihre Kinder zweisprachig aufwachsen zu lassen. Es war der ehemalige Lehrer Jan Bart, der sich vom bretonischen DIWAN-Modell besonders inspirieren ließ. In mehr als hundert Vorträgen vor Eltern, werdenden Eltern, Pädagogen, Kommunalpolitikern und Trägern von Kindertagesstätten sprach er über das frühe Sprachenlernen, die Immersionsmethode und die Chancen, die sich für zwei- und mehrsprachige Kinder ergeben können. Er warb unermüdlich und erfolgreich für das WITAJ-Projekt und erhielt dafür im Jahre 1999 den Preis der Domowina e.V. (Bund Lausitzer Sorben).

Die Vermittlung der sorbischen Sprache in Kindergärten und Schulen ist eng verknüpft mit der Traditionspflege und dem Kennenlernen von Kultur und Geschichte der Sorben. Das im Jahre 2001 gegründete WITAJ-Sprachzentrum hat unter anderem den Auftrag, für Schüler Sprachprojekte zu organisieren, in denen sie authentische sorbische Sprachräume erleben und ihre Sprachkenntnisse anwenden können. In Ergänzung zum schulischen Leistungserfolg sollen die Schüler in diesen Projekten besondere Erlebnisse haben, die ihnen eine positive Identifikation mit der sorbischen Sprache ermöglichen.

Die ersten WITAJ-Kinder sind inzwischen Schüler der 10. Klasse. Der künftige Erfolg des WITAJ-Projekts wird sich nicht zuletzt daran zeigen, ob ehemalige WITAJ-Kinder für ihre Kinder ebenfalls diese zweisprachige Erziehung wünschen und damit gewissermaßen eine nächste WITAJ-Generation heranwachsen kann.

Mit dem WITAJ-Projekt haben die beteiligten Pädagogen und Bildungspolitiker zielgerichtet einen Prozess in Gang gesetzt, der in seiner Spezifik nicht neu ist, sondern auf natürliche Vorbilder zurückgreifen kann. Schon immer gab es deutsch- oder anderssprachige Menschen, die durch Zuzug, Heirat oder Arbeitsumfeld mit sorbischsprachigen Menschen zusammenkamen und für sich Beweggründe fanden, die sorbische Sprache zu erlernen. Das ist heutzutage nicht anders. Verändert hat sich jedoch das öffentliche Bewusstsein darüber, weil das WITAJ-Projekt ausdrücklich zum Sorbischlernen einlädt.

Identitätsforschung

Bislang gibt es keine systematischen Forschungen zu der Frage, welche Dynamik Menschen mit anderen Muttersprachen dazu bewegt, die sorbische Sprache zu erlernen, sich mit der Kultur und Geschichte der Sorben zu befassen und sich gegebenenfalls auch als Sorbe zu fühlen. Eher beschäftigen sich Forscher mit der Frage, was sorbische Identität ausmacht (vgl. Scholze 2003a/b, Šatava 2005, Norberg/Kosta 2008, Soppa 2009, Fen-fang 2010). Die Titel entsprechender Bücher und Aufsätze mit dem Begriff *Identität* können den Eindruck erwecken, als sei die Identität von Menschen und Gemeinschaften durch Attribute definierbar.

Bemerkenswert ist, dass es nahezu unzählige Versuche von Philosophen und Wissenschaftlern gibt, den Begriff *Identität* inhaltlich zu füllen und zu deuten. Zugleich wird er von anderen Autoren verworfen oder zumindest in Frage gestellt, weil er für die Erklärung menschlichen Verhaltens untauglich scheint. So verdeutlicht zum Beispiel Amartya Sen in seinem Buch „Die Identitätsfalle: Warum es keinen Krieg der Kulturen gibt“ (2009), dass heutzutage insbesondere Zuschreibungen von kultureller oder religiöser Identität der Lebenswirklichkeit nicht gerecht werden, weil Menschen situativ bedingt viele andere Bindungen und Zugehörigkeiten empfinden können, sei es als Sportler, Umweltschützer, Arbeiter, Bauer oder Musikliebhaber.

Auch in der sorabistischen Forschung spiegelt sich die unterschiedliche Verwendung des Identitätsbegriffs wider. Nedo entwickelte in den 60er Jahren des vergangenen Jahrhunderts ein Modell sorbischer Identität, das von der Herkunft über die Muttersprache, Familie, Dorfgemeinschaft, Tradition bis hin zur Geschichte und Kultur des Volkes reicht und Identität substantiell zu fassen versucht (vgl. Nedo 1965). Ratajczak reflektiert dieses Modell als Modell autonomer Identität, das nicht nur den Lebensverhältnissen der Menschen in der so zweisprachigen Lausitz widerspricht, sondern auch Nedos eigener Biographie. „Deutschsprachig aufgewachsen in einem schon fast völlig assimilierten Umfeld wird gerade die Differenz zum Sorbischen der Motor eigener Identifizierung. Diese vollzieht sich nicht innerhalb einer geschlossenen sorbischen Lebenswelt, sondern bereits in der Spannung zwischen den Polen deutsch und sorbisch.“ (Ratajczak 2004, S. 41)

Ratajczak nutzt diese Einsicht für die Konstruktion ihres Modells „ambivalenter Identifizierungsprozesse zwischen den Polen deutsch und sorbisch“ (ebd., S. 42). Neben der Differenz nimmt sie mit Bezug auf Hall die „Position des Anderen“ und die „Erfindung von Tradition“ in ihr Modell auf (ebd.). Eine gewisse Erfindung von Tradition beschreiben Beck-Gernsheim (1999) und Mendel als typisch für jüdische Intellektuelle in den 1970er und 80er Jahren, die auf „der Suche nach neuen Definitionen der bundesrepublikanischen jüdischen Identität“ sind (Mendel 2010, S. 87).

Identifikation und Bedürfnisse

Sowohl in der internationalen als auch in der sorabistischen Forschung zur Identität zeigt sich ein Wandel von der substanzontologischen zur prozessontologischen Fundierung. Fen-fang beschreibt in ihrer Arbeit „Gender and Identity Construction arcoss Difference" (2010) die Vielfältigkeit der Identifikationsprozesse von Frauen, die sie bezüglich deren Erfahrungen im Kontakt mit sorbischer Sprache und Kultur interviewt hat. In der Analyse und im Ergebnis wird jedoch nicht erwogen, ob den Identifikationsprozessen eine gewisse Gesetzmäßigkeit zugrunde liegen könnte. Es wirkt eher beliebig, wenn die Autorin in der Zusammenfassung schreibt: „Die Informantinnen werden als soziale Akteurinnen angesehen, deren Bewusstsein ihrer Zugehörigkeit zum sorbischen Volk und seiner Kultur durch soziale Interaktion, Kommunikation und Lebenserfahrungen geschaffen wird. Trotz vieler gemeinsamer Erfahrungen unterscheiden sie sich dennoch voneinander … Die Frauen haben sehr unterschiedliche Identifikationspunkte, die je nach den sozialen, kulturellen, politischen, wirtschaftlichen, religiösen, familiären oder beruflichen Umständen variieren." (ebd., S. 338)

Angesichts solcher Befunde in der Identitätsforschung scheint die oben formulierte Frage, welche Dynamik Menschen mit anderen Muttersprachen dazu bewegt, die sorbische Sprache zu erlernen, sich mit der Kultur und Geschichte der Sorben zu befassen und sich gegebenenfalls auch als Sorbe zu fühlen, einen anderen Forschungsansatz nahezulegen. Zumindest im WITAJ-Projekt speist sich die Beziehungsdynamik zur sorbischen Sprache und Kultur möglicherweise weniger aus bewusster Identifikation, sondern mehr aus menschlichen Grundbedürfnissen, denen relativ autonom ablaufende Prozesse zugrunde liegen.

Die wohl bekannteste Theorie menschlicher Grundbedürfnisse hat Maslow (1996[1954]) formuliert. Maslows Theorie zur Hierarchie der Grundbedürfnisse des Menschen sagt aus, dass sogenannte primäre Bedürfnisse in gewisser Weise befriedigt sein müssen, bevor weitere bzw. sekundäre als Ordner des Verhaltens wirksam werden können. Der angenommenen Hierarchie zufolge führt Maslow zuerst die physiologischen Bedürfnisse und dann die eher sozialen Bedürfnisse nach Sicherheit, Zugehörigkeit/Liebe, Anerkennung/Wertschätzung und Selbstverwirklichung an. Das Verfügen über diese Bedürfnisse und entsprechende Soll-Zustände gilt gemeinhin als theoretisch und empirisch gesichert.

Offenbar beeinflussen solche Bedürfnisse auch unsere Motivation, mehr als nur eine Sprache zu sprechen und an verschiedenen Kulturen teilzuhaben. Das menschliche Grundbedürfnis nach Sicherheit lässt sich Maslow zufolge in friedvollen und stabilen Gesellschaften „an Hand solcher Phänomene beobachten wie etwa der allgemeinen Bevorzugung von sozialer Sicherheit am Arbeitsplatz, vom Wunsch nach einem Sparkonto und nach Versicherungen verschiedener Art …

in der sehr allgemeinen Bevorzugung des Familiären gegenüber dem Unfamiliären … oder des Bekannten gegenüber dem Unbekannten“ (ebd., S. 68 f.).

Diese Art von Sicherheitsbedürfnis spiegelt sich wider in typischen Begründungen von Eltern, die ihr Kind in einen WITAJ-Kindergarten schicken: „Von WITAJ erhoffen wir uns für unsere Kinder Vorteile im späteren Berufsleben, wenn sie Sorbisch und weitere Fremdsprachen beherrschen.“ (Kaulfürst 2011, S. 11) Die Bedeutung von Sprachkenntnissen für die berufliche Existenzsicherung, den kulturellen Austausch und die persönliche Entwicklung jedes Einzelnen wird durch die europäische Bildungspolitik seit Jahren konsequent kommuniziert (vgl. Europäische Kommission 2003) und sie wirkt sich im gesellschaftlichen Bewusstsein entsprechend aus. Auch deshalb nehmen Eltern das WITAJ-Projekt und den Sorbischunterricht an Schulen als besonderes regionales Angebot in der zweisprachigen Lausitz für ihre Kinder in Anspruch.

Inwieweit Kinder den Überlegungen ihrer Eltern und anderer Erzieher folgen, scheint jedoch insbesondere davon abhängig zu sein, wie Kinder die eigene Bedürfnisbefriedigung in ihrer individuellen Biographie konkret erleben. Sofern für sie Sicherheitsbedürfnisse nicht vorrangig sind, wird ihr Verhalten erheblich durch Bedürfnisse nach Zugehörigkeit und Wertschätzung beeinflusst.

Ein Beispiel

Die Idee, dass Spracherwerb und kulturelle Teilhabe durch Grundbedürfnisse und ihre biographisch bedeutsame Befriedigung motiviert sein können, wurde durch das Interview inspiriert, das die Autorin mit dem anfangs zitierten Schüler im Juli 2011 geführt hat.

Auffällig war in diesem narrativen Interview, dass der Jugendliche wiederholt und ausführlich über seine Beziehungen zu Gleichaltrigen, vor allem Mädchen, sprach und dass er die Bindungen zu den Mädchen angesichts der erfahrenen Wertschätzung beurteilte. Vergleichbare Aussagen trifft Brumlik in seiner biographischen Arbeit „Kein Weg als Deutscher und Jude“ (1996):

> „Doch die Diskussionen und Spiele, die Lieder und Tänze, sie waren für mich nur der äußere Rahmen einer Lebensform, die mir endlich Halt und Nähe gab. Das Leben in der ‚Gruppe‘ gliederte und erfüllte meine Zeit. Es verkürzte die Woche, die ich ansonsten in der Schule … verbrachte … Die ‚Gruppe‘ bot mir, der ich in eine reine Jungenklasse ging, die Gelegenheit, Mädchen kennenzulernen und sich ihnen gegenüber – trotz hartnäckiger Schüchternheit – mindestens als belesener Gesprächspartner und guter Kamerad zu präsentieren.“ (ebd., S. 32 f.)

Der interviewte Schüler reflektiert Bindungen bzw. Zugehörigkeiten und Wertschätzungen bezüglich des Sorbischen auch im Zusammenhang mit früheren Erfahrungen. So berichtete er, dass er sehr gern in den WITAJ-Kindergarten gegangen sei, die Erziehrinnen mit den Kindern konsequent sorbisch gesprochen haben und dass jeden Tag im Morgenkreis sorbische Lieder gesungen wurden. Außerdem erinnerte er sich lebhaft an die gepflegten Traditionen, wie bestimmte Tänze, das Maibaumwerfen oder die Vogelhochzeit. Auf die Frage, wie er den sorbischsprachigen Umgang im Kindergarten empfunden habe, antwortete er: „Ja, man hat uns eben richtig gefördert." Auf die Anschlussfrage, ob er das auch schon damals so wahrgenommen habe, antwortete er zweifelsfrei mit „Ja". Möglicherweise erlebte er den Erwerb der sorbischen Sprache deshalb besonders bewusst, weil sein Großvater in dieser Zeit ebenfalls Sorbisch zu lernen begann und seinen Enkel immer wieder nach bestimmten Vokabeln fragte. So erfüllte der Großvater gleichzeitig eine Vorbildfunktion.

In der Schule erfährt der Schüler aufgrund seiner sorbischsprachigen Kompetenz Anerkennung und Herausforderung zugleich. Er und seine Mitschüler, die auch im WITAJ-Kindergarten waren, werden von den Lehrern eher als andere Schüler aufgefordert, einen Vortrag in Sorbisch zu halten oder einen sorbischen Text zu schreiben: „Meine Lehrerin wollte, dass ich meine Bewerbung für die Sprachreise in Sorbisch schreibe, weil ich es ja mit am besten kann … Aber ich bin auch gut in anderen Sprachen. Das sind eigentlich alle von uns, die im WITAJ-Kindergarten waren."

Hinsichtlich seiner Zukunftsvorstellungen ist die sorbische Sprache und Kultur für ihn kein handlungsleitendes Kriterium. Der Schüler möchte nach der Mittelschule das Berufliche Gymnasium besuchen. Gern würde er auf das Sorbische Gymnasium gehen, doch dort scheint ihm die Anpassungsleistung an die Gymnasiasten zu hoch. Deshalb will er in einer Abiturklasse lernen, in der Mittelschulabsolventen ihre Ausbildung so wie er fortsetzen. Das Abitur zu schaffen, wiegt für ihn schwerer, als weiter sorbisch lernen zu können. Später möchte er studieren und in einer Großstadt leben.

Bezüglich der Fragen, inwieweit sich der Schüler mit der sorbischen Kultur und ihren Traditionen verbunden fühle, erklärt er, dass er durchaus eine gewisse Nähe spüre. Schließlich kenne er die Trachten, Lieder und Tänze seit seiner Kindergartenzeit und jetzt gehören sie für ihn zur Schulkultur. Seine Sympathie dafür war mit ausschlaggebend, dass er das Schulpraktikum in seinem ehemaligen Kindergarten absolvierte: „Das war alles noch so, wie ich es vor zehn Jahren erlebt habe. Die Lieder im Morgenkreis waren die gleichen … Da konnte ich schon noch Einiges mitsingen."

Auf die hypothetische Frage, ob er für das Dirndl die gleiche Sympathie empfinden könne, falls er z.B. später mal in München leben würde, antwortete er: „Na, wenn's hübsch aussieht. Da hätte ich auch nichts dagegen. Tracht ist Tracht, egal welche Region, die Ungarn haben auch schöne Trachten." Die Unbeschwertheit und Offenheit, die in dieser Aussage anklingt, erfüllt ein wichtiges Ziel des WITAJ-Projekts: „Der Umgang mit einer fremden Sprache und das

Kennenlernen eines neuen Kulturkreises im frühen Alter prägen die Kinder in ihrer Offenheit gegenüber Fremden. Mit ihrem bereits erworbenen Können, Unbekanntes für sich zu entdecken, begegnen sie Fremdem eher mit Toleranz und Interesse statt mit Distanz und Ängsten." (Kaulfürst 2011, S. 13)

Gleichermaßen scheint das Bekannte und Vertraute bedeutungsvoll zu sein. Der Schüler bringt es so zum Ausdruck:

„Ja, zu Ostern, da schauen wir uns natürlich die sorbischen Osterreiter an. Das machen ja viele Bautzener, auch wenn sie keine Sorben sind. Wir gehen auch zum Eierschieben auf den Protschenberg .... Das würde ich immer wieder so machen, auch wenn ich woanders lebe und zu Ostern meine Eltern besuche. Meine Schwester macht das auch so, wenn sie mit ihrem Mann hier ist, obwohl sie jetzt in München lebt und ihr Mann das Sorbische ja sonst nicht kennt."[7]

Bedürfnisse und Biographie

Alles, was dem interviewten Schüler in gewisser Weise selbstverständlich und einfach zu sein scheint, ist ihm, durch was oder wen auch immer, wahrnehmbar vermittelt worden. Derrida meint:

„Doch man muss die treffendsten und feinsten, die zumal einzigartigsten Vermittlungen finden. Eine fruchtbare Aufgabe ... Sie ist auch das, was ... mir *sowohl* über meine Zugehörigkeit zum Judentum *als auch* über meine Nicht-Zugehörigkeit zum Judentum nachzudenken gibt." (Derrida 2006, S. 188 f.)

Eine bedürfnisorientierte biographische Forschung könnte vermutlich die tatsächliche Dynamik des WITAJ-Projekts entdecken. „WITAJ – ein Geschenk für ihr Kind", so heißt die neue Broschüre des WITAJ-Sprachzentrums. Doch die Mitarbeiterinnen und Mitarbeiter des Sprachzentrums werden zunehmend auch mit Nachfragen von Eltern konfrontiert, die mit ihren Kindern auch Sorbisch lernen wollen. Sorbischsprachige Eltern haben wiederum in Dresden den Verein „Stup dale" gegründet (dt.: „Tritt weiter"; Titel eines sorbischen Kinderliedes), um ihren Kindern eine sorbischsprachige Erziehung auch außerhalb des sorbischen Siedlungsgebietes zu ermöglichen. Das WITAJ-Projekt überschreiten damit die Grenzen der zweisprachigen Lausitz. Da sich soziale Netzwerke zunehmend auch im Internet entfalten, nutzt das WITAJ-Sprachzentrum ebenfalls diese Möglichkeiten, um Interessierte und in der Lausitz Beheimatete, wo auch immer sie aktuell leben mögen, über das WITAJ-Projekt zu informieren. Seine Chancen scheinen in und zwischen der Befriedigung natürlicher Grundbedürfnisse und empathischer Weltoffenheit zu liegen.

7 Die zusammengefassten Inhalte und Zitate wurden durch den interviewten Schüler am 24.9.2011 autorisiert.

Literatur

Beck-Gernsheim, Elisabeth (1999). Juden, Deutsche und andere Erinnerungslandschaften: im Dschungel der ethnischen Kategorien. Frankfurt am Main: Suhrkamp.

Brumlik, Micha (2000). Kein Weg als Deutscher und Jude. München: Ullstein Taschenbuchverlag.

Budar, Ludmila (2008). Aneignung der sorbischen und der deutschen Sprache in sorbischen Kindertagesstätten des Sorbischen Schulvereins. In: Das WITAJ-Projekt in Kindertagesstätten im Freistaat Sachsen – Zwischenbilanz und Ausblick in die Zukunft. Dokumentation 5, Bautzen: WITAJ-Sprachzentrum, S. 63-79.

Budar, Ludmila (2009): 10 Jahre Witaj® – Modellprojekt des Sorbischen Schulvereins e. V. In: Witaj und 2plus – eine Herausforderung für die Zukunft. Bautzen: Sorbischer Schulverein, S. 28-43.

Derrida, Jacques u. Roudinesco, Elisabeth (2006). Woraus wird Morgen gemacht sein? Ein Dialog. Stuttgart: Klett-Cotta.

Europäische Kommission (2003). Mitteilung der Europäischen Kommission an den Rat, das Europäische Parlament, den Wirtschafts- und Sozialausschuss und den Ausschuss der Regionen. Förderung des Sprachenlernens und der Sprachenvielfalt: Aktionsplan 2004-2006. Brüssel: unter http://ec.europa.eu/educa tion/doc/official/keydoc/actlang/act_lang_de.pdf [3.10. 2011].

Fen-fang, Tsai (2010). Gender and Identity Construction across Difference. Bautzen: Domowina-Verlag.

Gantefort, Christoph; Gogolin, Ingrid; Migai, Natalia, Roth, Hans-Joachim (2009). Abschlussbericht der wissenschaftlichen Begleitung der zweisprachigen sorbisch-deutschen Grundschulen in Sachsen. Hamburg und Köln (Universität Hamburg, Universität zu Köln) (masch./Eigendruck).

Gantefort, Christoph; Gogolin, Ingrid; Migai, Natalia, Roth, Hans-Joachim (2010). Sorbisch-deutsche Schulen in Sachsen: Ergebnisse zur Sprachentwicklung in der Sekundarstufe I. Hamburg und Köln (Universität Hamburg, Universität zu Köln) (masch./Eigendruck).

Hutterli, Sandra; Stotz, Daniel; Zappatore, Daniela (2008). Do you parlez andere lingue? Fremdsprachen lernen in der Schule. Zürich: Verlag Pestalozzianum an der Pädagogischen Hochschule Zürich.

Kaulfürstowa, Jadwiga (2011). WITAJ – ein Geschenk für Ihr Kind. Bautzen: Domowina – Bund Lausitzer Sorben e. V., WITAJ-Sprachzentrum.

Knopp, Matthias (2008). Ergebnisse der Qualitativen Interviews. In: Ehlich/ Bredel/Reich (Hrsg.), Referenzrahmen zur altersspezifische Sprachaneignung – Forschungsgrundlagen. Berlin: Bundesministerium für Bildung und Forschung (BMBF).

Kunze, Peter (2002). Sorbisches Schulwesen: Dokumentation zum sorbischen Elementarschulwesen in der sächsischen Oberlausitz des 18./19. Jahrhunderts. Bautzen: Domowina-Verlag.

Landua, Sabine; Meier-Lohmann, Christa; Reich, Hans H. (2008). Deutsch als Zweitsprache. In: Ehlich/Bredel/Reich (Hrsg.), Referenzrahmen zur altersspezifischen Sprachaneignung – Forschungsgrundlagen. Berlin: Bundesministerium für Bildung und Forschung (BMBF).

Maslow, Abraham Harold (1996[1954]). Motivation und Persönlichkeit. Reinbek bei Hamburg: Rowohlt Taschenbuch.

Mendel, Meron (2010). Jüdische Jugendliche in Deutschland: eine biographisch-narrative Analyse zur Identitätsfindung. Frankfurt am Main: Johann-Wolfgang-Goethe-Universität, Frankfurter Beiträge zur Erziehungswissenschaft, Reihe Monographien; 10.

Nedo, Paul (1965). Sorbische Volkskunde als Inselforschung. In: Lětopis Reihe C, Nr. 8, S. 98-115.

Norberg, Madlena (1996). Sprachwechselprozess in der Niederlausitz: soziolinguistische Fallstudie der deutsch-sorbischen Gemeinde Drachhausen/Hochoza. Uppsala, Univ., Dissertation.

Norberg, Madlena/ Kosta, Peter (Hrsg.)(2008). Sammelband zur sorbischen/wendischen Kultur und Identität. Potsdam: Universitätsverlag.

Pech, Edmund (1999). Die Sorbenpolitik der DDR 1949-1970: Anspruch und Wirklichkeit. Bautzen: Domowina-Verlag.

Šatava, Leoš (2005). Sprachverhalten und ethnische Identität. Sorbische Schüler an der Jahrtausendwende. Bautzen: Domowina-Verlag.

Sen, Amartya (2007). Die Identitätsfalle. Warum es keinen Krieg der Kulturen gibt. München: C. H. Beck Verlag.

Scholze, Dietrich (Hrsg.)(2003a). Im Wettstreit der Werte: sorbische Sprache, Kultur und Identität auf dem Weg ins 21. Jahrhundert. Bautzen: Domowina-Verlag.

Scholze, Dietrich (2003b). Der Beitrag der Literatur zur Ausprägung sorbischer nationaler Identität. In: Pech/Scholze (Hrsg.), Zwischen Zwang und Beistand: deutsche Politik gegenüber den Sorben vom Wiener Kongress bis zur Gegenwart. Dresden: Sächsische Landeszentrale für politische Bildung, Sonderausgabe.

Schulz, Jana (2008). Untersuchungsergebnisse zu Sprachkenntnissen der Kinder in WITAJ-Kindertagesstätten und der Kinder in WITAJ-Gruppen. In: Das WITAJ-Projekt in Kindertagesstätten im Freistaat Sachsen – Zwischenbilanz und Ausblick in die Zukunft. Dokumentation 5, Bautzen: WITAJ-Sprachzentrum, S. 63-79.

Schulz, Jana (2010). Mehrwert durch Minderheiten? Aktuelle Probleme des sorbischen Bildungswesens. In: Vogt u.a.. (Hrsg.), Minderheiten als Mehrwert. Frankfurt am Main; Berlin; Bern; Bruxelles; New York; Oxford; Wien: Peter Lang.

Soppa, Franziska (2009). Zur Identität sorbischer Jugendlicher und Möglichkeiten ihrer Stärkung. Hochschule Zittau/Görlitz: Diplomarbeit.

Ratajczak, Cordula (2004). Mühlroser Generationen: deutsch-sorbische Überlebensstrategien in einem Lausitzer Tagebaugebiet. Münster: Lit Verlag.

Wolfgang Zettwitz

Städtenetzwerke als Instrument der Regionalentwicklung

Interkommunale Kooperation als Mittel zur Effizienzsteigerung bei Leistungen, natürlich auch als Mittel zur Kosteneinsparung, ist gerade in Räumen mit Entwicklungsdefiziten ein Thema. In den Räumen, die heute die bekannten Merkmale des demografischen Wandels aufweisen, sind Projekte, die die Kooperation von Kommunen befördern sollen, oder Projekte, die nur gemeinsam, d.h. eben interkommunal durchgeführt werden können, regelmäßig im Portfolio der Antworten auf die großen Herausforderungen.

Die meisten Analysen von Schrumpfungsräumen beschäftigen sich mit Fragen der infrastrukturellen Anpassung, vor allem der technischen. Bekannte Themen sind die Kosten der Ver- bzw. Entsorgungssysteme oder der Straßenbau und der Unterhalt der Straßen. Viel diskutiert ist darüber hinaus das Schulnetz. Wie teuer kommt uns die Ausstattung einer solchen Region? Lohnt sich das? Müsste man nicht unter diesen Bedingungen den Grundsatz der Gleichwertigkeit der Lebensverhältnisse in Frage stellen? Über die öffentliche Infrastruktur hinaus ist es die Versorgung mit medizinischen Leistungen und dem täglichen Bedarf, die die Diskussion bestimmt.

Knappe finanzielle Ressourcen der Öffentlichen Hand, ein geändertes Staats- und Obrigkeitsverständnis mit Privatisierung und Liberalisierung auch in Bereichen, die früher hoheitlich geregelt waren, haben die regionalen Entwicklungsunterschiede verstärkt und damit auch die Chancen für die Regionen und die Menschen in den Regionen stärker differenziert.

In den dispers besiedelten ländlichen Räumen, peripher zu den großen Entwicklungszentren gelegen, reduziert sich die Debatte häufig auf die Überlebensfähigkeit der kleinen Städte und Gemeinden als Lebensraum mit Zukunft. Ohne at-traktive Ausstattung sei die Funktionsfähigkeit der Orte nicht mehr gegeben, der eingeleitete Prozess der Abwanderung und Überalterung ist eine unentrinnbare Abwärtsspirale, die Region habe keine Zukunft.

Die Wahrnehmung des ländlichen Raumes als eine Ansammlung kleiner ländlicher Siedlungen entspricht sicher dem überwiegenden Selbstbild der Einwohner, die für sich und ihre Nachbarn vor allem Verluste konstatieren. Es gibt aber auch in den ländlichen Räumen ein Nebeneinander von Städten und ländlichen Gemeinden, die gemeinsam und mit unterschiedlichen Aufgaben den Funktionsraum definieren.

Die Planungsregion Oberlausitz-Niederschlesien ist seit dem Umbruch vor zwanzig Jahren eine der Regionen in Sachsen, die am stärksten von Deindustrialisierung und von Bevölkerungsverlusten betroffen ist. Der Freistaat Sachsen hat deshalb diese Region schon 2004 als eine Modellregion zur Bewältigung der Folgen des demografischen Wandels unter dem Titel „Zukunftschancen nutzen!" eingerichtet.

Der Arbeitsansatz in der Modellregion berücksichtigt die besondere räumliche und strukturelle Lage der Region mit ihrer großen Ausdehnung und dem Mangel an einem leistungsfähigen Oberzentrums, auf das sich die gesamte Region beziehen könnte. Darum wurde im ersten Landesentwicklungsplan für den Freistaat Sachsen (LEP 1994) der Oberzentrale Städteverbund Bautzen-Görlitz-Hoyerswerda festgelegt: die drei Städte sollen gemeinsam und arbeitsteilig die Funktion eines Oberzentrums übernehmen. Die oberzentrale Aufgabe umfasst die Ausstattung mit oberzentralen Versorgungseinrichtungen und Gütern und die Entwicklungsfunktion für die Region.

Der Oberzentrale Städteverbund wurde der regionale Partner des Freistaates bei der Implementierung der Modellregion und der Führung der regionalen Prozesse. Dies ist nicht zuletzt darin begründet, dass der Oberzentrale Städteverbund laut Landesentwicklungsplan einen Oberbereich hat, der annähernd die gesamte Region umfasst, sich die „Zuständigkeit" des Oberzentralen Städteverbundes als maßgebliches Element der Regionalentwicklung also auf den ganzen Raum bezieht. Alternative Institutionen wie beispielsweise der Regionale Planungsverband haben thematische Begrenzungen und sind – selbst wenn sie wie der Regionale Planungsverband kommunal verfasst sind – nicht direkt demokratisch legitimiert. Ihre Versammlung basiert auf dem Delegationsprinzip, im Beispiel durch die Kreistage.

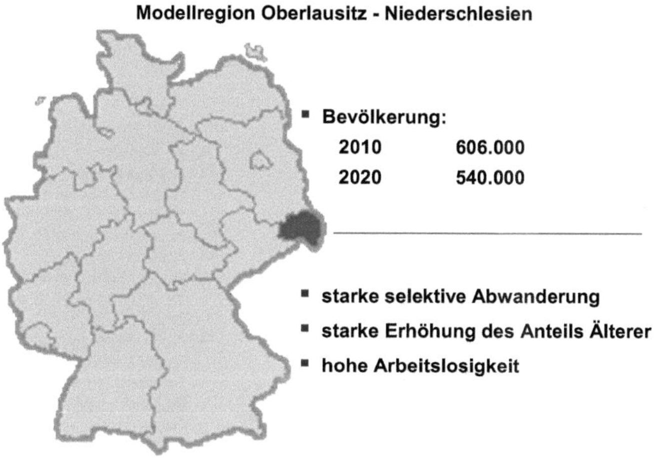

Im Rahmen des Modellvorhabens wurden alle Arbeitsthemen in zwei Arbeitsgruppen parallel diskutiert. Dadurch wurde den unterschiedlichen Interessen der kleinen Orte und der größeren Städte Rechnung getragen.

Am Beispiel der Schulnetzplanung lässt sich gut erkennen, wie die jeweiligen, für sich betrachtet selbstverständlichen Egoismen zu divergierenden Standpunkten führen. Die vorgesehene Schließung einer Grundschule bedeutet für einen kleinen Ort den Verlust der wohnortnahen Bildungsinfrastruktur, vielleicht sogar einer kulturellen Zelle des Ortes. Dem gegenüber ist die Funktionsfähigkeit einer Stadt angewiesen auf funktionale Vielfalt im Angebot. Eine Reduzierung der Schulen bedroht damit die notwendige Attraktivität der Stadt.

Eine gemeinsame Behandlung der Probleme bedeutete die Blockade der jeweiligen egoistischen Argumentation, Themen und Ansichten wären nicht ausgesprochen worden. Um passende und auch neue Herangehensweisen zu erarbeiten, müssen Denkverbote – und seien es empfundene, weil die jeweils andere Seite ihre Interessen durchzusetzen sucht – vermieden werden.

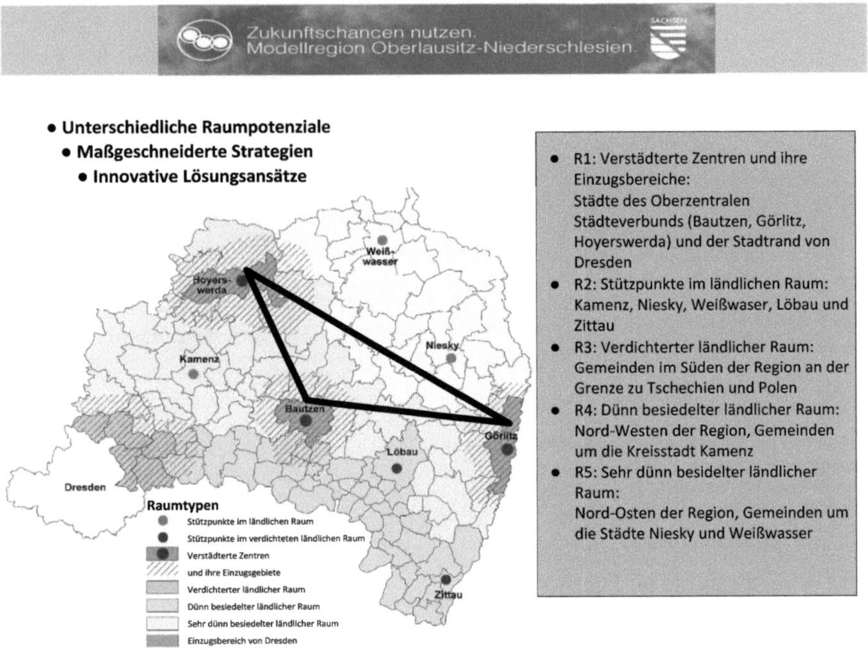

Raumpotenzialanalyse der Planungsregion Oberlausitz-Niederschlesien

Als Grundlage aller weiteren Arbeit wurde eine regionale Raumpotenzialanalyse nach fünf Räumen erstellt, die basierend auf der Analyse der bisherigen infrastrukturellen Entwicklung der Teilräume und der Prognose der zukünftigen Bevölkerungszahl und –struktur, den Teilräumen Möglichkeiten der zukünftigen Entwicklung und gleichzeitig Aufgaben für die gesamtregionale Entwicklung zuordnet.

Aus diesen zwei Elementen, der Arbeitsgruppe Städte und den Aufgaben für die Städte aus der Raumpotenzialanalyse, entstand das Städtenetz Oberlausitz. Auch hier ist die treibende Kraft der Oberzentrale Städteverbund Bautzen-Görlitz-Hoyerswerda. Die im Landesentwicklungsplan für den Freistaat Sachsen 2003 ausgewiesenen Mittelzentren Kamenz, Löbau, Niesky, Radeberg, Weißwasser und Zittau ergänzen das Städtenetz.

Für alle Städte gilt, dass sie auf Grund ihrer zentralörtlichen Funktion „über den Tellerrand blicken“ und Aufgaben in der Region über ihren administrativen Bereich hinaus übernehmen.

Das Städtenetz Oberlausitz ist auf freiwilliger Basis konstituiert, es ist keine rechtsfähige Körperschaft, auf vertragliche Grundlagen wie z.B. ein öffentlich-rechtlicher Vertrag oder eine Zweckvereinbarung wurde verzichtet. Gemeinsam ist allerdings das Bestreben, sich als regionale Verantwortungsgemeinschaft zu profilieren und entsprechend ihrer Aufgaben laut Landesentwicklungsplan als Entwicklungsschwerpunkte zu verstärken.

Ziele und Erfolgsfaktoren

- **Profilierung als regionale Verantwortungsgemeinschaft**
- **Stärkung der Städte als Kristallisationspunkte der Regionalentwicklung**
- **Dialogpartner der Landesregierung**
- **Frühzeitige Chancenerkennung im demografischen Wandel**
- **Kontinuierlicher Informations- und Erfahrungsaustausch**
- **Erprobung von dauerhaften Netzwerkstrukturen**
- **Entwicklung von speziellen Chancen-Projekten**
- **Ideenlieferant für andere Netzwerke, Städte und Regionen**

Auch ohne die formelle Verfasstheit gibt es eine klar definierte Organisationsstruktur. Die Federführung erfolgt durch den Oberzentralen Städteverbund. Als Besonderheit ist bemerkenswert, dass die Landesregierung in den (inter-)kommunalen Prozess aktiv involviert ist. Die Sächsische Staatskanzlei mit dem Themenschwerpunkt „Demografischer Wandel“ und das Sächsische Staatsministerium des Innern, zuständig für Landes- und Regionalentwicklung, nehmen als Diskussionspartner und Unterstützer an allen Prozessen teil. Eine herausragende Institution, die Querschnittsgruppe Oberlausitz, umfasst neben dem Oberzentralen Städteverbund, der dieses Gremium leitet, die Staatskanzlei, das Innenministerium, einen delegierten Vertreter des Strategischen Netzwerkes Ländlicher Raum, den amtierenden Vorsitzenden des Landrätekonventes, die Regionalplanungsbehörde. Damit sind wichtige Institutionen der Regionalentwicklung an einem Tisch versammelt, um gemeinsam – d.h. nicht nur die Aufgabe der eigenen Institution vertretend – die Projekte zu steuern.

Zumindest in der Anfangsphase ist eine externe Begleitung engagiert, die dem regionalen Ziel ein Gesicht gibt und fachlichen Input gewährleistet.

Projektmanagement

- Begleitung durch die Landesregierung (Staatskanzlei und Fachministerien)
- Federführung durch Oberzentralen Städteverbund
- Bürgermeisterrunde
- Lenkungsgruppe
- Geschäftsstelle sowie fachliche und wissenschaftliche Begleitung
- Querschnittsgruppe Oberlausitz
- Regelmäßiger Erfahrungs- und Ideenaustausch
- Ständige und temporäre Projektgruppen
- Übertragbare Projekte
- Öffentlichkeitsarbeit

Die Projekte, die die einzelnen Städte entwickeln und bearbeiten, zeichnen sich durch Themenorientierung aus. Sektorale Projektdefinitionen, deren Grenze durch Zuständigkeiten entsteht, sollen möglichst vermieden werden.

Noch einmal das Beispiel Schule aufgreifend wird der Unterschied sehr deutlich: Ein Thema „Bildung stärken" mit seinem umfassenden Anspruch verweist auf eine Vielzahl an potenziellen Arbeitsfeldern (z.B. Schulstandortsicherung, Kooperationsformen, Erreichbarkeit, ÖPNV, Internate), die in ihrer Komplexität angefasst werden können. Eine Reduzierung auf die Aufgabe „Schulstandort sichern" entspricht dagegen einem entwicklungspolitischen Leitbild nicht. Für Schüler und Eltern ist vor allem die Erreichbarkeit einer qualitativ hochwertigen Ausbildung relevant, nicht die Frage, in welcher administrativen Einheit diese angesiedelt ist.

Mehrwert durch Themenorientierung

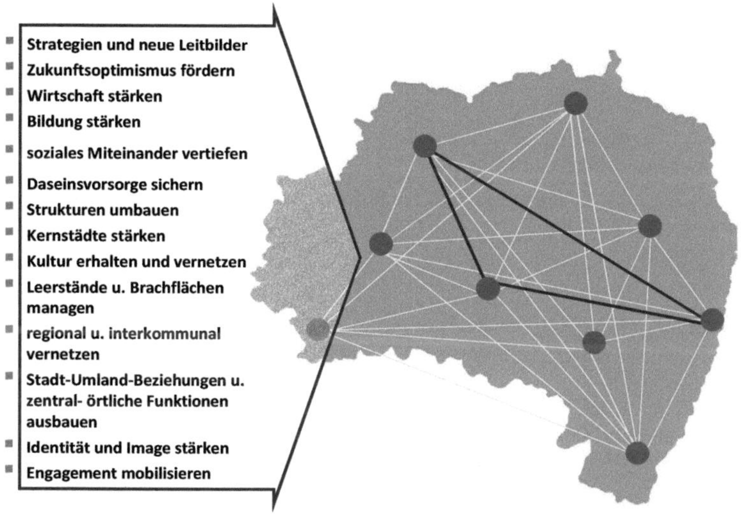

Jede Stadt hat auf Grund eines individuellen Leitbildes, das ihrer jeweiligen Problemlage und ihrem jeweiligen Potenzial entspricht, eigene Arbeitsansätze und Projekte entwickelt. Diese Projekte haben immer zwei Zielebenen:

Jede Stadt muss, damit sie zur Regionalentwicklung beitragen kann, ihre eigene Stabilität finden. Ein Teil der Projekte bzw. eines Projektes dient der eigenen Entwicklung.

Arbeitsansätze in der Stadt Bautzen

Konzeptionell	• InSEK • SEKo • Leitbild „Innenstadt“ • Leitbild „Bautzen 2020“ • Zentralitätsuntersuchung
Jugend und Identität	• „Karriere hier!“ (DSA) • Lehrerfortbildung (DSA) • „invent!“ (soziokulturelles Zentrum Steinhaus) • Knowhow für Macher (soziokulturelles Zentrum Steinhaus) • Imagefilm (soziokulturelles Zentrum Steinhaus) • Einrichtung es Jugendbeirates
Frauen	• Neues Studienfach: ganzheitliche Gesundheitsfürsorge
Jugendliche	• Stadt-Umland-Kooperation von Sportvereinen

Die zweite Ebene ist der Beitrag zur Regionalentwicklung und zur Kooperation. Am Beispiel der Arbeitsansätze in der Stadt Bautzen wird das erkennbar. Um den Konsequenzen des demografischen Wandels zu begegnen, hat sich die Stadt intensiv mit ihrer Situation auseinandergesetzt und städtebauliche und funktionale Entwicklungskonzepte mit der demokratischen Erarbeitung von Leitbildern kombiniert. Ausfluss dieser Selbstdefinition sind Projekte, die sich mit dem gewählten Schwerpunkt „Jugend“ beschäftigen. Letztere sind bis auf die Einrichtung eines Jugendbeirates regional orientiert. Die Umsetzung erfolgt nicht allein durch die Stadtverwaltung, es handelt sich aber in allen Fällen um Projekte, an denen die Verwaltung beteiligt ist.

Aus den eigenen Vorstellungen wird ein Aktionsplan entwickelt, der die Rolle im Städtenetz definiert, die Projekte benennt und die Kooperationsfelder im Netzwerk aufführt. Für die drei Städte Bautzen, Görlitz und Hoyerswerda ist zudem die Funktion in der Netzwerk-Lenkungsgruppe benannt.

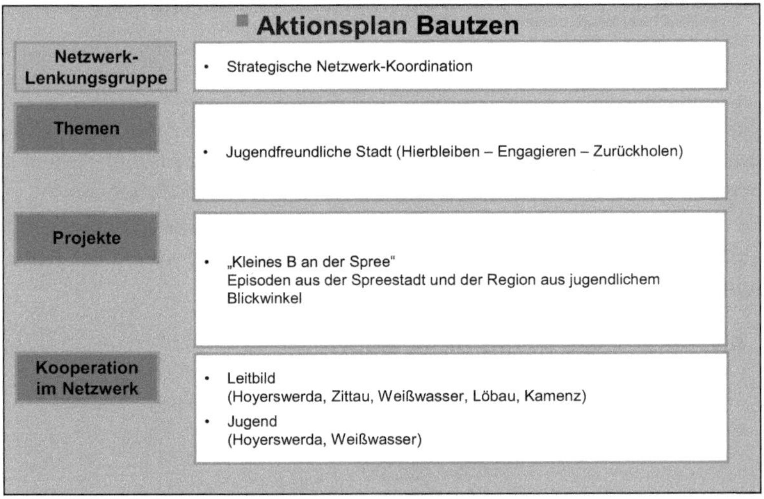

Die Qualität der Kooperation innerhalb des Netzwerkes ist natürlich sehr abhängig von den gewählten Formen der Zusammenarbeit. Drei innovative Arbeitsformen haben sich als erfolgreich gezeigt: die Trendexkursion, das Werkstattgespräch und die Fliegende Werkstatt.

In der Trendexkursion werden neue Entwicklungsthemen praktisch erfahren. Die Überlegung, das Thema Kreativwirtschaft für die Region als Perspektive zu erschließen, wurde durch einen Besuch von Vertretern aller Städte in Leipzig – dort ist Kreativwirtschaft ein relevantes Feld der Politik und der Wirtschaftsförderung – untersetzt. Die Erfahrungen wurden anschließend gemeinsam ausgewertet und auf die regionalen Möglichkeiten heruntergebrochen.

Zu verschiedenen „Großthemen" finden Werkstattgespräche statt. Die Fachvertreter aus allen Städten tragen ihre Projekte, Erfahrungen und Herangehensweisen vor. In der Auswertung wird die Übertragbarkeit oder eine Beteiligung an laufenden Projekten geprüft. Des Weiteren wird die regionale Strategie diskutiert und festgelegt.

Themenvorschläge für gemeinsame Werkstattgespräche

- Jugendfreundliche Städte
- Seniorenwirtschaft als Standortchance
- Neue Ansätze für mehr Kinder- und Familienfreundlichkeit
- Aktive Innenstädte im demografischen Wandel
- Veränderte Kulturbedürfnisse und Kulturangebote im demografischen Wandel
- Stadt-Umland-Beziehungen im demografischen Wandel
- Neue Wohnformen im demografischen Wandel
- Kommunikationsstrategien für Städte im demografischen Wandel
- Neue Anforderungen an die interkommunale Wirtschaftsförderung im demografischen Wandel
- Erfolgsfaktoren für die Leitbildentwicklung
- Bürgerschaftliches Engagement und Bürgergesellschaft im demografischen Wandel
- Handel und Stadtentwicklung im demografischen Wandel
- Werkzeugkasten für neue Beteiligungsmethoden
- Zum Umgang mit demografischen Analysen, Daten und Statistiken
- Zentralität und öffentliche Daseinsvorsorge

Als besondere Form hat sich die Fliegende Werkstatt bewährt. Fachleute aus allen Städten arbeiten konzentriert an einem konkreten Problem einer Kommune. Die Mitwirkung politischer Entscheidungsträger, d.h. (Ober-)Bürgermeister oder Stadträte ist ausdrücklich erwünscht. Die Fliegende Werkstatt ist besonders geeignet, wenn vor Ort fachliche oder politische Auseinandersetzungen den Fortgang eines Prozesses bzw. die Entscheidung erschweren. Die „einfliegenden" Fachleute sind nicht in die internen Diskussionen involviert und damit frei, Ideen und Vorschläge zu formulieren.

Voraussetzung einer erfolgreichen Fliegenden Werkstatt ist die Bereitschaft, ein Problem und die Rahmenbedingungen völlig offen zu legen. Da bei aller Kooperation die Städte weiterhin auch als Konkurrenten auftreten, ist das Vertrauen in die Partner unabdingbar.

Wie erfolgreich ist das Städtenetz? Natürlich ist es für eine abschließende Bewertung viel zu früh, aber einige Ergebnisse sind schon erkennbar.

Die wichtigsten Grundlagen der Kooperation sind Vertrauen und das Verständnis für die gemeinsame Aufgabe in einem Verantwortungsraum. Dazu trägt maßgeblich der Grundsatz der Freiwilligkeit bei, er gewährleistet ein gleichberechtigtes Miteinander. Als negatives Ergebnis ist jedoch auch festzuhalten, dass von den neun Städten der Region, die gemeinsam gestartet sind, zwei Städte den Prozess für sich nicht weiterführen wollen.

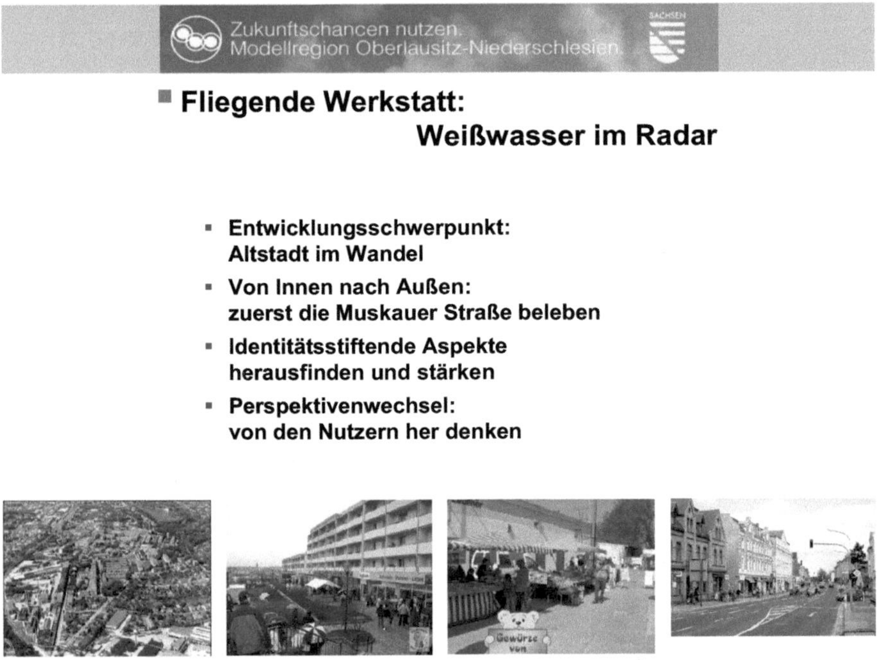

Die Bedrohung in Schrumpfungsräumen ist vor allem der Verlust der kommunalen Gestaltungsmöglichkeit. Die kleinen Städte sind jede für sich relativ schwach und nur begrenzt in der Lage, alle Leistungen für die Zukunftsentwicklung zu bieten. Durch Kooperation und zum Teil auch Arbeitsteilung ist im Sinne der Subsidiarität eine wichtige Untersetzung der kommunalen Selbstverwaltung gegeben. Der lokale Blickwinkel auf Probleme und Lösungsansätze bleibt erhalten. Notwendige Anpassungsstrategien werden nicht von oben diktiert und können dadurch erheblich leichter Akzeptanz bei der Bevölkerung finden. Dies ist umso wichtiger, als die größten Veränderungsnotwendigkeiten in Räumen mit besonders konservativer Bevölkerung stattfinden.

Die Chance der Arbeitsteilung wird deutlich am Beispiel „Kreativwirtschaft“: schnelle, moderne Angebote, entsprechendes Marketing – keine Stadt hat allein das Potenzial, ausreichende Wirkung zu erzeugen. Die Verbindung aller Potenziale ist aber eine geeignete Grundlage, den Wirtschaftsbereich zu nutzen und zu forcieren. Analog einer großstädtischen Spezialisierung der Stadtteile kann die Region als „Stadt“ gedacht werden.

Die landesplanerische Legitimation für die Arbeitsteilung ergibt sich aus der Ausweisung von Oberbereichen ohne Mittelbereiche im aktuellen Landesentwicklungsplan.

Die Mittelzentren sind von überall erreichbar, in kurzer Zeit, mit der entsprechenden funktionalen Ausstattung. Eine Gefahr des arbeitsteiligen Ansatzes liegt darin, dass unter Umständen dann nicht alle Funktionen erreicht werden können, wenn nicht mehr der Mittelbereich die räumliche Zuständigkeitsgrenze darstellt. Die Sicherung der Erreichbarkeit in Schrumpfungsräumen mit ausgedünnter bzw. konzentrierter Infrastruktur ist deshalb eines der nächsten Projekte des Städtenetzes.

Ein grundsätzlicher Mangel ergibt sich aus der nicht formal verfassten Struktur. Es gibt keine demokratische Kontrolle, die Legitimation der Akteure entsteht durch ihre Delegation aus den Städten und durch das Handeln selbst. Für eine dauerhafte Zusammenarbeit erscheint deshalb die Festlegung von Regeln und Verfahren notwendig.

Die freiwillige Struktur setzt voraus, dass das Städtenetz politisch gewollt ist. Die Arbeit innerhalb des Netzes durch die mit der Organisation beauftragten muss durch die fachliche Arbeit in den Verwaltungen ergänzt werden. Dazu muss das Städtenetz eine Selbstverständlichkeit bei Entscheidungen sein. Hier bestehen große Defizite, es wird vorrangig als eine zusätzliche Aufgabe, nicht als großer Rahmen, in den sich die städtischen Entscheidungen einordnen, verstanden.

Autoren

Prof. Dr. rer. pol. Jürgen Aring (*1961): Geograph und Stadtplaner, Professor für Stadt- und Regionalplanung im Fachbereich Architektur, Stadtplanung, Landschaftsplanung an der Universität Kassel, Inhaber des Büros für Angewandte Geographie (BfAG) in Meckenheim.

Prof. Dr. jur. Kurt Biedenkopf (*1930): Ministerpräsident i.R., Forschungsprofessor am Wissenschaftszentrum Berlin (WZB), Forschungsgegenstand: Leistungsfähigkeit europäischer Demokratien angesichts des demografischen Wandels.

Prof. Dr. phil. Eckehard Binas (*1955): Kulturphilosoph, Prof. für Kulturphilosophie, Ästhetik und Kulturgeschichte an der Hochschule Zittau/Görlitz, Dekan der Fakultät Wirtschafts- und Sprachwissenschaften.

Dr. phil. Beate Brězan (*1962): Kulturwissenschaftlerin und Pädagogin, Leiterin des WITAJ-Sprachzentrums – Domowina e. V. in Bautzen.

RA Arno Glauch (*1964): Rechtsanwalt mit eigener Kanzlei in Bautzen, Leiter des Slow Food Conviviums Lausitz und Mitinitiator der Regionalwährung der LAUSITZER.

Prof. Dr. habil. Holm Große (*1966): Geschäftsführer der Marketing-Gesellschaft Oberlausitz-Niederschlesien mbH (MGO) und des Tourismusverbandes Oberlausitz-Niederschlesien e.V.; Stellvertretender Vorsitzender des Fördervereins Lausitz e.V.; Lehrbeauftragter der Hochschule Zittau-Görlitz (Destinationsmanagement) und der Staatlichen Studienakademie (BA) Bautzen (Regionalmanagement und -marketing).

Dipl.-Geograph Alexander Hennig (*1978): wissenschaftlicher Mitarbeiter an der Hochschule Zittau/Görlitz.

Dipl.-Ing. Helmut Hiess (*1953): Ingenieurkonsulent für Raumplanung und Raumordnung; Geschäftsführer der Rosinak & Partner ZT GmbH in Wien und Projektleiter des Projektauftrags der Österreichischen Raumordnungskonferenz (ÖROK): „Szenarien der räumlichen/regionalen Entwicklung Österreichs im europäischen Kontext.“

PD Dr. habil. Maik Hosang (*1961): Philosoph, Institut für integrierte Sozialökologie Hochkirch, freier Mitarbeiter an der Hochschule Zittau/Görlitz.

Prof. Dr. rer. nat., Dr. med. habil. Gerald Hüther (*1951): Professor für Neurobiologe und Leiter der Zentralstelle für Neurobiologische Präventionsforschung der Psychiatrischen Klinik der Universität Göttingen und des Instituts für Public Health der Universität Mannheim/Heidelberg. Präsident des Stiftungsbeirates der Sinn-Stiftung.

PD Dr. phil. habil. Raj Kollmorgen (*1963): wissenschaftlicher Mitarbeiter am Institut für Soziologie der Friedrich-Schiller-Universität Jena; Privatdozent am Institut für Soziologie der Universität Magdeburg; Arbeitsgebiet: Postsozialistische und historische Transformationsforschung, politische Soziologie sozialer Ungleichheit, Moderne/Modernisierung in europäischen Gesellschaften, Ostdeutschland seit 1989/90.

Dr. sc. oec. Rainer Land (*1952): Philosoph, Sozial- und Wirtschaftswissenschaftler, Mitbegründer des Thünen-Instituts für Regionalentwicklung e.V. in Bollewick und Mitglied des Innovationsverbundes Ostdeutschlandforschung.

Dipl. Komm-Psych. Antje Meyer (*1982): Studium der Kommunikationspsychologie; spezialisiert und selbstständig tätig im Bereich Evaluation und empirische Forschung.

MA Tobias Schlüter (*1979): Wissenschaftlicher Mitarbeiter am Zentrum für Wissens- und Technologietransfer an der Hochschule Zittau/Görlitz und Mitarbeiter im Netzwerk „enterprise europe network".

Prof. Dr. Dr. h.c. Günther Schmid (*1942): Prof. a.D. für Ökonomische Theorie der Politik an der Freien Universität Berlin und Direktor Emeritus der Abteilung „Arbeitsmarktpolitik und Beschäftigung“ am Wissenschaftszentrum Berlin für Sozialforschung (WZB).

MA Susanne Schwarzbach (*1978): wissenschaftliche Mitarbeiterin im Projekt „ADO – Akteursnetzwerk für demografische Perspektiven der Oberlausitz“ an der Hochschule Zittau/Görlitz.

Dr. phil. Michael Thomas (*1951): Soziologe, Sozialwissenschaftler am Brandenburg-Berliner Institut für Sozialwissenschaftliche Studien (BISS e.V.) und Mitglied im Innovationsverbund Ostdeutschlandforschung, Forschungsthemen: Institution und Lebenswelt, Transformations- und Regionalanalysen, Selbständige und KMU.

Dipl.-Kffr. Katrin Treffkorn (*1977): Forschungsmitarbeiterin an der Hochschule Zittau/Görlitz im Projekt „Faktoren der Regionalentwicklung“ und freiberufliche Kulturmanagerin.

Dipl.-Geograph Wolfgang Zettwitz (*1961) Stadtentwicklungsplaner und Referent des Oberbürgermeisters der Stadt Bautzen, Mitglied der Steuerungsgruppen des Oberzentralen Städteverbundes Bautzen-Görlitz-Hoyerswerda und des Städtenetzes Demografie Oberlausitz

Görlitzer Beiträge zu regionalen Transformationsprozessen

Herausgegeben von Eckehard Binas, Stefan Kofner, Joachim Schulze, Erika Steinert, Gisela Thiele und Norbert Zillich

Band 1 Erika Steinert / Norbert Zillich (Hrsg.): Perspektive Pensionopolis! Anfragen an eine alternde Gesellschaft am Beispiel der Europastadt Görlitz / Zgorzelec in der Euroregion Neiße. 2007.

Band 2 Erika Steinert / Gisela Thiele: Sozialarbeitsforschung für Studium und Praxis. Einführung in die qualitativen und quantitativen Methoden. 2008.

Band 3 Eckehard Binas (Hrsg.): Hypertransformation. Internationale Tagung zur interdisziplinären Transformationsforschung Görlitz 2006. 2008.

Band 4 Erika Steinert / Almut Quittenbaum (Hrsg.): Häusliche Gewalt verhindern – Innovative Wege! 2008.

Band 5 Eckehard Binas (Hrsg.): Wozu Region? Chancen und Probleme im Transformationsprozess strukturschwacher Regionen. 2010.

Band 6 Eckehard Binas (Hrsg.): Die *Neue Region*. Gesellschaftliches Labor für gelingendes Leben. 2012.

www.peterlang.de